绿色建筑工程设计技术丛书

LUSE JIANZHU JINGGUAN SHEJI

绿色建筑景观设计

刘经强　蔺菊玲　范国庆　主编

李继业　主审

化学工业出版社

·北京·

本书根据我国最新规范、标准和方法，比较系统地介绍了绿色建筑景观设计的概念、城市公园景观设计、城市广场景观设计、城市道路景观设计、环境设施与建筑小品设计、居住区景观设计、城市道路绿化设计的基本方法和工程设计实例。

本书具有突出的针对性、应用性和先进性，可供房屋建筑、市政工程等部门绿色建筑景观设计与施工技术人员参阅，也可供高等学校市政工程、土木工程、园林景观工程、等房屋建筑、建筑装饰设计及相关专业师生使用。

图书在版编目（CIP）数据

绿色建筑景观设计/刘经强，蔺菊玲，范国庆主编．—北京：化学工业出版社，2015.11

（绿色建筑工程设计技术丛书）

ISBN 978-7-122-25455-9

Ⅰ．①绿… Ⅱ．①刘… ②蔺… ③范… Ⅲ．①生态建筑－景观设计 Ⅳ．①TU18

中国版本图书馆CIP数据核字（2015）第250189号

责任编辑：刘兴春　　装帧设计：孙远博

责任校对：王素芹

出版发行：化学工业出版社（北京市东城区青年湖南街13号　邮政编码100011）

印　　刷：北京永鑫印刷有限责任公司

装　　订：三河市宇新装订厂

787mm×1092mm　1/16　印张20　字数483千字　2016年7月北京第1版第1次印刷

购书咨询：010-64518888（传真：010-64519686）　售后服务：010-64518899

网　　址：http://www.cip.com.cn

凡购买本书，如有缺损质量问题，本社销售中心负责调换。

定　　价：80.00元

《绿色建筑工程技术》丛书

编写委员会

《绿色建筑景观设计》

编写人员名单

主　　编：刘经强　蔺菊玲　范国庆

参编人员：刘经强　蔺菊玲　范国庆

张立山　张　伟　刘乾宇

前　言

21 世纪人类共同的主题是可持续发展。对于城市建筑也由传统高消耗型发展模式转向可持续发展的道路，而绿色建筑正是实施这一转变的必由之路。绿色建筑的理念普及、建造和技术的推广，涉及社会的多个层面，需要多种学科的参与。众多绿色建筑设计和实践经验证明，建筑周围的景观不仅具有重要的美学价值，还可发挥重要的生态意义和环境保护作用。因此，绿色建筑环境景观设计和应用，是绿色建筑设计不可缺少的重要组成部分。

建筑活动是人类对自然资源、环境影响最大的活动之一。我国正处于经济快速发展阶段，资源消耗总量逐年迅速增长。因此，必须牢固树立和认真落实科学发展观，坚持可持续发展理念，大力发展绿色建筑，以科学的态度搞好城市的景观设计。

目前，在城市建设的规划设计中，景观设计已成为不可缺少的重要组成。景观设计之所以越来越受到重视，是因为景观的本身就可以当作资源。景观可以代表一个城市的风貌和特征，城市美化和新区开发所创造的城市景观，新建社区中的园林绿化和小品、喷泉叠水，都能在感官、游赏及使用上提升城市的价值。

景观设计学与建筑学、园林学、植物学、生态学、城市规划、环境艺术、市政工程等学科有着紧密的联系，但景观设计学既不同于工学，也不同于美术学。景观设计所关注的是如何创造出富有美感、赏心悦目的室外空间的问题。景观设计的对象，是指某土地上的空间和物体所构成的艺术综合体，它既可以是人类的艺术创造物，又可以是复杂的自然过程和人类活动在大地上的烙印。

我们根据在城市景观设计方面的先进经验，依据现行国家关于城市景观设计规范和相关标准，编写的这本《绿色建筑景观设计》，具有内容丰富、技术先进、实用性强等特点，可作为房屋建筑、市政工程部门绿色建筑景观设计与施工技术人员的技术工具书，也可以作为高等学校市政工程、土木工程、园林规划、房屋建筑、建筑装饰设计等专业学生的专业课辅助教材。

本书由刘经强、蔺菊玲、范国庆任主编，张立山、张伟、刘乾宇参加了编写；其中刘经强负责全书的规划与统稿，蔺菊玲负责全书的资料收集，范国庆负责全书插图。具体分工为：刘经强编写第一章；蔺菊玲编写第二章、第三章；范国庆编写第四章；张立山编写第五章；张伟编写第六章；刘乾宇编写第七章。

本书由山东农业大学李继业教授担任主审，他对全书的结构和内容都提出了很多宝贵的修改意见，在此表示衷心感谢。

本书在编写过程中，我们参考了大量的技术文献和书籍，在此向这些作者深表谢意。同时得到有关单位的大力支持，在此也表示感谢。

由于编者水平所限，不妥之处在所难免，敬请有关专家、学者和广大读者给予批评指正。

编 者

2015年12月

目录

第一章 绿色建筑景观设计的概念

21 世纪人类共同的主题是可持续发展。城市建筑也由传统高消耗型发展模式转向可持续发展的道路，而绿色建筑正是实施这一转变的必由之路。绿色建筑的理念普及、建造和技术的推广，涉及社会的多个层面，需要多种学科的参与。众多绿色建筑设计和实践经验证明，由于建筑周围的景观不仅具有重要的美学价值，还具有重要的生态意义和发挥环境保护作用。因此，绿色建筑环境景观设计和应用，是绿色建筑设计不可缺少的重要组成部分。

对于绿色建筑来说，“绿色景观”是指任何与生态过程相协调，尽量使其对环境的破坏达到最小的程度的建筑景观。绿色景观的生态设计反映了人类的一个新的梦想，一种新的美学观和价值观，人与自然的真正的合作与友爱的关系。

第一节　可持续景观设计基本知识

在人类漫长的发展史中，人类对于环境的认识随着时代的变化而不断地发展。最初人类对自然环境是高度依赖，从自然环境中索取所需要的生活物质，自然也在人类的活动中变得更加美丽。随着科学技术的进步，人类开始大力开发自然和利用自然，而今全球工业化、城市化进程加快，人类对自然资源无度地滥用与开发，导致了自然环境满目疮痍，已经严重威胁到人类的生存。

一、可持续景观设计的内涵

绿色生态建筑的内涵和目标原则是针对生态人居系统建设与运行的，首先是选择适宜的生态系统空间，进行人居系统受限的窄间功能组织、容量调控和资源配置，建立人与自然之间和谐、安全、健康的共生关系，以最低程度消耗地球资源、最高效率使用资源、最大限度满足人类宜居、舒适生存需求为目的。

生态城市从广义上讲，是建立在人类对人与自然关系更深刻认识基础上的新的文化观，是按照生态学原则建立起来的社会、经济、自然协调发展的新型社会关系，是有效地利用环境资源实现可持续发展的新的生产和生活方式。狭义地讲，就是按照生态学原理进行可持续景观设计，建立高效、和谐、健康、可持续发展的人类聚居环境。

绿色生态建筑是一项以建筑为切入点、以人与环境的和谐发展为目标、以环境质量建设为主要内容的系统工程。可持续景观作为一种生物性手段，在对环境进行生态补偿、提高外围护结构节能效果等方面都具有独特作用。可持续景观设计从不同层面折射出人类的自然观、环境观和审美观。

进入 21 世纪，科学与技术产生了巨大的变化，与之相应，人类的自然观、环境观、价值观、审美观、幸福观等，也在不断地发展、丰富和变化，风景园林学（景观学）的发展已突破传统园林景观的研究范畴。在绿色低碳的经济时代，关注环境整体的可持续性是现代风景园林学（景观学）的基本价值观；尊重自然、尊重场所、尊重使用者是现代景观设计的三项基本原则；创造生态安全、文化丰富的和谐“生境”，是现代风景园林学的主要任务。

（一）景观的概念与定义

景观（landscape）是一个古老而年轻的名词，无论在东方还是西方，都是一个美丽而难以诠释的概念。“景观”一词最早出现在希伯来文本的《圣经》旧约全书中，它被用来描写罗门皇家的瑰丽景色，其含义同汉语中的“风景”、“景致”、“景色”相一致，等同于英语中的“scenery”，都表示视觉美学意义上的概念。此后，英文“landscape”便被定义为风景画，并随着绘画作品画种的不同传播到其他国家和地区。

在绘画类别中，“风景画”未作为一个单独的画种出现时，风景主要用来作为画面中人物的背景使用，主要起到衬托的作用。风景画是以风景作为绘画的主要题材来表现的，既具有装饰性被人欣赏，本身又具有很好的艺术效果，为绘画品种增添了新的内容。随着绘画艺术的不断发展，风景画逐渐成为人们室内布置时普遍采用的装饰品，这充分体现了人们审美意识的变化和对自然风景的无限向往。景观的概念开始向多元化的方向发展，并已离开了原来绘画的范畴。景观可以说是一个具有一定功能的、拥有优美景色的、舒适怡人的室外场所，它能给人以视觉上的美感和精神上的慰藉。

总的来说，景观概念的发展经历了从美学到地理学再到生态学三个阶段。

（1）美学概念的景观　目前，大多数园林风景学者所理解的景观主要是视觉美学意义上的景观，即风景。从20世纪60年代中期开始，以美国为中心开展的“景观评价”研究，也是主要就景观的视学美学意义而言的。从客观的意义上讲，风景评价是指对景观视觉质量的评价。而景观的“视觉质量”则被认为是景观“美”的同义词，Daniel等将其称为“风景美”；美国土地管理局则将其等同于“风景质量”，并定义为：“基于视知觉的景观的相对价值”。从主观上讲，景观评价则表现为人们对“景观价值”的认识，Jacques认为景观的价值表现在“景观所给予个人的美学意义上的主观满足”。风景评价（景观评价）实际上是风景美学的研究中心，也是指导风景资源管理、合理地进行风景区规划的基本依据。经过20多年的发展，风景评价的研究出现了许多学派，它们在理论和方法上各具特色。

（2）地理学概念的景观　无论在中国或是在欧洲，最初的大规模旅行和探险推动了地理学的发展，也加深了人们对景观的认识。人们已不满足于对自然地形、地物的观赏和对其美的再现，开始更多地从科学的角度去分析它们在空间上的分布和时间上的演化。特别是14～16世纪大规模的全球性旅行和探险，使欧洲人对“景观”这一概念的理解发生了深刻的变化。这时德语的“景观”已用来描述环境中视觉空间的所有实体，而且不只是局限于美学意义。19世纪中叶，伟大的动植物学家和自然地理学家洪堡将“景观”作为一个科学的术语引用到地理学中来，并将其定义为“某个地球区域内的总体特征”。随着西文经典地理学、地质学及其他地球科学的产生，“景观”一度被看作是地形（landform）的同义语，主要用来描述地壳的地质、地理和地貌属性。后来，俄国地理学家又进一步发展了这一概念，赋之以更为广泛的内容，把生物和非生物的现象都作为景观的组成部分，并把研究生物和非生物这一景观整体的科学称为“景观地理学”。这种整体景观思想为以后系统景观思想的发展打下了基础。

（3）生态学概念的景观　景观生态思想的产生使景观的概念发生了革命性的变化。早在1939年，德国著名生物地理学家Troll就提出了“景观生态学”的概念。当然，关于景观生态学的思想产生得更早些。Troll把景观看作是人类生活环境中的“空间的总体和视觉所触及的一切整体”，把陆圈、生物圈和理性圈都看作是这个整体的有机组成部分。景观生态学就是把地理学家研究自然现象空间关系时的“横向”方法，同生态学家研究生态区域内功能关系时的“纵向”方法结合，研究景观整体的结构和功能。另一名德国著名学者Buchwald进一步发展了系统景观思想，他认为，所谓景观可以理解为地表某一空间的综合特征，包括景观的结构特征和表现为景观各因素相互作用关系的景观收支，以及人的视觉所触及的景观像、景观的功能结构和景观像的历史发展。他认为：景观是一个多层次的生活空间，是一个由陆圈和生物圈组成的、相互作用的系统。他指出：景观生态的任务就是为了协调大工业社会的需求与自然所具有的潜在支付能力之间的矛盾。

发展到今天，景观（landscape）的内涵已经极为丰富，涉及地理、生态、自然、审美、艺术、人类活动等诸多方面，是土地本身及地上空间和物质构成的综合体，它是复杂的自然过程和人类活动在大地上的烙印。根据人类活动对景观的影响变化梯度，景观可分为自然景观、管理景观、耕作景观、城郊景观和城市景观。

（1）自然景观　自然景观是指由具有一定美学、科学价值并具有旅游吸引功能和游览观赏价值的自然旅游资源所构成的自然风光景观，指完全未受直接的人类活动影响或受这种影响的程度很小的自然综合体。

（2）管理景观　管理景观是指有特定人类管理活动的自然景观，如森林、牧场等。

（3）耕作景观　耕作景观是指村庄和自然或人工生态系统的嵌块体分布在广大的自然区域，可以管理和收获的耕作景观。

（4）城郊景观　城郊景观是指城镇或乡村地区，并交错分布有住宅、商业中心、农田、人工植被和自然地段的景观。

（5）城市景观　城市景观是指建筑物密集、面积不等、零星分布、有人工管理的城市公园和公共绿地景观，这是城市建设中重点考虑和设计的重要组成部分。

（二）景观设计的范畴与要求

景观设计一词自近现代以来非常流行，基本上已成为衡量城市规划建设水平的一个重要因素。简单地说，景观设计就是将各种景观依据其功能、特点和需求等合理地布置在人们生活的周围，使其能够满足人们物质和精神等方面的需求。如果从科学的、专业的角度来讲，景观设计是一门综合性的应用学科，即景观设计学是关于景观的分析、规划布局、设计、改造、管理、保护、恢复的科学和艺术。

1. 景观设计的范畴

景观设计建立在广泛的自然科学和人文艺术学科的基础之上，包括景观规划和景观设计。景观规划是指在较大尺度的范围内，通过对自然和人文过程的认识，协调人与自然之间的关系的过程。换句话讲，就是为某些使用目的安排最合适的地方和某个特定的地方安排恰当的土地利用。而景观设计就是在这个特定的地方进行的具体设计，即探究人与自然的关系，以协调人地关系和可持续发展为根本目的进行的空间规划、设计、改造和管理。

目前，景观规划与景观设计不仅取得了很大进步，在运用新技术方面也取得了一定的进展，包括场地设计、景观生态分析、风景区分析等方面，均开始了对专业图像处理软件（PS）、地理信息系统（GIS）和全球定位系统（GPS）的运用和远景研究，从景观设计的工作范畴来看，主要包括以下内容。

（1）开展国土规划　国土规划也称为宏观景观规划设计，即土地环境生态与资源评估和规划，是景观规划设计师宏观环境规划的基本工作。这类规划是指对国土资源的开发、利用、整治和保护所进行的综合性战略部署，也是对国土重大建设活动的综合空间布局。它在地域空间内要协调好资源、经济、人口和环境四者之间的关系，做好产业结构调整和布局、城镇体系的规划和重大基础设施网的配置，把国土建设和资源的开发利用以及环境的整治保护密切结合起来，达到人和自然的和谐共生，保障社会经济的可持续发展。

国土规划是根据国家社会经济发展总的战略方向和目标以及规划区的自然、社会、经济、科学技术条件，对国土的开发、利用、治理和保护进行全面的规划，是国民经济和社会发展计划体系的重要组成部分，是资源综合开发、建设总体布局、环境综合整治的指导性计划，是编制中、长期计划的重要依据。

（2）进行场地规划　场地规划是建筑学术语，场地指某一块特定的地方，可以多种多样，如社区、城市公园、足球场等。规划即进行比较全面的长远的发展计划，是对未来整体性、长期性、基本性问题的思考、考量和设计未来整套行动方案。场地规划是中观景观规划设计的一种。

景观的场地规划是景观规划中环境规划设计的基础性内容，是一种对建筑、结构、设施、地形、给排绿化等予以时空布局，并使之与周围交通、景观、环境等系统相互协调联系的过程。景观的场地规划主要包括新城建设规划设计、城市再开发规划设计、河流港口规划设计、水域利用规划设计、城市绿地系统规划设计、城市风貌规划设计、旅游憩地规划设计等。

（3）进行城市设计　城市设计是中观景观规划设计的重要内容，以城市中的景观为主题，按形态不同可划分为面、线、点三个层面的设计。面主要是指城市形象策划、城市美化运动、城市风貌设计、城市特色设计等；线主要是指城市滨河带、城市交通道路、城市商业区等景观设计；点主要指城市广场区、城市公园、重要城市节点等景观设计。城市设计的工作主要包括城市空间创造、指导城市设计研究、城市街景广场设计、城市公园绿地设计等。

（4）特殊景观规划设计　特殊景观规划设计指针对部分具有特殊性能和明确用途的场地的景观规划设计。特殊景观规划设计主要包括科技工业园规划设计、校园规划设计、旅游景点规划设计、居住区景观规划设计等，这类的规划设计具有一定的独立性和独特性。

（5）微观景观规划设计　在城市结构中存在一些节点空间，其空间范围较小，构架比较简单，但却是与人们日常生活最为接近的空间环境，这类空间环境包括城市小广场、步行街道、宅旁绿地、入口环境、街头环境、休闲及游乐环境等，这就是我们通常所说的城市微观环境。城市微观环境使用的人群相对固定和有限，功能比较单一，有比较明确的设计目的，组合形态比较随意，小到一尊石头、几棵树的围合，仅为人们提供闲坐的空间，大到城市中心绿地，供市民观赏，休息以及活动。城市微观环境的构成要素包括街头小游园、街头绿地、花园、庭院、走廊、古典园林、园林景观小品、喷泉、假山等。

2. 景观设计的要求

科技的进步、经济的腾飞，使景观得到多样化的发展，给人类带来前所未有的物质享受和精神满足，但是无序的开发利用也给人类的生存环境带来巨大的破坏。随着人们生态、绿色、可持续观念的加强，现代景观设计不仅是审美意义上的风景，更重要的是如何去平衡人类和环境之间的关系，实现人与自然融洽共生。

（1）景观设计必须从全局出发 景观设计是对整体环境中所有组成要素进行统一的规划、设计，使之科学、合理、有序，满足功能需求是景观设计的根本，通达的道路布局、舒适的空间尺度、完善的环境设施、优美的设计形式，在给人们带来便捷生活环境的同时，也给人们带来视觉、情感的愉悦。

国内外实践充分证明，景观设计应该从全局出发，注重城市的整体氛围与场所环境的塑造，注重多样空间节点与空间界面的打造，注重不同季节与不同时段景观意境的协调，以营造丰富、多彩的场所空间。在创造富有特色和可识别的子场所环境时，应与场所功能相协调、与城市景观系统的整体基调相吻合，要注意不同功能空间之间的景观连接与过渡，做到城市风貌和景观一体，环境功能多样，景观形式多彩。

（2）景观设计要突出人性 地球、人类发展和环境的可持续性，是现代城市景观规划设计所强调的首要内容。作为城市景观设计参与者，应当在设计实践中充分理解和尊重自然发展规律，探索生态化景观发展模式，体现人、自然、社会各方面的协调与平衡，共同努力维护我们生存的空间环境。

人类不是独立于自然而存在的，而是自然的一部分，这就要求我们尊重自然，尊重自然赋予我们的生活空间，协调好人与自然的关系。尊重自然也就是尊重我们自己，每个人都不可能脱离自然而生存，人类维持生命所需的一切都来于自然，取索于自然，只有尊重自然的景观设计，才是以人为本的设计，以人为本与尊重自然，二者是密不可分的，忽略哪一方面的景观设计都是非人性化的设计，都是失败的设计。

提倡人性化设计并不是不注重美，美的形式、美的内容都是人性化景观设计必不可少的。景观一词本身就体现美的内涵。景观设计是创造景观美的过程，好的景观设计作品，应该在满足生态和使用功能的同时，也是一件美的艺术作品。一个没有美感的景观设计作品，即使是符合人性化标准的，也只能是一件低劣的设计作品，因此符合自然规律的作品，也要在层次上、在视觉上进行合理的安排。工程实践也证明，环境美和人性化景观是共存的，二者的完美结合才是设计的最高境界。

今天人类活动对自然景观的影响日益加剧，人类的足迹无处不在，自然中原有的生态平衡关系日渐受到破坏，直接对人类生存与发展造成了严重威胁。将人性化的设计理念引入景观设计中，为其提供一种新的设计模式，具有相当大的必要性和紧迫性。

（3）景观设计要注重文脉的承接 在现代主义风行的现今，各地城市建设如火如荼进行。然而许多城市都出现了片面追求现代主义风格、盲目照搬国外的景观设计的现象，景观特色逐渐被消磨，缺乏个性特征和文化魅力。因此，创造具有时代特征和与自身文化背景结合的新的城市特色就显得尤其重要。如何注意对本国家和地区文脉的承接，营造具有本土特色的现代城市景观，成为景观设计工作者的一个重要研究课题。

景观设计的最终目的是为了让人们生活得更好、更愉快、更幸福，满足人们的更高需求。学习和引进发达国家景观设计的先进经验是非常必要的，但是不加以消化的照搬硬套是错误的。纵观国内外景观设计的发展史，我们今天的景观设计也是在传统的基础上的延续和发展，这种延续不仅是设计手法的延续，也是文化和历史的延续，现代景观设计应当体现出对传统文化的承接，对现代文化的理解，也要体现出现代景观的地域性和个性。

不同的地区、民族和环境有不同的文化，它是人们根据地区特征，将其中最具代表性、最有活力的文化要素进行最佳组合的结果，是人们深思熟虑的愿望和意图的体现，人们希望能够在这里找到文化认同感和归属感；并在与现代科技和文化结合以后显示出现代景观的风采和生命力。

现代风景园林设计要成就城市的景观特色，不仅是要解决如何从文化观察的角度去发掘城市地域中的特定背景条件，更难解决的是处理历史文脉元素的表现问题。既要继承古人的思想，又要考虑现代人的生活行为方式，运用现代设计素材，形成鲜明的时代感，并且使其在城市景观的发展历程中呈现一种渐进式转化。只有这样，才能创造出中国的现代景观。杭州西湖南线景区的设计，便是通过西湖、园林景观、历史遗迹的有机组合，不露痕迹地将现代时尚元素融合进来，一一展现杭州特有的园林风情和时代气息。

（4）景观设计要关注生态和可持续发展　城市作为人类文明和赖以生存的基础，是自然环境与人类理念的充分体现，城市化是人类社会发展的必然趋势，同样是我国科学进步和经济发展的必然产物。城市景观结构在不断发展的社会环境中发生了巨大的变化，城市的能源问题、环境问题等频频出现，严重威胁着人类的生存环境。生态失衡问题将会给人类的生存带来巨大的威胁，因此，在城市景观设计中应用生态设计理念，实现城市景观的可持续发展，是城市景观设计的必然趋势，也是相关设计人员面临的重大课题。

李克强总理在十二届全国人大三次会议的《政府工作报告》中郑重承诺：“打好节能减排和环境治理攻坚战。环境污染是民生之患、民心之痛，要铁腕治理。今年，二氧化碳排放强度要降低 3.1% 以上，化学需氧量、氨氮排放都要减少 2% 左右，二氧化硫、氮氧化物排放要分别减少 3% 和 5% 左右。”这是我国政府对于治理环境污染的决心和信心，也为城市景观设计提出了更高的要求。

生态和可持续发展是我们目前所面临的重要问题之一，它直接关系到我们人类生存和健康发展。整个生态系统是一个相互联系的整体，所有的生态要素都是相互依存、不可分割的。如一个地域内的所有水体，地表径流、湖泊海洋、地下水等，以一种动态平衡状态组成了这一地域的水圈，改变其中的任一变量都会打破其平衡，而这种不平衡一旦超过自然的自我调节能力，就会导致整个生态系统的不平衡，严重时会给人类带来灾害。所以我们的景观设计也应尽量不要破坏原有的生态圈，从环境的实际情况出发，让景观设计能与自然很好地融合、共生共存，并且能够有良好循环和自身的持续性发展。

二、可持续景观设计的构成

根据国内外的实践经验，景观环境的构成要素大致可分为三类：第一类是反映生态的自然要素，包括山体、水文、气候、植被等；第二类是人工要素，主要包括人工环境和建（构）筑物等；第三类是文化要素，它是蕴涵于景观环境之中，长期生成与积淀的结果，其中包括人们对景观环境的感知。绿色可持续景观主要涉及自然和人工环境中的绿色空间，涵盖城市、风景区以及城乡结合的区域等。

1. 绿色景观设计的相关理论

（1）我国古代的“风水”学说　这里暂不讨论“风水”学说的科学和迷信，只用来说明古代城市选地和建筑空间营造方面与自然环境因素的巧妙结合。典型的城市风水格局是城市背靠山、前临水，两侧是又有山脉环绕的相对封闭而又完整的空间环境，其实质是强调城市选址与自然环境要素的融合，它所形成的绿色景观系统是完整而连续的系统。

（2）西方城市19世纪末的公园运动　随着工业化大生产导致的人口剧增和环境恶化，在19世纪末，西方城市已开始通过建造城市公园等城市绿色景观系统来解决城市环境问题。早在奥斯曼进行巴黎改建的时候，在大刀阔斧改建巴黎城区的同时，也开辟了供市民使用的绿色空间；纽约的中央公园也是在此背景下建造的，其占地面积达843英亩（1英亩≈ 4046.86㎡），是一块完全人造的自然景观，这里不仅是纽约市民的休闲空间，更是全球人民喜爱的旅游胜地。

通过建造城市公园来构筑城市绿色景观系统最成功的例子是1880年美国设计师奥姆斯特（Olmsed）设计的波士顿公园体系，该公园体系突破了美国城市方格网络网格局的限制，以河流、泥滩、荒草地所限定的自然空间为定界依据，利用200～1500英尺（1英尺=0.3048m）宽的带状绿化，将数个公园连成一体，在波士顿中心地区形成了优美、环境宜人的公园体系，被人称为波士顿的“蓝宝石项链”。

（3）霍华德的花园城市和沙里宁的有机疏散理论　英国新城运动始于1898年，提出的花园城市模型要求：直径不超过2km，城市中心是由公共建筑环抱的中央花园，外围是宽阔的林荫大道（内设学校、教堂），加上放射状的林间小径，整个城市鲜花盛开，绿树成荫，人们可以步行到外围的绿化带和农田，花园城市就是一个完善的城市绿色景观系统。在花园城市理论影响下，1944年的大伦敦规划，环绕伦敦形成了一道宽达5英里（1英里≈1.61km）的绿带。

沙里宁的有机疏散理论是针对大城市发展到一定阶段的向外疏散问题而提出的，他在大赫尔辛基规划方案中一改城市的集中布局而使其变为既分散又联系的有机体，绿带网络提供城区间的隔离、交通通道，并为城市提供新鲜空气。花园城市理论和有机疏散理论对城市规划的发展、新城的建设和城市景观生态设计产生了深远的影响。1971年莫斯科总体规划采用环状、楔状相结合的绿地系统布局模式，将城市分隔为多中心结构，城市用地外围环绕10～15km宽的森林公园带，构成了城市良好的绿色景观和生态系统。

（4）麦克哈格的设计结合自然理论　美国的麦克哈格在1971年出版了《设计结合自然》，使景观设计师成为当时正处于萌芽状态的环境运动的主导力量。麦克哈格反对传统城市规划中功能分区的做法，提出了将景观作为一个系统加以研究，其中包括地形、地质、水文、土地利用、植物、野生动物和气候等。该书提出在尊重自然规律的基础上，建造与人共享的人造生态系统的思想，并进而提出生态景观规划的概念，发展了一整套的从土地适应性分析，到土地利用的规划方法和技术，即叠加技术（也称为“千层饼”模式）。这种规划以景观垂直生态过程的连续性为依据，使景观改变和土地利用方式适用于生态方式，这一“千层饼”的最顶层便是人类及其居住所，即我们的城市。

（5）景观生态学理论　景观生态学理论始于20世纪30年代，而兴于20世纪80年代，景观生态学强调水平过程与景观格局空间的相互关系，把“斑块—廊道—基质”作为分析任何一种景观的模式。景观生态学应用于城市及景观规划中特别强调维持和恢复景观生态过程及格局的连续性和完整性。具体地讲，在城市和郊区景观中要维护自然残遗斑块的联系，如残遗山林斑块、水体等自然斑块之间的空间联系，维持城内残遗斑块与作为城市景观背景的自然山地或水系之间的联系。这些空间联系的主要结构是廊道，如波士顿公园体系中的绿带和莫斯科外围的森林公园带。维护自然与景观格局连续性是构筑城市绿色景观系统的有效方法。城市中的绿色景观可以视为散落在城市中的自然斑块，只有通过建立廊道使其连续并与城市自然生态有机结合才能构成绿色景观系统，实现人类生态环境的可持续发展。

2. 可持续景观的设计理念

可持续发展是城市景观设计中的重要设计理念，它是为了达到自然资源和开发利用程度之间的一种和谐关系，进一步保护环境，增强环境系统的更新和生产能力。在城市景观设计中，融入可持续发展理念，能够避免设计师在设计中停留在传统的设计理念中，进一步扩大景观设计的领域。可持续发展的理念要求设计师在设计中充分尊重人和自然，在自然的规律中展开设计，充分顺应自然的发展规律，做到以人为本，最大限度地减少盲目的设计和开采，减少人工对自然环境带来的破坏，最大化地体现出生态化的设计原则。

在进行景观设计中，要根据具体设计区域的自然环境的具体情况，最大化地保留原有的生态环境，减少对原有环境的破坏，对景观设计环境生态系统的特征作出全面的了解。在城市景观设计中，要尽可能多地利用自然资源和原有资源，减少材料运输造成的能源消耗，减少对污染能源的利用，避免对自然环境造成破坏。

设计师在城市景观设计中，要以生态发展为基础，加强对可再生能源的使用和原材料的再次利用，尊重自然生态环境，倡导对原有材料的可持续性处理，实现城市景观设计的生态化。可持续发展的城市景观设计代表了设计师对于自然化的追求，是自然与社会和谐统一的设计理念，景观设计作为一件城市艺术品，必须要在尊重自然、符合生态发展要求的基础之上进行设计。通过生态化的景观设计，能够进一步提升所在区域的价值，进一步增加社会经济的紧密联系。

良好的城市景观设计能够提高人们的生活舒适度，城市景观设计是人与自然沟通的直接手段。设计师在设计时要最大化地利用景观场地原有的生态资源和材料，以保护自然生态系统为主，实现景观设计的可持续发展，这同样是设计师重要的责任之一。现代城市景观设计中融入生态设计理念，要充分遵循生态学的相关原理，将生态学原理视为生态设计的理论基础，将保护环境和实现城市景观的可持续发展融入到景观设计的整个环节中，使得城市景观发挥出更大的价值，更好地服务于人们。

三、集约化景观设计策略

集约化原是经济领域中的术语，本意是指在最充分利用一切资源的基础上，更集中合理地运用现代管理与技术，充分发挥人力资源的积极效应，以提高工作效益和效率的一种形式。集约化设计就是具有集约化特点的高效益和高效率的一种设计。

可持续景观规划设计要遵循资源节约型、环境友好型的发展道路，就必须以最少的用地、最少的用水、适当的资金投入、选择对生态环境最少干扰的景观设计营建模式，以因地制宜为基本准则，使园林绿化与周围的建成环境相得益彰，为城市居民提供最高效的生态保障系统。建设节约型景观环境是落实科学发展观的必然要求，是构建资源节约型、环境友好型社会的重要载体，是城市可持续发展的生态基础。

节约型景观并不是建设简陋型、粗糙型城市景观环境，而是控制投入与产出比，通过因地制宜、物尽其用，营建特色鲜明的景观环境，引导城市景观环境发展模式的转变，实现城市景观生态基础设施量增长方式的可持续发展。建设集约化景观，就是在景观规划设计中充分落实和体现“3R”原则，即对资源的减量利用、再利用和循环利用，这也是走向绿色城市景观的必由之路。根据我国的实践经验，集约化景观设计体系主要包括以下内容。

（1）应最大限度地发挥生态效益与环境效益　在可持续景观环境建设中，通过集约化设计整合既有资源，充分发挥“集聚”效应和“联动”效应，使环境的生态效益和环境效益得到充分发挥。

（2）应满足人们合理的物质需求与精神需求 景观环境建设的目的之一是满足人们生活和游憩等方面的需求。

（3）应最大限度地节约自然资源与各种能源 随着经济社会的不断发展，资源消耗日益严重，自然资源面临着巨大的破坏和使用，产生不断退化现象，资源基础持续减弱。保护生态环境、节约自然资源和合理利用能源，是保证经济、资源、环境的协调、可持续发展的重点。

（4）应提高资源与能源的利用率 工程实践证明，现代景观设计应倡导清洁能源的利用，对于构筑可持续景观环境是非常有效的。集约化景观设计则要求努力提高资源利用效率，是实现资源节约型、环境友好型景观设计的重要途径。

（5）应以最合理的投入获得最适宜的综合效益 集约化景观设计追求投入与产出比的最大化，即综合效益的最适应。集约化设计不意味着减少投入和粗制滥造，而是要求能效比最优化的设计。

推动集约化景观规划设计理论与方法的创新，关键要针对长久以来研究过程中普遍存在的主观性、模糊性和随机性的缺憾，还有随之产生的工程造价及养护管理费用居高不下，以及环境效应不高等问题。集约化景观设计体系以当代先进的量化技术为平台，依托数字化叠图技术、GIS技术等数字化设计辅助手段，由环境分析、设计、营造和维护管理，建立全程可控、交互反馈的集约化景观规划设计方法体系，以准确、严谨的指数分析，评测、监控景观规划设计的全程，科学、严肃地界定集约化景观的基本范畴，集约化景观规划设计如何进行操作，进行集约化景观规划设计要依据怎样的量化技术平台是集约化设计的核心问题之一，进而为集约化景观规划设计提供明确、翔实的科学依据，推动其实现思想观念、关键技术、设计方法的整合，向“数字化”的景观环境规划设计体系迈出重要的一步。

集约化景观环境规划设计方法的研究应以创建集约、环保、科学的景观规划设计方法为目标，以具有中国特色的集约理念所引发的景观环境设计观念重构为契机，探讨集约化景观规划设计的实施路径、适宜策略和技术手段，以实现当代景观规划设计的观念创新、机制创新、技术创新，进而开创可量化、可比较、可操作的集约化景观数字化设计途径为目的。集约化风景园林设计基本框架如图1-1所示，集约化风景园林设计基本流程如图1-2所示。

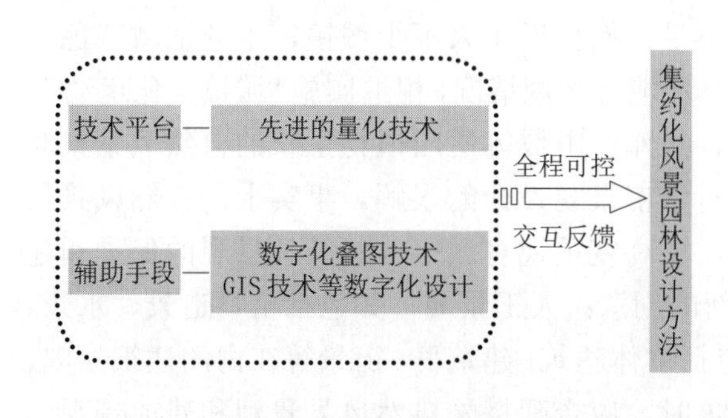

图1-1 集约化风景园林设计基本框架

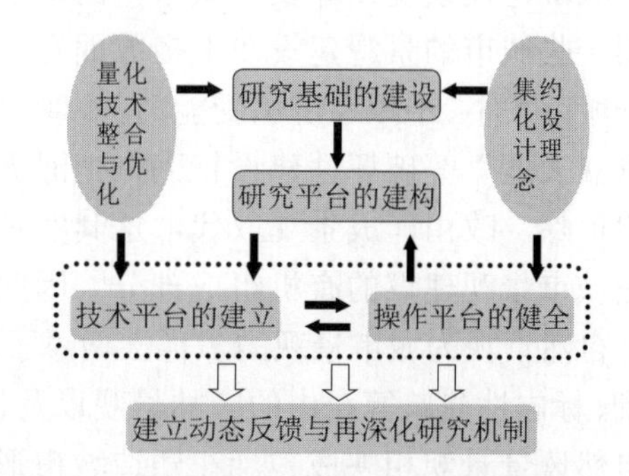

图1-2 集约化风景园林设计基本流程

随着我国改革开放政策的实施，我国城市的现代化进程突飞猛进，全国许多城市的面貌都发生了翻天覆地的变化。随着时代的进步，社会对城市规划设计提出了更新和更高的要求，环境美学原理在城市规划中就起到了关键作用。此外，现在人们的生活质量的不断提高，对生活的各方面都提出了美的需求。景观作为当今人们休闲与享乐的驿站，其设计与创作也在随着人们对生活和艺术中美的要求不断发展，设计者们已巧妙地将美学中的一些原理运用到作品中，从而更好地发掘美的精华，给人们创造一个美好的生活环境和景观环境。景观环境是指由各类自然景观资源和人文景观资源所组成的，具有观赏价值、人文价值和生态价值的空间关系。景观环境分为风景环境和建成环境两大类。

风景环境是在保护生物多样性的基础上有选择地利用自然资源，风景环境受人为扰动影响比较少，其过程大多为纯粹的自然进程，风景环境保护区等大量的原生态区域属于此类，对于这类景观环境应尽可能减少人为干预，减少人工设施，保护自然过程，不破坏自然系统的自我再生能力，无为而治更合乎可持续的精神。风景环境中还存在一些人为干扰过的环境，由于使用目的的不同，此类环境不同程度地改变了原来的自然存在状态。对于这一类的风景环境，应当区分对象所处区位、使用要求的不同，分别采取相应的措施。或以修复生态环境，恢复其原生状为目标；或辅以人工改造，优化景观格局，使人为过渡有机融入风景环境中。

建成环境致力于建成环境内景观资源的整合利用与景观格局结构的优化。在建成环境中，人为因素占主导地位，湖泊、河流、山体等自然环境更多地以片段的形式存在于“人工设施”之中，生态廊道被城市道路、建筑物等“切断”，从而形成了一个个颇为独立的景观斑块，各个片段彼此孤立存在，缺少联系和沟通。因此，在城市环境建设中，充分利用自然条件，强调构筑自然斑块之间的联系的同时，对景观环境不理想的区段加以梳理和优化，以满足人们物质和精神生活的需求。

长期以来，景观环境的营造意味着以人为主导，以服务和满足人的需求为主要目标，往往在所谓的“尊重自然、利用自然”的前提下，造成了自然环境的恶化，如水土流失、土壤沙化、水体富营养化、地带性植被消失、物种单一等生态隐患。景观环境的营造并未能真正从生态过程角度实现资源环境的可持续利用。因此，可持续景观设计不应仅仅关注景观表象、外在的形式，更应研究风景环境与建成环境内在的机制与过程。针对不同场地生态条件的特性展开研究，分析环境本身的优势和劣势，充分利用有利条件，弥补现实不足，使环境整体朝着优化的方向发展。

城市建设景观设计要与城市中的山水名胜相融合，有关部门要高度重视环境设计。我国一些城市的景观建设在很多方面存在不足，例如近年来不少城镇，不分地域特色、不分城镇大小、不顾经济承受能力、不管自然环境等客观情况，相继实施“城镇美化运动”、“景观大道”等破坏性建设行为，把河堤、沙滩、山坡等适应植物生长的自然风景景观一律铲除，改由建成景观取代，这其实是对城市景观设计的误解。事实上，自然风景景观是城市景观建设的有机组成部分。因此，要高度重视对城市自然风景景观的保护和建设。自然景观为城市景观的多样性增添了新的创意；人工景观，如包括植物造景、水景、石景、标志性建筑等在内的园林景观以及包括单体建筑、建筑群、街景等在内的建筑景观，与自然风景景观相映成趣。在塑造城市形象时，应合理搭配自然风景景观和建成景观，使两者比例协调。

第二节　景观设计的元素解析

景观设计是城市设计不可分割的重要组成部分，也是形成一个城市面貌的决定性因素之一。景观设计涉及的领域和内容相当广泛，包括了城市空间的处理，原有场地特点的利用，与周围环境之间的联系，广场、步行街的布置，街道小品以及市政设施的设置等，既涉及景观的功能，又涉及人的视觉及心理问题。传统的景观设计概念以绿化为主，随着城市的现代化进程加快和城市人口的大量增加，对景观的功能要求日益突出，同时在美学上也要求更加丰富和多样化，所以如何科学合理地利用景观设计的元素，是景观设计工作者应当重视的问题。

景观是人类文化活动与自然共同作用的结果，建筑环境景观主要是指室外景观。室外景观由丰富的环境要素组成，主要可以分为自然环境要素和人工环境要素两大方面。自然环境要素是一切非人类创造的直接或间接影响到人类生活和生产环境的自然界中各个独立的、性质不同而又有总体演化规律的基本物质组分，包括水、大气、生物、阳光、土壤、岩石等。自然环境各要素之间相互影响、相互制约，通过物质转换和能量传递两种方式密切联系。人工环境要素是指由于人类活动而形成的环境要素，它包括由人工形成的物质能量和精神产品以及人类活动过程中所形成的人与人的关系，后者也称为社会环境。这种人为加工形成的生活环境，包括住宅的设计和配套、公共服务设施、交通、电话、供水、供气、绿化等。

一、自然生态要素与景观生态规划

人类生存的自然环境位于地球的表层，这一环境与人类的生产和生活密切相关，直接影响着人类的衣食住行。地球环境的结构具有明显的地带性特点，由于地理位置不同，地表的组成物质和形态不同，其水、热条件也不同，这样就直接构成了不同地带景观风貌的差异。

1. 室外环境生态景观的基本概念

室外环境生态景观是自然因素和人类活动相互作用的产物，人类的生产、生活和浪费对环境都有巨大的影响。健康的自然环境是人类生存的重要基础，但是随着人类社会的发展，地球自然环境承受着越来越大的压力，尤其是工业革命后，发达的资本主义国家奉行的“消费主义”的生活方式，无序过度地索取和消耗自然资源，对地球自然环境造成极大的破坏。直到20世纪末，多数人才开始认识到生态环境恶化给人类带来的巨大伤害。

随着现代生态科学的发展，生态美伦理价值观的树立、生态概念和生态系统的引入，为景观生态规划设计提供了科学的组织框架。现代景观生态规划设计，不但关注环境的视觉质量、环境的文化内涵建设，更需要关注如何在人类社会与自然之间建立和谐友好的关系，满足人类社会可持续发展的需要。立足大的生态环境，思考景观生态规划设计的具体问题，是现代室外环境景观生态规划设计与传统的风景园林设计最重要的区别之一。

自然生态要素是基于生态环境中的重要因素，是指与人类密切相关的，影响人类生活和生产活动的各种自然力量或作用总和的要素。自然生态要素主要包括动物、植物、微生物、土地、矿物、海洋、河流、阳光、大气、水分等天然物质要素，以及地面、地下的各种建筑物和相关设施等人工物质要素。

景观生态规划是一项系统工程，它根据景观生态学的原理及其他相关学科的知识，以区域景观生态系统整体优化为基本目标，通过研究景观格局与生态过程以及人类活动与景观的相互作用，建立区域景观生态系统优化利用的空间结构和模式，使廊道、斑块、基质、边界等景观要素的数量及其空间分布合理，使信息流、物质流与能量流畅通，并具有一定的美学价值，且适于人类居住。城市景观生态设计则是城市景观生态规划的深入和细化，更多地从具体的工程或具体的生态技术配置景观生态系统。

2. 室外景观生态设计的基本原则

景观生态规划总的目标是改善城市景观结构，加强城镇景观功能，提高城镇环境质量。促进城镇景观的持续发展具体目标有安全性、健康性、舒适性等。根据景观生态规划的内涵及目标，要做好景观生态规划，应当遵循原则有生态环境优先原则、景观多样性原则、可持续性原则、整体规划设计原则、地域化原则、综合性原则、人本化原则。

遵循自然法则，构筑安全、和谐、健康的自然环境是建筑室外环境设计的基本原则，它主要包含了以下几方面的内容：①对土地资源、水资源和其他资源进行最佳利用；②能有效保护自然系统的生物多样性和完整性；③能够合理利用自然资源，促进人类的健康和可持续发展。

现代景观设计主要面临的是生态环境保护、生态环境有效开发、生态环境修复等具体问题。要保护好地理环境，就需要因地制宜地进行国土规划、区域资源合理配置、生产生活空间结构与功能优化设计等。

景观生态学为科学地进行景观的区域性建设提供了科学依据。景观生态学是研究在一个相当大的区域内，由许多不同生态系统所组成的整体（即景观）的空间结构、相互作用、协调功能及动态变化的一门生态学新分支。景观生态学给生态学带来新的思想和新的研究方法。它已成为当今北美生态学的前沿学科之一。

城市景观生态学是以城市土地覆盖、植被覆盖度、水土流失和生态安全的动态变化为主要内容，借助遥感数据、“3S”技术和景观生态学原理，在城市各行政区以及特定的景观样带或样圈等多个尺度上进行研究与分析，探讨城市生态环境要素的动态特征，以及城市的生态安全状况与驱动力，并提出生态安全的城市生态建设与调控对策。还将景观尺度问题作为其重要内容，并自始至终都十分重视尺度对研究结果的影响。

在景观生态学中，斑块、基质、廊道、边界等概念，是用来诠释景观空间结构和格局基本模式的要素。其中“斑块-廊道-基质”模型是景观生态学用来解释景观结构的基本模式，普遍适用于各类景观，包括荒漠、森林、农业、草原、郊区和建成区景观，景观中任意一点或是落在某一斑块内，或是落在廊道内，或是在作为背景的基质内。这一模式为比较和判别景观结构，分析结构与功能的关系和改变景观提供了一种通俗、简明和可操作的语言。

（1）斑块　斑块是室外景观结构中最小的单元，外观上不同于周围环境（基质）的非线性地表区域，具有非常明晰的边界，内部呈现为均质性的空间实体。在生态学上，斑块的最佳形状应当是一个核心区加上边界凹凸如指状的突起，呈辐射状态，最大限度与自然环境融合，使自然能够向斑块核心渗透。斑块有着不同的尺度，可以是村庄、城镇、林地、池塘、广场、山区、平原等。

斑块是景观格局的基本组成单元，自然界各种等级系统都普遍存在时间和空间的斑块化。它反映了系统内部和系统间的相似性或相异性。不同斑块的大小、形状、边界性质以及斑块的距离等空间分布特征构成了不同的生态带，形成了生态系统的差异，调节着生态过程。生态斑块包括重要的生态环境、物种活动范围和生态系统。生态斑块内部及外部的周边、边缘或形状，共同维持和形成了生态丰富性和生产力。斑块与生态环境之间通过以下2种方式进行连接：①边界或边缘连接；②通过廊道进行连接。它们保证了能量、营养物质和生物在各景观区域之间的流动。

（2）基质　也称为衬质，是景观中分布最广、面积最大、连通性最好、连续性最大、在景观功能上起控制作用的景观要素，并且也是在景观功能上起着优势作用的景观要素类型，是景观中的背景地域。环境基质是构成人类环境整体各个独立的、性质不同的而又服从整体演化规律的基本物质组分。环境基质的类型很多，常见的有森林基质、草原基质、农田基质、湖泊基质等。

（3）廊道　也称为走廊，指景观中与相邻两边环境不同的线线或带状结构，是景观中的线性要素，具有明显带状特征，如道路、河流、防风林带等。廊道在生态保护方面具有双重作用，即分离作用和纽带作用。分离作用是指廊道以不同介质的带状空间分隔景观的空间，使之形成不同的景观区域；纽带作用是指廊道具有传输载体的作用，通过廊道可以构成连续的生态环境，将处于分离状态的相对独立的空间单元进行有效的连接，使能量和物种得到交流和互换的目的。

根据实际观测表明，廊道的功能具体表现在以下5个方面：①传输通道功能，促进能量和物种的交流和互换；②具有良好的过滤和屏障功能，如防护林带能防风沙侵袭；③与基质不同的生态环境功能，廊道的特殊环境，为生物多样性提供了有利的条件；④廊道本身是一种资源，能够提供不同的生态、景观和旅游产品的功能；⑤廊道具有独特的美学价值和美学观赏功能，如河流两岸连续、优美的自然景观带。

根据廊道的起源和对于人类的作用，廊道景观的类型可以分为蓝道、绿道和灰道三类。

蓝道是指河道水系或蓝色网络状廊道，不仅指河流的水面部分，也包括沿河流分布的不同于周围基质的植被带，这是景观中最重要的廊道类型，特别是在某些生物种类迁移方面，具有其他廊道无法替代的作用，兼有物流和矿物养分输送的功能。

绿道是指森林、林荫道或绿色带状廊道，主要指以植物绿化与造景为主的线性要素，如防护林带、林荫道等。它具有较强的连续性的带状植被景观，绿道对于保护生物多样性具有非常重要的意义。

灰道是指街道或灰色线状的廊道，主要指以硬质材料铺装为主的道路和街道，这是一种对生态环境不利的建设环境。

（4）边界　边界是指城市景观生态体系各要素构成相邻系统的交界面和接触界定的区域。边界具有模糊过渡和缓冲的功能，生物群落结构复杂，是不同生态环境物种共生的区域，物种活力强、比较活跃、生态物种较丰富。边界对于环境的可持续发展，以及生物多样性的保持具有重要作用。

在分析场地生态要素方面，各国的学者专家都进行了深入探讨，并取得了显著的成果。《设计结合自然》的作者麦克哈格与其合作者提出了“千层饼”模式，其内容包括地表、地形、地下水、地表水、土壤、气候、植被、野生动物和人类。这些可视或不可视的生态要素，对场地景观的形成具有直接和间接的影响作用，是构成健康、优美的视觉景观所必须关注的环境生态因子。

作为人类高密度聚居的城市室外空间，边界的景观结构和空间形态构成了城市生态环境的重要因素。运用生态原理合理利用有限的土地资源、生态资源，对城市景观格局进行优化设计，是提高城市生态质量的有效方法。人类环境建设对生态环境的破坏主要在于割裂和切断生态环境之间的连续性，使原有的生态环境碎片化，导致局部区域内的生态物种萎缩，生态环境丧失自我修复和调节的能力。进行生态修复的一个重要措施就是建立连续、多样化的生态环境。

二、自然要素与景观设计

生态景观中的自然要素是人们感觉最为亲切的景观内容。自然要素一般由水、石、地形、植物等组成。景观设计就是充分利用这些要素的各自特性与存在方式，营造出影响人们审美的不同方式和视觉氛围，自然要素在不同的环境中形成了各自不同的景观特色。它们所构成园林景观的自然氛围是现代人追求的理想景观环境。

（一）地理气候与景观设计

城市可持续景观设计实际上是如何处理好人与自然的关系，使人类社会与环境和谐共存，并获得最佳发展条件的过程。人居环境的文化特色、地域风貌与当地气候和地理条件不可分割的关联性构成了景观的基本特征。

地理环境地理环境是指一定社会所处的地理位置以及与此相联系的各种自然条件的总和，包括气候、土地、河流、湖泊、山脉、矿藏以及动植物资源等。地理环境是能量的交错带，位于地球表层，自然环境是由岩石、地貌、土壤、水、气候、生物等自然要素构成的自然综合体。地理环境决定了景观的地域特色，并随着空间位置的不同产生丰富的景观类型。如随着纬度的不同，人们可以看到四季更替在不同区域形成的鲜明的景观季候差异。

各国的实践经验表明，结合当地的气候、地理资源条件，进行适应性的、多样化的景观设计，不仅能够表现出不同地域和文化传统特色，提高人们的生活质量，丰富人们的文化生活，而且也是吸引旅游观光活动，促进地域经济发展的有效措施。在景观设计中，应当充分发挥地域气候和地理特色，塑造出具有地域独特风格的景观。要特别注重不同气候带来的景观特色，使人们在享受季节更替带来的乐趣的同时，加深对地域气候和地理条件的理解。

（二）地形条件与景观设计

地形指的是地表各种各样的形态，具体指地表以上分布的固定性物体共同呈现出的高低起伏的各种状态。地形与地貌不完全一样，地形偏向于局部，地貌则一定是整体特征。地形是地表起伏的形态特征，是进行景观设计的主要界面之一。地表形态特征主要包括山、坡、沟、谷、平原、高地等，它不仅代表了丰富的景观现象，而且对环境的视觉质量和舒适度的影响十分显著。中国古代的“风水”理论，就非常重视对地形的考察和勘测，其内容就是对地形的相貌，以及地形给人们安居乐业的生活前景带来的影响的评估。

地形是进行可持续景观设计的基础面，是产生空间感和美感的水平要素。作为景观设计的主要界面，与天空和竖向界面相比，地形具有灵活、多样、方便的表现形式。利用地形的高低起伏来塑造空间，能够起到丰富空间层次、强化视觉和运动体验的效果。在运用地形条件进行景观设计时，着重应考虑以下 3 个方面。

（1）由地形带来地域景观特色　近年来中国的景观设计不论从数量还是品质来看都得到

了极大的提升，并影响着我们的感观和行为方式。地形是景观设计中最为基本的因素，也是景观作为一个“景”的基本骨架构成，影响着景观中其他因素的建造。地形设计是整个景观设计系统中的一个重要子系统，一个良好的地形是创造和谐的景观生态体的基础。但就目前景观设计的状况来看，许多景观项目中对于地形的设计并不合理或是没有给予足够的重视，没有从景观这个整体的角度出发来对地形进行系统设计，没有从根本上处理地形与其他景观的要素的关系，以及没有从互荣的角度去对地形进行设计。

工程实践证明，多样化的地形条件会带来丰富的景观体验。地形在材质上的区别主要表现为草地、湖泊、河流、沙地、石滩、树林、田地等。由地形变化带来植被和地面材质的丰富变化，可以创造出景观的多样性、趣味性和美观性，可以丰富人们的美学体验。在可持续景观的设计中，必须充分注意利用地形多变来创造丰富多彩的景观。

（2）处理好地形与空间的关系 地形是决定景观平面形式和人们使用方式的空间形态，地形的竖向变化会使景观更加丰富生动。 在利用地形设计时，还要考虑利用地形组织空间，创造不同的立面景观效果。充分利用地形变化可以起到强化空间，制约空间的开敞封闭程度、划分边缘范围及空间方向的作用。如利用地形高差变化达到隔离视线、噪声、人流通道的目的，创造相对独立的空间氛围，同时达到引导和营造小气候的目的。

（3）处理好地形与地表肌理的关系 水平面是室外空间的主要界面，充分利用地面进行景观和空间的形象塑造，比较容易达到较好的视觉效果。地表肌理可以分为硬质和软质两类，硬质铺装可以起到为人们提供运动、聚会和交通的作用，是人们主要的活动空间，具有较强的社会功能性。软质地面主要由草地、水面、植被、土地等材质构成，是自然要素中的重要组成部分。

不同的地形条件产生不同的地表肌理和景观形态，合理利用地形和地表肌理特征来塑造景观空间，能够达到事半功倍、生动活泼的景观效果。相对平坦的地表肌理而言，起伏的地形具有优美的视觉效果，同时也有助于增加绿化面积、改变局部区域的环境因子，改善动植物的生存环境条件，从而达到保护场地自然环境，实现生物多样化、生态环境稳定性的生态目标。地面的软硬交替、起伏错落、光线的明暗变化等，都可以通过丰富的材料、不同的肌理表现来实现。

不同地表肌理产生不同的微气候条件，每一小范围地域存在不同程度的各种微气候。这依赖于方位、风速、风向、地表结构、植被、土壤厚度和类型、湿度等方面。丰富的地形使场地充满了神秘性和可能性，这是进行景观设计的重要基础和条件。

（三）微观环境与景观设计

微观环境又称为微观物理环境或小气候，用来描述小范围内的气候变化。微观环境是指在很小的尺度范围内，各种气象要素在垂直方向和水平方向上的变化，显示出空气质量、温度、湿度、风、日照等环境要素在小范围空间内所达到的质量。这种小尺度范围的气候变化通常由以下因素引起：光照条件、地表的坡度和坡向、土壤类型和湿度、岩石性质、植被类型和高度、空气的流通、地面材质及各种人为因素。这些微小变化与建筑和开放空间的设计有直接的联系。

对于景观的感知是一种综合体验的过程，包括我们的视觉环境和非视觉环境两方面内容。例如空气的质量、空气中的湿度、风的速度，以及声音和味道等物理条件。场地内看不见的要素与可视环境有着十分密切的联系，视觉环境实际上是场地各项要素综合作用的结果。因此，充分考虑各项物理因素对场地内、外环境和景观质量的影响是非常必要的。

1. 地表形态与微观环境

地表是地理环境中与人类生存关系最为密切的部位，人类就在这一层面上进行着各项活动。地表形态是由形成地面形状的过程所组成的一个地形特征。地形变化在产生丰富的视觉乐趣的同时，也会带来局部物理环境的变化，如地形对光照、气流运动方向和速度、土壤的状况以及水环境均有显著的影响，从而进一步改变局部区域的温度、湿度、水土、植被等物理条件。

研究结果充分显示，地表形态对于气流的形成有着直接的影响作用，而室外的风对环境的舒适性的影响至关重要。丹麦著名建筑师扬·盖尔在《交往与空间》中的调查结果显示：在影响户外活动的所有要素中，大风被视为最不利的气候因素之一，它直接影响到人们参与户外活动的意愿和质量。在进行景观设计时，根据地表形态与气流的关系，可以通过对建筑物的布局及地表肌理的改造，达到控制气流、营造健康和舒适的室外环境的目的。

在进行景观设计中，结合场地特征和建设目标，充分发挥地表形态在改善场地微观气候方面的积极作用，合理营造场地的布局，使其与气候条件和人类活动相适应，最终形成与环境融合、舒适宜人的景观风貌。

2. 地表材质与微观环境

随着科学技术的发展、城市化进程的加快及大规模的城市基础设施建设的加剧，城市已成为人口最为集中的人类聚居地。人类的活动对城市环境形成了颇为显著的影响，城市园林树木绿化的要求也有别于周围乡村，因此对城市小气候环境也产生了不同寻常的影响。如何利用城市特殊的气候条件和地表材质，为城市创造良好的生存环境，最大限度地发挥其生化功能，已成为园林建设者的一项重要任务。

对不同景观调查结果表明，地表材质的构成对于场地的微观环境有着显著的影响。在景观设计中，以水面、草地、植被为地表主要材质的空间被称为软质空间，有利于形成舒适的环境小气候。如绿化覆盖率高的地表有助于降低风速、减少地表径流、降低辐射热和眩光，防止尘土飞扬，并柔化生硬的人工地面；水体的蒸发可以自然制冷降温和补充空气湿度，提高空气的质量。

地表由硬质铺装材料构成的空间被称为硬质空间，如石材、混凝土、钢材等。硬质地表吸收和散发热量较快，昼夜温差较大，容易产生光辐射、噪声等不利的环境因素。大面积的硬质铺装对生态环境会造成一定的负面影响，在不能避免硬质铺装的情况下，宜选用生态环保的材料和施工方法。如在停车场采用植草砖，道路和广场可采用透水混凝土或透水砖等生态环保材料。

（四）植物环境与景观设计

植物环境构成了大部分地域环境内主要的景观要素，植被特色可以直接反映地域的自然风貌。植物对人类赖以生存的地球环境，尤其是对城市环境有着非常重要的影响。植物是生态的重要组成部分，也是最常见的景观材料。归纳起来，植物对于人类具有如下作用。

（1）利用光能，制造氧气　据估算，地球每年入射太阳光能5.4×10^{24}J，绿色植物年固定太阳能大约为5×10^{21}J；这些能量就是地球包括人类和各种动物在内的所有异养生物赖以生存能量基础。此外，每公顷森林和公园绿地，夏季每天分别释放750kg和600kg的O_2，全球绿色植物每年放出的O_2总量约为1000多亿吨。

（2）固定CO_2，合成有机物　每公顷森林和公园绿地，每天可分别吸收固定1050kg和900kgCO_2。地球全部植物每年净生产有机物约（1500～2000）×10^8t。据有关统计资料，100年前地球空气中CO_2的浓度为0.028%，而现在的浓度为0.036%，CO_2浓度加速升高，温室效应将使海平面上升，导致多种自然灾害频发。

（3）防风固沙，加速降尘　在风害区营造防护林带，风速可降低30%左右；有防护林带的农田比没有的要增产20%左右。森林的叶面积总和可达它占地面积的75倍，一棵成形的白皮松大约拥有针叶660万个，一棵成年椴树的叶总面积在30000m^2以上。大的叶面积和叶片上的毛状结构对尘埃有很大吸附作用。据测算，在绿化的街道上，空气中的含尘量要比没有绿化的地区低56.7%；草地上空的粉尘量只有裸露地的1/6～1/3。

（4）保持水土，涵养水源　在林木茂盛的地区，地表径流只占总雨量的10%以下；平时一次降雨，树冠可截留15%～40%的降雨量；枯枝落叶持水量可达自身重量的2～4倍；每公顷森林土壤能蓄水640～680t；5万亩森林相当于100×10^4m^3储量的水库。观测发现森林覆盖率30%的林地，水土流失比无林地减少60%。

（5）调节气候，增加降水　森林上空的空气湿度比无林区高10%～25%，比农田高5%～10%。而夏天绿地中地温要比广场中白地低10～17℃，比柏油路低12～22℃；冬季草坪地表平均气温要高3～4℃。森林能使降水量平均增加2%～5%。林地的降雨量比无林地平均高16%～17%。

（6）吸收毒物，杀灭病菌　每公顷柳杉林每月约可吸收60kg的SO_2，每公顷刺槐林和银桦林每年可吸收42kgCl_2和12kg的氟化物。通常在污水暂存池放养小球藻48h，被净化的污水可用于农田灌溉；1hm^2凤眼莲一昼夜能从水中吸收锰4kg、钠34kg、汞89g、铅104g等。现已发现有300多种植物能分泌出挥发性的杀菌物质，1亩松柏林每天可分泌2kg杀菌素，新鲜的桃树叶可驱杀臭虫，黄瓜的气味可使蟑螂逃之夭夭，洋葱和番茄植株可赶走苍蝇，木本夜来香或罗勒能驱蚊。

（7）指示植物，监测环境　利用敏感度高的植物可监测大气污染及污染物质。空气中SO_2浓度达到（1～5）×10^{-6}时，人才能闻到气味，而紫花苜蓿在0.3×10^{-6}时就会出现症状。唐菖蒲对氟化物特别敏感，用它可监测磷肥厂周围大气的氟污染。

（8）减弱噪声，利人健康　试验结果证明，1.5kg TNT炸药的爆炸声，在空气中能传播4km，而在森林中只能传播40m。10m宽的林带可降低30%噪声；250m^2草坪可使声音衰减10dB；据测定，城市公园的成片树林可减低噪声26～43dB，绿化的街道比没有绿化的减少10～20dB；沿街房屋与街道之间，留有5～7m宽的地带种树绿化，可以减低车辆噪声15～25dB。

（9）五颜六色，美化生活　植物是绿化美化城乡的最佳材料。五颜六色的植物花朵、许多植物散发的芳香，给人以赏心悦目、心旷神怡的感觉。例如菊花的香味对头痛、头晕和感冒均有疗效。绿地和森林里的新鲜空气中含有丰富的负氧离子，负氧离子能给人以清新的感觉，对肺病有一定治疗作用。此外，环境绿化好的地方，事故发生率减少40%，工作效率可提高15%～35%。优美的环境还能极大地激发人的创造和创作灵感。

（五）水的形态与景观设计

水与自然万物有着极其密切的关系。水是人类生存主要依赖的自然条件，具有饮用、洗涤、灌溉、养殖、运输、消防、改善微气候条件等用途。水是无色、无味、无固定形态的自然元素，具有气态、液态和固态三种物理状态。由于水具有上述物理特征，从而决定了水是变化丰富的、富于创造力的景观元素。水的魅力主要表现在以它多变的物理状态，通过视觉、听觉和触觉为人们所感受。

水是人类心灵的向往，人类自古喜欢择水而居。在城市各类水景规划设计中，水景已占据非常重要的地位，它具有水固有的特性和多样的表现形式，非常容易与周围景物形成各种关系。同时具有灵活、巧于因借等特点、能起到组织空间、协调水景变化的作用、更能明确游览路线、给人明确的方向感。因此，认真分析水景的特性，明确水景的作用，了解水景的设计形式，利用水景和各种景观元素的关系，以表达景观设计的意图，是值得景观设计人员耗费精力去追求、探讨的课题。

根据古今中外的实践经验，水景设计主要包括 3 个方面的基本内容，即生态设计、观赏设计与体验设计。可根据不同的环境和气氛要求进行水形态设计，以达到活跃环境气氛、调节空间形态、改善小气候和生态环保的目的。水不仅是具有观赏性的和能够提供互动体验的景观要素，更是具有生态作用的景观要素。众多工程实践证明，以生态设计为目标的水景观设计，可以为场地带来独特的动态景观、植物景观和丰富的生态环境，提供多样化的体验空间，因此多样化的水景观设计是生态保护和创造亲水环境的重要环节。

1. 水景观的主要形态

亲水是人们的天性，水体的开发利用不仅可以营造“诗情画意”的景观效果，并且也能运用一定手段去拓展空间，延伸、引导空间，用设计师的创意理念去丰富景观环境内容，达到活化空间、创造情意的效果。水景观是城市景观设计构成的重要组成部分，水的形态不同，则构成的景观也不同。在城市水景观设计中常见的形式有水池、瀑布、泉源、渊潭、溪涧、濠濮、水景缸、水滩等。

（1）水池　园林中常以天然湖泊作水池，尤其在皇家园林中，此水景有一望千顷、海阔天空之气派，构成了大型园林的宏旷水景。而私家园林或小型园林的水池面积较小，其形状可方、可圆、可直、可曲，常以近观为主，不可过分分隔，故给人的感觉是古朴野趣。宋朱熹诗句“半亩方塘一鉴开，天光云影共徘徊；问渠哪得清如许，为有源头活水来”道出了庭园水池之妙，极富哲理。

（2）瀑布　瀑布在园林中虽用得不多，但它特点鲜明，即充分利用了高差变化，使水产生动态之势。如把石山叠高，下挖成潭，水自高往下倾泻，击石四溅，飞珠若帘，俨如千尺飞流，震撼人心，令人流连忘返。

（3）泉源　泉源之水通常是溢满的，一直不停地往外流出。古有天泉、地泉、甘泉之分。泉的地势一般比较低下，常结合山石，光线幽暗，别有一番情趣。游人缘石而下，得到一种“探源”的感觉。

（4）渊潭　潭景一般与峭壁相连。水面不大，深浅不一。大自然之潭周围峭壁嶙峋，俯瞰气势险峻，有若万丈深渊。庭园中潭之创作，岸边宜叠石，不宜披土；光线处理宜荫蔽浓郁，不宜阳光灿烂；水位标高宜低下，不宜涨满。水面集中而空间狭隘是渊潭的创作要点。

（5）溪涧 溪涧的特点是水面狭窄而细长，水因势而流，不受拘束。水口的处理应使水声悦耳动听，使人犹如置身于真山真水之间。

（6）濠濮 濠濮是山水相依的一种景象，其水位较低，水面狭长，往往能产生两山夹岸之感。而护坡置石，植物探水，可造成幽深濠涧的气氛。

（7）水景缸 水景缸是用容器盛水作景。其位置不定，可随意摆放，内可养鱼、种花以用作庭园点景之用。

（8）水滩 水滩的特点是水浅而与岸高差很小。滩景结合洲、矶、岸等，潇洒自如，极富自然。

除上述类型外，随着现代园林艺术的发展，水景观的表现手法越来越多，如喷泉造景、叠水造景等，均活跃了城市景观空间，丰富了景观内涵，美化了景观的景致。

现代水景住区自20世纪90年代在欧美开始流行以来，这股流行浪潮很快就影响到中国，蔓延到广州、深圳、上海、北京等内陆城市。近年来，由于生活节奏的加快、建筑的高度密集、环境的严重污染，城市居民更加渴望能够与纯朴自然、亲切优美的湖光水色零距离接触并朝夕相处。因此，住区水景设计也就得到了极大的发展。如新兴城市深圳由于地理位置优越，区内山、湖资源丰富，气候湿热，经济发达，为水环境设计与建设提供了极其便利的条件，其设计达到了较高的水平。

2. 水景观的基本特征

水景观设计可以分为静态水景和动态水景两种基本形态。水景观的形态不同，它们的基本特征也不相同。

（1）静态水景的基本特征 静态水景是相对而言，静态水景只是说明它本身没有声音、很平静。这些都是人的视觉、听觉的主观感受。静态的水虽无定向，看似静谧，却能表现出深层次的、细致入微的文化景观。静水能反映出周围物象的倒影，增加空间的层次感，给人以丰富的想象力。在色彩上，静水能映射出周围环境的四季景象，表现出时空的变化；在风的吹拂下，静水会产生微动的波纹或层层的浪花，表现出水的动感；在光线的照射下，静水可产生倒影、逆光、反射等，这一切都能使水面变得波光晶莹，色彩缤纷。

城市园林风景中的静态水面，大者如武汉东湖、杭州西湖、北京昆明湖，小者如一池一潭。中国传统园林中的静态水景设计，首先是着眼于其载体的形式，如一池三山、四渎四海，有源有流，有聚有散，然后加以动态的利用，如观鱼游、蛙泳、观水草、赏荷、造影等。而外在的自然因素如风也可使之变为动态，如“风乍起，吹皱一池春水”，由此而产生那些富有观赏性、象征性、文化性、哲理性的人文精神的内涵。

（2）动态水景的基本特征 动态水景在视觉和音响上具有较高的吸引力，尤其是某些类型的动态水可以与人形成良好的互动关系，在夏季营造出趣味性的、更舒适的环境可以吸引孩童游戏其中。水的形态塑造具有多种可能性，而水的声音则可以用来屏蔽环境内的噪声，有利于创造一个令人愉悦的环境氛围。因此，有水的环境总是能够以其勃勃生机，吸引人们在此聚集，进行各种游憩、休闲活动。

动态性的水景观有丰富的形态表现，有各种形态的泉、瀑布、跌水、小溪、水渠等形式。设计效果良好的动态水景，产生的声响可以使喧嚣的城市显得宁静，就如“蝉噪林愈静，鸟鸣山更幽”所说的一样，这种有节奏持续不断的声音有别于突兀无规律的噪声，不会让人产生厌烦，反而使小区的景观更加富有情趣、生动。

（六）声音环境与景观设计

“声音景观”概念最早由加拿大作曲家谢弗（R.Murray Schaafer）于1968年提出，是“一种强调个体或社会感知和理解方式的声音环境”，是指人类世界中自然声环境和人为声环境的组合。“声音景观”概念提出之后，各国学者相继开展了研究。国内的声音景观研究起步于20世纪90年代，王季卿1999年发表的《开展声的生态学和声景研究》，开创了国内声音景观研究的先河。随着社会生活的发展，声音景观概念逐渐深入人心，声音景观研究在景观设计、声学设计、生态保护、文物保护、音乐传播等方面的应用价值日益体现。但是声音景观研究还有巨大的研究空间，在实践中还有很多的问题值得我们去挖掘、探讨。

声音景观是一门新的学科，从其诞生到现在只有40多年的历史。时至今日，它的一些基本概念和理论尚在探讨之中，环境学、景观学、生态学等各个学科的学者也尚未在相关的定义、标准、评价方法等方面取得共识和定论。尽管如此，它还是给环境中声学的研究注入了新的活力。

声音被分为有益的声音和有害的声音。有益的声音能够使人心情平静、愉悦、得到放松，促进身心健康；有害的声音，则被称为噪声。现代医学专家指出，噪声是造成听觉损害的主要原因，并可以导致神经质、高血压和紧张感。声音具有良好的引导作用，能够吸引人们去寻找和探索，对人的生理产生较大的影响，进而可调节人的情绪。工程实践充分证明，通过设置声音设施，建立人与声音的互动关系，可作为一种直观的体验式设计，好的声音能够丰富人的知觉体验、愉悦人的情绪、激发创造力。

《中华人民共和国环境噪声污染防治法》中规定：“环境噪声污染，是指所产生的环境噪声超过国家规定的环境噪声排放标准，并干扰他人正常生活、工作和学习的现象。”环境噪声污染是一种能量污染，与其他工业污染一样，是危害人类环境的公害。环境中的声音设计以屏蔽噪声，营造有益的声音环境为主要目的。

噪声的处理方法主要有以下三种：一是增加与噪声源的距离；二是阻隔噪声的通道；三是采取措施吸收噪声。采用构筑物来阻隔声源，利用植被吸收和削弱噪声，利用动态的水声屏蔽噪声，这些都是营造良好声音环境的有益手法，有益于塑造具有鲜明个性特征的景观环境。

第三节　景观设计的原则与方法

景观一般是指某地区或某种类型的自然景色，同时也指人工创造的景观，常指自然景色、景象。景观不仅是人类观赏的空间，而且还是供人们使用和体验的空间，景观的美学质量高低，更多地取决于人们根据在景观中的动态体验而形成的综合评价。

一、景观设计的原则

在现阶段的社会发展之中，生态学已经拓展到人类生活的诸多方面，遍布城市建设的大街小巷，而且也越来越受到人们的重视和认可。特别是从工业革命以来，伴随着生态危机的不断加剧，各地环境污染等问题不断涌现，造成了巨大的经济损失，同时也给人们生活和生产带来了影响。在目前的人类生活中，水土流失、沙尘暴、水资源危机、大气破坏、温室效应和臭氧层破坏等都属于生态环境问题，也都是由人类生活对生态环境破坏而引起的。因此在今天的社会发展中，如何按照景观设计应遵循的原则和方法进行景观设计，加强生态设计的力度是十分重要的，是实现可持续发展战略的主要途径和方法。

（一）生态可持续原则

当今，生态可持续发展已成为人类面向未来社会的必然选择。作为人类社会发展史上一次深刻的革命，从理论的诞生、发展、形成到实际的实施，它牵涉一系列包括环境、经济、社会、技术等大学科体系下诸多相关学科的共同参与。生态学作为最早提出可持续发展概念和积极参与实施的先驱者之一，在目前的社会历史条件下正面临前所未有的挑战和发展机遇，其不断发展成熟的生态学原理对人类社会的可持续发展起着越来越重要的促进作用。

生态可持续原则是指生态系统受到某种干扰时能保持其生产率的能力。资源的持续利用和生态系统可持续性的保持，是人类社会可持续发展的首要条件，可持续发展要求人们根据可持续性的条件调整自己的生活方式，在生态可能的范围内确定自己的消耗标准。可持续性原则的核心是人类的经济和社会发展不能超越资源与环境的承载能力，平衡人类社会发展与地球自然环境之间的关系，是景观设计和实施中要解决的核心问题之一。通过科学系统的景观生态设计，达到资源保护、资源再生、资源再利用的可持续发展目标。

1. 资源保护

环境资源是人类赖以生存和发展的基础。近年来，随着世界经济的高速发展，各国环境资源问题日益突出。我国的环境问题亦日渐突出，经济发展与环境保护二者的协调需要加强。我国环境与资源保护立法还处于综合防治阶段，没能处理好人口、资源、环境与发展之间的关系，建立符合生态规律的生产方式和生活方式，全面调整社会与环境的关系，树立可持续发展的总体战略。

资源问题产生的原因是多方面的，大致可分为：原生环境问题和次生环境问题两类。由自然力引起的为原生环境问题，也称第一环境问题，如火山喷发、地震、洪涝、干旱、滑坡等引起的环境问题。由于人类的生产和生活活动引起生态系统破坏和环境污染，反过来又危害人类自身的生存和发展的现象，为次生环境问题，也叫第二环境问题。次生环境问题包括生态破坏、环境污染和资源浪费等方面。目前人们所说的环境问题一般是指次生环境问题。

在进行室外景观设计时，对于具有重要生态作用的景观应进行生态保护性建设，恢复区域内的自然生态环境，使景观处于良性发展状态，促进城市生态质量的提升。例如河流的防治污染和净化工程，不仅有利于城市生态环境的良性发展，更为城市居民创造了健康的绿色开敞空间。

2. 资源再利用

随着我国经济的高速发展和工业化进程的不断深入，日益严重的环境污染和资源能源危机已经对人类的生存和社会的发展构成威胁。各国经验充分证明，大力推行资源再利用，实现生态工业和循环经济，已成为综合解决资源、环境和经济发展的一条有效途径。

在城市化快速推进的进程中，新城建设和旧城改造，必然存在大量的建筑和城市空间面临功能转换的问题。合理利用废弃场地和建筑进行功能及生态改造，使其适应现代城市功能和居民的生活需求。如工业景观的改造和再利用，使原有的景观历史记忆得以延续，使人们对城市历史的发展和场地文脉有直观的认识。

3. 资源再生

人类可利用的资源可分为两类：一是不可再生资源；二是可再生资源。再生资源是可再生资源的一种，就是在人类的生产、生活、科学、教育、交通、国防等各项活动中被开发利用一次并报废后，还可反复回收加工再利用的物质资源，这种再生资源包括以矿物为原料生产并报废的钢铁、有色金属、稀有金属、合金、无机非金属、塑料、橡胶、纤维、纸张等。

在自然系统中，利用生态原理和生态措施进行景观规划设计，以实现两个生态目标的过程：一是将废物变为资源，取代对原始自然材料的需求；二是避免将废物转化为污染物。通过上述途径，在受人类影响的地区，以自然保护和生态再生的方法，使一些遭受破坏的地区生态环境得以恢复。

为实现景观生态可持续原则，根据当地的环境特点，景观生态设计主要采用的设计手法有自然式设计、乡土化设计、保护性设计、恢复性设计、整体性设计等。通过上述途径，在受人类影响的地区，以自然保护和生态再生的理论与方法，使一些遭受破坏的地区生态环境得以恢复。

（二）以人为本的原则

坚持以人为本的原则，就是要以实现人的全面发展为目标，从人民群众的根本利益出发谋发展、促发展，不断满足人民群众日益增长的物质文化需要，切实保障人民群众的经济、政治和文化权益，让发展的成果惠及全体人民。以人为本是科学发展观的核心，是中国共产党人坚持全心全意为人民服务的党的根本宗旨的体现。

体现在景观设计中的以人为本原则，必须先认识和了解人性，尊重人的生活、工作和休闲方式，并以此为出发点，从使用者的角度来协调场地内的各种关系，塑造特色鲜明、舒适健康的室外环境。室外空间是人们进行休闲游憩、运动健身以及开展多种多样社会交往活动、体验自然乐趣的重要场所，提供必要的场地和环境设想能够鼓励人们参与户外活动，促进人与自然、人与社会的和谐发展。

环境心理学认为，人在景观环境中的行为可以归纳为四个层次的需求，即生理、安全、交往、实现自我价值的需求。安全性、交往性、舒适性和便捷性是人性化空间设计的基本要求。景观空间的人性化特征，主要反映在空间的亲和度、景观特色、生态质量及文化意义上，它应当是功能完善、形象协调，具有吸引力和情感价值的空间。

以人为本的景观设计原则即人性化景观设计的原则，这是人类在改造世界过程中一直追求的目标，是景观设计发展的更高阶段，是人们对景观设计师提出的更高要求，是人类社会进步的必然结果。人性化景观设计是以人为轴心，注意提升人的价值、尊重人的自然需要和社会需要的动态设计哲学。在以人为中心的问题上，人性化景观设计的考虑也是有层次的，以人为中心不是片面地考虑个体的人，而是综合地考虑群体的人，包括社会的人、历史的人、文化的人、生物的人、不同阶层的人和不同地域的人等，考虑群体的局部与社会的整体结合，社会效益与经济效益相结合，使社会的发展与更为长远的人类的生存环境的和谐与统一。也就是说，以人为本的景观设计只有在充分尊重自然、历史、文化和地域的基础上，结合不同阶层人的生理和审美需求，才能体现设计以人为本理念的真正内涵。因此，以人为本的景观设计原则应该是站在人性的高度上把握设计方向，以综合协调景观设计所涉及的深层次问题。

（三）传承和发展文化原则

中国古典园林受中国传统思想影响非常大，特别是儒家思想贯彻始终。但是由于现代社会与过去的断层，中国传统文化在当今社会受到了很深的撞击，特别是当今的园林设计已经很难见到古典园林的韵味。当前最为紧迫的便是在景观设计中继承并发展我们固有的传统文化，使新的中国园林能继续傲立于世界园林之林。

不同的哲学理念、文化传统及科学技术成果的运用，直接影响了人类室外园林、景观的面貌。各种景观都是观念的产物，是一种文化现象。它是物质和精神的统一体，是被人类赋予了情感和审美的文化符号。丰富的文化现象为景观赋予了更多的意义和乐趣。因此，具有较高艺术价值的景观作品，能够表现出一种文化的意境，反映出人类的文化底蕴。现代的景观规划设计，更是一种融汇历史、体现时代特色、具有较高审美价值的精神产品，反映了人类社会的文化、道德、科学、艺术发展的成就。

景观的文化特征表现为地域性、民族性、历史性和艺术性。不同的园林和景观风格反映了不同地区、不同民族在特定历史时期的社会发展状况与文化特色。欧式园林主要有规整式的意大利台地园和英国式的风景园之分，一般认为意大利台地园是较早发展起来的，因为意大利半岛三面濒海而又多山地，所以它的建筑都是因其具体的山坡地势而建的，它前面能引出中轴线开辟出一层层台地，分别配以平台、水池、喷泉、雕像等；然后在中轴线两旁栽植一些高耸的植物如黄杨、杉树等，与周围的自然环境相协调，当意大利台地园传入法国后，因法国多平原，有着大片的植被和河流、湖泊，因此该风格的园林则设计成平地上中轴线对称整齐的规则式布局。在欧式风格的景观中，更兴盛的是英国的风景式自然树丛及草地，它讲究借景与园外自然环境的融合，并且重视花卉的应用，尤其在形态、色彩、香味、花期和栽植方式上，因而它表现出以花卉配置为主要内容的花园及以某种花为主题的专类园如“玫瑰园”、“百合园”等。因此，欧式风格的园林常表现出成片草坪，孤立树或成片花径的美景。

现代景观规划设计对文化的继承与发展，不仅关注历史文化传统和地或特色的表现，更融入了生态科学的理念，表现出生态文化的特色。如沈阳建筑大学的景观规划设计，以稻田中的大学校园的景观形象，表达了对当地历史悠久的传统农耕文化、传统土地利用方式的尊重，没有生硬地割断历史，而是巧妙地发挥和利用其独特的校园景观，是对地域历史文脉的继承，赋予校园环境鲜明的生态和地域特色，起到潜移默化的教育作用。

中国传统景观设计追求的是人与自然的和谐统一，它包含了中华民族悠久、独特、优秀的艺术元素。我们应比较、借鉴国外设计理念和方法，做到“中为体、外为用”，更好地传承中国传统文化。科学是景观设计的“敲门砖”，具有中国特色的综合性专业知识才是我们的“看家本领”。的确，只有保证我国优良的特色，不丢失、不抛弃优秀传统文化，将其继承并发展下去，我们才有与西方不同，与西方相媲美的东西。无论我们将西方的景观设计手法学得多么的出众，我们所做出来的景观总是缺少一定的深度。我们很难并且不能将西方的文化全盘学习，西方景观设计中蕴含其特有的西方文化，因此我们所做的只能，并且一定要融入自己的文化，这才是最好的出路。

（四）景观视觉美学的原则

景观视觉美学是指景观视觉的美学价值对人的影响。景观视觉美学评价的目的是针对开发活动对景观可能造成的美学影响程度做出预测，由于缺乏统一的评价标准和方法，景观的视觉美学评价带有很大的主观性，受许多因素的影响。主要的有时间因素、空间因素和主体因素。不同的观赏位置对景观的审美评价是不同的，因为景观是立体存在于三维空间的实物。观赏距离将景观分为近景、中景、远景。近景是靠近观景点所看到的景物，或按人的尺度、人的视野所看到的景物。中景是离观景点较远的位置所看到的景物，是一种比较客观的观赏方式。远景是远离观景点所看到的景物，在大视野内观赏到的景物及其周围的环境。

景观视觉美学的基本规律主要包括对比、重复、节奏与韵律、平衡、强调与概括、比例与尺度、多样与统一。

(1) 对比　在景观设计中采用对比是一种常见的设计手段，如明与暗、拙朴与精致、软与硬、几何形与有机形、内与外、实与虚、动与静、光滑与粗糙等。各种对比关系的并置在一起，可以产生丰富的视觉变化，从而引起人们的关注和思考。

(2) 重复　在景观设计中，相同元素的反复出现，有利于形成和谐统一的环境，在景观空间的同视角下，产生的空间渐变韵律，有利于形成视觉上的统一和秩序感，这样的重复也会产生一种美感。

(3) 节奏与韵律　景观连续地重复和变化会产生视觉上的节奏，类似音乐的旋律和节奏感，形成视觉韵律和作品构图的基调，有助于游览者把对景观作品的理解和感觉统一起来。

(4) 平衡　景观视觉上的平衡能够满足人们内心对秩序的渴求。景观的平衡意味着稳定与和谐。动态的平衡能够为景观作品带来运动感。在景观设计中，平衡又可分为对称平衡和不对称平衡两种类型。

(5) 强调与概括　在景观构图中强调支配地位与从属地位的区别，通过对比手法实现突出主题的作用，能够形成简洁明快的视觉节奏感。

(6) 比例与尺度　比例与尺度是指景观作品各部分之间的大小关系。合适的比例使得构图中的要素与整体之间产生和谐的关系。在自然和人工环境中，具有良好功能的物体都有着良好的比例关系。比例完美的景观更容易吸引人们的注意力。完美的比例关系有助于产生整体的节奏美感，也更符合自然的美感，使观赏者能够从中体验到一种平和、优美的审美愉悦。具有良好视觉效果的比例有黄金分割比、整数比、平方根矩形等。

(7) 多样与统一　多样性通常表现为丰富的视觉元素构成的视觉环境，具有丰富、多变的视觉效果，需要处理好各元素及其组合之间的主次、大小和比例关系，以构成丰富生动、统一和谐的视觉环境。

二、景观环境规划设计

景观环境规划设计是指在区域范围内进行的景观规划设计，也是从区域的角度、区域的基本特征和属性出发进行的景观规划设计。现代景观规划设计包括视觉景观形象、环境生态绿化、大众行为心理 3 个方面的内容。

(1) 视觉景观形象是大家所熟悉的主要从人类视觉感受要求出发，根据美学规律、利用空间实体景观研究如何创造赏心悦目的环境形象。

(2) 环境生态绿化是随着现代环境意识运动的发展而深入景观规划设计的内容。主要是从人类的生态感受要求出发，根据自然界生物学原理，利用阳光、气候、动植物、土壤、水体等自然和人工材料，研究如何创造令人舒服的良好的物理环境。

（3）大众行为心理是随着人口增长、现代文化交流以及社会科学的发展而注入景观环境设计的现代内容。主要是从人类的心理精神感受需求出发，根据人类在环境中的行为心理乃至精神活动的规律，利用心理文化的引导，研究如何创造使人赏心悦目、浮想联翩、积极上进的精神环境。

视觉景观形象、环境生态绿化、大众行为心理三元素对于人们景观环境感受所起的作用是相辅相成、密不可分的。通过以视觉为主的感受通道、借助于物化的景观环境形态，在人们的行为心理上引起反应，即所谓鸟语花香、心旷神怡、触景生情、心驰神往。这也就是中国古典园林中物境、情境、意境一体三境的综合作用。

（一）风景环境的保护

生态环境的保护和生态基础设施的维护是风景环境规划建设的初始和前提。可持续景观环境规划设计的目的是维护自然风景生态系统的平衡，保护自然物种的多样性，保证资源的永续利用。景观环境规划设计应遵循生态优先的原则，以生态保护作为风景环境规划设计的第一要务。风景环境为人类提供了生态系统的天然“本底”。有效的风景环境保护可以保存完整的生态系统和丰富的生物物种及其赖以生存的环境条件，同时还有助于保护和改善生态环境，保护地区内的生态平衡。

根据对象的不同，风景环境的保护可以分为两种类型：第一类是保护相对稳定的生态群落和空间形态；第二类是针对演替类型，尊重和维护自然的演进过程。

1．保护地带性生态群落和空间形态

生态群落在特定的空间和特定的生境下，若干生态种群有规律的组合，它们之间以及它们与环境之间彼此影响、相互作用，具有一定的形态结构和营养结构，执行一定的功能。生态群落的稳定性，可以分为群落的局部稳定性、全局稳定性、相对稳定性和结构稳定性四种类型。稳定的生态群落，对外界环境条件的改变有一定的抵御能力、适应能力和调节能力。生态群落的结构复杂性决定了物种多样性，也由此构成了相应的空间形态。风景环境保护区不仅保护了生态群落的完整，维护了生物群落结构和功能的稳定，同时还能有效地对特定的风景环境空间形态加以保护。

要切实保护生态群落及其空间形态应当做到以下两个方面。一方面，要警惕生态环境的破碎化。尊重场地原有的生态格局和功能，保持周围生态系统的多样性和稳定性。对区域的生态因子和物种生态关系进行科学的研究分析，通过合理的景观规划设计，严格限制不符合要求的建设活动，最大限度地减少对原有自然环境的破坏，保护场地内的自然生态环境及其内部的生态环境结构的组成，协调场地生态系统以便保护良好的生态群落，使其更加健康地发展。另一方面，要防止生物入侵对生态群落的危害。生物入侵是指生物由原生存地经自然的或人为的途径侵入到另一个新的环境，对入侵地的生物多样性、农林牧渔业生产以及人类健康造成损失或生态灾难的过程。生物入侵会造成当地地带性物种的灭绝，使得生物多样性丧失，从而导致原有空间形态遭到破坏。在自然界中，生物直接入侵的概率很小，绝大多数生物入侵是由于人类活动直接或间接影响造成的。

2．尊重自然演替的进程

随着时间的推移，生物群落中一些物种侵入，另一些物种消失，群落组成和环境向一定方向产生有顺序的发展变化，称为演替。主要标志为群落在物种组成上发生了变化；或者是在一定区域内一个群落被另一个群落逐步替代的过程。群落演替是指当群落由量变的积累到产生质变，即产生一个新的群落类型，群落演替总是由先锋群落向顶极群落转化。沿着顺序阶段向顶极群落的演替称为顺向演替。在顺向演替过程中，群落结构逐渐变得比较复杂。反之，由顶极群落向先锋群落的退化演变称为逆向演替。逆向演替的结果使生态系统出现退化，群落结构逐渐变得比较简单。保护自然的进程，是指在风景环境中对于那些特殊的、有特色的演替类型加以维护的措施。这类演替形式往往具有一定的研究和观赏价值。因此我们应尊重自然群落的演替规律，减少人为的干扰和破坏，不过度改变自然恢复的演替序列，尽最大努力保持自然特性。

景观环境中大量的人工林场，在减少或排除人为干预后，同样也会具备自然的属性，亚热带、暖温带大量的人工纯林逐渐演替成地带性的针阔混交林是最具说服力的案例。以南京的紫金山为例，在经历太平天国、抗日战争等战火后，至民国初年山体植被严重毁坏。为保护和恢复紫金山的植被，人们开始有选择地恢复人工纯林，以马尾松等强阳性树种为主作为先锋树种。随后在近百年的时间里，自然演替的力量与过程逐渐加速，继之是大面积地恢复壳斗科的阔叶树，尤以落叶树为主。近30年来，紫楠等常绿阔叶树随着生态环境条件的变化，在适宜的温度、湿度和光照的条件下迅速恢复。随着自然演替的进行，次生群落得以慢慢恢复。由此可见，人与自然的关系往往呈现出一种“此消彼长”的二元对立局面。

3. 科学划分保护等级

（1）保护原生植物和动物，首先应当确定那些重点保护的栖息地斑块，以及有利于物种迁移和基因交换的栖息地廊道。通过对动物栖息地斑块和廊道的研究与设置，尽可能将人类活动对动植物的影响降到最低点，以保护原有的动植物资源。为了加强生态环境保护的可操作性和景区建设的管理，将生物多样性保护与生物资源持续利用有效结合，可以将景区划分为生态核心区、生态过渡区、生态修复区和生态边缘区4个保护等级。

1）生态核心区。生态核心区是指生态保护中的生态廊道和景观特色关键且具有标志性作用的区域。主要包括重点林区以及动植物栖息的斑块和廊道。该区域严格控制人为建设与活动，尽可能保持生态系统的自然演替，维护基因和物种多样性。

2）生态过渡区。生态过渡区是指生态保护和景观特色有重要作用的区域，是两个或者多个群落之间或生态系统之间的过渡区域，又称为生态过渡带、生态交错带、生态交错区或群落交错区，如森林和草原之间有一森林草原地带；软海底与硬海底的两个海洋群落之间存在过渡带。生态过渡区包括一部分原生性的生态系统类型和由演替系列所占据的受过干扰的地段，如人工林、山地边缘、大部分农业种植区和水域等。该区域应控制建设规模与项目数量，保护与完善生态系统。

3）生态修复区。生态修复区是指生态资源和景观特色需要恢复保护的区域。所谓生态修复是指停止对生态系统人为干扰，以减轻负荷，依靠生态系统的自我调节能力与自我组织能力使其向有序的方向进行演化，或者利用生态系统的这种自我恢复能力，辅以人工措施，使遭到破坏的生态系统逐步恢复或使生态系统向良性循环方向发展。针对该区域基地现状生态系统特征，有计划地加以恢复自然生态系统。

4）生态边缘区。生态边缘区是指受外界影响较大，生态因子欠敏感地带。这个区域主要分布在基地外围及道路边缘地区。该区域可以结合功能的要求，适当建设相应的旅游活动区域与服务设施，满足游人的使用要求，完善景观环境。

（2）风景区生态环境网络与廊道建设　景观破碎度是指自然分割及人为切割的破碎化程度，即景观生态格局由连续变化的结构向斑块嵌块体变化过程的一种度量。景观破碎度是衡量景观环境破碎化的主要指标，也是风景环境规划设计先期分析与后期设计的重要因子。在景观规划设计中应注重景观破碎度的把握，建立一个大保护区比相同总面积的几个小保护区具有更高的生态效益。

不同景观破碎度的生态环境条件会带来差异化的景观特质。单个的保护区只是强调种群和物种的个体行为，并不强调它们相互作用的生态系统；单个保护区不能有效地处理保护区连续的生物变比，它只重视在单个保护区内的内容，而忽略了整个景观环境的背景；针对某些特殊生态环境和生物种群实施保护，最好设立若干个单个保护区，且相互间距离越近越好。为了避免生态环境系统出现“半岛效应”，自然保护区的形态以近圆形为最佳。当保护区局部边缘破坏时，对圆形保护区中实际的影响很小，因为保护区都是边缘；而矩形保护区中，局部边缘生态环境的丢失将影响到保护区核心内部，减少保护的面积。在各个自然景区之间建立廊道系统，可以满足景观生态系统中物质、能量、信息的渗透和扩散，从而有效提高物种的迁入率，非常有利于生态环境的保护。

（二）风景环境的规划设计策略

在人居环境系统日益复杂、生态环境恶化的今天，生态风景学科肩负着艰巨的责任。然而由于种种原因，生态风景环境规划设计的策略，已经落后于时代。生态风景规划设计学科的困境和最新的发展，充分证明了采用生态风景规划设计策略，是风景环境规划设计的必由之路。

（1）融入风景环境之中　在风景环境中，自然因素占据主导地位，自然界在其漫长的演化过程中，已形成了一套自我调节系统以维持生态平衡。其中土壤、水环境、植被、小气候等，在这个系统中起着决定性作用。风景环境规划设计通过与自然的对话，在满足其内部生物及环境需求的基础上，融入人为过程，以满足人们的需求，使整个生态系统形成良性循环。自然生态形成都具有其自身的合理性，是适应自然发展规律的结果。

一切景观建设活动都应当从建立正确的人与自然关系出发，做到尊重自然，保护生态环境，尽可能少地对环境产生负面影响。人为因素应当秉承最小干预的原则，通过最少的外界干预手段，达到最佳的环境营造效果，将人为过程转变成自然可以接纳的一部分，以求得与自然环境有机融合。实现可持续景观规划设计的关键之一，就是将人类对这一生态平衡系统的负面影响控制在最低程度，将人为因子视为生态系统中的一个生物因素，从而将人的建设活动纳入到生态系统中加以考察。生态观念与中国传统文化有类似之处，生态学在思想上表现为尊重自然、尊重发展规律，在方法上表现为整体性和关联性的特点。中国传统文化中的“天、地、人”三者合一的观念，就是从环境的整体观念去研究和解决问题。

景观的规划设计作为一种人为过程，不可避免地会对景观环境产生不同程度的干扰。可持续景观规划设计实际上就是努力通过恰当的设计手段，促进自然系统的物质利用和能量循环，维护和优化场地的自然过程与原有生态格局，从而增加景观环境生物的多样性。实现以生态为目标的景观开发活动，不应当与风景环境特质展开竞争或超越其特色，也不应当干预自然进程，如野生动物的季节性迁移。确保人为干扰在自然系统可承受的范围内，不至于使生态系统自我演替、自我修复功能退化。因此，人为设施的建设与营运科学合理，是风景环境可持续的重要决定因素，从项目类型、能源利用，乃至后期管理都是景观设计师需要认真思考的内容。

1）生态区内建设项目规划。自然过程的保护和人为开发，从某种角度来讲两者是对立的，人为因素越多干预到自然中，对于原有的自然平衡有可能破坏就越大。对于自然保持要求较高的地区，应当尽可能选择对场地及周围环境破坏小、没有设施扩张和交通流量较小的活动项目。场地设计应当使场地所受到的破坏程度最小，并充分保护原有的自然排水通道和其他重要的自然资源，以及对气候条件做出反应。同时，应使景观材料中所蕴涵的能量最小化，即尽可能使用当地原产、天然的材料。景观设计中的种植对策应当使植物对水、肥料和维护需求最小化，并适度增加景观中的生物量。风景环境中的建设项目要考虑到该项目的循环周期成本，即一个系统、设施或其他产品的总体成本，要在其规划设计和建设时就予以考虑。在一个项目的整个可用寿命或其他特定时间段内，要使用经济分析法计算总体成本。应当尽可能在循环周期成本中考虑材料、设施的废弃物因素，避免项目的“循环周期”污染。

在安徽省滁州丰乐亭景区规划设计中，项目建设以修复生态环境为目标。在维护原有地块内生态环境的基础上，改善和优化区域内的景观环境，重塑自然和谐的生态景观主题，同时突出以欧阳修为代表的地方历史文化景观特色，以生态优先为原则，结合各个地块的特色，对区域内的地块进行合理的开发和利用。丰乐亭景区的规划建设对于整合滁州旅游资源，进一步丰富琅琊山景区文化内涵，提升滁州旅游城市的形象、地位等都具有重要意义。此外，丰乐亭景区建成后还能为滁城市民提供一种生态化、多样化的休闲方式，对营造可持续发展的文化人居环境也具有举足轻重的作用，成为此类风景区规划设计的典范。

2）生态区内的能源利用。可持续景观采用的主要能源为可再生能源，以不造成生态破坏的速度进行再生。该设施的开发项目，无论是新建建筑物，还是现有设施的修缮或适应性的重新使用，都应当包括改善能源效益和减少建筑物以及支撑该设施的机械系统所排放的“温室气体”。为了减少架设电路系统时对环境造成的破坏，生态区内尽可能多的采用太阳能、地热能、风能等清洁能源，这样既可以减少运营的后期投入，又可以减轻对城市能源供应的压力。以沼气为例，沼气作为一种高效的洁净能源，已经在很多地区广泛使用，在生态区内利用沼气作为能源可以减少污染，使大量的有机垃圾得到再次利用。

3）废弃物的处理和再利用　在自然系统中，物质和能量的流动是一个由“源—消费中心—汇”构成的首尾相接的闭合循环流，因此，大自然没有废弃物。但是在建成的环境中，这一流动却变为单向不闭合的。在人们消费和生产的同时，产生了大量的废弃物，造成对水、大气和土壤的污染。可持续的景观可以定义为具有再生能力的景观，作为一个生态系统它应当是持续进化的，并能够为人类提供持续的生态服务。

在景观生态环境建设中，应该最高程度地实现资源、养分和副产品的回收，最大限度地控制废弃物的排放。但是，当人为活动存在时，废弃物的产生也无法避免。对于可回收或再利用的废弃物，我们应尽最大可能使能源、营养物质和水在景观环境中再生，并得到多次利用，使其功效最大化，同时也使资源的浪费最小化。通过开发安全的全新腐殖化堆肥和污水处理技术，努力利用景观中的绿色垃圾和生活污水资源。对于不可回收的一次性垃圾，一方面要加强集中处理，防止对自然过程的破坏；另一方面，通过合理限制游客的数量，减少对生态环境的压力。

（2）优化景观格局　景观格局一般是指其空间格局，即大小和形状各异的景观要素在空间上的排列和组合，包括景观组成单元的类型、数目及空间分布与配置，比如不同类型的斑块可在空间上呈随机型、均匀型或聚集型分布。风景环境的景观格局是景观异质性的具体体现，也是自然过程、人类活动干扰促动下的结果；同时，景观格局反映一定社会形态下的人类活动和经济发展的状况。为了有效维持可持续的风景环境资源和区域生态安全，需要对场地进行土地利用方式调整和景观格局优化。

优化景观格局的目的是对生态格局中不理想的地段和区域进行秩序重组，使其结构趋于完善。风景环境的景观格局优化是在自然景观结构、功能和过程综合理解的基础上，通过建立优化目标和标准，对各种景观类型在空间和数量上进行优化设计，使其产生最大景观生态效益并实现生态安全。

风景环境的景观格局具有其自身的特点，因此，对其进行优化时应当掌握风景环境的生态特质和自然过程，把自然环境的生态安全格局保护和建设作为景观结构优化的重要过程。自然环境与人工环境均经历了长期的演变，是很多环境要素综合作用的结果。环境要素之间往往相互影响、相互制约。景观规划设计应当以统筹与系统化的方式进行处理，重组环境因子，促使其整体优化，以环境因子之间及其与不同环境之间的自然过程为主导，减少对人为过程的依赖。

1）基于景观异质性的风景环境格局优化。景观异质性是指在一个区域里对一个生物种类或更高级的生物组织的存在起决定作用的资源或某种性状在空间或时间上的变异程度或强度。其理论内涵是景观组分或要素，如基质、廊道、动物、植物、生物量、热能、水分、空间矿质养分等在空间中的不均匀分布。景观异质性有利于风景环境中物种的存在、演替及整体生态系统的稳定。景观异质性可以使景观变得复杂与多样，从而使景观环境生机勃勃、充满活力并趋于稳定。因此，保护和有意识地增加景观异质性有时是必要的。

在景观格局优化过程中，人为过程是不可避免的，但不能破坏自然生态系统的再生能力。通过人为干扰，促进被破坏的自然系统的再生能力得以恢复。人为干扰是增加景观异质性的有效途径，它对于生态群落形成和动态发展具有重要意义。在风景环境中，各种干扰会产生林隙，林隙形成的频率、面积和强度影响物种多样性。当干扰之间的间隔增加时，由于有更多的时间让物种迁入，生物多样性就会增加。当干扰的频率降低时，多样性则会减少。生物多样性在干扰面积大小和强度为中等时最高，而当干扰处于两者的极端状态时则多样性减少。在风景环境的景观格局优化过程中，最高的多样性只有在中度干扰时才能保持。生态群落的林隙、新的演替、斑块的镶嵌，是维持和促进生物多样性的必要手段。

增加景观异质性的人为措施，包括控制性的火烧或水淹、采伐等。控制性的火烧是一种在森林、农业和草原恢复的传统技术，这种方式可以改善野生动物栖息地、控制植被竞争等。

2）基于边缘效应和生物多样性的风景环境格局优化。边缘效应总体上是指群落交错区或生态系统过渡区内物种表现出不同于核心区的复杂多样的变化，这种变化往往具有极强的生物与生态价值，可体现在微气候环境格局、物种组成结构及物种水平大小分布结构等多方面。边缘地带的生态环境具有以下特征：①边缘地带群落结构复杂，某些物种特别活跃，其生产力相对比较高；②边缘效应以强烈竞争开始，以和谐共生结束，相互作用，从而形成一个多层次、高效率的物质和能量共生网络；③边缘地带为生物提供更多的栖息场所和食物来源，有利于异质种群的生存，这种特定的生态环境中生物多样性较高。

边缘地带由于具有较高的生态价值或因特殊的地貌、地质属性而不适于建设用途的非建设用地，它们在客观上构成了界定建设用地单元的边缘环境区，与建设单元之间蕴藏源于生态关联的“边缘效应”。在风景环境格局优化中，重组和优化边缘景观格局对于维护生态环境条件、提高生物多样性具有重要意义。边界形式的复杂程度直接影响边缘效应，因此，可以通过增加边缘的长度、宽度和复杂度，来提高生态景观环境的丰富度。

3）修复生态环境系统。在人类聚落广泛出现前，地球表面大部分被林地、水体和草地等土地资源所覆盖。随着人为干扰活动的增强，自然生态丧失、污染和破碎化加剧。生态意义上的破碎化是指在人为和自然干扰下，大块或连续自然生态系统被分隔成许多较小斑块的过程。破碎化是生物多样性降低的主要原因之一，是国际上研究的热点。破碎化研究成果广泛应用于发达国家的生态环境建设，如交通建设中的动物通道、自然保护区的缓冲带及廊道设计。如何在破碎生态环境间建立联系，不仅成为景观生态学研究的新课题，而且成为破碎景观可持续结构营造的必要元素。

一般来说，生态系统具有很强的自我恢复能力和逆向演替机制，但是现在的风景环境除了受到自然因素的影响之外，还要受到剧烈的人为因素的干扰。人类的建设行为改变了自然景观格局，引起栖息地片段化和生态环境的严重破坏。栖息地的消失和破碎是生物多样性减少的最主要原因之一。栖息地的消失直接导致物种的迅速消亡，而栖息地的破碎化则导致栖息地内部环境条件的改变，使物种缺乏必要的足够大的栖息和运动空间，并导致外来物种的侵入。适应在大的整体景观中生存的物种一般扩散能力都很弱，所以最容易受到破碎化的影响。

风景环境中的某些区域，由于受到人为的扰动和破坏，而导致其生态环境质量下降，从而使得生物多样性降低。生态环境修复的目的是尽可能多地使被破坏的景观环境恢复其自然的再生能力。因此，生态恢复过程最重要的理念是通过人工调控，促使退化的生态系统进入自然的演替过程。自然生态环境的丧失，会引起生物群落结构功能的变化。人工种植生态环境的群落结构与自然恢复生态环境的群落结构相比，具有较大的差异。因此，应以自然修复为主、人工恢复为辅。自然生长可有效恢复生态环境，但是需要较长的时间。在自然生态环境演替下的不同阶段适当引入适宜的树种，可以加快生态环境的恢复过程。

南京大石湖生态旅游度假区，座落于雨花台区铁心桥街道牛首山北面，东侧隔宁丹路与将军山风景区相望，北侧邻外秦淮河风光。景区内生态植被保存完好，山林、水库、人造溪流有机组合，形成了人与自然融于一体的生态休闲环境。南京大石湖景区规划建设在维护原有地块内的生态环境特色的基础上，改善与优化区内的景观环境，重塑自然和谐的生态景观。南京大石湖景区作为城市近郊的自然生态旅游度假区，除了在景观包括场地尺度的规划和设计上为人们提供休憩场所，更重要的是考虑到自然过程的保护与修复。区域内原有特色和规划中所要坚持的生态理念，决定了对于其自然景观和生态环境的处理应坚持“以自然资源、环境生态保护利用为核心，重在自然生态的保护，实现可持续发展”的方针。

（三）建成环境景观的设计

建成环境是采用人工建成的，它有别于风景环境，在这里人为因素转为主导，自然要素则屈居次席。随着经济社会的不断发展，有限的土地须承受城市迅速扩张的影响，土地的承载量超负荷，工程建设造成环境污染，导致城市河流、绿带等自然流通网络受阻，迫使城市中自然状态的土地必须发生形态改变。同时，大面积的自然山林、河流开发以及人工设施的无限扩展，致使自然绿地消失，即便是增加人工绿地也无法弥补自然绿地消减的损失。自然因子以斑块的形式散落在城市之中，形成孤立的生态环境岛。它们缺乏联系，物质流、能量流无法在斑块之间流动和交换，导致斑块的生态环境结构单一，生态系统变得非常脆弱。

可持续景观设计理念要求景观设计人员对环境资源进行理性分析和运用，营造出符合长远效益的景观环境。针对建成环境的生态特征，可以通过 3 种方法来应付不同的环境问题：①景观整合化的设计，统筹环境资源，恢复城市景观格局的整体性和连贯性；②典型生态环境的恢复，修复典型气候带生态环境，以满足生物生长的需要；③景观设计的生态化途径，从利用自然、恢复生态环境、优化生态环境三个方面入手，有针对性地解决不同特点的景观环境问题。

1. 景观整合化的设计

整合化设计是对建筑环境的一种改造、更新和创新，即以创造优良生态环境、人居环境为出发点的一种调整，一种创新的设计和建造。宏观上整合化设计是一种建设活动，是自然和人造环境的整合，又是人造环境本身的调整。整合化的目的是改善和提高环境的质量，它是一种手段和方法，是景观策划与设计的一种行动，从某种意义上讲又是从环境出发对人生理、心理的调整。

景观环境作为一个特定的景观生态系统，包含有多种单一生态系统与各种景观要素。为此，应对其进行优化。首先，加强绿色基质，形成具有较高密度的绿色廊道网络体系。其次，强调景观的自然过程与特征，设计将景观环境融入整个城市生态系统，强调绿地景观的自然特性，控制人工建设对绿地斑块的破坏，力求达到自然与城市人文的平衡。整体化的景观规划设计，强调维持与恢复景观生态过程和格局的连续性、完整性，即维护和建立城市中残遗的绿色斑块、自然斑块之间的空间联系。通过人工廊道的建立在各个孤立斑块之间建立起沟通纽带，从而形成比较完善的城市生态结构。建立景观廊道线状联系，可以将孤立的生态环境斑块连接起来，提供物种、群落和生态过程的连续性。建立由郊区深入市中心的楔形绿色廊道，把分散的绿色斑块连接起来，连接度越大，生态系统越平衡。

生态廊道的建立还可以起到通风引道的作用，将城郊绿地系统新鲜的空气输入城市，从而改善城市的环境质量，特别是与盛行风向平行的廊道，其作用更加突出。以水系廊道为例，水环境除了作为文化与休闲娱乐载体外，更重要的是可以作为景观生态廊道，将环境中的各个绿色斑块联系起来。滨水地带是物种较为丰富的地带，也是多种动物的迁移通道。水系廊道的规划设计首先应设立一定的保护范围来连接水际生态；其次，贯通一定范围内的各支水系，使以水流为主体的自然能量流、生态流能够畅通连续，从而在景观结构上形成以水系为主体骨架的绿色廊道网络。

作为整合化的城市景观设计策略，从更高层面上来讲，是对城市资源环境的统筹协调。它涵盖了构筑物、园林等为主的人工景观和各类自然生态景观构成的城市自然生态系统。人工景观设计的重点在于处理城市公园、城市广场的景观设计以及其他类型绿地设计，融生态环境、城市文化、历史传统、现代理念及现代生活要求于一体，能够提高生态效益、景观效应和共享性。而各类自然生态景观的设计重点在于完善生态基础设施，提高生态效能，构筑安全的生态格局。在进行城市景观规划设计的过程中，我们不能就城市论城市，应避免不当的土地使用，有规律地保护自然生态系统，尽量避免产生冲击。我们应当在区域范围内进行景观规划设计，把城市融入更大面积的郊野基质中，使城市景观规划设计具有更好的连续性和整体性。同时，充分结合边缘区的自然景观特色，营造具有地方特色的城市景观，建立系统的城市景观体系。

建成环境的景观整合化设计策略应当做到以下两方面：一方面，维护城市中的自然生态环境、绿色斑块，使之成为自然水生、湿生以及旱生生物的栖息地，使垂直和水平的生态过程得以延续；另一方面，敞开空间环境，使人们充分体验自然过程。因此，在对以人工生态主体的城市公园设计的过程中，以多元化、多样性为指导，追求景观环境的整体效应，实现植物物种的多样性，并根据环境条件的不同处理廊道或斑块，与周围绿地有机融合在一起。

巴西库里蒂巴是联合国命名的“生态城市”，是世界上绿化最好的城市之一，人均绿地面积 581m^2，是联合国推荐数的 4 倍，其绿化的独到之处是，自然与人工复合，即使是在闹市的街边也耸立着不少参天大树。它们是在这里土生土长的，树龄有的已经 100 多年，有的树比城市还古老。特别值得一提的是库里蒂巴的市树——巴拉那松，此树树干通直，华盖如云，远远望去，似一支支高耸入云的倒张的雨伞，点缀着市内的公园，布满城郊山野。库里蒂巴市的居民和历届政府都极其重视保护环境，这已成为该国沿袭百年的优秀传统。库里蒂巴生态城市建设的主要策略如下。

（1）绿地系统规划　全市大小公园有200多个，全部免费开放。此外，库里蒂巴还有9个森林区。由于绿色量很大，将自然与城市设施有机地融合在一起。

（2）植物的配合　库里蒂巴市的绿化十分注重地带性树种的选择，多样化的树种配置，既考虑到城市美化的视觉效果，也考虑到野生动物的栖息与取食。

（3）工业遗存改造和生态环境恢复　将工业遗存改造成为城市的公共绿地。今日的库里蒂巴在市区和近郊已经没有工矿企业，原有的工厂都已迁至几十公里以外。城近郊原来有一处矿山，因为破坏生态环境被停业。人们对破损的生态环境进行了结构梳理和修复。在矿山原址，将采矿时炸开的山沟开辟成公共休闲地。

2. 典型生态环境恢复

生态环境是具有相同的地形或地理区位的单位空间。所谓物种的生态环境，是指生物的个体、种群或群落生活地域的环境，包括必需的生存条件和其他对生物起作用的生态因素，也就是指生物存在的变化系列与变化方式。生态环境代表着物种的分布区，如地理的分布区、高度、深度等。不同的生态环境意味着生物可以栖息的场所的自然空间有质的区别。

现代城市经过大规模的建设，破坏了原来的自然生态系统，使其成为比较脆弱的人工生态系统，它在生态过程上是耗竭性的。城市生态系统是不完全的和开放式的，它需要其他生态系统的支持。随着人工设施的不断增加，生态环境逐渐恶化，不可再生资源迅猛增加，加剧了人与自然关系的对立，景观设计作为缓解环境压力的有效途径，应注重对于生态目标的追求。合理的城市景观环境规划设计应与可持续理念相对应。

典型生态环境的恢复是针对建成环境中的地带性生态环境破损而进行修复的过程。生态环境的恢复包括土壤环境、水环境等基础因子的恢复，以及由此带来地域性植被、动物等生物的恢复。景观环境的规划设计应当充分了解基地环境，典型生态环境的恢复应从场地所处的气候带特征入手。一个适合场地的景观环境规划设计，必须首先考虑当地整体环境所给予的启示，结合当地生物气候、地形地貌等条件因地制宜地进行规划设计，充分使用地方材料和植物，尽可能保护和利用地方性物种，保证场地和谐的环境特征与生物多样性。

3. 景观设计生态化途径

景观生态设计反映了人类的一个新的梦想，一种新的美学观和价值观，即人与自然的真正的合作与友爱的关系。城市景观的生态化途径从利用、营造和优化三个层面出发，针对设计对象中现有环境要素的不同，形成差异化的设计方法。景观设计的生态化途径是通过把握和运用以往城市设计中所忽视的自然生态特点和规律，贯彻整体优先和生态优先的原则，力图创造一个人工环境与自然环境和谐共存的、面向可持续发展的理想城镇景观环境。景观生态设计首先应当具有强烈的生态保护意识。在城市发展的过程中，不可能保护所有的自然生态系统，但是在其演进更新的同时，根据城市生态的法则，保护好一批典型而有特色的自然生态系统对于保护城市生物多样性和生态多样性、调节城市生态环境具有重要的意义。

（1）充分利用和发掘自然的潜力　环境的生态化表现为：发展以保护自然为基础，与环境的承载能力相协调。自然环境及其演进过程得到最大限度的保护，合理利用一切自然资源和保护生命保障系统，开发建设活动始终保持在环境的承载能力之内。具有完整的基础设施，并能够充分利用和发掘自然的潜力。

充分利用的基础首先在于保护。原生态的环境是任何人工生态都不可比拟的，必须采取各种有效措施，最大限度地保护自然生态系统。其次是提升，提升是在保护的基础上提高和完善，通过工程技术措施维持和提高其生态效益及共享性。充分利用自然生态基础建设生态城市，是生态学原理在城市建设中的具体实践。从实践经验看，只有充分利用自然生态基础，才能建成真正意义上的生态城市。不论是建设新城还是旧城改造，城市环境中的自然因素是最具地方性的，也是城市特色的体现。如何发掘地域特色，有效利用场地特质成为城市景观环境建设的关键点。

可持续城市景观环境设计首先是应做好自然的文章，发掘自然资源的潜力。自然生态环境是城市中的镶嵌斑块，是城市绿地系统的重要组成部分。但是由于人工设施的建设造成斑块之间联系甚少，自然斑块的“集聚效应”未能发挥应有的作用。有效权衡生态与城市发展的关系，是可持续城市景观环境建设的关键所在。生态观念强调利用环境绝不是单纯地利用，而是要积极地、妥当地开发并加以利用。从宏观上来讲，沟通各个散落在城市中和城市边缘的自然斑块，通过绿廊规划设计以线串面，使城市景观处于绿色“基质”之上；从微观上来讲，保持自然环境的多样性，包括地形、地貌、动植物资源，使它们向有助于健全城市生态环境系统的方向发展。

充分利用和发掘自然的潜力进行可持续景观建设的典型很多，如南京帝豪花园紧靠钟山风景区，古树婆娑，碧水荡漾，1.48×10^5㎡ 的纯自然生态环境，绿化面积高达 80%，前临碧波清澈的水库，背倚天蕴神秀的表山，整体风水独佳，建筑充分利用自然条件，实现了与环境有机融合。法国巴黎塞纳滨河景观带在很多地段均采用自然式驳岸、缓坡草坪，凸显怡人风景，将自然通过河道绿化渗透到城市中，从而构成“城市绿楔”。

（2）模拟自然生态环境　在经济快速发展的今天，城市建设对自然生态环境造成了一定的破坏，生态景观设计的目的在于弥补这一现实缺憾，提升城市环境的品质。“师法自然”是我国传统造园文化的精粹，师法自然是以大自然为师、加以效法的意思。只有科学才能抓住自然的本质，只有抓住自然本质才能真正地、具体地予以师法自然。自然生态环境能够较好地为植物提供立地条件和生长环境，模拟自然生态环境是将自然环境中的生态环境特征引入到城市景观环境建设中来，通过人为的配置、营造土壤环境、水环境等创造适合植物生长的条件。

生态学带来了人们对于景观审美观念的转变。20世纪60年代，英国兴起了环境运动，在城市环境设计中主张以纯生态的观点加以实施，在新城市和居住区景观建设中，提出“生活要接近自然环境”，但最终以失败告终。这种现象迫使设计者重新审视自己，其结果是重新恢复到传统的住区景象，所谓的纯生态方法的环境设计不过是昙花一现。生态学的发展并非是要求我们在自然面前裹足不前、无所适从，而是要求在建设过程中找到某种平衡，纯粹自然在城市环境建设中是行不通的，生态和绿化问题也不仅是多种树。人们在实践中不断地修正思路，景观设计者更多地在探索“生态化”与传统审美认知之间的结合点与平衡点。

上海市延中绿地占地面积23km²，该绿地以前是上海旧房危房密度最高的地区之一，也是上海热岛效应最严重的地区。延中绿地以起伏的地形、疏密相间的林木灌丛、多样的植物种类、丰富的水体形式，形成一个立体的生态景观。组成延中绿地的七个园区既各具特色，又相互呼应，并由空中步行桥连接成一个有机整体，尤其是感觉园在模拟自然生态环境方面非常突出。感觉园位于延中绿地西南角，感觉自然绿意、感觉盎然生趣、感觉城市中人与自然的和谐，这就是感觉园的创意理念。以人的视觉、听觉、嗅觉、触觉、味觉为设计主题，通过植物与水流在一系列独立空间的排列组合，形成多样的植物景观。将此地区设计成为绿地，是上海市改善城市生态环境，缓解中心城区热岛效应，提高市民生活质量，推进社会、经济、环境协调发展的重大举措。

（3）生态环境的重组和优化　对于城市建设中的人为因素，针对建成环境中某些不具备完整性、系统性的生态环境进行结构优化，努力提高生态环境的品质，是城市景观规划设计中的一项重要任务。生态环境的重组和优化目的非常明确，就是为解决生态环境因子中的某些特定问题而采取措施。

① 土壤环境　土壤环境是生态环境的基础，是生物多样性的不可缺少的部分，也是动植物生存的载体。微生物在土壤环境中觅食、挖掘、透气、蜕变，它们制造良好的腐殖土，在这个肥沃的土层上所有生命相互紧扣。但是在城市环境中，土壤环境往往由于污染和硬化变得贫瘠，非常不利于植物的生长，因此必须对其进行改良和合理利用。

土壤改良技术主要包括土壤结构改良、盐碱地改良、酸化土壤改良、土壤科学耕作和治理土壤污染。土壤结构改良是通过施用天然土壤改良剂和人工土壤改良剂来促进土壤团粒的形成，改良土壤的结构，提高肥力和固定表土，保护土壤耕作层，防止水土流失。盐碱地改良主要是通过脱盐剂技术、盐碱土区旱田的井灌技术、生物改良技术进行土壤的改良。酸化土壤改良是通过控制二氧化碳的排放，制止酸雨发展或对已经酸化的土壤添加碳酸钠、消石灰等土壤改良剂，来改善土壤肥力、增加土壤的透气性和透水性。采用免耕技术、深松技术来解决由于耕作方法不当造成的土壤板结和退化问题。土壤重金属污染主要是采取生物措施和改良措施，将土壤中的重金属萃取出来，富集并搬运到植物可收割部分，或者向受污染的土壤投放改良剂，使重金属发生氧化、还原、沉淀、吸附、抑制和拮抗作用。

充分利用表土是对土壤环境优化的重要措施。表土层泛指所有土壤剖面的上层，其生物积累作用一般较强，含有较多的腐殖质，肥力比较高。在实际建设的过程中，人们往往忽视表土的重要性，在土方施工中将表土遗弃。典型生态环境的恢复需要良好的土壤环境，表土的利用是恢复和增加土壤肥力的重要环节，生态环境恢复应尽量避免使用客土。

② 水环境　水是一切生命之源，是各种生物赖以生存的物质载体。水环境是指自然界中水的形成、分布和转化所处空间的环境，是指围绕人群空间及可直接或间接影响人类生活

和发展的水体，其正常功能的各种自然因素和有关的社会因素的总体。水环境的恢复意在针对某些存在水污染或存在其他不适生长因子的地段加以修复、改良。因此，营造适宜的水环境对于典型生态环境的构建显得尤为重要。根据建成环境中各类不同典型生态环境的要求，有针对性的构筑水环境。

在构筑良好水环境方面，常熟沙家浜芦苇荡湿地景区的设计获得较好的效果。其充分利用基地内原有场地元素和本底条件，注重生物多样性的创造，形成一处自然野趣的水乡湿地。景区的设计是在对现状基地大量分析的基础上进行的，无论从路线的组织还是项目活动的安排，都是在对基地特性把握的基础上作出的。通过竖向设计，调整原场地种植滩面宽度，从而形成多层台地，以满足浮水、挺水、沉水等各类湿地植物的生长需要。沙家浜位于秀丽明媚的阳澄湖畔，境内河港纵横，芦苇葱郁，绿野遍布，岸柳成行。深秋里芦花吐絮，漫天飞扬，轻柔飘逸，梦幻多姿，呈现出“秋后芦花赛雪飘”的美好景色。

三、可持续景观的技术途径

面对日益突出的全球环境问题，人类必须共同承担起责任，协调人类与自然关系，探索环境的可持续发展。而景观设计正是协调人类与自然关系的一个重要的方法和途径，是面向人类未来、实现可持续环境的一个可操作界面。通过面向人类未来的可持续景观设计，走向景观环境的可持续和人类发展的可持续。

各国的实践充分证明，实现生态可持续景观是景观设计的基本目标之一。可持续的生态系统要求人类的活动合乎自然环境规律，即对自然环境产生的负面影响最小，同时具有高效利用能源和成本的特点。生态的理性规划基于生态法则和自然过程的理性方法，揭示了针对不同的用地情况和人类活动，需要营造出最佳化或最协调的环境，同时还要维持固有生态系统的运行。随着生态学等自然科学的发展，越来越强调景观环境设计系统整合与可持续性，其核心在于全面协调与景观环境中各项生态环境要素，如小气候、日照、土壤、雨水和植被等自然因素，同时也包括人工建筑、铺装等硬质景观等。统筹研究景观环境中的诸要素，进一步实现景观资源的综合效益的最大化及可持续化。

（一）可持续景观生态环境设计

伴随着经济的不断发展，世界环境问题的加剧为人们的生存环境带来了巨大的污染，更多的人想要寻找一片纯自然的土地，希望能够在自然的绿色净土上享受生活，这就需要景观设计者在设计过程中，全面考虑生态因素，将生态景观设计纳入考虑范围，全面提高景观设计水平，通过科学地布置花草、树木、建筑小品以及其他自然风景，将人类居住环境与自然风光紧密结合起来，为人们提供一个良好的生存环境，使人们能够接近大自然，体会到自然风光的美好。可持续景观生态环境设计主要包括土壤环境的优化、水环境的优化。

1. 土壤环境的优化

（1）原有地形的利用　景观环境规划设计应当充分利用原有的自然地形地貌与水体资源，尽可能减少对原生态环境的扰动，尽量做到土方就地平衡，节约建设资金的投入。尊重现场地形条件，顺应地势组织环境景观，将人工的营造与既有的环境条件有机融合，是可持续景观设计的重要原则。对原有地形利用主要有以下原因：①充分利用原有地形地貌，体现和贯彻生态优先的理念。应注意建设环境的原有生态修复和优化，尽可能地发挥原有生态环境的作用，切实维护生态平衡；②场地现有的地形地貌是自然力或人类长期作用的结果，是自然和历史的延续与写照，其空间存在具有一定的合理性，以及较高的自然景观和历史文化价值，表现出很强的地方特征和功能性；③充分利用原有地形地貌有利于节约工程建设投资，具有很好的经济性。原有地形的利用包括地形等高线、坡度、走向的利用、地形现状水体借景和利用，以及现状植被的综合利用等。

（2）基地表土的保存与恢复　通常建设施工首先是清理场地，进行“三通一平”工作，接着就是开挖基槽，由此会产生大量的土方，一般情况下是将这些表土运出场地，倾倒在其他地方。这种做法首先改变了土壤固有结构，其次是将富含腐殖质的表土去除，下层的土壤不适宜栽植。科学的做法应当将所开挖的表土保留起来，待工程竣工验收后，将表土回填至栽植区域，这样有助于迅速恢复植被，提高栽植的成活率，起到事半功倍的效果。

在进行景观环境的基地处理时，注意要发挥表层土壤资源的作用。表土是经过漫长的地球生物化学过程形成的适于生命生存的表层土，它在保护并维持生态环境方面扮演了一个相当重要的角色。表土中有机质和养分含量非常丰富，其通气性和渗水性都很好，不仅为植物生长提供所需的养分和微生物的生存环境，而且对于水分的涵养、污染的减轻、微气候的缓和都有相当大的贡献。千万年形成的肥沃表土是不可再生的资源，一旦将其破坏是无法弥补的损失，因此基地表土的保护和再利用非常重要。

在城市景观环境设计中，应尽量减少土壤的平整工作量，在不能避免平整土地的地方，应将填挖区和建筑铺装的表土剥离、储存，用于需要改换土质或塑造地形的绿地中，在景观环境建成后，应清除建筑垃圾，回填同地段优质表土，以利用地段的绿化。

（3）人工优化土壤环境　为了满足景观环境的生态环境营造，体现多样化的空间体验，需要人为添加种植介质，这就是所谓的人工土壤环境。这种人工土壤环境的营造，并不是只对单一的“土壤”本身，为了形成不同的生态环境条件，通常需要多种材料的共同构筑。

2. 水环境的优化

在城市景观环境设计和实施中，常采用大量硬质不透水材料作为铺装面，如沥青混凝土、水泥混凝土、砖石材料等，这些铺装均会造成大量地表水流失。沟渠化的河流完全丧失滨河绿带的生态功能，一方面加剧了人工景观环境中的水缺失，导致了土壤环境的恶化；另一方面，则需要大量的人工灌溉来弥补景观环境中水的不足，从而造成水资源和费用的浪费。

改善水环境，首先是利用地表水、雨水、地下水，这是一种低成本的利用方式。其次是对中水的利用，但是中水利用成本较高，且存在二次污染的隐患，生活污水中有害物质均对环境有害，而除去这些有害物质的成本比较高。根据研究结果表明，总面积在 $5\times10^4m^2$ 以上的居住区，应用中水技术具有经济上的可行性。例如南京某小区设计之初，期望将中水作为景观环境用水，结果由于中水回用设备运营费用过高，被迫停止使用。因此，在相关技术还没有大幅改进的前提下，对于中水的利用应持慎重态度。

（1）地表水和雨水的收集　在绿色景观所有关于物质和能量的可持续利用中，水资源的节约是景观设计当前所必须关注的关键问题之一，也是景观设计师需要重点解决的一个问题。城市区域的雨水通常会为河流与径流带来负面影响。受到污染的雨水落在城市硬质铺装上，都会将污染物冲到附近的水道中，原本应当渗入自然景观区域土壤的雨水，快速流入河道中，不仅会造成水土流失，而且可能造成洪水泛滥。

由于缺少相应的管理措施，城市发展的污染依然非常严重，世界上许多城市都面临这个重大问题。面对我国很多城市普遍存在水资源短缺、洪涝灾害频繁、水污染严重、水生栖息地遭到严重破坏的现实，景观设计者可以通过对景观环境的设计，从减量、再用和再生三个方面来缓解水危机。其具体内容包括：①通过使用乡土和耐旱植被，减少灌溉用水；②通过将景观设计与雨洪管理相结合，来实现雨水的收集和再用，减少旱涝灾害；③通过利用生物和土壤的自净能力，减轻水体的污染，恢复水生栖息地，恢复水系统的再生能力等。

可持续的景观环境设计，应当努力寻求雨水平衡的方式，雨水平衡也应当成为所有可持续景观环境的设计目标。地表水和雨水的处理方法，突出将“排放”转为“滞留”，使其实现“生态循环”和“再利用”。在自然景观环境中，雨水降落在地面上，经过一段时间与土地自身形成平衡。雨水只有在渗入到地下，并使土壤中的水分达到饱和后才能成为雨水径流，一块基地表面材料性质可决定径流的雨水量大小。经过开发建设和地面硬质铺装，会造成可渗水面积的大幅减少，使得雨水径流增加，雨水无法渗入到土壤中，进而会产生水体的污染。综合的可持续性场地设计技术，能够实现和恢复项目的雨水平衡，它强调雨水收集、储存、使用的无动力性。在这方面最具有代表性的是荷兰政府1997年强调实施可持续的水管理策略，其重要主题是“还河流以空间”。以默兹河为例，具体包括疏浚河道、挖低与扩大漫滩、退堤及拆除现有挡水堰等，其实质是一个大型的自然恢复工程。

改善基底提高其渗透性，主要是指通过建设绿地、采用透水材料、渗水管、渗水井、渗透侧沟等，使地面雨水直接渗入地下，补充地下水的水量，同时也可缓解住区土壤的板结和密实，有利于植物的生长。日本早在1980年就开始推广雨水渗透计划。经过几十年的实践证明，利用渗透设施对涵养地下水、抑制暴雨径流具有十分明显的效果，不仅储水效率大为改观，而且也未发现对地下水造成污染。

无论是单体建筑还是整个城区，应当严格实行雨洪分流制，针对不同地域的降水量、土壤渗透性及保水能力。首先，应当尽可能截留雨水、就地下渗；其次，通过管、沟将多余的水资源集中储存，缓释到土壤之中；再次，在暴雨超过土壤吸纳能力后，将多余的雨水排到建成区域内。

绿色基础设施是场地雨水管理和治理的一种新方法，在雨水管理和提升水质方面都比传统管道排放的方法有效。采用生态洼地和池塘等典型的绿色基础设施，可以为城市带来很多方面的优越性。通过道路路牙形成企口收集和过滤雨水，将大量雨水限制在种植池中，通过雨水分流策略，减轻下水道荷载压力。同时考虑到人们集中活动和车辆的油泄漏等污染问题，应避免建筑物、构筑物、停车场上的雨水直接进入管道，而是要让雨水在地面上先流过较浅的通道，通过截污措施后再进入雨水井。这样沿路的植被可以滤掉水中的污染物，也可以增加地表的渗透量。绿色基础设施也可以与周围的环境一起构成宜人的景观，同时提升公众对于雨水管理系统和增强水质的意识。

（2）中水处理和回用　中水回用技术用各种物理、化学、生物等手段对工业所排出的废水进行不同深度的处理，达到工艺要求的水质，然后回用到工艺中去，从而达到节约水资源的目的。中水回用势在必行，水是人类生存的生命线，也是工业、农业和整个经济建设的生命线。水资源的短缺是影响中国经济发展的最大障碍之一。中水回用技术作为目前节约水源、防治水污染的重要途径，充分利用中水回用技术一方面能缓解城市供水压力，同时大大节省企业排污费，降低生产成本；另一方面保护周边环境的卫生，给城市营造良好的工作生活氛围。

中水处理和回用景观设计是当今城市住区环境规划中体现生态与景观相结合的一项有重要意义的课题，对于应对全球性水资源危机，改善城市环境有着非常重要的价值。将生活污水作为水源，经过适当处理后作为杂用水，其水质指标于上水和下水之间称为中水，其相应的技术称为中水处理技术。经过处理后的中水可用于厕所冲洗、园林灌溉、道路保洁、城市喷泉、其他水景观等。对于淡水资源缺乏，城市供水严重不足的缺水地区，采用中水处理回用技术，既能节约大量的水资源，又能使污水无害化，是治理水污染的重要途径，也是我国目前及将来重点推广的新技术、新工艺。

中水处理方法一般是按照生活污水中各种污染物的含量、中水用途及要求的水质，采用不同的处理单元，使其能够达到处理要求的工艺流程。中水处理方法包括生物处理技术、物化处理法等。

生物处理技术是利用微生物的吸附、氧化分解污水中的有机物的处理方法，微生物处理包括好氧生物处理和厌氧生物处理。中水处理多采用好氧生物处理技术，包括活性污泥法、接触氧化法、生物转盘等处理方法。这几种方法或单独使用，或几种生物处理方法组合使用，如接触氧化 + 生物滤池、生物滤池 + 活性炭吸附、转盘砂滤等流程。但以生物处理为中心的工艺存在以下弊端：①由于沉淀池固液分离效率不高，曝气池内的污泥难以维持到较高浓度，致使处理装置容积负荷低，占地面积大；②处理出水受沉淀效率影响，水质不够理想，且不稳定；③传氧效率低，能耗高；④剩余污泥产量大，污泥处理费用增加；⑤管理操作复杂；⑥耐水质、水量和有毒物质的冲击负荷能力极弱，运行不稳定。

物理化学法是以混凝沉淀（气浮）技术及活性炭吸附相结合为基本方式，与传统二级处理相比，提高了水质。但混凝沉淀技术产泥量大，污泥处置费用高。活性炭吸附虽在中水回用中应用较广泛，但随着水污染的加剧和污水回用量的日益增大，其应用也将受到限制。

因此，以高效、实用、可调、节能和工艺简便著称的膜处理技术应运而生。关于膜分离技术的重要性，美国官方文件曾说“18 世纪电器改变了整个工业进程，而 20 世纪膜技术将改变整个工业面貌”。日本则把膜技术作为 21 世纪的重点技术进行研究开发。

膜分离技术包括微滤、纳米过滤、超滤、渗析、反渗透、电渗析、气体分离等，以其处理效果好，能耗低，占地面积小，操作管理容易等特点而备受关注。

（二）可持续景观的种植设计

近年来，在景观环境的建设过程中，由于人们过分追求“立竿见影”、“一次成型”的视觉效果，将栽大树曲解成为移植成年树，从而忽略了植被的生态功能，大量绿地存在着功能单一、稳定性差、容易退化、维护困难、费用较高等问题。可持续景观的种植设计，注重植物群落的生态效益和环境效益的有机结合。模拟自然植物群落、恢复地带性植被、多用耐旱植物树种等方式，是实现可持续绿色景观的有效途径。可持续景观的种植设计应建构起结构稳定、生态保护功能强、养护成本低、具有良好自我更新能力的植物群落。

1. 地带性植被的运用

地带性植被又称地带性群落，是指由水平或垂直的生物气候带决定，或随其变化的有规律分布的自然植被。它往往因经历多种演替而形成了一种具有自己独特的种群组成、外貌、稳定的层次结构、空间分布和季相特征。地带性植被是自然选择、优胜劣汰的必然结果，具有如下特点：①具备自我平衡、相互维系的生物链；②具备自然演化、自我更新的能力；③适合相应的地貌和气候，对正常的自然灾害有自我适应和自我恢复的能力。

自然界植物的分布具有明显的地带性，不同的区域自然生长的植物种类及其群落类型是不同的。景观环境中应用的地带性植被，对光照、土壤、气候、水分的适应能力强，植株外形美观、枝叶密集、具有较强扩展能力，能迅速达到绿化效果，并且抗污染能力强、易于粗放管理，种植后不需要经常更换。地带性植物栽植成活率较高，景观工程的造价低廉，常规养护管理费用较低，不需太多管理就能长得很好。地带性植物群落还具有抗逆性强的特点，生态保护效果好，在城市中道路、居住区等生态条件相对较差的绿地也能适应生长，从而大大丰富了景观环境的植物配置内容；能疏松土壤、调节地温、增加土壤腐殖质的含量，对土壤的熟化具有较好的促进作用。

在立地条件适宜的地段恢复地带性植物时，应当大量种植演替成熟阶段的物种，一般应首选乡土树种，组成乔木、灌木、草坪复合结构，在一定条件下可以抚育野生植被。城市生物多样性也包括景观多样性，是城市人们生存与发展的需要，是维持城市生态系统平衡的基础。城市景观环境的设计以其园林景观类型的多样化，以及物种的多样性等来维持和丰富城市生物生态环境。因此，物种配置应当以乡土和天然为主，这种地带性植物多样性和异质性的设计，将会带来动物的多样性，能吸引更多的昆虫、鸟类和小动物来栖息。例如，南京地铁一号线高架站广场景观环境设计中，大量采用地带性落叶树种，如榉树、朴树、黄连木等，从而形成了四季分明的植物景象。

地带性植物群落是当地植物经过长期的生存竞争，优胜劣汰后所形成的有机整体，能很好地适应当地自然条件，是当地自然环境及其历史的高度表达，不仅具有生态效益、美学价值，而且能够自我维持、自我发展。强调地带性植物的意义，并非绝对排斥外来的植物种类。但是，目前很多城市景观是由非本地或未经驯化培育的植物组成的，这些植物在生长期往往需要大量的人工辅助措施，并且长势及景观效果欠佳。这些引进的植物树种，由于对气候不适应，有的需要一个很长的适应环境过程，可能达不到原产地的效果，因此应持慎重态度。

2. 采取群落化栽植

自然界树木的搭配是有序的，乔木、灌木和草坪呈层分布，树种间的组合也具有一定的规律性。它们之间的组合一方面与生态环境相关，另一方面又与树种的生态习性有关。对于景观设计师而言，通过模拟地带性自然植物群落来营造景观是相对有效的办法，一方面可以强化地域特色，另一方面也可以避免不当的树种搭配。模拟自然景观的目的在于将自然景观的生态环境特征引入到城市景观建设中来。模拟自然植物群落、恢复地带性植被的运用，可以构建出结构稳定、生态保护功能强、养护成本低、具有良好自我更新能力的植物群落。不仅能创造清新、自然的绿化景观，而且能产生保护生物多样性和促进城市生态平衡的效果。

植物群落化栽植所营造的是模拟自然和原生态的景象。在种植设计中，要注意栽植密度的控制，过密的种植会不利于植物的生长，从而影响到景观环境的整体效果。在种植技术上，应尽量模拟自然界的内在规律进行植物配置和辅助工程设计，避免违背植物生理学、生态学的规律进行强制绿化。植物栽植应在生态系统允许的范围内，使植物群落乡土化，进入自然演替过程。如果强制进行绿化，就会长期受到自然的制约，从而可能导致灾害，如物种入侵、土地退化、生物多样性降低等。

生物多样性并不是简单的物种集合，植物栽植应尽可能提高生物多样性水平。进行植物配置时，既要注重观赏特性对应互补，又要注重使物种生态习性相适应。尊重地带性植物群落的种类组成、演替规律和结构特点，以植物群落作为绿化的单位单元，再现地带性植物群落特征。顺应自然规律，利用生物修复技术，构建层次丰富、功能多样的植物群落，提高自我维持、更新和发展能力，增强绿地的稳定性和抗逆性，减少人工管理的力度，最终实现景观资源的可持续维持与发展。

3. 不同生态环境的栽植方法

在进行景观中的植物配置时，要因地制宜、因时制宜，使植物能够正常生长，充分发挥其观赏特性，避免为了单纯达到所谓的景观效果，而采取违背自然规律的做法。生态位是指物种在系统中的功能作用，以及在时间和空间中的地位。景观规划设计要充分考虑植物物种的生态位特征，合理选择和配置植物群落。在有限的土地上，根据物种的生态位原理，实行乔、灌、藤、草、地被植被及水面相互配置，并且选择各种生活型以及不同高度、颜色、季相变化的植物，充分利用空间资源，建立多层次、多结构、多功能的植物群落，构成一个稳定的长期共存的复层混交立体植物群落。

(1) 建筑物附近的栽植　在景观环境中，通过种植设计形成良好的空间界面，与建筑物达成一定的对话关系。建筑物周边的立地条件复杂，通常地下部分管线、沟池等占据一定地下空间。自然生长的植物具有两极性，即植物的地下部分与地上部分具有相似性，植物的地上和地下部分同时在生长，因此地上地下都必须留出足够的营养空间。在种植设计过程中，不仅要考虑到植物地上部分的形态特征，同时也要预测到植物在生长过程中其根系的扩大变化，以避免与建筑基础管线发生矛盾。靠近建筑物附近的树木往往根系延伸至建筑室内地下，一方面会破坏建筑物的基础，另一方面由于树木的根系吸收水分，可能引起土壤收缩，从而便室内的地板出现裂纹。尤其是重黏土基础，龟裂现象更为明显。因此在种植设计时必须保持足够的距离，通常应保持与树高同等的距离，至少保持树高2/3的距离。

(2) 湿地环境植物的栽植　水生植物根据其生态习性的不同，可以划分为5种类型，其分别生长在不同水深条件中。挺水植物常分布于0～1.5m的浅水处，其中有的种类生长于潮湿的岸边，如芦苇、蒲草、荷花等；浮水植物适宜水深为0.1～0.6m，如浮萍、水浮莲和凤眼莲等；沉水植物全部位于水层下面营固着生活的大形水生植物，如苦草、金鱼藻、黑藻等；沼生植物是仅植株的根系及近于基部地方浸没水中的植物，一般生长于沼泽浅水中或地下水位较高的地表，如水稻等；水缘植物生长在水池边，从水深0.2m处到水池边泥里均可以生长。

不同水生植物除了栽植深度有所不同外，对土壤基质也有相应的要求，景观栽植中应注意根据不同水生植物的生态习性，创造相应的立地条件。

(3) 坡面的栽植　土石的填挖会形成边坡土石的裸露，很容易造成水土流失，严重影响植被的生长。采用坡面栽植可以美化环境，涵养水源，净化空气，防止水土流失和滑坡，具有较好的环保作用。

坡面栽植效果如何在很大程度上取决于植物物种的选用。根系发达的固土植物在水土保持方面有很好的效果，国内外对此研究也比较多。采用发达根系的植物进行护坡固土，既可以达到固土保沙、防止水土流失的目的，又可以满足生态环境的需要，还可以进行景观造景，在城市河道护坡方面可以借鉴。固土植物种类很多，常见的有沙棘林、刺槐林、池杉、龙须草、紫穗槐、油松、常青藤等，在长江中下游还可以选择芦苇、野茭白等，可以根据该地区的气候选择适宜约植物品种。

坡面按照栽种植物方法不同可分为：栽植法和播种法。栽植法是最常见的植物栽种方法，关键是栽植后要注意填实土壤和浇水，以保证栽植的成活率。播种法主要用于草本植物的绿化，按照是否使用机械，又可分为机械播种法和人工播种法；按照播种方式不同，还可分为点播、条播和撒播。

（4）屋顶的栽植　屋顶栽植绿化是一种特殊的绿化形式，它是以建筑物顶部平台为依托，进行蓄水、覆土并营造园林景观的一种空间绿化美化形式。实践证明，屋顶栽植绿化具有很多优越性：①可以改善局部地区小气候环境，缓解城市热岛效应；②保护建筑防水层，延长其使用寿命；③降低空气中飘浮的尘埃和烟雾；④减少降雨时屋顶形成的径流，保持一定水分；⑤充分利用空间，节省大量土地；⑥提高屋顶的保湿性能，调节室内的温度；⑦可节约大量空调能源；⑧可降低一定的噪声。

屋顶栽植的技术问题是一个核心问题。对于屋顶绿化来讲，首先要解决的是屋顶的防水问题。不同的屋顶形式应选择不同的构造做法。考虑列屋顶栽植存在置换不便的实际问题，在植物选择上要注意寿命周期，尽量选择寿命长、置换便利的植物，置换期一般应在10年以上。同时，屋顶基质与植物的构成是否合理也需要慎重考虑。

（三）可持续景观的群落设计

景观群落的可持续设计是建立在可持续发展概念基础上的设计理念，是一种新的设计思路。目前，许多学者对可持续景观的群落设计理论的研究做出了重要贡献，但一套成功的可持续设计模式还需我们在实践中不断摸索和总结。

景观是一个由陆圈和生物圈组成的、相互作用的系统。一个完善的生态系统能保持自然水土、调节局部气候以及提供丰富多样的栖息地，食物生产，减缓旱涝灾害，净化环境，满足感知需求并成为精神文化的源泉和教育场所等。所以，为了保持人与自然的和谐关系，我们进行的景观的可持续设计，需要保护和构建完善的生态系统。景观作为一个生态系统或是多个生态系统的聚合，它的可持续性受到很多因素的影响，如牛态系统内物种的多样性与否、人的干扰程度大小等。

就物种的多样性而言，一个由复杂动植物和微生物所构成的生物群落，由复杂的物质间能量转化和循环过程所构成的生态系统，比只由单一物种和简单的生态过程构成的系统更具有可持续性。在目前城市建设过程中，我们经常看到，以美化的名义将自然的河道和山野风光加以改造并代之以鲜花和观赏树木，用简单的人工群落代替原生的、复杂的自然群落，这些做法大大降低了景观的可持续性。

生物多样性是可持续景观环境的基本特征之一，生物群落也是其中必不可缺少的重要一环。从生态链角度来讲，动物处于较高的层次，需要良好的非生物因子和植被的承载。生物群落多样，且存在地域差异。总体而言，城市景观环境中常见生物群落可分为鸟类、鱼类、两栖类和底栖类。生物群落的恢复与吸引关键在于栖息地的营造，通过对生物生态习性的了解，有针对性地进行生态环境创造、植物栽植来吸引更多的动物在“城市景观环境”中安家。因此，在景观的建设和维护过程中，在满足人的使用目的的同时，尽量使人的干扰范围和强度达到最少，这是景观设计师所必须具备的基本职业伦理。

（四）可持续景观材料及能源

莱尔（Lyle）指出“生物与非生物最明显区别在于前者能够通过自身的不断更新而持续生存”。他认为，由人类设计的现代化景观应当具有在当地能量流和物质流范围内持续发展的能力，而只有可再生的景观才可以持续发展，即景观具有生命力。正如树叶凋零，明年又能长出新叶一样，景观的可再生性取决于其自我更新的能力。因此，景观设计必须采用可再生设计，即实现景观中物质与能量循环流动的设计方式。在城市景观环境规划设计过程中，不可避免地要处理这类问题。因此，景观设计应当采用可持续设计，即实现景观中物质与能量循环流动的设计方式。绿色生态景观环境设计，提倡最大化利用资源和最小化排放废弃物，提倡重复使用、永续利用。景观材料的运用、废弃物回收利用及清洁能源的运用等，是营造可持续景观环境的重要措施，从以上各项措施着手，统筹景观环境因素之间的关系，是构建可持续景观环境的重要保证。

在景观环境设计中一直鼓励使用自然材料，如植物材料、天然石材、土壤和水等。但对于以木材、石材为主的天然材料的使用则应慎重。石材是一种典型的不可再生材料，大量使用天然石材意味着对于自然山地的开采与破坏，以损失自然景观换取人工景观环境是不可取的；木材虽然是再生材料，但其生长周期较长，尤其是常用的硬杂木，都是非速生树种，运用这类材料也是对自然环境的破坏。因此，应注重探索可再生资源作为景观环境材料，其中金属材料是可再生性极强的一种材料，应当鼓励选用钢结构等金属材料用于景观环境。除此之外，基于景观环境的特殊性，全天候、大流量的使用，因此除可再生性能外，还应注意材料的耐久性，这些长期无需更换与养护的材料，同样也是符合可持续原则的。

国内外实践告诉我们：景观规划设计不仅是营造满足人们活动、赏心悦目的户外空间，更是在于协调人类与自然环境和谐相处的关系。可持续景观设计通过对场地生态系统与空间结构的整合，最大限度地借助于基地的潜力，是基于环境自我更新的再生设计。生态系统、空间结构及历史人文背景是场地环境所固有的属性，对于这些的认知是环境评价与调研的主要内容，切实把握场地的特性，从而发挥环境的效益，最大限度地节约资源。进行可持续城市景观设计，必须建立全局意识，从观念到行动都要面对当前严峻的生态环境状况，以及景观规划设计中普遍存在的局部化、片面化倾向，走向可持续景观已经成为人类改善自身生存环境的必然选择。

第四节　绿色建筑与景观绿化

景观设计作为一种系统策略，整合技术资源，有助于用最少投入和最简单的方式，将一个普通住宅转化成低能耗绿色建筑，这也是未来我国绿色建筑的一个发展趋势。景观设计的内涵非常丰富，与生态学、植物学、植被学、气象与气候学、水文学、地形学、建筑学、城市规划、环境艺术、市政工程设计等诸多学科均有紧密的联系，是一个跨学科的应用学科。

景观设计学要处理城市化和社会化背景下人地紧张的复杂性综合问题，关乎土地、人类和其他物种可持续发展，最终目的是为实现建筑、城市和人的和谐相处创造空间与环境。广义上的景观设计是在较大范围内，为某种使用目的安排最合适的地方并实现最合适的利用，因此城市与区域规划、城市设计、交通规划、土地利用规划、风景园林规划、住宅建筑等在不同程度上都可纳入到景观规划的范畴。

一、绿化与建筑的配置

随着国民经济的快速发展，城市化水平不断提高，人们的生活水平也日益提高，但是现代化的城市占据了很大的面积，使得环境受到了一定程度的破坏。为了塑造良好的城市形象，改善城市的环境，带动城市经济的发展，提高人们的物质生活和精神生活水平，应该加强城市的绿化与建筑的配置，将绿化、景观、环境和建筑融合在一起。

从园林植物与建筑的配置中来分析绿化与建筑的关系，一般多以植物与建筑共同形成园林景观，以及对植物材料的选择与应用为主要内容。园林建筑作为构成园林的重要因素和构成园林的主要因素——园林植物搭配起来，对于景观产生很大的影响。在我国古代园林景观设计中，早已成功地将绿色建筑与景观绿化有机地结合在一起，实际上建筑与园林植物之间的关系是相互因借、相互补充，使景观更具有画意，优秀的建筑在园林中本身就是一景。

（一）园林建筑与园林植物配置

园林建筑属于园林中以人工美取胜的硬质景观，是景观功能和实用功能的结合体；植物作为园林主要造景元素，因其独特的生命性和生态性，与其他造园要素有明显差别，可以说是园林活力的主要源泉。园林建筑和园林植物的配置如果处理得好，可以互为因借、相得益彰，形成巧夺天工的奇异效果。

1. 园林植物配置对建筑的作用

（1）植物配置协调园林建筑与环境的关系　植物是融汇自然空间与建筑空间最为灵活、生动的物质，在建筑空间与山水空间普遍种植花草树木，从而把整个园林景象统一在充满生命力的植物空间当中。植物属软质景观，本身呈现一种自然的曲线，能够使建筑物突出的体量与生硬轮廓软化在绿树环绕的自然环境之中。当建筑因造型、色彩等原因与周围环境不相称时，可以用植物缓和或消除矛盾。

（2）植物配置使园林建筑的主题和意境更加突出、丰富园林建筑物的艺术构图　建筑在形体、风格、色彩等方面是固定不变的，没有生命力，需用植物、衬托软化其生硬的轮廓线，植物的色彩及其多变的线条可遮挡或缓和建筑的平直。因植物的季相变化和树体的变化而产生活力，主景仍然是建筑，配置植物不可喧宾夺主，而应恰到好处。树叶的绿色，也是调和建筑物各种色彩的中间色。植物配置得当，可使建筑旁的景色取得一种动态均衡的效果。

（3）植物配置赋予园林建筑以时间和空间的季候感　建筑物是形态固定不变的实体。植物则是最具变化的物质要素，植物的季相变化，使园林建筑环境在春、夏、秋、冬四季产生季相变化。将植物的季相变化特点适当配置于建筑周围，使固定不变的建筑具有生动活泼、变化多样的季候感。

（4）植物配置可丰富园林建筑空间层次，增加景深　植物的干、枝、叶交织成的网络稠密到一定程度，便可形成一种界面，利用它可起到限定空间的作用。这种界面与由园林建筑墙垣所形成的界面相比，虽然不甚明确，但植物形成的这种稀疏屏障与建筑的屏障相互配合，必然能形成有围又有透的庭院空间。

（5）植物配置使园林建筑环境具有意境和生命力　独具匠心的植物配植，在不同区域栽种不同的植物或以突出某种植物为主，形成区域景观的特征，景点命题上也可巧妙地将植物与建筑结合在一起。园林植物拟人化的性格美，能够产生生动优美的园林意境。

2. 不同风格、类型及功能的建筑植物配置

园林建筑类型多样，形式灵活，建筑旁的植物配置应和建筑的风格协调统一，不同类型、功能建筑以及建筑的不同部位依要求应选择不同的植物，采取不同的配置方式，以衬托建筑、协调和丰富建筑物构图，赋予建筑时间季候感。同时，应考虑植物的生态习性、含义，以及植物和建筑及整个环境条件的协调性。

（1）中国古典皇家园林　宫殿建筑群体量宏大、雕梁画栋、金碧辉煌，常选择姿态苍劲、四季常青、苍劲延年的中国传统树种，如白皮松、侧柏、桧柏、油松、圆柏、玉兰、银杏、国槐、牡丹、芍药等作基调树种，这些华北的乡土树种，耐寒耐旱、生长健壮、叶色浓郁、树姿雄伟堪与皇家建筑相协调。一般多行规则式种植以此来凸显皇家园林的气势恢宏。

（2）江南私家园林　江南私家园林小巧玲珑、精雕细琢。建筑色彩淡雅以粉墙、灰瓦、栗柱为特色，用于显示文人墨客的清淡和高雅。整个园林面积虽不大，但建筑比重很大。各种自然组合的建筑空间及小庭院，常成为植物造景重要场所。植物多选择观赏价值高、具有韵味的小乔木与花灌木。植物配置上多重视主题和意境，多于墙基、角隅处植松、竹、梅等象征古代君子的植物，体现文人具有像竹子一样的高风亮节，像梅一样孤傲不惧，和“宁可食无肉，不可居无竹”的思想境界。

（3）寺庙园林及纪念性园林　寺院、陵园建筑常具有庄严稳固的特点，故而植物配置主要体现其庄严肃穆的场景，多用白皮松、油松、圆柏、国槐、七叶树、银杏作基调树种。一般规则或对称式配置建筑物周围。如大雁塔南广场休憩区以白皮松，油松作基调树种来体现其庄严肃穆。

（4）现代园林　现代园林形式多样，建筑造型较灵活，广泛应用基础栽植来缓和建筑平直、僵硬的线条，丰富建筑艺术，增加风景美，并作为建筑空间向园林空间过渡的一种形式。因此，树种的选择范围较宽，应根据具体环境条件、功能和景观要求选择适当树种。如白皮松、油松、云杉、雪松、合欢、国槐、芍药、迎春、榆叶梅等都可选择。栽植形式亦多样。

（二）建筑环境绿化的主要作用

（1）可以直接改善人居环境的质量　据统计，人的一生中90%以上的活动都与建筑有关，采取有效措施改善建筑环境的质量，无疑是改善人居环境质量的重要组成部分。绿化与建筑有机结合，实施全方位立体绿化，从室内清新空气到外部建筑绿化外衣，好似给人类生活环境安装了一台植物过滤器，环境中的氧气和负离子浓度大大提高，病菌和粉尘含量大幅度减少，噪声经过隔离显著降低，这些都大大提高了生活环境的舒适度，形成了对人更为有利的生活环境。

（2）可以大大提高城市绿地率　在城市被硬质覆盖的场地里，绿地犹如沙漠中的绿洲，发挥着重要的作用。在绿化空间拓展极其有限，高昂的地价成为发展城市绿地的瓶颈时，对于占城市绿地面积50%以上的建筑进行屋顶绿化、墙面绿化及其他形式的绿化，可以充分利用建筑空间，扩大城市空间的绿化量，从而成为增加城市绿化面积、改善建筑生态环境的一条必经之路。日本在提高城市绿地率方面值得我国借鉴和学习，政府明文规定，新建筑面积只要超过1000m^2，屋顶的1/5必须为绿色植物所覆盖。

（三）建筑、绿化与人之间的关系

世界著名的环境规划学家麦克哈格在他的《设计结合自然》里，对建筑、绿色与生命有这样一段极为精彩的描述："在太空中的人能俯视遥远的地球，他看到的是一个天空中旋转着的球体。由于地面上生长着青青的草木，藻类也使海洋变绿，所以看上去地球是绿色的。犹如天空中的一颗绿色的果实。靠近地球仔细看去，发觉地球上有许多斑点、黑色的、褐色的、灰色的，从这些斑点向外伸出许多动态的触角，笼罩在绿色的表面上。"他认出这些斑点便是人类的城市和工厂，人们不禁要问：这难道只是人类的灾难而不是地球的灾难吗？随着人类社会经济的迅猛发展，能源与环境污染问题已是当今世界各国面临的重大社会问题之一。臭氧层破坏、森林植被减少，大气、海洋污染，使人类的生存环境日益恶化。因此，21世纪人类生活栖居的建筑，将面临着如何创造一个能抵御不利的自然环境因素干扰，具有良好的生态环境的建筑形式问题。

环境的破坏越来越困扰着人类的生存，这说明人类在大力发展经济的同时，忽视了建筑、自然环境和人之间的相互关系。这种忽略人类生存所依赖的生存环境而单纯地追求经济效益的生产方式，使人类付出了巨大的代价。经过历史的教训，人类开始从大自然"报复"的沉痛教训中觉醒，渴望绿色回归自然已成为人们的普遍愿望。绿色植物的代谢可以稀释甚至吸收有害气体，通过绿色植物的呼吸作用，大气中才能产生足够的游离氧。事实上，人类生存所需的全部食物，所有空气中的氧，稳定的地表土和地表水系统，大气候的生成和小气候的改善，都依赖于植物的作用。从科学的角度更确切地讲，所有动物及其进化所产生的人类，都是依赖植物而生存的，人类和绿色植物必须相互寄生在一起。生态适应和协同进化是人类生存与绿化功能的本质联系。

由此可见，建筑设计必须注重生态环境，必须注重绿色设计。应将绿化融入建筑设计之中，尽可能多地争取绿化面积，充分利用地形地貌种植绿色植被，让人们生活在没有污染的绿色生态环境之中，这是我们所肩负的环境责任。

（四）建筑绿化的功能

1. 植物的生态功能

植物具有涵养水源、保持水土、防风固沙、减弱噪声、增湿调温、吸收有毒物质、调节区域气候、释放氧气、净化大气、维持生态系统平衡、构建优美环境等生态功能，其功能的特殊性使得建筑绿化不仅不会产生污染，更不会消耗能源，同时还可以弥补由于建造以及维持建筑的能源耗费，降低由此而导致的环境污染，改善和提高建筑环境质量，从而为城市建筑生态小环境的改善提供可能性和理论依据。

2. 建筑外环境绿化功能

随着经济的飞速发展和人民生活水平的不断提高，人们对健康生活、绿色生活方式更加重视，对绿化的认识也有了更深入的理解，越来越注重建筑周围的绿化。公众在追求宽敞、方便的建筑使用空间的同时，也开始注重舒适的建筑外部环境。随着我国城市化的进程不断加快，人们日益感觉到我们的生活环境中真正缺少的是绿色，建筑周围环境的绿化成为人们越来越关注的一个问题。

建筑外环境绿化是改善建筑环境小气候的重要手段。据测定，1m^2的植物叶面每日可吸收二氧化碳 15.4g、放出氧气 10.97g、吸收热量 959.3kJ、释放水分 1634g，可为环境降温 1 ～ 2.59℃。另一方面，植物又是良好的减噪滞尘的屏障，如高 1.5m、宽 2.5m 的绿篱可减少粉尘量为 50.8%、减弱噪声 1 ～ 2dB（A）。良好的绿化结构还可以加强建筑小环境的通风，利用落叶乔木为建筑调节光照已是国内外绿化常用的手段。

3. 建筑物的绿化功能

建筑绿化是指用花、草、树等植物在建筑的内外部空间、环境等进行绿化种植、绿化配置。在建筑与绿化的结合关系上，应以建筑为主，配之以绿化。但在某种特定的特殊环境条件下，有时以建筑去配合绿化，特别是那些有特殊含意的珍稀植物。由于近年来城市人口剧增、建筑迅速发展，人的社会、科学技术、文化艺术、生产、旅游等活动不断增加和扩大，使人们越来越感觉到改善环境、美化环境的重要性。然而，改善环境、美化环境最有效的办法就是绿化。建筑与绿化互相匹配、互相结合，成为一个和谐的整体，如同回归自然，这有利于人们的身体健康，还能保护我们的绿色家园。

一般而言，建筑绿化主要包括屋顶绿化和墙面绿化两个方面。建筑物绿化使绿化与建筑有机结合，一方面可以直接改善建筑的环境质量；另一方面还可以补偿由建筑物建立导致的绿化量减少，从而提高整个城市的绿化覆盖率与辐射面。此外，建筑物绿化还可以为建筑物隔热，有效改善室内环境。据测定，夏季墙面绿化与屋顶绿化，可以为室内降温 1 ～ 2℃，冬季可以为室内减少 30% 的热量损失。植物的根系可以吸收和存储 50% ～ 90% 的雨水，大大减少水分的流失。据有关资料报道，一个城市如果其建筑物的屋顶全部绿化，则该城市的二氧化碳要比没有绿化前减少 85%，空气中的氧气含量大大增加。

绿色植物本身有一种自然生长形态，我们利用绿色植物这一特性，加上人工的修剪整形，将建筑绿化起来，不但保护了建筑，而且衬托了建筑，与建筑艺术结合，成为艺术的结晶。

4. 建筑室内绿化的功能

城市环境的恶化使人们过多地依赖于室内加热通风及以空调为主体的生活工作环境。由于加热通风及空调组成的楼宇控制系统是一个封闭的系统，因此自然通风换气十分困难。上海市环保协会室内环境质量检测中心调查结果表明，写字楼内的空气污染程度是室外的 2 ～ 5 倍，有的甚至超过 100 倍，空气中的细菌含量高于室外 60% 以上，二氧化碳浓度最高可达室外 3 倍以上。人们久居这种室内环境中，很容易造成建筑综合征（SBS）的发生。

一定规模的室内绿化，可以吸收二氧化碳并释放出氧气，吸收室内有毒气体，减少室内病菌的含量。试验结果表明：云杉具有明显杀死葡萄球菌的效果；菊花可以在一日内除去室内 61% 的甲醛、54% 的苯、43% 的三氯乙烯。室内绿化还可以引导室内空气对流，增强室内通风。由此可见，室内绿化可以大大提高室内环境舒适度，改善人们的工作环境和居住环境。另一方面，绿化可以将自然引入室内，满足人类向往自然的心理需求，成为提高人们心理健康的一个重要手段。

二、室外绿化体系的构建

随着城市化进程的加快，人们对建筑本身环境和建筑对环境的影响提出了更高的要求。建筑绿化作为建筑的有机组成部分，不但能够美化建筑的外观和改善城市环境，还能减少建筑能耗。正确合理生态使用绿色植物加快了实现建筑生态化、绿色化的进程，为人类更好地与自然和谐相处提供保证。

实践充分证明，绿化不仅可以调节室内外的温湿度，有效降低绿色建筑的能耗，同时还能提高室内外空气质量，从而提高使用者的健康舒适度，并且能满足使用者亲近自然的心理需求。因此，建筑绿化是绿色建筑节能、健康舒适、与自然融合的主要措施之一。构建适宜的室外绿化体系是绿色建筑的一个重要组成部分，我们应当在了解植物的生物、生态习性和其他各项功能的基础上，提出适宜绿色建筑室外绿化、屋顶绿化和垂直绿化体系的构建思路。

1. 植物的选择原则

植物的选择是一项非常重要的工作，不仅关系到植物的适应性、成活率和美观性，而且关系到人的健康和安全。植物的选择首先要考虑其主要的生态功能和植物种类是否适宜，其次还要考虑到建筑使用者的安全，综合起来主要有以下几个方面。

（1）多用乡土植物　即选择生长健壮，便于管理的乡土树种，在居住区内，由于建筑环境的土质一般较差，宜选耐瘠薄、生长健壮、病虫害少、管理粗放的乡土树种，这样可以保证树木生长茂盛，并具有地方特色。

（2）耐阴树种和藤蔓植物应用　由于居住区庭园多处于房屋建筑的包围之中，阴暗部分较多，尤其是房前、屋后的庭园，约有1/2是在房屋的阴影部位，所以一定要注意选择耐阴植物，如垂丝海棠、金银木、珍珠梅、玉簪等。攀缘植物在居住环境中是很有发展前途的一种植物。庭园藤蔓植物，无论是主动攀扯或是依附攀缘，都使绿化布置产生向上爬或向下垂的效果，故也称“垂直绿化”，在目前人多地少的城市中，特别在居家庭园中可供绿化的地面空间小，它可以弥补绿地空间的不足，既美化环境又可以增加绿化面积，栽植此类植物不失为绝佳的选择。

（3）应用具有环境保护作用和经济收益的植物　根据建筑环境，因地制宜地选用那些具有防风、防晒、防噪声、调节小气候，以及能吸附大气污染的植物。有条件的庭园，可选用在短期内具有经济收益的品种，特别可以选用那些不需施大肥、管理简便的果、蔬等经济植物，如核桃、葡萄、枣、杏、桃等，既好看又实惠的品种。

（4）注重庭院环境细节　应注意选择观赏性较好，无飞絮、少花粉、无毒、无刺激性气味的植物。在了解植物自身特性因素的同时，也要将庭园功能纳入植物选择的考虑之内，尤其是供儿童玩耍、嬉戏的场所，这一区域内应当禁止种植带刺、带钩或尖状物的植物，如玫瑰、月季、椤木石楠、木香等。

2. 群落配置的原则

（1）功能性原则　在进行植物群落配置时，首先应明确设计的目的和功能。例如高速公路中央分隔带的种植设计，为了达到防止眩光的目的，确保司机的行车安全，中央分隔带中植物的密度和高度都有严格的要求；城市滨水区绿地中植物的功能之一就是能够过滤、调节由陆地生态系统流向水域的有机物和无机物，进而提高河水质量，保证水景质量；在进行陵园种植设计时，为了营造庄严、肃穆的气氛，在植物配置时常常选择青松翠柏，对称进行布置；在儿童公园和幼儿园内，一般应选择无毒、无刺、色彩鲜艳的植物，进行自然式布置，并且与儿童活泼的天性相一致。

（2）稳定性原则　在满足功能和目的要求的前提下，考虑取得较长期稳定的效果。在进行群落配置时，应根据立地条件，结合植物材料的自身特点和对环境要求来安排，使各种植物生长并生长得好。城镇绿化中引进一些适宜的树种是非常必要的，但相比之下使用乡土树种更为可靠、廉价和安全，因此这两者都应该受到重视。北方城镇受自然环境的影响，常绿树种资源有限，在冬季缺少绿色。因此许多城镇都非常注意常绿树种的引进。

（3）生态性原则　植物配置应按照生态学原理，充分考虑物种的生态位特征，合理选配植物种类，避免种间直接竞争，形成结构合理、功能健全、种群稳定的复层人工植物群落结构。同时根据生态学上物种多样性导致群落稳定性原理，植物配置时应充实生物的多样性。物种多样性是群落多样性的基础，它能提高人工植物群落的观赏价值，增强人工植物群落的抗逆性和韧性，有利于保持群落的稳定，避免有害生物的入侵。只有丰富的物种种类才能形成丰富多彩的人工植物群落景观，满足人们不同的审美要求；也只有多样性的物种种类，才能构建不同生态功能的人工植物群落，更好地发挥人工植物群落的景观效果和生态效果。

（4）多样性原则　地球上多数自然群落不是单一的植物区系所组成的，而是多种植物和生物的组合，符合自然规律和风貌的园林建设，必须重视生物多样性。如果植物种群单一，在生态上是贫乏的，在景观上也是单调的，园林植物配置注意乔、灌、草结合，植物群落可增加稳定性，也有利于珍稀植物的保护，充分利用高中低空间，叶面积指数增加，也能提高生态效益，有利于提高环境质量。

（5）艺术性原则　艺术性原则植物配置不是绿色植物的堆积，而是在审美基础上的艺术配置，是园林艺术进一步的发展和提高。在植物配置中，应遵循统一、调和、均衡、韵律等基本美学原则。这就需要在进行植物配置时熟练掌握各种植物材料的观赏特性和造景功能，对植物配置效果整体把握，根据美学原则和人们的观赏要求进行合理配置，丰富群落美感，提高观赏价值，渲染空间气氛。

三、室内绿化体系的构建

室内绿化是指建筑物内部空间（不论是敞开的或封闭的）的绿化。室内绿化可以增加室内的自然气氛，是室内装饰美化的重要手段。世界上许多国家对室内绿化都很重视，不少公共场所、私人住宅、办公室、旅馆、餐厅等内部空间都布置花木。

室内绿化是一种专门为人设计的环境，其出发点是尽可能地满足人的生理、心理乃至潜在的需要。在进行室内植物配置前，先对场所的环境进行分析，收集其空间特征、建筑参数、装修状况、光照、温度、湿度等资料，此外与植物生长密切相关的环境因子等诸多方面的资料是很有必要的。只有在综合分析这些资料的基础上，才能合理地选择适宜的植物，达到改善室内环境，提高健康舒适度的目的。

室内的植物选择是双向的，一方面对室内来说，是选择什么样的植物较为合适；另一方面对植物来说，应该有什么样的室内环境才能适合生长。大部分的室内植物，原产南美洲低纬度区、非洲南部和南东亚的热带丛林地区，适应于温暖湿润的半荫或荫蔽的环境下生长，不同的植物品类，对光照、温湿度均有差别。清代陈子所著《花镜》一书中，早已提出植物有“宜阴、宜阳、喜湿、当瘠、当肥”之分。

家庭室内绿化植物的选择，主要是指如何根据主人的爱好、各个空间的环境特点和功能要求，合理地陈设植物。室内绿色植物的选择主要是根据室内空间的大小以及光线和温度的情况而定。室内绿化选择的原则从总体上说，绿色植物在装饰室内时多作为衬景点缀出现，烘托整体效果。这就要求陈设时尽量利用室内周边、死角处，以衬托其他物品，或与其他物品共同形成视觉中心。室内绿化植物的选择应注意下列原则。

（1）适应性较强　由于光照的限制，室内植物应以耐阴植物或半阴生植物为主。并应根据窗户的位置与结构，以及白天从窗户进入室内光线的角度、强弱及照射面积来决定花卉品种和摆放的位置，同时还要适应室内温湿度等环境因子。

（2）对人体健康无害　并非所有观赏植物都能用于室内绿化。对于一些有刺激性气味和含有毒素的植物要谨慎使用。如一品红整株有毒，白色乳汁会使皮肤红肿；仙人掌刺内含毒汁，被刺皮肤疼痛、瘙痒，甚至过敏；夜来香夜间排出废气使高血压、心脏病患者感到郁闷；南天竹含天竹碱，误食后会引起抽搐、昏迷。对于这些植物，要注意不要触摸，更不能食用，在室内使用时要放置在不宜接触到的地方。

（3）生态功能比较强　选择能调节温湿度、滞尘、减噪、吸收有害气体、杀菌和固碳释氧能力强的植物，可以有效改善室内微环境，提高工作效率和增强人体健康。如杜鹃具有较强的滞尘能力，还能吸收有室内的害气体，达到净化空气的目的。龟背竹夜间能吸收大量的二氧化碳，仙人掌、君子兰、各种兰花等植物都有净化空气的功能；吊兰、芦荟可以消除甲醛的污染，紫薇、茉莉、柠檬等植物可以杀死原生菌等。

（4）观赏性比较高　花卉是居室绿化植物的主体，它色彩缤纷、四季相异、早晚不同、晴雨有别，又以其各具特色的形态、姿色、风韵和香味给人以生命的气息和动态的美感，满足了人们渴望亲近大自然的需求。我国适宜居室绿化的植物常用的至少有300余种，有的枝叶婆娑、绿意盎然，有的花枝摇曳、五彩斑斓，有的姿态万千、趣味无穷，有的清雅俊秀、意味悠长，为人们提供了各式各样的居室绿化材料。在布置前根据室内绿化装饰的目的、空间的变化及周围人们的生活习俗，确定所需的植物种类、大小、形状、色彩及四季变化规律。

（5）室内植物的配置必须与墙面、地面、家具色彩相协调　假如在深色地面、墙面的背景色里配置深色的植物，反而会产生沉闷感，缺乏光彩与生机，容易令人不快。同样，假如在浅色颜的环境中配置淡颜色的植物，由于色彩比较相近，就显示不出花的价值。所谓对比色的协调，就是在大片的室内环境色中，点缀与室内色彩有明显不同的花木，以产生“绿丝树丛中一点红”的效果。

第五节　景观设计的程序与表达

景观是人所向往的自然，景观是人类的栖居地，景观是人造的工艺品，景观是需要科学分析方能被理解的物质系统，景观是有待解决的问题，景观是可以带来财富的资源，景观是反映社会伦理、道德和价值观念的意识形态，景观是历史，景观是美。作为景观设计的对象，景观是指土地及土地上的空间和物体所构成的综合体，它是复杂的自然过程和人类活动在大地上的烙印。城市景观是指景观功能在人类聚居环境中固有的和所创造的自然景观美，它可使城市具有自然景观艺术，使人们在城市生活中具有舒适感和愉快感。

城市景观设计主要服务于城市景观设计、居住区景观设计、城市公园规划与设计、滨水绿地规划设计、旅游度假区与风景区规划设计等。城市景观主要表现在城市的公共环境、公共活动和活动中的人这三个方面。从城市景观的控制理论与研究角度出发，我们可以将城市景观分为活动景观和实质景观两个方面。从城市功能的角度来看，城市中的公共活动是城市灵魂的体现，倘若城市中没有了人们的活动也就变成了废城。城市景观设计就是要求设计者根据基本设计程序和一定的表达方式，将景观的组成、功能和实施手法等科学地表示出来。

一、环境景观设计的程序

环境景观在建造之前，设计者要按照建设任务书，把施工过程和使用过程中所存在的或可能发生的问题，事先作好整体的构思，以定好解决这些问题的办法、方案，并用图纸和文件表达出来，作为备料、施工组织工作和各工种在制作、建造工作中相互配合协作的共同依据，以便整个工程得以在预先设定的投资限额范围内，使建成的环境景观可以充分满足使用者和社会所期望的各种要求。它主要包括物质方面和精神方面的要求。

（一）环境景观设计的基本程序

为了使环境景观设计顺利进行，少走弯路，少出差错，取得良好的成功，在众多矛盾问题中，先考虑什么，后考虑什么，必须要有一个程序。根据一般环境景观设计实践的规律，环境景观设计程序应该是从宏观到微观、从整体到局部、从大处到细节、进而步步深入。环境景观设计可分为五个阶段：第一，环境景观设计的搜集资料阶段；第二，环境景观的初步方案阶段；第三，环境景观的初步设计阶段；第四，环境景观的技术设计阶段；第五，环境景观设计的施工图和详图阶段。

1. 环境景观设计的搜集资料阶段

环境景观设计之前，首先要了解并掌握各种有关环境景观的外部条件和客观情况。自然条件包括地形、气候、地质、自然环境等，根据城市规划对环境景观要求，城市人文环境使用者对环境景观设计要求，特别是对环境景观所应具备的各项使用要求，对经济估算依据和所能提供的资金、材料、施工技术和装备的要求等，以及可能影响工程的其他客观因素。这个阶段，设计者应经常协助咨询以确定设计任务书，进行可行性研究，提出地段测量和工程勘查的要求，以及落实某些建设条件等。

2. 环境景观的初步方案阶段

设计者在对环境景观的功能和形式安排有了大概的布局之后，在初步方案阶段首先要考虑和处理环境景观与城市规划的关系，即景观与周围建筑高低、体量的关系。然后还要考虑景观对城市交通影响等关系。

3. 环境景观的初步设计阶段

环境景观的初步设计阶段是环境景观设计过程中关键性阶段，也是整个设计构思基本成型的阶段。初步设计中首先要考虑环境景观的合理布局、空间和交通的合理联系以及景观的艺术效果。为了取得良好的艺术效果，还应该还结构和合理性相统一。因此，结构方式的选择应考虑坚固耐久、施工方便及造价的经济合理等要素。

4. 环境景观的技术设计阶段

环境景观的技术设计阶段是初步设计具体化的阶段，也是各种技术问题的定案阶段。技术设计的内容包含环境景观和各个局部的具体做法，各部分确切的尺寸关系、装修设计、结构方案的计算和具体内容等。各种构造和用料的确定，各个技术工种之间矛盾的合理解决以及设计预算的编制等。

5. 环境景观施工图和详图设计阶段

环境景观施工图和详图设计阶段主要是通过图纸，把设计意图和全部设计结果，包括具体的做法和尺寸等表达出来，作为工人施工制作的依据。这个阶段是设计工作和施工工作的桥梁。施工图和详图要求明晰、周全、表达确切无误。施工图和详图的设计工作是整个设计工作的深化和具体化，又可称为细部设计。它主要解决构造方式和具体做法的设计，解决艺术上的整体与细部、风格、比例和尺度的相互关系。该设计水平在很大程度上影响整个环境景观的艺术水平。

（二）主要设计程序的具体内容

一个科学合理的设计程序对于整体设计的成功具有非常重要的作用，它不仅可以帮助业主方和设计师理清设计工作的思路，明晰不同工作阶段的工作内容，而且可以引导并解决在景观设计中出现的诸多问题。根据景观设计的相关规律，归纳起来，环境景观设计主要包括前期准备阶段、方案设计阶段和施工图设计阶段，其各自包括的具体工作内容也不相同。

1. 前期准备阶段的工作内容

根据景观设计的实践经验，在前期准备阶段的主要工作内容有接受设计委托、进行现状调研、收集设计资料和制订工作计划。

（1）接受设计委托　这是景观设计工作的开始，业主方向景观设计师提供设计任务书，设计任务书是最直接的景观设计依据，是业主以正式书面的形式提出，并在设计任务书中明确项目名称、建设地点、设计任务、设计目标、时间期限、功能要求、总体造价等内容。景观设计师在接到设计任务书后，会对其中的内容进行梳理和思考，根据项目的基本情况、业主的要求和以往的工作经验，提出设计的方向，然后通过和业主方详细沟通后，设计师明确设计项目的工作意向，然后经双方协商，签订景观工程设计合同。

（2）进行现状调研　在景观设计工作正式开始之前，为了顺利和高质量完成设计委托任务，设计师必须深入现场了解情况，掌握设计的第一手资料。具体包括设计场地的区域概况、地形地貌、自然条件、人口密度、当地历史文化特征和人文背景，通过对现状的充分调查分析，景观设计者可以很好地把握环境对景观设计的影响和制约，这样才能进行有效的设计，所以进行现场调查、测绘、分析工作十分必要。

（3）收集设计资料　在进行景观设计开始之前，相关的设计资料必须齐全，首先景观设计师要获得相关的设计图纸、规划指标、市政设施、地形条件、水文资料、交通条件等资料，同时也应该关注和收集与项目相关的实际案例，对其进行研究和总结，还需要熟悉相关的设计规范和标准，为下一步的设计奠定基础。

（4）制订工作计划　制订切实可行的工作计划是景观设计工作顺利的保证，设计中各个环节的衔接和工作的交接、交叉，整个设计工作的有序推进，不同时间所需要完成的工作任务等，都需要有一个合理的工作计划来领引。景观设计工作计划主要包括设计内容、设计进度、时间节点、与各设计方配合节点、各工作段的汇报等。

2. 方案设计阶段的工作内容

方案设计是设计中的重要阶段，它是一个极富有创造性的设计阶段，同时也是一个十分复杂的阶段，它涉及设计者的知识水平、经验、灵感和想象力等。在方案设计阶段设计人员根据设计任务书的要求，运用自己掌握的知识和经验，选择合理的技术系统，构思满足设计要求的原理解答方案。

（1）方案立意与构思　立意与构思是进行景观设计的开始，设计师根据设计任务书的要求和前期资料，对设计场地进行创造性的思考和构想，正确的立意和巧妙的构思是优秀设计作品的起源，也是一直贯穿在整个设计过程中的。成功的设计立意可以在满足功能、形式、技术、生态等问题的基础上把设计推向更高的层次，使得设计作品具有更深刻的内涵和境界，从而能给人们心灵上的愉悦和情感上的升华。

(2) 概念方案设计　概念方案是设计师充分考虑了场地的各种情况，通过具体的设计手法，将立意与构思图纸化、具体运用到场地的设计之中，进行概念性的表达。其表达是对整体空间的构想、功能布局的合理性和整体风格的定位，也是对立意与构思的再现，不拘泥于细节，主要从宏观而整体的角度，对整个场地的梳理和设计，可能是一个设计概念，也可能是几个不同的设计概念同时出现。

概念方案实际上是在项目的方案设计开始之前，提供给业主的初步的方向性设计草图、示意图、规划图、项目问题分析、风格趋向等内容。项目的概念设计方案通常是签订合同的前提，展示设计水平和服务项目的机会，也是和业主探讨方案的基础。

(3) 方案设计　方案设计也称为初步设计，是在概念方案的基础上的完善和调整，将概念方案进行推敲和细化的过程，使之更加合理、更具可操作性。完整的方案设计对整体布局、功能分区、风格定位、交通流线等都有清晰的显示，并在重点区域有局部详图和效果图等，可以更清晰地体现设计意图。在方案设计阶段，往往会有一个方案的比较过程，即在概念方案设计阶级可能会提出几个概念性的设计方案，在方案设计阶段需要进一步地进行比较和选择，然后再进行有针对性的方案设计。

(4) 方案深化设计　方案深化设计也称为扩大初步设计，方案深化设计是在方案设计已经被业主接受和认可的基础上，对设计方案进行更为深入、详细的深化设计，深化设计主要是对方案设计的延续和深入，在总平面图的基础上深入细化各区域平面、立面和剖面，同时会考虑设计的细部、构造等。整个深化过程既为下一步的施工图设计做准备，也是更为深入地解决景观形式和景观之间的相互关系，使得设计方案更趋合理和成熟的关键。

在方案设计的过程中，由于时间限制及客户喜好不确定等各种因素影响，作为设计思路的依据及表达，通常选择具有代表性的空间进行深化设计，也就是我们常说的主要平立面和主要空间效果图。

3. 施工图设计阶段的工作内容

施工图设计是景观工程设计的一个重要阶段，安排在方案设计、方案深化设计两个阶段后。这一阶段主要通过图纸，把设计者的意图和全部设计结果，准确无误地用图纸表达出来，作为施工单位进行施工的依据，它是设计和施工工作的桥梁。在图纸中不仅要明确各部位的名称、尺寸、材质、色彩，而且还要给出相应的构造做法，以便施工人员进行操作。在施工图设计阶段主要有如下工作内容。

(1) 在向业主提交所有的施工图后，设计师应当向施工单位的技术人员解释所有施工图纸，让施工人员能清晰地理解设计图纸的意图，在施工中能正确地运用。

(2) 在施工过程中，设计师需要定期去查看施工现场的施工工艺和施工材料的选用，对施工效果进行评价，以便及时发现施工中的不足，并给予纠正。同时如果现场出现问题，设计师也应当及时给予解决。

(3) 在所有工程施工完成后，设计师应当到现场会同质量检验部门和建设单位一起进行竣工验收。

二、环境景观设计的表达

设计创作和设计表达是一直贯穿在整个设计过程中的两个不可分割的方向，首先设计需要优秀的创作，优秀的创作带给人们心灵的愉悦和生活的享受，而优秀的创作则需要用好的图纸形式向人们表达，让人们可以清晰、明了地理解创作意图，可以说“创作是设计的灵魂，表达是设计的根本”。因此，环境景观设计的表达是一项非常重要的工作。

1. 环境景观设计的徒手表达

运用一定的绘图工具和表现技法进行设计是景观设计中常用的表达方式，也是景观设计师必备的一项技能，因为景观设计从一开始就交织着构想、分析、改进和完善，景观设计师需要将头脑中的思维徒手表达出来，以便作进一步的推敲、判断、交流、反馈和调整，待设计方案完成后，也可以徒手绘出各种不同的分析图、效果图等来表达设计方案。在景观设计中常用的徒手表达方法有铅笔表达、钢笔表达、水彩表达、水粉表达、马克笔表达和综合表达等。

（1）铅笔表达　铅笔是最基本的手绘工具之一，常用的有素描铅笔和彩色铅笔两种。素描铅笔有6H～6B的各种型号，其表达效果也各不相同，虽然素描铅笔只能表达黑、白、灰的明暗对比关系，却一样具有非凡的表现力，其严谨而规整、虚实有间的线条和面的结合，让景观图空间宁静而悠远，带给人们无尽的遐想。利用铅笔的轻重缓急、力道变化，可以表达出设计景观的质朴、纯粹之美。

彩色铅笔一般有12色、24色、36色等，分为普通彩色铅笔和水溶性彩色铅笔两种，水溶性彩色铅笔可以用毛笔蘸少量水，以水墨笔触的方式拖出淡淡的彩晕效果。彩色铅笔的基本手法与素描铅笔相似，可以用彩色的线条的疏与密、粗与细来塑造物体和环境，并可借用线条的重复和不同色彩的叠加来获得丰富、轻快的色彩效果，同时因彩色铅笔携带方便、易于掌握而深受景观设计人员的喜爱。

（2）钢笔表达　钢笔表达也是一种景观设计常用的表示方式，与铅笔相比钢笔用线更为流畅、有力，其明暗对比也更为强烈，更加注重用笔的排线和笔触变化，以形成不同的明暗调子和肌理效果。世界上很多优秀的设计大师都有十分精彩的钢笔手稿。如美国著名的建筑师弗兰克·劳埃德·赖特先生就留下了许多优秀的钢笔画作品。

在实际的工程设计中，设计师常常会将钢笔线描和水彩技法结合起来共同渲染，也称为“钢笔淡彩”，是在钢笔线稿的基础上，用水彩颜色加以施色，让画面显得更为充实、丰富。钢笔淡彩的表达要注意物体的轮廓和空间界面转折的明暗关系，用线要流畅、生动、讲究疏密变化，着色要洗练、轻快，其画面的留白尤为重要，最好不要画得太满，用笔注重笔触，点、扫、摆等一气呵成、生动自然。

（3）水彩表达　水彩具有透明性良好、色彩淡雅细腻、色调比较明快的特点，其画面渲染色彩变化微妙，富有极高的艺术感染力，是景观设计中较为传统的表达方式，所采用的工具为专门的水彩笔，我国毛笔中的大、中、小白云也可，细部刻画时可用衣纹笔、尼龙笔或拉线笔等，有时大面积上色可用大号的羊毫宽笔。但是水彩表达对纸张和使用技法有一定的要求，要求使用者能控制整个画面和用笔的含水量，如果水分太少，画面会出现干枯感，色彩干涩，透明度降低；而如果水分太多，画面易出现水迹斑驳、难以收拾的局面。水彩表达常用的着色方法是先浅后深、由远及近，亮部和高光部分需预留出来，利用水与色的相互渗透、晕化、淋漓来获得十分自然、柔和、滋润、空濛的效果，充分体现出水彩透明、轻快、飘逸的特性。

（4）水粉表达 水粉颜料饱和、浑厚、明暗层次丰富，覆盖力强，便于进行修改，能深入塑造空间形象，逼真地刻画对象的质感和光感，能够达到较为理想的效果，这种特性使得在需要精细刻画的时候，景观设计师往往会选择水粉作为表达手段，所采用的工具主要有水粉笔、毛笔和鸭嘴笔。常用的画法有湿画法、干画法、界尺法等，着色一般为先画深色、后画浅色，充分利用水粉的不透明性和覆盖性，进行厚和薄的交替，色块的干湿变化，结合不同形状和走势的笔触，展示出水粉的明快、厚重、真实之感。

（5）马克笔表达 马克笔（Marker）也可称为记号笔，是一种书写或绘画专用的绘图彩色笔，是近些年在设计界开始流行的一种快速表达工具，它的特点是方便、快速、便于操作、不用调色，且色彩多变、风格豪放，颇为当代景观设计师的青睐。市场上马克笔的品种很多，主要有油性和水性两种。油性马克笔的颜料可以用甲苯稀释，有较强的渗透性，尤其适合在硫酸纸上作图，水性马克笔的颜料可溶于水，通常用在质地较紧密的卡纸或铜版纸上作图。在进行作图时，通常用墨线勾勒出主体的轮廓，然后用马克笔上色，马克笔的色层和墨线互相不遮掩，且色块对比强烈，形与色相互映衬，画面十分生动。

马克笔常用的用笔方式有三种，即并置法、重叠法和叠彩法。并置法又称为平行排笔法，即是用马克笔并列排出线条，在进行排列时应一笔接着一笔向后移动，移动过程中，笔与笔之间可以相连、重叠，也可以根据需要留白。重叠法是指在排笔的过程中，为了表达物体表面的肌理效果，使笔触之间形成一定角度的交叉，在交叉部位就会出现色彩相互重叠、渗透的效果。叠彩法是指运用马克笔组合不同的色彩，排出富有变化的色块，一般用在深入表现对象的特殊质感及明暗、深浅层次，使得画面更为生动。

从整体上说，马克笔明显的笔触效果，彰显个人风格的艺术表现力是其魅力所在，设计人员通过大量的练习即可找到适合自己的用笔习惯和表达风格，来获得属于自己的、独特的画面效果。

（6）综合表达 综合表达是在以上常用的表达方式都已经很熟悉的基础上，将多种工具表现手法进行综合运用。事实上，在实际的景观工程设计过程中，很多设计师都会采用综合表达，因为每种工具和技法都有其优点和局限性，如果能发挥出不同工具和技法的优点，将它们揉和其中、取长补短，则是一件令人惬意的事情。但技法毕竟是技法，不可为了技法而失去作品的表现目的，表达出景观的内容才是根本，应该根据需要，适当进行选择和取舍，使形式和内容达到完美结合。

景观手绘表现作为一个特殊的画种，有特殊的技巧和方法，对表现者也有着多方面的素质要求。一个优秀的表现图的设计师必须具有一定的表现技能和良好的艺术审美力。一个好的手绘设计作品不仅是图示思维的设计方式，还可以产生多种多样的艺术效果和文化空间。手绘的表现过程是扎实的美术绘画基本功的具体运用与体现的过程。一个好的创意，往往只是设计者最初设计理念的延续，而手绘则是设计理念最直接的体现。手绘是设计的原点，手绘的绘制过程有助于进一步培养、提高设计师在设计表现方面的能力，提高对物体的形体塑造能力，提高处理明暗、光影、虚实变化、主次等关系及质感表现、色彩表现与整体协调能力。手绘不仅一种技能，还是个人修养与内涵的表现。

2. 环境景观设计计算机表达

一个好的环境景观设计作品的产生，主要应当包括三个方面。从基础开始说是计算机表达、构图能力和创意。但作品的产生过程是相反的，首先有了好的创意，然后把它在脑海中进行粗略构图，借助简单的计算机手段或者手绘，变成较为详细的草图，最后综合运用计算机技巧做出成果图。所以说，以上三者缺一不可但有时又各有侧重，其中计算机表达是极其重要的一个方面。

随着计算机技术的日趋成熟和各种绘图软件的不断开发，计算机表达已经在景观设计行业得到广泛应用，其速度快、准确性好等优点，使得设计工作的效率得到很大的提升，给景观设计师带来前所未有的方便和快捷。同时计算机表达的效果非常逼真，场景还原性等优势也得到了市场的认可，更进一步提高了景观设计师运用计算机表达的热情。在环境景观设计中常见的计算机表达软件有以下几种。

（1）AutoCAD AutoCAD（Auto Computer Aided Design）是Autodesk（欧特克）公司首次于1982年开发的自动计算机辅助设计软件，用于二维绘图、详细绘制、设计文档和基本三维设计。现已经成为国际上广为流行的绘图工具，此设计软件以精确、高效而著称，可以十分准确、详细地绘制出不同设计层面所需要表达的尺寸、位置、构造等，在平时的设计中主要用于绘制工程图纸（如平面图、剖面图、立面图和各种详图等），也可以用于建立三维模型来直观、准确地表达设计形体，供设计师思考和推敲设计。

AutoCAD具有良好的用户界面，通过交互菜单或命令行方式便可以进行各种操作。它的多文档设计环境，让非计算机专业人员也能很快地学会使用。在不断实践的过程中更好地掌握它的各种应用和开发技巧，从而不断提高工作效率。AutoCAD具有广泛的适用性，它可以在各种操作系统支持的微型计算机和工作站上运行。

（2）3D Studio Max 3D Studio Max，常简称为3DS Max或Max，是Discreet公司开发的（后被Autodesk公司合并）基于PC系统的三维动画渲染和制作软件。其前身是基于DOS操作系统的3D Studio系列软件。在Windows NT出现以前，工业级的CG制作被SGI图形工作站所垄断。3D Studio Max + Windows NT组合的出现一下子降低了CG制作的门槛，首先开始运用在电脑游戏中的动画制作，后更进一步开始参与影视片的特效制作。在Discreet 3Ds max 7后，正式更名为Autodesk 3DS Max，最新版本是3ds Max 2015。

此软件已广泛应用于广告、影视、工业设计、建筑设计、多媒体制作、游戏、辅助教学以及工程可视化等领域中，其具有强大的建模和动画功能，以逼真、可操作性强而著称，在国内发展的相对比较成熟的建筑效果图仰建筑动画制作中，3DS Max的使用率更是占据绝对的优势。我国设计实践证明，在景观设计中用3DS Max软件来表达，对景观设计师有着很大的帮助。

（3）Lightscape Lightscape是一种先进的光照模拟和可视化设计系统，用于对三维模型进行精确的光照模拟和灵活方便的可视化设计。Lightscape是世界上唯一同时拥有光影跟踪技术、光能传递技术和全息技术的渲染软件。它能精确模拟漫反射光线在环境中的传递，获得直接和间接的漫反射光线。光影跟踪技术（Raytrace）使Lightscape能跟踪每一条光线在所有表面的反射与折射，从而解决了间接光照的问题；而光能传递技术（Radiosity）把漫反射表面反射出来的光能分布到每一个三维实体的各个面上，从而解决了漫反射问题。最后，全息渲染技术把光影跟踪和光能传递的结果叠加在一起，精确地表达出三维模型在真实环境中的实情实景，制作出光照真实、阴影柔和、效果细腻的渲染效果图，从而让使用者得到真实自然的设计效果。

（4）Sketch Up　Sketch Up是一套直接面向设计方案创作过程的设计工具，其创作过程不仅能够充分表达设计师的思想而且完全满足与客户即时交流的需要，它使得设计师可以直接在电脑上进行十分直观的构思，是三维建筑设计方案创作的优秀工具。Sketch Up是一个极受欢迎并且易于使用的3D设计软件，很多使用者将它比喻作电子设计中的“铅笔”。它的主要卖点就是使用简便，人人都可以快速上手。

Sketch Up软件其直观、形象的设计界面，简单、快捷的操作方式，深受使用者的欢迎，同时它可以直接输入数字，进行准确的捕捉、修改，使设计者可以直接在电脑上进行十分直观的构思设计，并可以方便地生成任何方向的剖面，让设计更加透彻、合理。同时整个设计过程的任何阶段都可以作为直观的三维成品，还可以模拟手绘草图的效果，也可以根据需要确定关键帧页面，制作成简单的动画自动实时演示，让设计和交流成为极其便捷的事情。

（5）Photoshop　Photoshop是Adobe公司旗下最为出名的图像处理软件之一，此软件是集图像扫描、编辑修改、图像制作、广告创意、图像输入与图像输出于一体的图形图像处理软件，也是目前在设计中最为专业的图形处理软件，其具有强大的处理功能，基本能够满足城市景观设计工作中的各种需求。它可以制作为各种精美的图像，还可以弥补在其他设计软件上所作图形的缺陷，使设计变得更加完美，还可以调整图面色彩，以便更为准确地表达设计意图。

从功能上看，该软件可分为图像编辑、图像合成、校色调色及特功能特色效制作部分等。图像编辑是图像处理的基础，可以对图像做各种变换，如放大、缩小、旋转、倾斜、镜像、透视等；也可进行复制、去除斑点、修补、修饰图像的残损等。图像合成则是将几幅图像通过图层操作、工具应用合成完整的、传达明确意义的图像，这是美术设计的必经之路；该软件提供的绘图工具让外来图像与创意很好地融合。

除了上面介绍的五种常用设计外，还有很多优秀的工具软件。在进行学观设计的过程中，多了解一些设计软件会使设计者的思路变得更为开阔，使城市的景观设计达到绿色、生态、综合、多效的目的。

第二章
城市公园景观设计

城市公园是供公众游览、观赏、休息、健身，开展科学文化交流等活动，有比较完善的设施和良好的绿化环境的公共空间，是城镇绿地系统不可缺少的重要组成部分。作为城市中重要的公共开放空间，公园不仅是城镇居民的休闲游憩活动场所，而且也是居民文化的传播场所。

公园随着城市的发展逐渐繁荣起来，因而城市公园的景观设计也日益显得重要，人们产生了对城市公园景观设计的基本理论和空间设计方法的迫切需求。城市公园景观设计是一门综合性很强的课程，它涉及和涵盖了众多的基础学科。城市公园景观设计不仅要考虑公园中各景观要素之间、人与自然之间的和谐关系，还要综合考虑公园的主题、空间、功能等方面的合理性，进而使人们能够在公园中，得到视觉、听觉、触觉等方面的享受。

第一节　城市公园的基本概念

现代城市公园是城市建设规划设计中的主要内容之一，是城市生态系统、城市景观的重要组成部分。任何事物总是处于一种发展的状态，因此不同时代对城市公园的概念界定是有所不同的，即使是在同一时代，不同的学者对其界定也存在差异，有的强调城市公园的卫生环保和休闲的意义，有的侧重其美育功能，也有的突出其综合功能、政治文化意义。

一、城市公园类型与特点

学术界对城市公园尚无统一的概念界定，但通过分析《中国大百科全书》、《城市绿地分类标准》及国内外学者对其进行的概念界定，可以看出城市公园包含以下几个方面的内涵：首先，城市公园是城市公共绿地的一种类型；其次，城市公园的主要服务对象是城市居民，但随着城市旅游的开展及城市旅游目的地的形成，城市公园将不再单一地服务于市民，也将服务于旅游者；再次，城市公园的主要功能是休闲、游憩、娱乐，而且随着城市自身的发展及市民、旅游者外在需求的拉动，城市公园将会增加更多的休闲、游憩、娱乐等主题的产品。

城市公园不仅影响着市民的生活质量，而且还具有美化城市、调节城市小环境、改善城市空气质量、维系城市生态平衡和防灾减灾等多种生态效应。高质量的公园，形象鲜明、功能多样，往往能成为一个城市的标志，也是城市文明和繁荣的标志。作为城市的主要公共开放空间，公园建设不仅是传统休闲的延续，更是城市文化的体现，它代表着一个城市的政治、经济、文化、风格和精神气质，也反映着一个城市市民的心态、追求和品位。

城市公园既是群众游览休憩的场所，也是文化传播的空间；既是向群众进行精神文明教育、科学知识普及的园地，也是政府促进社会和谐、培育城市文化的重要资源。美国景观设计之父奥姆斯特德曾说过，公园是一件艺术品，随着岁月的积淀，公园会日益被注入文化底蕴。一座公园就是一段历史，它让人们一走进园子，脑海中就会浮现出昔日的温馨画面、曾经的美好记忆，一座拱桥、一个雕塑、一棵老树，这些都是非常珍贵的东西，所以需要我们进行精心的设计与布置，使城市公园自然气息浓厚而又不乏人文底蕴。

1. 城市公园的类型

城市公园的类型包括综合性公园、居住区公园、居住小区游园、带状公园、街旁游园和各种专业类公园等。常见的有综合性公园和居住区公园。综合性公园是城市公园系统的重要组成部分，是城市居民文化生活不可缺少的重要因素，它不仅为城市提供大面积的绿地，而且具有丰富的户外游憩活动内容，适合于各种年龄和职业的城市居民进行一日或半日的游赏活动。它是群众性的文化教育、娱乐、休息的场所，并对城市面貌、环境保护、社会生活起着重要的作用。居住区公园建于居住区内，是居住区的福利设施，是居民特别是老人和儿童最常利用的公园。居住区公园应建在三四个小区之间，服务半径一般在500m以内，除安静休息外，可安排少量群众性体育活动场地及不宜收费的游乐设施。

2. 城市公园的主要特点

根据时代发展的要求现代城市公园应当具有社会功能、文化教育功能、经济功能、生态功能和防灾救灾功能等多方面的价值。美国的拉特里奇教授（Albert Rutlege）在《公园解析》中指出公园应具备以下特点：①满足功能要求；②符合人们的行为习惯；③创造优美的视觉环境；④创造合适尺度空间；⑤满足技术要求；⑥尽可能降低工程造价；⑦提供便于管理的环境。

二、城市公园景观设计基本要素

我国城市目前正处于快速发展建设的过程中，城市合理的绿化景观规划，合理设置公共绿地，生产绿地和风景林地等是广大学者研究的一件大事。由此可见，城市公园景观的合理规划设计，是城市公共绿地的重要组成部分，同时也是城市化进程中的重中之重，如何为城市居民提供更舒适宜人的生存环境是生态城市发展的重要课题。根据国内外公园景观设计的实践经验，城市公园景观设计的基本要素主要包含以下几方面。

（1）构成公园的主要素材如植物、地形、地貌等，主要是受气候、时间、空间等自然条件的影响而演变的。公园规划和设计必须考虑这些影响，因地制宜、因时制宜，创造不同的地方特点和风格。

（2）公园内的有关部位要铺透水性的地砖，以减少雨水的径流，使雨水渗入土壤中，增加地下水的储量，改善公园内的空气湿度。

（3）设置必要的健康体育设施　应以中小型项目为主，不应设置占地面积大的体育项目；儿童活动区应合理设置机动游乐项目、参与性游戏项目和科普项目。

（4）设置适宜面积的功能区　游憩功能区（包括游览观赏区、安静休憩区、文化娱乐区等）应占公园陆地的70%以上；康体活动区控制在公园陆地的15%以下；儿童活动区宜控制在公园陆地的10%以下。

（5）设置监控系统　现代城市的公园内宜设置广播系统，设有管理处（室）的公园，应设置安全管理视频监控系统。

（6）设置防雷设施　公园主要出入口的集散广场和游人集中活动的场地，以及经常举办展览活动的区域，应设置独立性的防雷设施覆盖。

（7）禁止选择栽种有毒植物　集散、赏景、休憩、活动铺装场地内及周边绿地种植设计，严禁选用危及游人生命安全的有毒植物。

三、城市公园的主要功能

城市公园的传统功能主要就是在满足城市居民的休闲需要，提供休息、游览、锻炼、交往，以及举办各种集体文化活动的场所。由此可见，城市公园的基本功能包括生态功能、审美功能、休闲娱乐功能、保护教育功能、防灾避险功能等，城市公园建设应在囊括基本功能基础上实现新的突破。

1. 城市公园的生态功能

城市公园也是城市绿化美化、改善生态环境的重要载体，特别是大批园林绿地的建设，使城市公园成为城市绿地系统中最大的绿色生态斑块，是城市中动植物资源最为丰富之所在，不仅在视觉上给人以美的享受，而且对局部小气候的改造有明显效果，使粉尘、汽车尾气等得到有效抑制，被人们称为“城市的肺”、“城市的氧吧”。随着环保意识的增强，城市公园在改善生态和预防灾害方面的功能得到加强。城市公园对于改善城市生态环境、居住环境和保护生物多样性起着积极的、有效的作用。

2. 城市公园的空间景观

现代城市充斥着各种建筑物，过于拥挤，存在缺乏隔离空间、救援通道等问题，城市公园的建设则是一个一举多得的解决办法。城市土地的深度开发使城市景观趋向于破碎化，唐山市由工业化阶段向后工业化阶段转变的过程中就出现了城市景观严重破碎的问题。而城市公园在措施得当的前提下，可以重新组织构建城市的景观，组合文化、历史、休闲的要素，使城市重新焕发活力。随着城市旅游的兴起，许多知名的大型综合公园以其独特的品位率先成为都市重要的旅游吸引物，城市公园也起到了城市旅游中心或标志物的功能。

3. 城市公园的防灾功能

在很多地震多发的地区，城市公园还担负着防灾避难功能，尤其是处于地震带上的城市，防灾避难的功能显得格外重要。1976 年的唐山大地震、2008 年的汶川大地震，都让我们认识到防灾意识的提高以及防灾、避难场所建设在城市发展中的重要性，而城市公园在承担防灾、避难功能上显示了强大作用。

4. 城市公园的美育功能

从城市公园诞生开始，它就被赋予了美学的意义。传统艺术、现代艺术的各种流派，或多或少地都能在城市公园中找到它们的踪迹。城市公园融生态、文化、科学、艺术为一体，符合人对环境综合要求的生态准则，能更好地促进人类身心健康，陶冶人们的情操，提高人们的文化艺术修养水平、社会行为道德水平和综合素质水平，全面提高人民的生活质量。

第二节　从风景园林到城市公园

我国城市公园的由来可追溯至古代皇家园林，官宦、富商和士人的私家园林。现代意义的公园则是帝国主义侵略的结果，当时殖民者在我国开设租界，为了满足殖民者少数人的游乐活动，把欧洲式的公园传到了我国。最早的就是1868年在上海建造的“公花园”（黄浦公园）。辛亥革命后，我国广州、南京、昆明、汉口、北平、长沙、厦门等主要大城市出现了一批公园，进入自主建设公园的第一个较快发展时期。这一时期的公园大多数是在原有风景名胜的基础上整理改建而成的，有的本来就是原有的古典园林。

一、西方传统的园林

现代城市的空间景观是从古典的城市发展和演变而来的，因此，现代的城市公园与传统的城市园林有着千丝万缕的联系，这些也正符合人类社会文化的延续和变革。一种新文化的产生，并不意味着传统的“旧文化”就完全消失，它们之间是有一定的内在联系的。即使新文化的产生伴随着对过去的否定，但这种否定并不是完全的。从某个方面来说，有时新文化也是在继承旧文化的基础上进行合理变革的结果。因此传统的园林与城市公园有密切的联系，要了解现代城市公园的景观设计，首先应回顾一下西方古典风景园林的景观特征。

园林是在一定的地域运用工程技术和艺术手段，通过改造地形或进一步筑山、叠石、理水、种植花草树木、营造建筑和布置小路等途径，创作而成的美的自然环境和游憩境域。人们习惯于将古希腊、罗马为代表的欧洲建筑体系视为西方建筑，将以古埃及、美索不达米亚、古希腊、古罗马、意大利、法国为代表的园林称为西方园林。

由于西方各个时代的历史背景及当时社会统治阶层的不同，形成了许多样式和风格各异的风景园林。西方园林文化的历史可以一直追溯到古埃及、美索不达米亚，实际上，西方园林的真正起源应当从古希腊、古罗马时代开始。

1. 古埃及和美索不达米亚的造园

古埃及位于非洲大陆的东北部，尼罗河从南到北纵穿其境，冬季温暖，夏季酷热，全年干旱少雨，砂石资源丰富，森林稀少，日照强烈，温差较大。尼罗河的定期泛滥，使两岸带形区域上的土壤不适宜树木的生长，因此，古埃及时期形成的园林十分珍惜树木的遮荫和水的作用。人们想尽办法引尼罗河水上岸，培育出仅有的植物用于绿化。从留存下来的古埃及壁画中可以看出，古埃及的园林以私家庭园和神庙花园为主，其中私人府邸花园多为方形，四周由高墙围合，高墙内成排栽植树木，被绿树围绕的园中心建有一个平面为矩形的水池，池内种植了水生植物，并喂养有水鸟、鱼类供人们观赏，在园中建有凉亭等建筑物供游人休憩使用。

古埃及园林可以划分为宫苑园林、圣苑园林、陵寝园林和贵族花园四种类型。宫苑园林是指为埃及法老休憩娱乐而建筑的园林化的王宫，四周围为高墙，宫内再以墙体分隔空间，形成若干小院落，呈中轴对称格局；各院落中有格栅、棚架和水池等，装饰有花木、草地，畜养水禽，还有凉亭的设置。圣苑园林是指为埃及法老参拜天地神灵而建筑的园林化的神庙，周围种植着茂密的树林以烘托神圣与神秘的色彩。陵寝园林是指为安葬埃及法老以享天国仙界之福而建筑的墓地；中心是金字塔，四周有对称栽植的林木。古埃及人相信灵魂不灭，如冬去春来，花开花落一样。所以，法老及贵族们都为自己建造了巨大而显赫的陵墓，陵墓周围是风景优美的休憩环境。著名的陵寝园林是尼罗河下游西岸吉萨高原上建筑的八十余座金字塔陵园。贵族花园是指古埃及王公贵族为满足其奢侈的生活需要而建筑的与府邸相连的花园，这种花园一般都有游乐性的水池，四周栽培着各种树木花草，花木中掩映着游憩凉亭。

美索不达米亚文明与古埃及文明大致处于同一时期，但与古埃及相比，美索不达米亚的造园却有天壤之别。其中除地理环境和气候的差别是影响两个文明地域造园发展的主要原因外，聪颖的苏美尔人还创造了文字、数学系统等，成熟的苏美文明为美索不达米亚建筑、景观的发展提供了基础。美索不达米亚地处两河流域，比起地处沙漠地带的古埃及，有天然的森林和美丽的自然环境作为造园的背景。

一提到美索不达米亚的巴比伦文明，令人津津乐道、浮想联翩的首先是“空中花园”。它被誉为世界七大奇迹之一。千百年来，关于“空中花园”有一个美丽动人的传说。尼布甲尼撒二世令工匠按照米底山区的景色，在他的宫殿里，建造了层层叠叠的阶梯形花园，上面栽满了奇花异草，并在园中开辟了幽静的山间小道，小道旁是潺潺流水。在花园中央修建了一座城楼，矗立在空中。巧夺开工的园林景色成为典范景观。由于花园比巴比伦宫殿的墙还要高，从远处望去给人感觉像是整个御花园悬挂在空中，因此被称为“空中花园”，也称为“悬苑”。“空中花园”悬架于幼发拉底河之上，平台下面是潺潺流动的河水，平台上花园规模宏大、造型奇美。花园内遍布奇花异草，林荫水道，环境幽静怡人。整个花园采用立体叠园手法，分层重叠，专门设置了灌溉用的水源和管道，可以引幼发拉底河的河水浇灌。

巴比伦城的建筑大多数采用带釉的彩色砖块修建而成，王宫和神庙更是如此。这种看上去犹如镶嵌彩色图案的建筑群，把整个巴比伦装扮得华美无比，城市充满激情，富有强烈的艺术气息。另外在亚述人统治巴比伦期间，还出现了专门驯马匹的场所，被称作狩猎苑囿。园林中种植树木，并引入野生动物园，整体仍以几何形布局，成为人类早期的景观园林的模式。

2. 古希腊与古代罗马的传统园林

在古希腊的历史上，最初的植被园林是一种传说中的神园，是大自然中的一种景观形象。传说在世界尽端有一个为庆赫拉和宙斯婚礼而建的金苹果园。《荷马史诗》中有关神园景观的描述“葡萄藤盘缠在岩石上，浓密殷绿的树叶下面悬挂着累累成熟的葡萄。有四条源头相近的泉水流过长满紫堇、香芹和毒草的草地……”。从这些文字中我们可以了解到希腊人在关注自然环境时，也注意到自然形成的多样化植被组合的优美近景，并将其与神联系在一起。

在古希腊克里特与迈锡尼时代，一些住宅已经开始设置中庭。希腊人喜欢用花卉装点自己家的庭院，一些宏伟的宫殿往往也连带着种满各种花果树木的大庭园。随着古希腊经济的强盛，公元前5世纪以后，在庭院中营造以果园为主的园景已经相当普遍，另外还创造了Adonis Garden形式的园林景观。除了这些实用园外，古希腊还出现了与神庙相关的圣地与竞技场园林，这也是希腊时期独树一帜的传统园林形式。将神与大地连为一体，从独立的实用园到象征、崇拜的圣地和竞技场园林的转变，可以看出古希腊时期人们的园景意识已开始逐渐形成，人为并且艺术性地创造园林在这时已有雏形，对于后世造园有启蒙作用。

公元4世纪以后，希腊又出现了以哲学家生活和教学为实用功能的学院，学院中有花园式的景观布局，具有园林景观的形态，因此也称为“学园”，其中著名的有柏拉图学园和伊壁鸠鲁学园。后来在罗马帝国时期，古希腊学园式的园林发展成为日常生活建筑环境艺术的重要形式。

综观古希腊园林的发展历程，归纳起来具备以下风格与特征。

① 古希腊园林与人们生活习惯紧密结合，园林属于建筑整体的一部分。因此建筑是几

何形空间，园林布局也采用规则式以求得与建筑的协调。同时，由于数学、美学的发展，也强调均衡稳定的规则式园林。

② 古希腊园林类型多种多样，成为后世欧洲园林的雏形，近代欧洲的体育公园、校园、寺庙园林寺等，都残留有古希腊园林的痕迹。

③ 园林中的植物丰富多彩，据提奥弗拉斯的《植物研究》记载约500余种，而以蔷薇最受青睐。当时已发明蔷薇芽接繁殖技术，培育出重瓣品种。人们以蔷薇欢迎大捷归来的战士，男士也可将蔷薇花赠送未婚姑娘以示爱心，也可装饰神庙、殿堂及雕像等。

古罗马是继古希腊以后西方文明的一个重要发展阶段。在这个发展阶段中，人与自然对立的意识又有了新发展。古罗马早期的园林主要是种植植物的果园、菜园，是典型的以经济、实用为目的园林，后来才逐渐出现了以观赏性、装饰性和娱乐性为主要功能的园林，具有最突出表现的是城郊的别墅园林。从罗马庞贝古城的遗迹来看，古罗马城市的住宅建筑继承了古希腊住宅常见的中庭式。一般中庭分为两个层次，距离入口较近的中庭为第一中庭，这里是用来迎接宾客的，再往里为第二中庭，矩形廊院内种植花木，为家庭成员聚集交谈提供温馨的场所。如果是大型府邸，第二中庭后面还往往设置一个园地。据考证，园地内设置有草坪、喷泉、水渠等绿化系统和装饰小品。这些充满田园情趣的花园住宅形式是景观设计在建筑环境中的尝试，从规模和结构上来看，都还不具备景观园林的形态。在古罗马后期，就出现了形式比较完美、景观丰富的景观园林，即郊外的别墅园林。

别墅园林是一种房屋建筑与园景相结合而形成的园林景观，将建筑与自然环境有机地融为一体，在特定的环境中引入自然景观，使其达到理想的园林效果。这些别墅园林大多数建于郊外的山坡上，园林居高临下，显得十分壮观。公元1世纪中叶的小普林尼拥有许多著名的私家别墅园林，这些庭园大多采用几何形式的平面布局，园内种植有灌木与行道树，还设置有雕塑、花坛、水池和洞穴等小品，以及来自罗马各地的奇花异草，充满自然情趣。

古罗马园林中著名的宫苑式园林，是公元118～134年为罗马皇帝哈德良建造的哈德良别墅中的花园，这也是至今保留比较完整的遗迹。从庄园遗址中可以看出，庄园依山而建，用地不规则，地形起伏较大。设计时利用地形起伏的特点，将山地辟成高度不同的台地，各台地之间用挡土墙、台阶、栏杆等进行联系和维护，形成一个统一而富有变化的空间。高低起伏的台地上穿插设置着水系、植物与建筑，形成一组层次丰富而变化多样的景观。园内建筑物的布局顺应自然地势建造，没有明确的轴线关系，布局比较自由随意。景观设计上无论是建筑还是景物都不依同一轴线，而是在多条轴线上并行发展。立柱与柱廊贯穿整座行宫，将庭院中不同轴线上的景观与房舍相统一。许多庭院被带有柱廊的建筑围绕着，形成一个个相对独立的空间。水体和绿色植物是整个庄园最主要的造景要素，如水池、喷泉、养鱼池等这些水体的巧妙应用，使园林环境情趣盎然。另外还有柱廊、雕塑、栏杆等精美的雕刻装饰相配，从而形成了优美的园林景观。这种以台地为基础设计景观与园林的形式，成为了意大利传统的造景模式。如后来建成的喷泉住宅就是按照这种传统模式设计手法应用的实例。其中台地景观设计模式至今仍被沿用，并成为意大利景观设计的标志性特色。

古罗马的私家别墅花园和皇家宫苑式花园，主要是供贵族们和皇室人员享受欢愉而兴建的，这是当时一种追求奢侈生活和美好环境的真实反映。由此看来，古罗马时期的园林已从独立的实用园，开始发展成为集人居和游玩于一体的多彩园林，与古希腊时期以自然环境为主构成的景观相比，是人们主观意识的进步加强和设计创造能力水平的逐渐提高的表现。园林景观设计在古希腊之后的古罗马有了明显的发展。但从古罗马园林的形式、功能及园林景观布置来看，发展至古罗马时期的以景观设计为主的园林仍是以实用园为主，并没有明显地向融人居、观赏、游乐于一体的多彩园林方向发展。

同一时期的东方皇家园林也是以彰显帝王拥有的权利和地位为目的，为游玩和欢愉而兴建，但却与西方皇家园林在表达方式上有明显的区别。古罗马皇帝哈德良在建造庄园时，古代中国皇帝也在建造自己的园林，但风格和造园手法有着明显的不同。中国园林意在模仿大自然的真山真水，或模仿传说中的“海上三仙”等自然仙境，主要是突出园林景观。古罗马园林则是强调在自然景观中造就一个个特有的“内部性”场所，每个场所具有特殊的意义和景观特征。虽说不同时期或者不同国家园林的风格和特点各有所异，但却体现了一种实用的、功能性的，甚至是为帝王效力的园林构造渊源。古罗马时期的园林成为后来意大利文艺复兴园林的重要蓝本，为文艺复兴时期景观园林的发展奠定了基础。

3. 中世纪欧洲园林的发展

从公元 5 世纪起，欧洲进入了一个长达约 1000 年的中世纪时期，在这个时期主要由基督教统治。整个中世纪战争非常频繁，史学家和社会学家经常用“黑暗”和“漫长”等词语来形容中世纪。尽管这个时期的社会背景十分混乱，但中世纪对人类文明的发展还是起到积极的作用和一定的贡献。中世纪宗教意识下所形成的城市设计观念，为后来园林的营造奠定了基础。整个欧洲在中世纪几乎没有大规模的园林建筑活动，远不如其前面的古罗马时期和其后的文艺复兴时期园林文化强盛，但在宗教和世俗生活中发展的园林设计理念对之后的园林发展，仍然有其重要意义。

欧洲中世纪由于宗教势力处于统治地位，因此庭园风格也都反映出当时的宗教文化色彩。中世纪的欧洲庭园主要有三大类型，分别是修道院庭园、城堡庭园和伊斯兰风格庭院。修道院庭园空间形态与古罗马住宅后院十分相似。但修道院庭园是在宗教意识下形成的，同古罗马园林的场合含义和作用均有所不同。修道院庭园园内种植的果木和蔬菜，主要起到装饰宗教场所、增强宗教色彩的作用，并不是为了满足人们生活实用的需求。因此修道院庭园景观设置的主要目的并不是为了让人们欣赏和使用，而是为宗教服务、具有一定的宗教象征意义。这在很大程度上反映了中世纪在缺少世俗气息宗教思想束缚下的人们审美观的局限性。

修道院庭园平面大多为方形或矩形，布置形式十分简单，周围用联拱廊围合，封闭性比较强。规则形的园地内往往设有纵横交叉的十字路，把庭园分成四部分，中间设置喷泉水池。这种园林的形式和布局是含有浓厚的宗教意义的。首先园林采用封闭性布局，在宗教意义上是象征着把心灵锁在上帝的园中。园地形式迎合基督教的柏拉图主义成分，庭园布局试图采用更加完善的形式向和谐整体靠近。另外，修道院庭园的十字交叉轴及四限划分的形式，象征的是拱卫上帝宝座的四个生物，这具有与宗教有关的象征意义。由此可见，此时的修道院庭园既不是自然欣赏性园林，也不是供人们游乐的场所，而是为了冥想造物主，用于宣扬宗教的工具。尽管如此，由于人类具有追求美的本性，这些修道院庭园依然具有美的特征。因此，修道院庭园在一定程度上仍为人们带来心灵、精神愉悦的享受，其在景观设计和园林规划上的做法，为后来的文艺复兴时期的园林景观发展起到了积极的作用。

欧洲中世纪政权非常分散，战争频繁。在罗马帝国时期建造的华丽建筑物被战乱损毁后，欧洲在相当一段时间内一直没有较好的居住建筑出现，就连封建贵族的住房或营寨也十分简陋。直到9世纪后期，在英吉利海峡两岸的诺曼底人的居住建筑中，才开始出现一种被称为“城堡”的贵族居所。这种居所是一种具有军事功能的建筑，建筑物往往建在地势险要之处，建筑外砌筑较高的墙体，高墙上设有雉堞和箭窗，内部设有仓库等。11世纪诺曼底人开始在城堡的空地上建设庭园即所谓的城堡花园。中世纪城堡花园的景观如今虽然已不存在，但人们根据有关资料推测，中世纪早期的城堡花园大多依附于城堡建筑本身，园林布局非常简单，园内及城堡平台上种植有果木、花卉等植物，还设置有泉池，整体环境十分优美。到中世纪晚期，城堡花园的花坛和草坪设计更为精美，树木也被修剪成几何形式，显得整齐美观。晚期的城堡花园已经开始逐步从实用性向装饰性和游乐性的方向发展。

中世纪除了在修道院和城堡建筑中修建的园林以外，在西班牙的境内还出现了伊斯兰风格的园林。伊斯兰园林以阿拉伯半岛为中心，遍布亚非，波及欧洲。阿拉伯地区常干旱缺水，而其植物资源却很丰富，在沙漠弥足珍贵的绿洲中，伊斯兰庭院是《古兰经》中美丽而富足的天国象征，有着十字交叉的河流、可供遮阴或观赏的植物，是伊斯兰园林典型的园林形式。伊斯兰园林与欧洲式园林、东方式园林合称为世界园林三大体系，在世界园林史上有着极其重要的地位，尤其是早期的波斯伊斯兰，园林对世界园林艺术的发展有着重要的影响。

伊斯兰风格园林的建造依山就势，多建造在山坡上，将坡地砌成高低错落的台地，并在台地四周围砌以高墙，从而形成层叠的封闭空间形态。封闭式的空间内以沟渠蓄水分割出多个小庭园，小庭园之间又被狭窄的小路串联在一起，建筑物往往分别设置在园的两端，建筑与景色相结合，环境清新怡人。水体是伊斯兰花园内主要的造景要素，常以十字形水渠的形式出现。另外，伊斯兰风格园林中的各种装饰都十分细腻，如马赛克饰面都是非常精致而堂皇的装饰。位于西班牙南部格拉纳达的阿尔罕布拉宫和格内拉里弗，这两座城堡中的庭园均是典型的伊斯兰风格的园林。园内有不计其数的小水渠、喷泉和喷射水流，并栽植了大量的绿树篱和柑橘树、野花、野草等，以其出奇的精致和均衡之美，表现了阿拉伯人超凡超俗的想象力和艺术创造力。

中世纪的园林大多受宗教文化的影响，园林形态和园林景观具有强烈的宗教色彩。修道院园林不参照现实的自然景观，而是抽象式和封闭的空间象征“乐园”和“皈依”。城堡园林体现了在宗教以外的浪漫生活中建造的与自然环境随机结合的景观美。而伊斯兰风格园林的设计理念，则是利用水体和大量的植被来调节庭园和建筑的温湿度。基督教统治下的中世纪，园林在某种形式上作为一种宗教工具，象征性和寓意是其主要的艺术特征。依城镇、城堡和寺院建造花园，以及花园中对称的构图等，都是这一时期理想的景观设计审美标准的具体体现，其理想化的自然观是18、19世纪浪漫主义风格的前奏。

4. 文艺复兴时期的意大利园林

在漫长的中世纪神权的统治下，欧洲园林一直是宗教束缚下的产物。从14世纪开始，欧洲一些资本主义国家因商品经济的发展，人们逐渐意识到教会神权统治的愚昧。以意大利的知识分子和资产阶级为首掀起了反抗神权统治，开始以世俗“人”为中心的文艺复兴运动。文艺复兴运动的出现使人们摆脱了对神的依附，开始在古典文化中寻找艺术灵感。这种复兴古典艺术的思想影响到当时的美术、建筑、园林等多个领域，其中园林的设计风格也在这次复兴运动中有了很大的变化。

文艺复兴运动引起了一批热爱自然、追求田园趣味的人的热情，他们开始设计建设具有古希腊、古罗马风格的园林景观。当意大利从中世纪动荡的岁月中走出之际，希望立即在古罗马的废墟上重现古代文明。古罗马帝国的辉煌在人们的心目中记忆犹新，古罗马的遗迹随处可见。文艺复兴运动使意大利人心醉于古罗马的一切，这也为意大利的园林赋予了新的活力。艺术上的古典主义，成为园林艺术创作指针，其艺术水平发展到了前所未有的高度。大规模的别墅庭园在意大利的兴起，并随着文艺复兴中心的转移，在意大利的佛罗伦萨、罗马等地相继留下了许多著名的郊外别墅园林。这一风格的兴起还影响到了欧洲其他国家，对之后的园林风格、景观设计的发展具有非常重要的意义。

文艺复兴运动时期的园林继承了古希腊、古罗马园林的特点，园林大多选择在视野较好的山坡上开辟出一层层台地，因此这种园林又被称为台地园林。与别墅一起由建筑师设计，布局统一，但别墅不起统率作用。它继承了古罗马花园的特点，采用规则式布局而不突出轴线。园林分两部分：紧挨着主要建筑物的部分是花园，花园之外是林园。意大利境内多丘陵，花园别墅造在斜坡上，花园顺地形分成几层台地，在台地上按中轴线对称布置几何形的水池和用黄杨或柏树组成花纹图案的剪树植坛，很少用花。台地园林非常重视水的处理，借地形修渠道将山泉水引下，层层下跌，叮咚作响；或用管道引水到平台上，因水压形成喷泉；跌水和喷泉是花园里很活跃的景观。外围的林园是天然景色，树木茂密。别墅的主建筑物通常在较高或最高层的台地上，可以俯瞰全园景色和观赏四周的自然风光。

文艺复兴式的园林在16世纪下半叶受到巴洛克艺术的影响，出现了巴洛克式造园手法。巴洛克艺术并不认同严谨的规则式古典艺术，它试图创造一种柔和流动的曲线形。巴洛克扭转动荡的形式中带有自然主义的装饰，园林受此种形式的影响，追求活泼的线形、戏剧性和透视效果。园林平面形式出现了椭圆形、放射线形等曲线形式，园内建筑和树木的修剪造型夸张，充满艺术性的雕琢和堆砌。水景设计充满情趣，如出现了秘密喷水、惊愕喷水等个性强烈的水景设计。如这一时期设计建造的罗马的阿尔多布兰迪尼别墅花园和托斯卡纳的加佐尼花园，都是典型的巴洛克风格的园林。文艺复兴晚期的园林受“手法主义”艺术思潮的影响，是一种追求主观、新奇的表现。

5. 文艺复兴之后的古典式园林

随着社会的变革和文艺复兴艺术的传播，欧洲许多国家都开始效仿意大利园林景观，修建了大量的几何平面形式的园林。法国园林一直深受意大利文艺复兴时期园林风格的影响，并在此基础上得出发展。16世纪末和17世纪上半叶，法国的建筑师埃蒂安·杜贝拉克和园艺家莫莱家族将法国园林发展到一个新水平。把花圃当作整幅构图，按图案布置绣花植坛。此后，法国园林彻底摆脱了实用园林的单调与乏味，虽然保留了原先的几何划分的格局，但使它成为更富于变化，更富有想象力和创造性的艺术品，并且出现了追求壮丽、灿烂的倾向。在倡导人工美，提倡有序的造园理念影响下，造园布局更注重规则有序的几何构图，这一理念同时在植物要素的处理上也有表现，他们运用植物以绿墙、绿障、绿篱、绿色建筑等形式出现，而且技艺高超，充分反映了他们唯理主义思想。

法国勒·诺特式园林是西方古典园林的一种重要风格。这一风格的开创者是17世纪法国造园家勒·诺特。他在继承了欧洲造园传统、尤其是文艺复兴园林的基础上，创造了一种新的“伟大风格”。它是路易十四统治下的法国政治、社会和文化状况的一种反映，代表了理性主义的文化思潮，反映了绝对君权制度。这种风格具有宏伟壮丽、中轴突出、严谨对称的特点，具有很高的艺术成就，成为风靡欧洲各国 100 多年的一种造园样式，并影响到各国的城市建设。直到今天，仍然有许多现代风景园林师从勒·诺特式园林中汲取营养，在现代社会创造新的风格。勒·诺特不仅把古典主义原则运用得更彻底，将要素组织得更协调，使构图更为完美，而且在他的作品中，体现出一种庄重典雅的风格，这种风格便是路易十四时代古典主义的灵魂，它鲜明地反映出这个辉煌时代的特征。

法国园林中最辉煌、最著名的园林是路易十四国王的凡尔赛宫御花园和财政大臣的维康府邸花园。凡尔赛宫御花园是在国王路易十四的主持下，任命勒·诺特为设计师而设计建造的，它是法国古典园林的代表，也是使法国园林的创造者勒·诺特名垂青史的经典园林作品，由勒·诺特历经三十年的心血设计而成，是一座规模宏大、风景如画的皇家花园。该园林总面积近 $1\times10^6\mathrm{km}^2$，其规模是任何意大利式园林都无法比拟的。凡尔赛宫御花园平面呈几何式，由人工大运河、瑞士湖和大小特里亚农宫组成，是法国式园林最完美的体现。园内以对称的几何线条排列着树木、花坛、笔直的河渠、高大的喷泉塑像及柱廊等，还有数量繁多的人工景色和散步场所。御花园采用中轴线对称的布局方式，从东向西主要分为三个区域，即花园、小林园和大林园。这三个区域自东向西排列，面积逐个增大。其中最东面的花园中心有一对大水池，南半部是规则的花形花坛和一处橘园，北半部除有花形花坛和树木外，还有面积约 $2\times10^4\mathrm{m}^2$ 的大水池和海神喷泉，整个花园景色优美迷人。

在整个凡尔赛宫御花园中最显著的景观特色是喷泉、瀑布、河流、假山和亭台楼阁等的和谐搭配，景观布局相得益彰，景观氛围充满梦幻感。当时建造的花园已经历了无数次的改建，但保留至今的花园的对称式布局、平面式图案和几何图案化的花圃以及修剪成几何形的树木等，都显示着当时法国式园林最主要的特色。在凡尔赛宫尤其是御花园园林中平面图案式的设计，与意大利花园中露台建筑式的造园特征具有明显的区别，虽然两者都采用的是规则的形状，但塑造的园林景观效果却截然不同。法国园林式造园突出了平面的铺展感，而意大利园林中的景观则以立体堆积感呈现，即利用宽阔的园林构成贯通的透视线，设水渠增加空间的流动感，营造出这一在意大利式园林中无法实现的宏大园景。法国式园林更加突出了园林景观的广袤特征，也正是因为如此，法国园林式园林又被称为“广袤式”园林。

凡尔赛宫御花园是法国园林的代表性作品，其独特的设计方法在当时也是首创之举，它开启了法国式园林或者创造了勒·诺特式园林发展的道路。时至今日，以凡尔赛宫为代表的勒·诺特式园林，在规划设计和造园艺术上仍然被欧洲各国效仿，并成为中西方建筑学、园林学、景观设计学的重点研究对象。

二、近现代城市公园的产生

从古埃及园林出现至今，世界造园已有 5000 多年的历史，但以城市公园的形式出现，却只是近一二百年的事情。17 世纪中叶，首先在英国继而在法国和全欧洲爆发的资产阶级革命，武装推翻了封建王朝，建立起土地贵族与大资产阶级联盟的君主立宪政权，宣告资本主义社会制度的诞生。在“自由、平等、博爱”的口号下，新兴的资产阶级没收了封建领主及皇室的财产，把大大小小的宫苑和私园向公众开放，统称为“公园”。这些园林具备城市公园的雏形，为 19 世纪欧洲各大城市公园的发展打下了基础。

在中世纪及其之前的城市并不存在任何城市花园，那时城市最重要的功能是防卫。文艺复兴时期意大利人阿尔伯蒂首次提出了建造城市公共空间应该创造花园用于娱乐和休闲，此后花园对提高城市和居住质量的重要性开始被人们所认识。城市公园作为大工业时代的产物，从发生来讲有两个源头。

一个是贵族私家花园的公众化，即所谓的公共花园，这就使公园仍带有花园的特质。17世纪中叶，英国爆发了资产阶级革命，武装推翻了封建王朝，建立起土地贵族与大资产阶级联盟的君主立宪政权，宣告资本主义社会制度的诞生。不久，法国也爆发了资产阶级革命，继而革命的浪潮席卷全欧。在“自由、平等、博爱”的口号下，新兴的资产阶级没收了封建领主及皇室的财产，把大大小小的宫苑和私园都向公众开放，并统称为公园。1843年，英国利物浦市动用税收建造了公众可免费使用的伯肯海德公园，标志着第一个城市公园正式诞生。另一个源头源于社区或村镇的公共场地，特别是教堂前的开放草地。早在1643年，英国殖民者在波士顿购买了18.225km^2的土地为公共使用地。自从1858年纽约开始建立中央公园以后，全美各大城市都建立了各自的中央公园，形成了公园运动。

现代意义上的城市公园起源于美国，由美国景观设计学的奠基人弗雷德里克·劳·奥姆斯特德提出在城市兴建公园的伟大构想，早在100多年前，他就与沃克共同设计了纽约中央公园。这一事件不仅开现代景观设计学之先河，更为重要的是，它标志着城市公众生活景观的到来。公园，已不再是少数人所赏玩的奢侈品，而是普通公众身心愉悦的空间。

西方城市公园从产生至今已有200多年的历史。在这期间，随着社会经济的发展，科学技术水平的提高，以及各种艺术思潮的影响，人们对城市公园的认识也在不断发展，使得城市公园的形式、风格发生了多次变革。

（1）19世纪，田园风格时期　从城市公园出现至19世纪期间，城市公园主要以田园风格为主。最初的大部分城市公园，如英国的伯肯海德公园、摄政王公园、海德公园，德国柏林的动物公园、巴黎东郊的万尚林苑和西郊的圃龙林苑等，主要是利用原有的皇家园林改造而成，而这些园林本来就是自然式的，呈现一派田园风光。另外，英国作为当时最先出现城市公园的国家正兴起风景式园林，因此，英国自然风景园林成为这一时期城市公园的主要风格。

（2）19世纪末至20世纪初，几何风格时期　19世纪末，城市公园的田园风格逐渐被对称的几何布局所代替。这类公园在形式上受到来自法国文艺复兴时期规则式园林风格的影响，通过明确的轴线组织宽大的草坪、规则的花圃、整齐的林荫道和纪念性喷泉等景观元素，形成逻辑清晰的序列空间，并创造出一系列宽敞的露天场所，为市民提供更多的休闲娱乐设施和集体活动场地。设计者们相信：比起被动地欣赏浪漫、略带田园诗般的风景，运动休闲要更好一些。公园既是露天场所又是功能性场所，它们更像是一种供人们使用的城市设施，这也体现了广泛人文主义的文化思想。这时期公园的突出代表是美国芝加哥艺术化的格兰特公园和德国汉堡轴向的城市公园。

（3）20世纪上半叶，公园改革时期　20世纪上半叶，在公园的发展史中被称为“公园改革时代”，改革的典型特征是更注重公园的综合性和实用性，并且更加注重公园的生态平衡和经营管理。设计通常由一个团队合作完成，其中包括园林专家、植物学家、生物学家、工程师、建筑师、社会学家和城市规划师等。这样的组合使设计既符合美学原理，又满足实用标准，荷兰阿姆斯特丹公园就是这种联合设计的产物。

（4）20世纪60～70年代，综合公园时期　到20世纪60～70年代，西方各国面临日益严重的生态危机，人们对城市生态环境日益关注，开始重视城市生态设计理论研究和实践活动。同时，这一时期伴随西方城市工业的逐步衰败，为解决弃置工业厂区的改造和再利用问题，其中的有些工业厂区被改造成工业遗址公园，通过对已经破坏的生态环境进行恢复，并增加游憩设施，使其成为市民休息活动的场所。

（5）20 世纪八 80 ～ 90 年代，风格创新时期　20 世纪 60 ～ 80 年代的这段时间，后现代主义在建筑艺术方面的兴起和壮大逐渐扩展和影响到其他设计领域。后现代主义设计描述了后工业社会中文化与生活新的特征，展现出不断运动、变化和多样的设计风格，而这种多样化设计风格现象的出现正是对现代主义的最大挑战，它推翻了现代主义设计的纯洁性、至上性以及着重追求的功能主义，将设计带人到“多元”状态，其中包括“波普艺术”、“解构主义”、“极简主义”、“大地艺术”等设计风格。到 20 世纪 80 ～ 90 年代，后现代主义对公园设计的影响开始逐渐显现出来，并且与其他的艺术思潮一起推动现代园林的发展。

自 20 世纪 90 年代以来，城市公园呈现出多元化的发展。主要表现在以下 4 个方面：①充分借鉴各种艺术形式，体现艺术性的设计，包括大地艺术、极简艺术、波普艺术等；②功能综合化，城市公园从最初单纯的田园风景到逐渐增加一些基本设施，再到运动休闲观念的贯彻和露天场所体系的形成，直至今天集休闲、娱乐、运动、文化、生态和科技于一身的大型综合公园，城市公园的功能内涵越来越丰富，形式也越来越多样，这种综合性正是应现代城市不断复杂化的社会要求而产生的；③公园的生态设计，通过采用节水、节能、生态绿化等技术使公园的生态系统良性平衡，降低维护成本；④完全免费开放，西方公园完全向市民免费开放，这也是区别一个城市公园和一个商业设施的重要依据。

第三节　城市公园绿地景观设计

“绿地”在《辞海》中定义为：配合环境，创造自然条件，使之适合于种植乔木、灌木和草本植物而形成的一定范围的绿化地面或地区。具体包括供公共使用的公园绿地、街道绿地、林荫道等公用绿地，以及供集体使用的有附设于工厂、学校、医院、幼儿园等内部的专用绿地和住宅区的绿地等。近代城市规划制度产生后，开始将城市绿地作为城市用地的一个重要种类，在城市规划中合理运用。公园绿地设计是城市景观设计的主要组织部分，也是公园景观的主要构成要素，绿地环境可以为人们提供良好的游乐场所。

“公园绿地”是城市中向公众开放的、以游憩为主要功能，有一定的游憩设施和服务设施，同时兼有健全生态、美化景观、防灾减灾等综合作用的绿化用地。这里的公园绿地是指具备城市绿地主要功能的斑块绿地，包括一般的城市公园、风景名胜区公园、纪念性园林、动植物园林、街旁游园、广场绿地、苗圃以及森林公园等。“公园绿地”是城市建设用地、城市绿地系统和城市市政公用设施的重要组成部分，是展示城市整体环境水平和居民生活质量的一项重要指标。

根据全国绿化委员会办公室发布的《2014 年中国国土绿化状况公报》显示，2014 年我国城市人均公园绿地面积为 12.64m^2。这一指标仍远远低于世界平均水平，也远远低于联合国确定的最佳人居环境标准。目前，欧美人均绿地面积已达到了 70m^2 以上。针对我国的实际情况，国家林业局提出将把城市森林建设作为美丽中国的重要内容，力争到

2020 年，城市建成区绿化覆盖率达到 39.5%，人均公园绿地面积达到 15m²，为经济社会发展提供更好的生态条件。由此可见，我国城市公园绿地建设任重而道远，需要全社会共同努力。

随着科学技术的发展，城市规划设计理论日趋完善和成熟，特别是城市规划设计中对生态学理论的运用，使人们对城市绿地有了全方面综合功能的认识。城市绿地的功能除了保护城市环境、改善城市气候、降低城市噪声、减灾防火防尘等生态功能外，在使用功能上能给市民提供休息、娱乐活动、观光旅游、文化宣传及科普教育等活动的适宜场所。另外，从美化城市的角度看，绿地能丰富城市建筑群体的轮廓线，增加建筑的艺术效果，使整个城市拥有优美的、自然感强烈的景观环境。因此，如何搞好城市公园绿地景观规划设计，是摆在景观设计师面前的一项重要任务。

一、公园的分类与设计

公园在古代是指官家的园子，而现代一般是指政府修建并经营的作为自然观赏区和供公众的休息游玩的公共区域。《公园设计规范》中定义："公园是供公众游览、观赏、休憩、开展科学文化及锻炼身体等活动，有较完善的设施和良好的绿化环境的公共绿地。"另外，公园还具有改善城市生态、防火、防尘、避难等作用。公园绿地是对城市形象影响最大的绿地系统，一般可以分为综合公园、社区公园、专类公园和带状公园等。

（一）综合公园

综合公园是城市公园系统的重要组成部分，是城市居民文化生活不可缺少的重要因素，它不仅为城市提供大面积的绿地，而且具有丰富的户外游憩活动内容，适合于各种年龄和职业的城市居民进行一日或半日的游赏活动。它是群众性的文化教育、休闲、娱乐、体育运动的场所，并对城市面貌、环境保护、社会生活起着重要的作用。

1993 年，由建筑师贝尔德和辛普森等人设计的加拿大安大略省多伦多市的云中花园，就是一座典型的综合公园。这座公园的东部是由建筑、坡道、台阶、石铺地面融合在一起的城市景观，其中冬季温室园和一个五层楼高的瀑布，是公园东部景区的标志物，也是整个公园中最为醒目的景观之一。公园的西侧是一处清幽的庭院，布置有小道、草坪、树林、长凳等。在公园的地下有购物长廊和停车场，整个公园就像是这个大城市组群中的一片绿洲，是一个典型的城市发展项目中的综合休闲场所。

综合公园的功能比较齐全，正是由于综合公园要适应多种功能的要求，因此这类公园的面积都比较大，一般不小于 1000m²，且自然条件良好、风景优美，园内有丰富的植物种类，同时也要求公园设施设备齐全，能适合城市中不同人群的需求。

1. 综合公园的分类

根据我国的分类标准，综合公园根据其在城市中按其服务范围不同，又可分为全市性综合公园和区域性综合公园两类。

（1）全市性综合公园　服务对象是全市居民，是全市公园绿地中面积较大，活动内容丰富和设施最完善的园地。用地面积随全市居民总人数的多少而不同，在中、小城市设 1 ～ 2 处，其服务半径约 2 ～ 3km，步行约 30 ～ 50min 可达，乘坐公共交通工具约 10 ～ 20min 可达。

（2）区域性综合公园　在较大的城市中，服务对象是一个行政区的居民，其用地属全市性公园绿地的一部分。区级公园的面积按该区居民的人数而定，园内应有较丰富的内容和设施。其服务半径约 1 ～ 1.5km，步行约 10 ～ 15min 可达，乘坐公共交通工具约 10 ～ 15min 可达。

2. 综合公园的功能

综合公园除具有绿地的一般作用外，对丰富城市居民的文化娱乐生活方面的功能更为突出。归纳起来，主要有以下作用。

（1）政治文化方面　宣传党的方针政策、介绍时事新闻，举办节日游园活动，为集体活动尤其少年、青年及老年人组织活动提供合适的场所。

（2）游乐休憩方面　全面照顾到各年龄段、职业、爱好、习惯等的不同要求，设置游览、娱乐、休息设施，适应人们的游乐、休憩需要。

（3）科普教育方面　宣传科学教育成果，普及生态知识及生物知识，通过公园中各组成要素潜移默化地影响游人，寓教于游，提高人们的科学文化水平。

3. 综合公园的面积与位置

（1）面积　按综合公园的任务需要有较多的活动内容和设施，所以用地需要有较大的面积，一般不少于1000m^2。在节日和假日里，游人的容量约为服务范围居民人数的15% ～ 20%，每个游人在公园中的活动面积约为10 ～ 15m^2。综合公园的面积还和城市的规模、性质、用地条件、气候、绿化状况及公园在城市中的位置与作用等因素有关。

（2）位置　综合公园在城市中的位置，应在城市园林绿地系统规划中确定。在城市规划设计时，应结合河湖系统、道路系统及生活居住地的规划综合考虑。

（二）社区公园

近年来，经济高度快速发展，城市面临的生态压力越来越大，城市景观设计和生态环境改善越来越得到各级政府和专家们的重视。但是在建设的过程中，存在土地资源有限、人口密度过大、社区老化并配套不足等诸多问题。各级政府对社区景观和生态环境加以极大关注，加强社区公园的规划设计和建设，无疑将大大改善社区的基础设施和环境。

社区公园指为一定居住用地范围内的居民服务，具有一定活动内容和设施的集中绿地（不包括居住组团绿地）。社区公园是居民进行日常娱乐、散步、运动、交往的公共场所。通常包括居住区公园和小区游园，是居住区居民公共活动的主要场所。社区公园一般包括休闲区、运动区、休息处，比较大的社区公园还设有商场和停车场等。居住区公园是居住区配套建设的集中绿地，面积一般不小于 300m^2，公园服务半径为 500 ～ 1000m。小区游园是一个居民小区配套建设的集中绿地，面积一般不小于 200m^2，公园服务半径为 300 ～ 500m。另外，社区公园还能在灾害来临时为居民提供避难地，因此园中还应设置有消防栓等防火救助器具。

1. 社区公园规划设计理念

社区公园是公益性的城市基础设施，是为社区居民服务，具有文体活动内容和设施的集中绿地，能满足供市民浏览观赏、休憩娱乐、科学文化教育、体育健身等功能。社区公园因此具备公共绿地特有的柔性、流动和渗透的特质，合理有序的建设能将其自身有机地融入城市结构，成为织补和整合被现代城市建设无序开发所肢解的城市肌理和公共空间的“黏合剂”。因此，社区公园的规划设计中在注重突出每个项目特色的同时，应该更多地致力于缝合城市肌理碎片、融入城市公共空间体系、提供服务设施配套、消解城市机能间的不和谐因素等城市功能的实现。在城市社区公园整体规划中应引入并贯彻“编织城市肌理和整合公共空间”的城市设计理念，更是解决问题的有效途径。具体表现在以下 3 个方面。

（1）形成与城市的视觉对话　社区公园在功能上能给居民提供游玩场所，为社区提供必要的绿地空间，其本身是城市中一处可视的风景，与其他空间形成对话和呼应。

（2）融入城市的肌理结构和空间体系　城市的发展是一个渐进的过程。在这一过程中，必须保持和不断完善城市的肌理，促使城市结构良性、健康发展。因此，社区公园建设应定位在从城市整体利益出发，本着为公众服务的目的，运用政府管理城市建设的权力，选择恰当的规划方式，整合城市公共空间系统。从城市公共空间设计和城市景观控制两个层面上来落实居民的生活与文化需求。使其自然融入城市的机理结构和城市空间体系，这有助于将城市建设纳入良性循环的轨道，与城市其他用地空间融为一体。

（3）充分利用土地资源，强化多种市政功能的叠加　社区公园是公益性的城市基础设施，是为居民服务，具有文体活动内容和设施的集中绿地，能满足供市民浏览观赏、休憩娱乐、科学文化教育、体育健身等功能。根据实际情况，综合利用有限的土地资源，共同参与社区公园的建设，将社区公园建设成具备文化设施、体育锻炼设施，满足社区文化体育休闲的需要。

2. 社区公园的设计手法

（1）理顺景观脉络，形成整体景观框架　空间环境的整体和谐是当前城市发展的主题，将全区的社区公园当成一个有机整体进行整体考虑，通过对社区整体生态机制的分析，把握城市空间和自然生态和谐发展的景观脉络，构建城市整体景观设框架，是提升城市品位的重要手段。

（2）因地制宜，遵循可持续发展原则　重视人与自然的关系。“可持续发展”的提出，标志着人和自然的和谐发展得到了认识。城市公园系统的建设和完善是一项长期工程，根据各个社区的实际情况，在社区公园的设计中也应遵循因地制宜和可持续发展原则。

（3）注重实效性与观赏性　社区公园的建设者始终应牢记公园的服务性和可观赏性，社区公园是为社区净化空气和社区居民提供服务的场所，在设计上应充分利用土地资源和空间资源，建成高生态效应的社区公园。同时充分掌握以人为中心的空间布置手段，处理好美观和便民的关系，达到实用与艺术的高度统一。

（4）充分利用乡土树种，保持植物物种的多样性　相当长的时间里，在城市的建设过程中，观赏花木和栽培园艺品种和唯美价值标准一直主导着城市园林绿地的标准。政府应意识到一个健康和高效的城市生态系统应当保持生物遗传基因的多样性、生物物种的多样性和生态系统的多样性。因此城市建设管理者在城市公园系统规划过程中，应该把保持和维护乡土生物与生境的多样性保持有效数量的乡土动植物种群；保护各种类型及多种演替阶段的生态系统是重要的设计指标。一个可持续的、具有丰富物种和生境的城市园林公园绿地系统将是城市建设管理者未来不懈的追求方向。

（三）专类公园

专类公园是指具有特定内容或形式的公园，如儿童公园、动物园、植物园、历史名园、风景名胜公园、纪念性公园、体育公园、游乐园和主题公园等，都是专类公园的类型。其中每一个公园和公园绿地景观都有自己专属的功能和特点。下面以儿童公园、植物园、动物园、纪念性公园和体育公园为例进行具体分析介绍。

（1）儿童公园　儿童公园是专门为少年儿童服务的游乐园，在规划设计时要以儿童的生理、心理和行为特征为核心进行，要特别为不同年龄段的儿童设置以游玩、游戏为主要功能的公园绿地系统。其设置区域一般包括出入口、游戏区、运动区、体育区等。儿童公园的主要设施有秋千、滑梯、木马、小型球场等，在设置时一定要保证这些设施的安全性和知识趣味性。另外也不能缺少垃圾箱、厕所等必要的卫生环境设施。儿童公园的选择一般应在居住区附近，并考虑不要经过交通频繁的道路。儿童公园的标准规模一般为2500m^2，服务半径为250m左右。

（2）植物园　植物园是植物科学研究机构，也是植物采集、鉴定、引种驯化、栽培实验的中心，可供人们游览的公园。其主要任务是发掘野生植物资源，引进国内外重要的经济植物，调查收集稀有珍贵和濒危植物的种类，以丰富栽培植物的种类或品种，为生产实践服务；研究植物的生长发育规律，植物引种后的适应性和经济性状及遗传变异的规律，总结和提高植物引种驯化的理论和方法，同时植物园还担负着向人民普及植物科学知识的任务。除此之外，还应为广大人民群众提供游览休息的场所。

（3）动物园　动物园是集中饲养、展览和研究野生动物及少量优良品种家禽、家畜的可供人们游览的公园。其主要任务是普及动物科学知识、宣传动物与人的利害关系及经济价值等。动物园规划设计应符合下列原则和要求：①有明确功能分区；②动物的笼舍和服务建筑应与出入口、广场、导游线相协调，形成串联、并联、放射、混合等方式，以方便游人全面或重点参观；③游览路线一般逆行针右转，主要道路和专用道路要求能通行汽车，以便管理使用；④主体建筑设在主要出入口的开阔地上、全园主要轴线上或全园制高点上；⑤外围应围墙、隔离沟和林地，设置方便的出入口、专用出入口，以防动物出园伤害人畜。

动物园功能分区应符合下列要求：①宣传教育、科学研究区，是科普、科研活动中心，由动物科普馆组成，设在动物出入口附近；②动物展览区，由各种动物的笼舍组成，占用最大面积；③服务休息区，为游人设置的休息亭廊、接待室、饭馆、小卖部等，便于游人使用；④经营管理区，行政办公室、饲料站、兽医站、检疫站应设在隐蔽处，用绿化与展区、科普区相隔离，但又要联系方便；⑤职工生活区，为了避免干扰和保持环境卫生，一般设在园外。

（4）纪念性公园　纪念性公园是为当地的历史人物、革命活动发生地、革命伟人及有重大历史意义的事件而设置的公园。另外还有些纪念公园是以纪念馆、陵墓等形式建造的，如南京中山陵。纪念性公园为颂扬具有纪念意义的著名历史事件、重大革命运动或纪念杰出的科学文化名人而建造的公园，其任务就是供后人瞻仰、怀念、学习等，另外，还可供游览、休息和观赏。纪念性公园的布局形式应采用规划式布局，特别是在纪念区，在总体规划图中应有明显的轴线和干道。地形处理，在纪念区应为规则式的平地或台地，主体建筑应安排在园内最高点处。

在建筑的布局上，以中轴对称的布局方式为原则，主要建筑应在中轴的终点或轴线上，在轴线两侧可以适当布置一些配体建筑，主体建筑可以是纪念碑、纪念馆、墓地、雕塑等。

在纪念区，为方便群众的纪念活动，应在纪念主体建筑前方，安排有规则式的广场，广场的中轴线应与主体建筑轴线在同一条直线上。除纪念区外，还应有一般园林所应有的园林区，但要求两区之间必须由建筑、山体或树木分开，二者互不通视为好。在树种规划上，纪念区以具有某些象征意义的树种为主，如松柏等，而在休息区则营造一种轻松的环境。

（5）体育公园　体育公园是主题公园的一种类型，园内把体育健身场地和生态园林环境巧妙地融为一体，是体育锻炼、健身休闲型的公共场所。体育公园是提供各类体育比赛、训练以及日常体育锻炼、健身等活动场所的特殊公园，要求有一定技术标准的体育运动及健身设施和良好的自然环境。体育公园按其功能不同可分为室内体育活动场馆区、室外体育活动区、儿童活动区和园林区。

① 室内体育活动场馆区　室内体育活动场馆区一般占地面积较大，一些主要建筑如体育馆、室内游泳馆及附属建筑均在此区内。另外，为方便群众的活动，应在建筑前方或大门附近安排一相对面积比较大的停车场，停车场应该采用草坪砖铺地，安排一些花坛、喷泉等设施，起到调节小气候的作用。体育馆的面积一般为总面积的5%～10%。

② 室外体育活动区　室外体育活动区一般是以运动场的形式出现，在场内可以开展一些球类等体育活动。大面积、标准化的运动场应在四周或某一边缘设置观看台，以方便群众观看体育比赛。室外体育活动区的面积一般为总面积的50%～60%。

③ 儿童活动区　儿童活动区一般位于公园的出入口附近或比较醒目的地方。其用途主要是为儿童的体育活动创造条件，设施布置上应能满足不同年龄阶段儿童活动的需要，以活泼、欢快的色彩为主。同时，应以儿童易于接受的造型为主。儿童活动区的面积一般为总面积的15%～20%。

④ 园林区　园林区的面积在不同规模的、不同设施的体育公园内有很大差别，在不影响体育活动的前提下，应尽可能增加绿地面积，以达到改善小气候条件、创造优美环境的目的。在此区内，一般可安排一些小型体育锻炼的设施，如单杠、双杠等。同时，老年人一般多集中在此区活动，因此，要从老年人活动的需要出发，安排一些小场地，布置一些桌椅，以满足老年人在此进行一些安静活动（例如打牌、下棋等）的需求。园林区的面积一般为总面积的10%～30%。

（四）带状公园

带状公园是指沿城市道路、城墙、水系等，有一定游憩设施的狭长形绿地公园。这类公园主要以绿化为主，并在其中设置一定的休息服务设施，不仅能改善城市环境和景观质量，而且还是城市文化风貌的具体体现。根据具体情况和位置不同，带状公园可分为轴线带状公园、滨水带状公园、路侧带状公园、保护带状公园、环城带状公园。带状公园的宽度一般不得小于10m，最窄处应当满足游人的通行、绿化种植带的延续以及小型休息设施布置的要求。

（1）轴线带状公园　城市轴线带状公园对于轴线带状公园而言，无论是自然式还是规则式的布局，都必须留出完整的视线通廊，视廊形式可以是轴线大道或者是开阔的自然空间，因此，其空间序列是围绕视廊空间或位于其两侧而徐徐展开的。同时，中轴线带状公园是区域人群集中的场所，必须提供足够的活动场地。因此，在创造整体气势的同时，应该注重在空间序列中形成人性化的次空间，让人们在整体的感觉中发现耐人寻味的细节。为呈现明显的空间等级，应以构筑物、变化的植物配置形式等手法给予强调，以形成中心。同时要求标志性非常突出，出入口常与城市干道结合紧密。植物选择体形较大的乔木形成成片的树群，体现气势和整体感。

（2）滨水带状公园　滨水带状公园应该以通透性的要素组合把河景、江景引入城市，同时应该以绿化空间为主，特别是临水区域。公共活动空间的场地和设施应该尽量少地干扰城市与水道之间的视线。因此，应尽量布局在靠近城市生活区的一边，或直接与之相连。临水区域除安排滨水步道外，不应安排大型集中的公共活动空间，并应尽可能小而分散地布置在滨水步道沿线，并与植物配合，避免给水岸造成生硬之感。植物配置除满足生态防护的要求外，以可进入性较强的疏林草地为主。同时应该运用灌木等不影响滨水透景线的植物或小型构筑物，营造半私密空间，并为这些半私密空间提供良好的视线。

（3）路侧带状公园　路侧带状公园路侧绿地是城市廊道的重要组成部分，除了遮阴、防尘、降噪功能之外，还能使廊道与廊道、廊道与斑块、斑块与斑块之间相互联系成一个整体。在生态学上，它为动植物的迁移和传播提供了有效的通道。对于覆盖体上的带状公园，随着经济技术水平的提高，目前其地下隧道、高压走廊、河涌等在穿过城市居民区的区段已经能够覆盖在地下，而管道上方又不宜建筑，因此形成高压走廊上带状公园、覆盖涌带状公园。例如佛山城南的长廊花园即属于高压走廊下埋后所建的带状公园。此类带状公园常靠近居民区，是居民日常闲暇活动和通行的重要场所。因此，活动内容、场地的安排，通行的舒适性、便利性，以及为居民提供清新整洁的环境是其布局设计的前提。

（4）保护带状公园　城垣等保护带状公园为保护有历史价值的城墙或墙基，沿城墙一侧或两侧划出一定宽度的范围，建设带状公园，设置园路和休憩设施，结合历史文化因素点缀一些景观小品，达到保护古迹、为人们提供一个抚今追昔且环境优美的场所。例如湖北荆州的环城公园、北京的皇城根遗址公园、菖蒲河公园等都是很典型的例子。

（5）环城带状公园　环城带状公园的思想在我国也有悠久的历史，中国很早就颁布了第一部关于沿城墙周围必须植树的法律，虽然目的并不是为了控制城市蔓延，但它对处理人与自然之间的关系有异曲同工之妙。由于古代的这种植树和建设护城河的思想，给我国的许多城市留下了优越的公共开敞空间。苏州被认为是护城河保护得最好的城市，沿苏州护城河分布着大量的城墙遗址，配合这些遗址建设了大量公园，如苏州胥门公园等。沿着城墙布局的设施自然形成了苏州的环城带状公园，虽未刻意规划，但却表现得浑然天成，让人叹为观止。我国在结合古城墙的城市带状公园设计研究中，提出以古城墙为依托的带状公园包括文化传承、塑造城市意象、游憩、审美和生态等功能，与绿道理念中的遗产廊道相似。

二、公园绿地规划设计的基本原则和方法

公园绿地是城市绿化中重要的组成部分，具有改善城市生态环境、美化城市景观等作用。因此，公园绿地规划设计是城市景观设计的重要内容，其设计过程必须遵循一定的规划设计原则来进行。公园是随着城市的发展而兴起的，在我国社会和经济不断发展的今天，城市公园绿地的规划设计工作也日益显得重要与迫切，人们亟须了解和掌握有关公园绿地规划设计的基本理论和技法，使公园绿地建成后达到设计的效果，充分发挥其应有的作用。

1. 公园绿地规划设计的原则

根据国内外的实践经验，公园绿地规划设计的主要基本原则如下。

（1）以充分发挥其功能为基本前提。在城市公园绿地的规划布局中，应根据合理的服务半径，将各种类型的公园绿地分布于城市中的适当位置，并避免公园绿地服务盲区的存在。

（2）在整个绿地规划设计过程中，要始终本着“以人为本”的原则，也就是在功能空间划分、活动项目、活动设施、建筑小品和环境设施的布置及景观序列的安排等方面，都要以人的心理学、行为学和人体工程学为基本出发点，设计出使用频率较高，真正供市民休闲、娱乐的公园绿地。

（3）公园绿地的规划设计要以充分发挥绿地的生态效益为原则。为了满足这种原则，在规划设计中可以将大小不同的公园绿地分布于城市不同区域中，并用绿带或绿廊的形式将其连接在一起，形成一个整体。在具体的绿地设计中要以植物造景为主，植物选择以乡土树种为主，同时根据生态位、群落生态环境等特征，形成合理的乔木、灌木及植被种群结构和生态型的植物造景系统，努力达到生物多样性和景观多样性。这样的布局和设计才能使公园绿地的生态效益得到充分发挥，真正发挥改善城市环境、维护生态环境的生态功能。

（4）公园绿地规划设计要满足美化景观的功能要求。遵循这个原则应考虑在规划设计中，公园绿地和周围环境与建筑之间的关系，绿地本身的景观结构以及景观序列安排、艺术特色等内容，此外对于一些有特殊意义的公园绿地，还要对其地方文脉和文化内涵等进行进一步探索。总之，公园绿地规划设计满足美化景观的原则，就是要在立意和构景方面下工夫，使人们在公园绿地中有更高的精神享受。

除了遵循以上规划设计原则外，具体地讲，公园绿地规划设计的原则还应包括以下方面。

（1）贯彻国家在园林绿地建设方面的方针政策，遵守相关的规范标准，如《城市绿化条例》和《公园设计规范》等。

（2）要充分考虑到人民大众对公园的使用具体要求，坚持“以人为本”的原则，来丰富公园的活动内容及空间类型。

（3）继承和革新我国传统造园艺术，广泛吸收国外先进的规划设计经验，创造我国特有的园林风格和特色。

（4）因地制宜，使公园与当地历史文化及自然特征相结合，体现地方特点和风格，每个公园具有自己的特色。

（5）充分利用公园现状及自然地形，有机组织公园各个构成部分，使不同功能区域各得其所。

（6）规划设计要切合实际，满足工程技术和经济要求，并制订切实可行的分期建设计划和经营管理措施。

公园绿地是由地形、各种类型的植物、水景、建筑小品、环境设施、园林构筑物等要素组成的。因此，园林绿地的设计，简单来说，就是如何合理地安排这些构成要素。首先在进行设计之前，要对公园的基本情况进行详细调查或资料收集工作。资料收集工作包括公园用地的历史、现状及自然条件，该规划用地在城市总规划中的地位以及和其他用地之间的关系等，要有明确的了解。然后对公园的用地规状进行分析评定，包括对园内各地形的形状、面积、坡度比例等进行分析评定，对土壤及地质、肥力、酸碱度、自然稳定角以及园林植物、古树等的数量、品种、生长状况、覆盖面积、欣赏价值等方面做出全面的分析评定。另外，还要对园内建筑、广场、道路以及其他公用设施的位置、标高、铺装材料、走向等方面进行分析，对园内现有的人文或自然景点区、视线敏感区、视线盲区等也要进行分析评价。

做好全面的分析评定工作后，要针对这些评定结果对公园绿地进行总体规划设计。重点处理公园用地内外的分隔形式，使其与公园周围的环境相协调，处理好对园外美好景观的引借和对不良景观的遮挡。计算公园的占地面积及游人量，确定公园的活动内容。然后根据公园的性质和现状条件，划分功能景区，并确定各个分区的规模特点，进行总体平面布局。确定公园道路系统及广场位置，组织好景观序列和园路系统。园路系统可以根据不同的使用者，专门设置供游人使用的道路和供管理人员使用的道路。供游人使用的园路一般是方便快捷到达各个景点的道路，供管理人员使用的道路应当方便车辆运输公园所需的货物和设施，并考虑与仓库、管理设施相连。

城市公园中的园路一般有直线式和曲线式两种形式。直线式园路是园内到达目的地距离最近的道路，一般多设在平坦的地形上，方便游客的通行，能节省游客游园的时间。曲线式园路既可用于处于丘陵上的园林中，也可用于平坦地形上，曲折多变的形态，给游人以步移景异的景观感受。无论是直线式园路还是曲线式园路，园路两侧的绿化设施都非常重要，通常要根据需要选择合适的树种及配植方法，为人们带来视觉上的美感。

2. 公园内植物景观的设计

近年来，人们对城市生态环境的要求越来越高，反映了人们对良好的生态环境和人文环境的关注与向往。但是，环境污染的逐渐加剧给人们居住的环境带来了巨大的挑战。人们在大量建造建筑物的同时，忽略了城市生态环境的建设，这直接影响到了居住人民的身体健康。自国家提出建设环保型社会的倡议以来，整个社会更加关注城市生态环境的建设，城市生态公园的植物景观设计则成为了人们热议的话题。生态公园其实就是要时刻体现出生态学的理念，建立一个纯自然的森林体系，能够真正有益于人们的身心健康。公园的植物是城市生态环境的重要组成部分，做好公园内植物景观的设计工作，将是有效降低城市的环境污染，带给人们更舒适生活环境的唯一途径。因此，做好城市生态公园的植物景观设计的工作，将对环保型社会的建设具有重要的意义。

城市公园绿地设计要根据当地的地质、土壤、气候等自然条件选择植物类型，尽量以本土植物为主，然后根据设计的需要，适当地引进外来的植物，这样才能满足大自然植物群落的丰富性和多样性的需求。还需要注意的是，应该注重地带性植物生态性和变种的筛选与驯化的工作，这将大量减少化学药剂的使用。其次，自然植物群落有稳定性的特征，在城市生态公园设计时，需要考虑到这个因素合理地搭配。因此，一定要根据生态学的原理，充分地了解自然植物群落的结构，系统地规划植物种类的选择及配置。只有通过这种方法设计出来的植物群落才具有稳定性的特征，也更能符合大自然植物群落共性和个性的特点。

将生态景观的所有因素有机地结合在一起，达到相得益彰的效果。景观植物设计并不是简单的栽植，它需要结合其他元素，如整体建筑风格，周围环境、地形标高、硬质铺装、当地资源优势等，打造出相互配套的并适合人们居住的环境系统。因为建筑本身展现的是刚性，而植物展示的是柔性，只有将两者有效的结合在一起才能使环境变得更为和谐。

具体操作方法是设计师要根据总体建筑风格搭配本土的苗木形成基本种植模式，个别节点处添加外来品种或者造型独特的苗木形成个性种植区域。总而言之，就是应根据植物的生态习性，包括植物本身的姿态、色彩、味道等打造出美丽的生态景观，体现出大自然真正的生态美。

综上所述，建设城市生态公园是未来的主要发展需求和必然趋势。因为它不仅可以美化城市环境，还能调节城市生态系统。在未来的设计过程中，设计师们应该有意识地以“生态”为指导原则，营造“绿色生态环境，共赢美好绿色未来”的局面。

第四节　公园中各类水景观设计

水对于人类社会，不仅是人们生存的必需品，还可以通过不同的设计方式创造出不同的环境气氛，具有赏心悦目的美学价值。“智者乐水”不是孔子一人的感受，而是概括了中华民族乃至全人类共同的精神特征。就水的本身而言，它具有透明性、反射性、折射性等显著的特征，并且可以呈现出不同的色彩和动感的声音。正是因为水具有这些特殊的性能，使之成为城市公园景观设计最理想元素。亲水是人的自然本性，美好的水景观在现代生活中的意义越来越重要。目前社会大众追求高品质生活的愿望越来越强烈，旅游休闲的通常选择是山水佳处。凡有水的地方，总会在水上做文章，努力为人民群众提供美好和谐的休闲娱乐环境。

一、水景的主要功能概述

在一切生命过程中，水扮演着重要角色，发挥着积极的功效，水是生命之源，水和城市、水和人类、水和一切生命共生共存、共荣共衰。山水地形是园林的 4 大主要组成因素之一，水与园林密不可分。“山因水活，水随山转”，“水得地而流，地得水而柔”，说明了水在园林景观设计中的重要地位和作用。城市公园中的水景是城市公共开放空间的重要部分，是人类感知水的重要活动场所。同时，城市公园的水景观也能有效提升一个城市的整体感知性，它在提高城市公园环境质量、丰富城市公园景观和促进城市公园发展等方面发挥着极为重要的作用。

水景观是公园中最普遍、最受游人喜爱的景观。公园的规模无论大小，只要有水，无论水的面积大小和形状如何，如一个普通的喷泉、一条弯曲的溪流，便可以创造出一处引人入胜的景点。水是公园设计中最令人激动的元素，可以为人们提供感知、运动、阳光以及不变化的生动景观。对于日益忙碌、精神压力较大的现代人来说，在结束一天紧张的工作后，置身于公园的水景观之中会令人心旷神怡。水景观设计也符合现代以最小的努力获得最大效果的造园经济理念。

水景观在公园的空间中不仅可以起到对整体景观的装饰作用，而且还能为一大批适宜生长在潮湿环境、水下或水面的植物提供极佳的生长环境。沼泽植物包括的种类较多，如睡莲、海芋、百合等，它们都有美丽的花朵或叶片，茂盛地生长在水景旁，可以为公园增添无限色彩和生气。在公园中设计一个水池或池塘，虽然只是一个小面积水面，却能向人们展示一幅美丽的风景。另外在池塘中养鱼或其他水生物，是营造动态水景观的理想选择，不仅能为公园增添丰富的景观内容，而且还能为人们提供积极的、具有生命感的景观环境。

水景观有利于对场地的真实性大小和形状进行掩饰。当公园中的水景使用电动水泵时，这种掩饰作用进一步发挥，并可以创造出喷泉、瀑布、溪流等动人的景观，使公园充满“不见其物、先闻其声”的意境。当一个大型的岩石瀑布或跌水建造于花园中时，便形成了公园整个景观的高潮，成为游人的视觉焦点。由此看来，水不仅能以其不同的形态创造各种各样的景观，创造出整个花园的观赏焦点，还对人的心理和健康有益。另外，水景观的设计风格也十分重要，影响着公园中其他景观的设计和整个公园景观氛围的营造。

二、城市公园中水景的类型

公园水景观的设计是一项常重要的技术性工作，充分利用自然资源、文化资源等，把人工环境与自然环境和谐相融，增强水域空间的开放性、可达性、亲水性、连续性、文化性等，使自然开放空间能够越来越好地调节城市环境，从而保障了城市格局的科学、合理与健康。城市滨水景观设计，在很大程度上昭示着一座城市的文化内涵和品位。

水景是公园景观构成的重要组成部分，根据水体的不同形态，公园中的水景的类型有池水、瀑布、喷泉、跌水、流水、运河等。最常见的有以下几类：①水体因重力而下跌，高度突然发生下降，形成各种各样的瀑布、水帘等，统称为“跌水”；②水体因受到压力而向上喷，形成各种各样的喷泉、涌泉、喷雾等，统称为“喷水”；③水体因重力而产生流动，形成各种各样的溪流、旋涡等，统称为“流水”；④水体处在一定位置，水面不受任何影响，呈现出自然平静状态，统称为“池水”。公园中可根据不同的具体情况，选择相应的水景类型。

喷水是水向上喷涌而创造出的水的动感形态，它的载体有喷泉、涌泉和水管等，其形态千变万化，可以创造出非常美妙的园林景观。喷泉最初的类型非常简单，只有单线喷射，随着科学技术的发展，发展出直上喷、抛物线喷、面壁喷，甚至出现了蒲公英花形和蘑菇形等各种极具特色的花样喷，还有柱形、锥形高低喷柱，为园林创造出具有多种多样动感形态的水体景观。

喷涌是指水体由下向上喷涌而出的一种水态，也是地下泉水向上喷涌的一种自然形态。这种喷泉形式根据人们长期以来积累的经验，创造出多种不同的载体，从而也产生水体本身喷涌形态的千变万化。沙特阿拉伯的吉达喷泉是国际公认的建筑杰作，如今也成了吉达的象征，喷出的水高达312m，是世界上最高的喷泉，整个城市都能看到，喷泉水柱冲向天空，又缓缓飘洒而下融入大海。在柔和的红海海风吹拂下，远处的吉达喷泉，犹如一面珠帘挂在天际。游人在此驻足，久久不愿离去，赞叹着人类的无限创造力。

最常见的简单喷泉是以单线或多线的喷眼逐步间歇地喷出，最后使水柱达到丰满、完整的喷泉形式。有的则由水线化作为喷雾，做到定时、定量，或借助自然界的风在空中漂浮，形成缥缈的雾景。随着喷泉形式的发展和改进，现在又出现了滚动式喷泉、移动式喷泉等水体形态。滚动式喷泉利用传统的欹器，待水满时将水倒掉，时而东，时而西，增加了喷水灵活变动的情趣。移动式喷泉一般在公园的广场上，以各种单线成排成行的形式布置，由外向内，或由内向外，进行间歇式的位移，最后则全部开放所有喷泉，达到整个空间全面集中喷出的水域高潮，至喷水停止，完全平息后再重新喷射，周而复始的继续间歇、位移。这些形态各异的喷泉，配以优美的音乐，从而构成一种美丽的景观，这也是目前最时尚、最吸引大众关注的音乐喷泉。每当夜幕降临时，音乐喷泉在周围的一片黑暗中，映射出五光十色、水舞雀跃的梦境，成为园林中最美的水景景观设计。

跌水景观是水体由上向下坠落，创造出犹如瓢泼大雨或蒙蒙细雨般的自然状态的景观，人工跌水景观水态最常见的有瀑布和水帘等形式。一般而言，瀑布是指自然形态的落水景观，多与假山、溪流等有机结合；而跌水是指规则形态的落水景观，多与此同时建筑、景墙、挡土墙等结合。瀑布与跌水表现了水的坠落之美。瀑布之美是原始的、自然的，富有野趣，它更适合于自然山水园林；跌水则更具形式之美和工艺之美，其规则整齐的形态，比较适合于简洁明快的现代园林和城市环境。

瀑布的鲜明特点是充分利用山石的布局、位置和高差变化等，使水体产生向下流动的动态气势。根据水体的宽度、深度和流量等，瀑布又可分为线瀑和帘瀑。公园中自然瀑布水景虽然不很多见，但把山石叠高，下面设置池潭，水自上而下引，击石四溅，若似飞珠，犹如水帘，震撼人心的瀑布美景，令观赏者心旷神怡、乐而忘返。水帘是水量较小，分布比较均匀，水体透明如窗帘的一种水景，水由高处直泻下来，由于水孔较细小、单薄，流下时仿若水的帘幕。这种水态在古代时常用于亭子的降温，水从亭顶向四周流下如帘，称为“自然亭”，现今这种水帘亭常见于园林中。水帘形式用于台阶或矮壁，则有如“水风琴”，如用于几何形水池、墙面或圆形雕塑物，往往显出一种宁静、闲适、雅致的效果。水帘除应用在园林景观设计中外，在城市的多种环境或建筑物中也可应用。在较多的情况下，水帘常用来表现一种朦胧美，甚至有时做成一种“假水帘”来获得增加景观层次与朦胧美的效果。

“流水”是由于水肆意流动变化而产生的水景观，如水涛、旋涡、管流、溢流、泄流等多种水态，最常见的表现方式是溪涧、溪流等。溪涧的主要特点是水面狭窄而细长，水因势而流，水声悦耳动听。溪流是从山间流出的小股水流，呈现线形水态，由于受流域面积的制约，不同情况的溪流形态差异很大。有的溪流很短，仅数米，有的可长达百里，但一般都是曲折流动的，或急流湍湍，或涓涓淙淙。溪水经过溪石的过滤，其杂质和污染物都沉淀下来，因此溪水都十分清澈。加之溪旁两岸有自然生长的树木花草，形成树木苍翠、花草丛生的完美生态美景。这种自然流动的水态，如果在人工园林中被引入或借鉴，再赋予其人文内涵，则构成富于变化、意味深长、文化意蕴高雅的水景。

公园中水面不受任何影响，以静态为主的水景主要表现为水池、渊潭、水景缸等。其中最为常见的是水池，几乎每个公园中都有适宜尺度的小水池，并在水池内养鱼或种植水生植物等，这样不仅可以营造出一个景观视觉焦点，也影响和浸染着整园的景观氛围。

三、城市公园中水景的设计

城市公园体系作为城市自然体系中的一个子系统，能有效改善城市生态环境，为居民提供休闲游憩的场所，并且有利于调节城市居民的精神压力、满足人们回归自然的愿望。然而，随着城市的快速扩张，城市生态环境日渐恶化，同时，居民游憩需求的增加以及公园建设中凸显的种种问题，迫切要求我们从宏观的层面，更加系统全面地来研究城市公园的水景体系，合理进行布局，优化建设管理，使公园能够更加有效地发挥出生态效应和游憩服务功能。根据城市化进程加快，生存环境逐渐恶化的现实，城市公园作为亲近自然的功能载体，已经受到社会的普遍重视，并深刻认识到水景在城市公园扮演的重要角色。因此，如何搞好公园水景的设计是一项非常重要的技术工作。

狭义地说水景设计是利用水体造景，而广义地说是整个城市绿地系统所涉及的水体及水循环过程，包括城市河流、湖沼、湿地，自然降水，景观及娱乐用水、灌溉用水及经过处理的污水，还包括在城市中的循环过程。在传统园林艺术中，水景设计称为理水，涉及规划布局、形态变化、空间层次以及与建筑、山石、花木之间的配合关系。本书综合以上三种概念，认为水景设计是对水体的全方位规划，不仅在景观上，而且在生态上，还包括与水体有关的山石、花木等一切因素。

1. 城市公园水景设计的相关要素分析

（1）山石及驳岸　传统园林艺术，水通常离不开山石。“水随山转，山因水活”这类例子数不胜数，尤以苏州古典私家园林最为明显。现代城市公园驳岸长度长，加上太湖石等石材稀缺与昂贵，各种其他材料应运而生，诸如竹子、木桩等。一般大型水面驳岸简洁开阔，形式统一。小水池驳岸布置细致，变化多样。

（2）建筑及小品　亭榭舫设于水体的最佳位置，并应当斟酌体量大小、形态环境、风格等。桥近水非水，似陆非陆，是水陆空三系统的交叉点和聚集点。在不同水体环境中雕塑等小品或作主景，或为点缀。

（3）植物配置　植物起到充分发挥水景美的作用，更重要还有生态作用。水岸石壁，悬葛垂萝令人神往。“高树临清池，风惊夜来雨”也能泛起“雨打芭蕉”式的滴水涟漪。此外还需要伸入到水中水底。

（4）动态水景　动态水景包括喷泉、瀑布和跌水。它们可以振奋精神、陶冶情操，增加湿度，减少尘埃，提高负氧离子含量。

2. 城市公园水景设计存在问题及对策初探

（1）经济性　华北、西北一些城市，近年来大造城市水景景观。可全国600多个城市中，有400多个城市是缺水的，并且地下水位不断下降。如北京，地下水正以每年1m的速度下降，水将成为人类最重要的一种资源。因此，在进行公园水景设计时，应多考虑设计一些小水体。小水体容易营建，更易满足亲水的需求，并且很易养护治理。

多用象征抽象的水景，如石块、砂粒、野草等。仿照自然水体形状具有地域特征的造园要素，更易带给人思考，是真实水景所无法比拟的。

根据生态城市建设的要求，要特别注意加强对雨水处理和利用。采用硬化地面只强调防水防渗，却将降雨与下部土层及地下水阻断，地下水源难以及时得到补充，严重破坏地下水的平衡。其实雨水是公园景观用水很好的选择。

前几年在公园水景设计方面提出了“节约型园林”。“节约”就是用最少的钱办最好的事。用好纳税人的钱，是政府职能部门的责任，这更是设计师的责任。

（2）生态性　生态学已经渗入到各个学科，多学科交叉渗透趋势，迫使我们不能再局限于某个学科。我们要讨论的不仅是城市公园水景设计，而是城市生态系统。理想做法是在前期城市绿地系统规划就宏观控制。

注意进行驳岸生态化处理。生态驳岸是指恢复后的自然河岸或具有自然河岸“可渗透性”的人工驳岸。生态驳岸的坡脚具有高空隙率、多鱼类巢穴、多生物生长带、多流速变化的特点，为鱼类等水生动物和其他两栖类动物提供了栖息、繁衍和避难场所。它还提供了陆上昆虫、鸟类觅食、繁衍的场所，形成了一个水陆复合型生物共生的生态系统。

由此衍生开来，建立人工湿地系统更是大有好处。古人早已提出“天人合一”、“阴阳互补”等理念。采用这一理念就是要营造完善、高效、平衡的生态系统，包括鸟类、鱼类、两栖类、水生植物、藻类等，前提是还要营造顺畅、调和的水系循环系统，包括雨水、污水、饮用水、景观水等。两大系统的建立与高效运作将平衡“阴阳”。另一方面，设计岛、洲、瀑、沼等多样水景。水流有缓有急，急流地带自然曝气，缓流地带停留降解有机污染物。总之，只有把生态学原理应用到设计中去才能取得理想效果。

(3) 实用性　很多城市公园水景规模过于扩大。经常见到，在不大的喷泉里有很多硬质的界面和很硬质的雕塑，里边还有很多铜管、铝管和钢管。如果没有水的时候，就会看到上述景观，非常尴尬。实用性表现为亲水性，人天然喜爱亲近水。日本横滨一个公园，阶梯中间做成阶段式流水，整个水道再延伸为浅沟渠，供戏水。亲水性并不都只表现在身体接触水的生理距离上，更主要还是体现在心理距离上。有的亲水平台不能直接接触到水，但只要设计的好，比如平台高度尽量靠近水面，平台材质与周围环境协调，还是会大受欢迎。

缺乏植物等软质景观穿插，那么亲水性也有问题。因为植物具有软化僵硬岸线，提供雕塑水景理想背景，并软化雕塑等功能。在公园水景观设计中应有这样的观念：水景不是景观主题，只有人成为真正主题，才可能成功。

(4) 艺术性　虽然这几年城市公园水景设计丰富了不少，但还没有挖掘出水的众多特性，还缺乏特色和感染力。我国古代有很多良好的理水传统，是可以借鉴的。比如改建后的上海静安公园西部开阔区，利用地铁静安寺站高耸的顶穹与地面的落差，因势叠山理水，堆砌大型假山瀑布，瀑布被设计成了水帘洞，叠石肌理清晰、凹凸有致，下面的潭用湖石点缀驳岸，自然亲切，另外还运用了溪、池、瀑、潭四种形式，山水联系紧密，植物配置合适得体，具有了壮观的“城市山林”景观。

在坚持传统的同时，也要学习外来先进文化。如也可以与物理原理、科学常识相结合而创造出有趣味性、教育性的作品。比如台湾北部新竹地区的小叮当科学游乐园，园内设有连接水管的水龙头，还有利用水柱来表示体重的喷水。艺术追求美，什么是美？对于公园水景观来说，合适的东西放在合适的地方，那就是美。同样的，在城市公园水景设计中，就体现在把合适的水景放在合适的地方。在充分理解传统的基础上，把当今已有东西归类整理，根据实际，提出创新，最后把传统、既有、实际、创新四者融合一起，才能实现艺术的价值。

3. 城市公园水景设计注意事项

城市公园中的水景设计除了本身形态的设计外，还应当特别注意与水景植物的配置。园林中水池、湖泊、河川的植物配置，既要符合水体植物的生长环境，又要创造出景观的层次深度。水边配置的植物一般应选择喜潮耐水、姿态优美、色彩明艳的乔木和灌木类，或构成主景，或与花草、石块等结合装饰驳岸。水中要栽植一些适宜生长在水中的花木或色叶木来丰富水景。一般在有景观可映的水面不宜栽植水生植物，以便将远山近景在水中映出美丽的倒影，扩大空间感和丰富景观层次。

国内外实践证明，水是所有园林设计师和规划师在设计创作中应用的最基本的一种造景要素，它不仅能够通过无穷无尽侵蚀的力量来塑造硬质景观，并且可以通过对植被的滋养创造柔性景观。公园作为现代城市的开放空间，水景设计尤为重要，特别是当水与光效、声效结合造景时，能使水景场所变得生机勃勃。

第五节　城镇公园景观设计实例

城市公园是城市绿地系统中重要的组成部分，是现代城市的窗口和文明的标志。公园绿地在缓解当前城市的环境问题和保护城市生态方面，都起着积极的不可缺少的重要作用。城市公园是城市的绿色基础设施。公园作为城市主要的公共开放空间，在城市建设中发挥着极大的用。

公园绿地是城市中的精品绿地和现代化城市园林的主体形式，在城市生态、景观、文化、休憩和减灾避险方面具有重要的作用，不但担负着保护和改善城市生态环境的功能，而且还能绿化、美化城市环境，给市民提供一个舒适、休闲的活动空间。作为城市绿地景观中最能体现城市绿地诸项功能的绿地类型，公园绿地的数量、面积、空间布局等，直接影响到城市环境质量和城市居民游憩活动的开展。在公园建设过程中，如何基于“以人为本”的理念，更好地发挥其作用已成为社会关注的焦点。

欧洲一直是景观设计的试验场，众多一流的设计师都在那里留下了出色的作品。其中位于法国巴黎的拉·维莱特公园（Parc de La Villette）因其独特的形象和设计理论而格外引人注目。它不仅是欧洲近现代景观设计的代表作之一，更凭借所谓“解构主义”的设计思想和另类新奇的建筑设计成为国内一些设计师广为模仿的样板。

拉·维莱特公园所处的巴黎城市的东北角，是远离城市中心区的边缘地带，这里人口稠密而且大多是来自世界各地的移民。1867 年此处兴建了牲畜屠宰场及批发市场，随着城市的发展，其周围逐渐形成一个混乱不堪的聚居地。法语 La Villette 就是“小城”的意思。1973 年 10 月屠宰场关闭之后，德斯坦总统提议兴建一座大型的科技、文化设施，包括北面的国家科技展览馆及南面的音乐城和公园。密特朗总统执政时期，拉·维莱特公园进入真正的实施阶段，并列为纪念法国大革命二百周年而在巴黎兴建的九大“总统工程”之一。

1982 年，在密特朗总统的提议下法国文化部举办了拉·维莱特公园的国际设计竞赛。为了确保竞赛评审的科学性和公正性，大赛的评审会主席由世界著名的巴西景观设计师布雷·马克斯（Roberto Burle Marx）担任，评委大多数也是国外知名的设计师。在来自 37 个国家的 471 件作品中，评委们初选出 9 个优秀方案经过深化后参加第二轮评选，具有法国和瑞士双重国籍的建筑师屈米（Bernard Tschumi）最终胜出成为公园的总体设计师。

拉·维莱特公园面积约 55hm^2，是巴黎市区内最大的公园之一。园址上有两条开挖于十九世纪初期的运河，东西向的乌尔克运河主要为巴黎的输水和排水需要修建的，它将全园一分为二，分成了南北两部分。北区有国家科技展览馆，展示科技与未来的景象；南区有钢架玻璃大厅和音乐城，以艺术氛围为主题。南北向的圣德尼运河是出于水上运输之需，从公园的西侧流过。这两条近乎直交的运河成为了公园与城市熔融的纽带，同时也是公园重要的景观构成要素，作为线系统的组成部分彰显着解构主义的魅力。

拉·维莱特公园位于巴黎的东北角，位置并不靠近市中心，但是巴黎发达的交通系统让公园牢固地镶嵌在城市的相框之中。巴黎的环城公路和两条地铁线都经过公园的所在地，设计师巧妙地利用了这种交通优势，把公园的出入口设计在地铁出入口的旁边。当游客游览完南北有1000多米长的公园后，能在公园的另一端方便地坐到车，这不得不说是一个人性化的交通设计。

拉·维莱特公园被屈米用点、线、面三种要素叠加，相互之间毫无联系，各自可以单独成一系统。三个体系中的线性体系构成了全园的交通骨架，它由两条长廊、几条笔直的种有悬铃木的林荫道、中央跨越乌尔克运河的环形园路和一条称为“电影式散步道”的流线型园路组成。东西向及南北向的两条长廊将公园的主入口和园内的大型建筑物联系起来，同时强调了运河景观。长廊波浪形的顶棚使空间富有动感，打破了轴线的僵硬感。长达2km的流线型园路蜿蜒于园中，成为了联系主题花园的链条。园路的边缘还设有坐凳、照明等设施小品，两侧伴有10～30m宽度不等的种植带，以规整式的乔、灌木种植起到联系并统一全园的作用。

在线性体系之上重叠着“面”和“点”的体系。面的体系有10个象征电影片段的主题花园和几块形状不规则的、耐践踏的草坪组成，以满足游人自由活动的需要。点的体系由呈方格网布置的、间距为120m的一组“疯狂物”（Folies）构成。这些采用钢结构的红色建筑物给全园带来明确的节奏感和韵律感，并与草地及周围的建筑物对比十分强烈，因而非常突出。这些造型各异的红色“疯狂物”以10m见方的空间体积为基础进行变异，从而达到既变化又统一的效果。“疯狂物”与公园的服务设施相结合因而具有了实用的功能，有的处理成供游人登高望远的观景台。那些与其他建筑物恰好落在一起的“疯狂物”起着强调其立面或入口的作用，其他的是并无实用功能的雕塑般的添景物。屈米不仅以这些小尺度的红色建筑物书写着20世纪的建筑发展史，同时也给20世纪的景观发展史写下了特别的一页。

拉·维莱特公园在建造之初，就将公园的目标定为：一个属于21世纪的、充满魅力的、独特并且有深刻思想意义的公园。它既要满足人们身体上和精神上的需要，同时又是体育运动、娱乐、自然生态、科学文化与艺术等诸多方面相结合的开放性的绿地，并且公园还要成为各地游人的交流场所。拉·维莱特公园对外开放之后，吸引了大量的游人，达到了要将成年人、尤其是工作人口吸引到公园中来的目的。其中当然也有科技馆、电影城、音乐城所起到的作用。

沙丘园把孩子按年龄分成了两组，稍微大点的孩子可以在波浪形的塑胶场地上玩滑轮、爬坡等，波浪形的侧面有攀爬架、滚筒等，还在有些地方设置了望远镜、高度各异的坐凳等游玩设施。小些的孩子在另一个区域由家长陪同，可以在沙坑上、大气垫床，还有边上的组合器械上玩耍。龙园有抽象龙形的雕塑在园中穿梭，孩子们可以在龙的上面上窜下跳。空中杂技园有许多大小各异下装弹簧的弹跳圆凳，孩子们在上面蹦跳，为找身体平衡，会出现许多意想不到的杂技动作。乐园里欢笑不断，为公园带来了欢快、热闹的气氛。

拉·维莱特公园是开放的城市绿地，公园中随时都充满着各种年龄、各种背景的来自世界各地的游人。青年人在草地上踢球、在铺地上玩滑轮，儿童在主题园中游戏，老人在咖啡店外的大遮阳伞下品着咖啡，各地来的游人或徜徉在绿荫与阳光中，或参加公园安排的丰富活动……公园充满了城市居民与各地游客互相看、同欢乐的乐趣与生机。屈米以独特的甚至被视为离经叛道的设计手法，为市民提供了一个宜赏、宜游、宜动、宜乐的城市自然空间。

与凡尔赛花园中的小林园一样，主题花园也是拉·维莱特公园中最有趣和吸引人的地方。它满足了不同文化层次及年龄游人的需要。“镜园”在欧洲赤松和枫树林中竖立20块整体石碑，一侧贴有镜面，镜子内外景色相映成趣，使人难辨真假；“风园”中造型各异的游戏设施让儿童体会微妙的动感；“水园”着重表现水的物理特性，水的雾化景观与电脑控制的水帘、跌水或滴水景观经过精心安排，同样富有观赏性，又是儿童们夏季喜爱的小泳池；“葡萄园”以台地、跌水、水渠、金属架、葡萄苗等为素材，艺术地再现了法国南部波尔多地区的葡萄园景观；下沉式的“竹园”为的是形成良好的小气候，由30多种竹子构成的竹林景观是巴黎市民难得一见的“异国情调”；处于竹园尽端的“音响圆厅”与意大利庄园中的水剧场有异曲同工之妙；“恐怖童话园”是以音乐来唤起人们从童话中获得的人生第一次“恐怖”经历；“少年园”以一系列非常雕塑化和形象化的游戏设施来吸引少年们，架设在运河上的“独木桥”让少年们体会走钢丝的感觉；最后，“龙园”中是以一条巨龙为造型的滑梯，吸引着儿童及成年人跃跃欲试。

法兰西是一个既有悠久的历史和丰富的传统，又勇于创新的民族。17世纪的法国古典主义园林始终是法国人的骄傲，但是他们并没有局限于对传统园林形式的模仿，而是将其传统作为创新的基础。拉·维莱特公园正是这种基于传统的创新。它延续了传统古典园林的构成要素，并将这些构成要素及手法进行分解、概括、抽象、引申的再创造，但却在形式、布局和采用的技术等方面发生了革命性的变化。屈米运用了大量建筑元素作为具体的表达形式。传统法国园林中由绿篱、雕塑所形成的“点”变成了一个个红色的构筑物；用林阴大道、树墙构成的“线”变成了由建筑形成的廊架；用丛林、花坛、水池等表现的“面”则变成了大面积的草地和铺装广场。

拉·维莱特公园这种对传统单一思维模式突破的思维，给景观设计师提供了一种新的思维方式和设计方法，并在此基础上产生新的审美形式和法则。这在“千城一面”盲目抄袭和滥用传统符号的城市景观设计现状面前无疑具有重大的现实意义，它给现代城市景观设计注入了一种新的血液，提供一种新的设计观念。

第三章 城市广场景观设计

广场是指面积广阔的场地，特指城市中的广阔场地，是城市道路枢纽，是城市中人们进行政治、经济、文化等社会活动或交通活动的空间，通常是大量人流、车流集散的场所。在广场中或其周围一般布置着重要建筑物，往往能集中表现城市的艺术面貌和特点。在城市中广场数量不多，所占面积不大，但它的地位和作用很重要，是城市规划布局的重点之一。

广场作为城市的职能空间，通常具有组织集会、交通集散、居民游憩、商业买卖、文化交流等功能。如果在广场上安排一些有纪念意义或具有文化特征的建筑物或小品设施，供人们在休闲和娱乐的同时还能享受到文化和艺术熏陶。现在更多的广场则是结合广大市民的日常生活和休憩活动，满足居民对城市空间环境日益增长的审美艺术要求而兴建的，与历史的城市广场空间相比，更大程度上呈现出一种体现综合性功能的发展趋势。

第一节　城市广场的功能及形式

随着城市化建设的迅速发展，生活节奏的不断加快，一处幽雅、和谐、安静的精神空间，是人们迫切需求的。这就注定了城市广场是城市规划中不可缺少的重要部分。城市广场是城市公共环境艺术的一个部分，是城市空间构成的重要部分，是市民社会生活的中心场所，是为了满足多种城市社会生活需要而建设的，以建筑、道路、山水、地形等围合，由多种软、硬质景观构成的，注入了雕塑、喷泉、照明等艺术手法，采用步行交通手段，具有一定的主题思想和规模的典型城市户外公共活动空间。同时又是城市空间组织中最具公共性、最具艺术魅力，也是最能反映现代文明和气氛的开放空间，是集休闲、娱乐为一体的休闲场所。

广场是城市空间构成的重要组成部分，首先它可以满足城市空间构图的需要，更重要的是它在现代社会快节奏的生活里能为市民提供了一个交往、娱乐、休闲和集会的场所。其次，城市广场及其代表的文化是城市文明建设的一个缩影，它作为城市的客厅，可以集中体现城市风貌，文化内涵和景观特色，并能增强城市本身的凝聚力和对外吸引力，进而可以促进城市建设，完善城市服务体系。正是由于其诸多优点，广场成为当前城市建设的一个热点，在这股热潮的推动下，各个城市纷纷建设广场。

一、广场的功能与类型

根据广场功能要求和空间特征的不同，广场可分为文化广场、纪念性广场、交通集散广场、游憩集会广场、商业广场、街道广场、建筑广场等各种类型的广场。广场通常位于城市的中心区域或城市规划的节点上，因此，广场的设计往往能直接影响到城市规划和城市景观的设计。

（一）文化广场

从狭义上理解，文化广场是指富有特色文化氛围的城市广场。包含有美学趣味的广场建筑、雕塑以及配套设施，一般属于政府公益性设施。它是公共文化生活集中的城市空间，为专业或民间组织在此进行艺术性表演或展示提供场所，也是群众性的各种娱乐、体育、休闲等活动场地。

从广义上理解，文化广场泛指多功能、多结构、多样性的城市事物空间。它不仅是物理空间的开阔，也代指精神的、形态的空间深厚与广阔。文化广场的含义衍生指向人气聚集地、商业活跃地、美学与艺术胜地和产业基地。

文化广场也称为市民广场，是城市居民的行为场所，一般位于城市的核心区，或存在于城市较大规模的文化、娱乐活动中心或建筑群中，为广大市民集会、公共活动、信息发布提供一个公共性质的交流平台。文化广场的周围一般围绕有各级政府行政办公建筑，如文化宫、美术馆、博物馆、展览馆、体育馆、图书馆等大型文化体育公共建筑，以及邮电局、银行、商场等公共服务性建筑。

文化广场是城市居民活动的中心区域，具有设置分散、服务便捷的特征。人们在广场上主要从事与文化有关的娱乐、学习等活动，例如文艺演出、自发性群体活动、体育锻炼等。因此，文化广场的设计要突出浓郁的文化气氛。相应地，文化广场上应配置露天舞台、音响、灯光、展窗等演出和观摩设施，以及群众活动场所。由于文化广场上人流量较大，因此交通问题显得十分重要。不仅要处理好广场附近的交通路线问题，而且还要考虑与城市其他地区交通干道的合理衔接，保证广场上的人车顺利集散，组织好人车流动线。

文化广场甚至可以成为特色鲜明城市的地标，如洛克菲勒广场和时代广场。另外，美国好莱坞、英国西街、法国红磨坊、日本六本木、中国天安门等都可以泛称城市广场，它们形成了的标志性品牌，把握了文化制高点，产生了巨大社会效益和经济效益。

建成后的文化广场，景观、绿化、灯光等一系列设施，构建成开放的公园，成为市民的文化活动中心，成为城市广场文化活动的主阵地和早晚、节假日市民休闲的好去处，百姓的精神家园。许多城市将文化广场建成城市的文化品牌，为百姓提供了一道免费享用的“文化大餐”。文化广场这一文化载体将跟随时代的进步也在不断发展，在不同时期不断挖掘文化广场作为文化载体的新功用，将为文化广场注入新的生命力，赋予广场文化新的角色和定位，将会提升广场在社会、经济、文化方面的影响力、辐射力和竞争力，为城市打造出一张与时俱进的城市文化名片。

（二）交通广场

交通广场指的是具有交通枢纽功能的广场。交通广场分两类：一类是道路交叉的扩大，疏导多条道路交汇所产生的不同流向的车流与人流交通；另一类是交通集散广场，主要解决人流、车流的交通集散，如影、剧院前的广场，体育场，展览馆前的广场，工矿企业的厂前广场，交通枢纽站站前广场等，均起着交通集散的使用。在这些广场中，有的偏重解决人流的集散，有的对人、车、货流的解决均有作用。交通集散广场车流和人流应很好地组织，以保证广场上的车辆和行人互不干扰、畅通无阻。

交通广场与城市交通有着非常密切的关系，其主要功能是疏散、组织、引导交通流量和人流量，并有转换交通方式的功能，如影剧院、展览馆、博物馆等前的广场都具有交通集散的作用，它们有的偏重于解决人流的集散，有的偏重于解决车流或货流的集散。交通广场除了解决交通问题外，由于车辆及行人均相对较多，所以广场上还应设置足够的停车面积和行人的活动面积。为满足行人出行过程中的各种需求，广场上还应配置座椅、餐厅、公共厕所、小卖部、书报亭、银行自动取款机等设施，为人们日常生活提供便利。

交通广场包括与城市道路相交的广场、车站广场、城市文化娱乐场所前的广场等，其中建于车站前的车站广场是最常见的一种交通广场类型。车站广场多与交通枢纽相临或相接，且与车站的出入口相通，从而更加有效地疏通车流和人流。在进行车站广场设计时，应当考虑到人和车辆分离的要求，以保证广场上的车辆畅通无阻，避免人、车混杂或相互交叉、阻塞交通，确保行人和乘客的安全，以及人们出行的便利与快捷。此外，车站广场的设置还应当考虑与附近交通枢纽车站、汽车停车场等场所建筑出入口的位置关系。

德国的路易森广场是世界上交通广场的典型范例。路易森广场位于德国中西部达姆施塔特城市中心，广场四周是政府机关办公地，繁华的商业街也是从这里开始延伸至市区的。路易森广场的空间景观随着历史的发展不断进行改变。从 19 世纪末期随着街车的出现，到 20 世纪 50 ～ 60 年代新型交通工具的剧增，使路易森广场逐渐成为城市交通的中心。市政府根据当时的状况，采取了将私人汽车交通转移到广场地下的措施，这样使广场成了一个电车与公共汽车和行人活动的大型平台。直至今天，路易森广场仍然是达姆施塔特城市主要的交通广场，城市大部分公共汽车和电车都在这里汇聚，成为达姆施塔特城市重要的交通中心。

（三）纪念性广场

城市广场中的纪念性广场通常是指在具有历史纪念意义的地区，或是以历史文物、纪念碑等为主题，用以纪念某一历史事件或某一人物的广场。在这类广场中，具象雕塑往往发挥着重要作用，成为被市民认同的城市标志物。雕像主要是以某一主题为目的，有时也与政治广场、集会广场合并设置为一体。社会在发展，人类在进步，设计也在不断地创新。因此，现代的纪念性广场越来越趋向综合性、多元化发展。

纪念性广场是城市风貌、文化内涵和景观特色集中体现的场所。一个城市是否具有悠久的历史文化、是否具有英雄事迹、是否具有丰功伟绩、是否具有值得纪念和学习的人物与事件，都将在纪念性广场中一一体现出来。纪念性广场作为城市规划中的一部分，当然具有其特殊的意义，并将在无形中为城市做出巨大的贡献。

1. 纪念性广场的主要作用

纪念性广场的作用主要表现在以下 4 个方面。

（1）增强了城市的休闲娱乐空间，可以为忙碌的市民提供一处放松精神的空间。它结合广大市民的日常生活、文化活动，满足他们对城市空间环境日益增长的艺术审美要求。在设计手法与美学设计思想上运用了对比与统一、变化与协调、比例与尺度、均衡与稳定、呼应与衬托、节奏与韵律等，使广场本身所表现出来的和谐魅力、良好景观给人们以美妙的视觉艺术享受。

（2）庄严、宏伟、明朗、壮丽、祥和的气氛，使人们产生积极向上、自豪、欢快和向上的情绪，唤起人们内心的情感，达到陶情冶性、愉悦身心的目的。

（3）在一定程度上能够带动当地的旅游产业的发展。纪念性广场无论是纪念人物还是事件，都是值得纪念和学习的。当它与城市的大环境、小背景相结合形成一条旅游线时，此广场不仅实现了其凭吊、瞻仰、纪念、游览的目的，同时也为本城市起到了宣传的作用，从而能够在更大程度上吸引全国各地的人们来到本城市旅游观光。

（4）可以带动广场周围经济文化的发展。一座好的纪念性广场当然要有好的纪念品来搭配，这就给当地的人们提供了自主创业的机会。

从以上所述可以看出，纪念性广场又是城市广场中具有代表性的一类广场，将在无形中为整座城市注入一股新的活力，将在城市空间规划中扮演其独特的角色。

2. 纪念性广场的主题选择

在纪念性广场设计中主题的选择是重中之重，是整套广场设计方案的第一步。我们必须明确此广场纪念的是人还是事。如果是人物，又是哪方面的人物，是历史人物还是当代人物，是将军、文人、战士还是领袖。如果是事件，是战争事件，还是文化事件等。当这一切都确定以后，我们才能去确定此广场的地理位置的选择、元素的运用、文化的融入和设计手法的运用等。

著名城市规划学家伊利尔•沙里宁说："让我看看你的城市，我就能说出这个城市居民在文化上追求的是什么。"广场是城市两个文明的窗口，所以应赋予广场以丰富的文化内涵。在此主题的选择就显得尤为重要了。纪念性广场是城市广场中比较有代表性的一类广场，它的文化内涵在某种程度上体现的是整个城市的文化底蕴，代表的是市民的文化素养。文化环境具体表现为文脉、传统、历史、宗教、童话、神话、民俗、乡土、风情、纪念性的、闻名的、怀古的、原始艺术、人类的能量、文学与书法、诗意、符号学等。设计师也可以在设计中表达自己的某种特定的思想与意图，尤其要注意将历史文化与现代文明融为一体。在纪念性广场设计中，尤其要注重挖掘广场所在城市潜藏的丰富的文化内涵，体现出独具一格的文化特色。

3. 纪念性广场具体元素的运用

（1）雕塑　纪念性广场通常以大型纪念性雕塑为主体。一般情况下雕塑都位于主体广场的主要轴线上的重要地段或广场的几何中心，以较大的尺寸（古典广场雕塑常以较高的基座衬托）形成控制广场空间的主要焦点，使广场成为一个核心突出、脉络鲜明的空间体。

雕塑是广场美化的点睛之笔，应服从于广场主题的需求，要与广场的气氛情调相一致，与周围的环境内容相符合，对整个广场起到一种烘托的作用。雕塑本身要成为经得起时间考验的艺术品，不仅要有好的创意，还要有美的形式。正如刘开渠在论述城市雕塑的作用时讲到道："屹立在街头、广场、园林、建筑物上的硬质材料的圆雕或者浮雕不分季节，不论昼夜，总在默默地放射艺术光华"，"它既为当代服务，又为未来的历史时代留下不易磨灭的足迹，正如我国的唐文化以及古希腊、古埃及、古罗马的文化，经过历史长河的冲刷，不少东西被淹没了，而硬质材料的雕塑却能够比较长期的保留下来，成为历史的见证和人类文化的对比。"

雕塑的尺度大小应考虑以下两个因素：一是整个广场的尺度，二是人体的尺度。纪念性广场主体雕塑的尺寸通常以广场为尺度，以此来体现广场的宏伟壮丽。但并不是说纪念性广场就不需要以人为尺度的雕塑。恰恰相反，以与人体等大的尺度塑造极具亲和的形象，既没有雕塑基座，也没有周边围护的雕塑，以小巧的体量经常被裹入熙熙攘攘的人群中，但却带给观赏者特殊的惊喜和趣味，同时也拉进了广场与市民的距离。

（2）水体与照明　人类有着本能利用水、观赏水、亲近水的需求，借水抒情，以水传情的能力。水能降低噪声，减少空气中的尘埃，能够调节环境局部小气候，对人的身心大有裨益。水可动可静，可无声可喧闹，平静的水使环境产生宁静感，流动的水则充满生机。纪念性广场是一个比较严肃的空间，从心理上会无形的给市民以压抑感，这时就需要具有亲和力的物体来缓解此现象，而水应首当其选。它的流动性、随和性刚好与雕塑的坚实、庄严形成互补，雕塑与水体的配合堪称广场设计的完美结合。

同样，从人的需求出发，照明也是广场的重要因素之一。在白天人们都忙碌在工作与生活之中，除了休息日以外，人们很少有机会来到广场休闲娱乐，所以，在白天对广场灯光的照明要求并不明显。因此，只借助阳光的照射就足够了。而在一天的忙碌之后，人们来到庄严、肃穆的纪念性广场时，美妙的灯光不仅可以缓解那种沉重感，还会给广场增添一种神秘的气氛。

在广场的主空间，宜采用高压钠灯，给人以高亮度的感觉，在雕塑、绿化、喷泉处突出灯光产生的影响，宜多通过反射、散射或漫射，使色彩多样化，并使之交替，混合产生理想的退晕效果。喷泉在喷射的过程中，会形成一张天然的屏幕，这张屏幕在五彩灯光的照射下，瞬息万变、美轮美奂。喷泉的水花形成的雾气环绕在雕塑的周围，再加上灯光的照射为神奇的雕塑又增加了一份神秘感。同时，光源的选择应考虑季节的变换，夏天宜采用高压水银荧光灯带有清凉感。冬天宜采用橘红色的光使广场带有温暖感。灯光是光明的代名词，是人们心灵的向往。水是活的，同样灯光也是活的。灯光随着心情的变化而变化、随着天气的变化而变化、随着气候的变化而变化。使人们无论在何时，带着怎样的心情来到此地，都会在这美妙的气氛中享受着每一份快乐。在广场的设计过程中，将雕塑、水体与灯光的完美结合，从而形成纪念性广场的灵魂，成为广场中心的一道亮丽的风景线。

纪念性广场整体气氛要庄严肃穆但不是冷漠无情。人们通过自己的行为活动参与到纪念性广场中，从而实现它的价值和意义。这就要求在进行广场设计时，要注重与人的交流。纪念事件、纪念历史是一方面，启示后人，充盈心灵则是更重要的一方面。开放性、可达性、易识别性的特点使纪念性广场的施教功能得以发挥。

纪念性广场的纪念性决定了自身的地理位置，相比其他类型的城市广场要求要更加严谨，需要根据所纪念的内容选址。具有重大历史意义的纪念性广场，比如陵园纪念广场要求气氛严肃、深刻庄严，就应尽量远离城市商业区的喧嚣，相对而言人物纪念广场、文化纪念广场等与人们交流比较密切的一类广场则可选在城市的中心地区，或城市的繁华地带。随着市民对物质文化需求的增加以及对人居环境要求的提高，纪念性广场的建设越来越成为一种必要，同时纪念性广场也逐渐走向多元化、综合性发展的方向。

山东省潍坊市以“风筝文化、民俗文化、人文文化”为主题规划设计的“世界风筝都纪念广场”，是我国少有的以纪念风土文化为主题内容的纪念性广场。在这里，传播文化是它的本质功能，其内容表现非常丰富。广场通过吉祥大道、鸢标广场、咏筝栈桥、芙蓉树阵、民俗长廊、儿童乐园、森林公园、风博广场、滨河景区、露天剧场十大景观，追颂历史，咏颂现在，展颂未来，更直观地为风筝文化与民俗文化的展示与传播提供了多方位、多视角的场所，给潍坊这座城市增添了一方美丽的景观，成为市民休闲娱乐、全民健身强体、商业购物消费以及举办大型集会活动的城市广场。

纪念性广场不能只停留在对某人或某物的纪念意义上，要把它融入到整个社会的大背景小环境中去，要与整个社会、世界接轨。一座好的纪念性广场不仅要起到纪念的作用，还要起到启示后人的作用，让人们在文化熏陶中记住其伟大，发扬其精神。与此同时，凭借此广场的文化内涵和艺术修养，还能带动整座城市的文化与经济的发展。中国是一个具有悠久历史文化的文明古国，纪念性广场在设计中有着自己独特的设计方法，中国古典元素在纪念性广场设计中的地位是其他任何元素所无法替代的。但是中国元素并不是一成不变的，在运用中国古典元素的同时，再融入一些东西方现代元素以及现代的设计手法，使整座广场的设计更加灵活，同时又透露着一股新的生命力。一座城市的发展离不开古老的文化，但只靠古老的文化是不行的，它需要的是古与今的结合，中与外的结合。在继承中求创新，在创新中求发展，才能保持城市纪念性广场文化的永久不衰。

二、城市广场的主要形式

城市广场的形式是指广场的形态，是建立在广场平面形状的基础之上的，通过这些不同形状的基面来创造各种空间形态。以广场用地平面形状为依据，广场主要分为规则型和不规则型两种形式。关于广场的形式要根据广场所处的地理环境，以及广场的功能、空间性质等各方面因素综合考虑确定。

（一）规则型广场

规则型广场用地比较规整，有明确清晰的轴线和对称的布局，一般主要建筑和视觉焦点都设置在中心轴线上，次要建筑等对称分布的中轴线的两侧。城市中具有历史性、纪念意义的广场多采用规则型。规则型广场的具体形态包括矩形、圆形、正方形、梯形等。

1. 矩形广场

矩形广场是一种典型的规则型广场，其形态严谨、形状规矩，缺少灵活变动的趣味，给人一种端庄、肃穆之感，因此举行重要庆典或纪念仪式活动的广场多采用矩形广场形式。矩形广场的设计一般是在广场的四周建各种建筑物，留出一处或两处出入口与城市的道路相连接，从而使广场形成封闭或半封闭的空间。广场以轴线方向或其他标准布置雕塑、喷泉、绿带、花坛、亭阁、纪念碑等小品，营造出美观的环境效果。矩形广场的空间设计应当注意广场四周的建筑高度及风格相差不宜过大，广场上的游戏设施、餐饮处、广告等不宜布置过多，以免影响广场的整体景观效果。

古典主义时代法国巴黎的协和广场是为路易十五国王建立的纪念广场，这座广场是矩形广场的典型实例。协和广场位于巴黎市中心，塞纳河北岸，杜伊里宫的西面，是法国最著名的广场，同时也是世界上的最美丽的广场之一。1757年由国王路易十五下令营建。建造之初是为了向世人展示他至高无上的皇权，取名“路易十五广场”。大革命时期，它被称为“革命广场”，被法国人民当作展示王权毁灭的舞台。1795年改称“协和广场”，1840年重新整修，形成了现在的规模。

协和广场由建筑师雅克·昂日·加布列尔设计建造的，这是一个开放性的广场，设计非常新颖，广场平面为矩形。四个角略微抹去，则呈八角形。广场中央矗立着埃及方尖碑，这是由埃及总督赠送给查理五世的。方尖碑是由整块的粉红色花岗岩雕出来的，上面刻满了埃及象形文字，赞颂埃及法老的丰功伟绩。在广场的四面八方分别矗立19世纪法国最大的8个城市的雕像，象征着法国的主要8个大城市，分别为鲁昂、布雷斯特、里尔、斯特拉斯堡、波尔多、南特、马赛和里昂。

协和广场的喷泉建于1835～1840年间，喷泉主要是要体现当时法国高超的航海及江河航运技术。实际上这两个喷泉只是罗马的圣彼得广场喷泉的仿制品，广场的北边是河神喷泉，广场的南边是海神喷泉。喷泉的两侧各有一个三层喷水池，喷水池上有6个精美的青铜雕美人鱼，手中各抱一条鱼，从鱼嘴中喷出几米高的水柱，水花飞溅，宛若飘纱。每座喷泉的喷口都多得无法记数，在圆形的水池中，一群大于真人的裸体女神各抱金色的鲤鱼、海豚等沿池一圈，鱼、豚的大嘴都有一股扬高数米的喷泉向中心的细雕斜喷，中心组雕上的喷口更多，或向上喷射、或向下喷涌，一派万泉齐喷的景观。在南北轴线与两条斜轴线上设置了喷泉，协和广场建成后成为当时巴黎城内最壮观的城市公共空间，直到现在仍然是法国著名的城市广场。

从古到今，以矩形构筑的城市广场的实例十分常见，除了协和广场外，法国巴黎的旺多姆广场和古罗马时期形成的图拉真广场、奥斯提亚集市广场、庞贝集市广场等都是矩形广场。我国的北京天安门广场、山东济南泉城广场、新疆乌鲁木齐广场等，都是国内占地面积较大的矩形广场。

2. 圆形广场

圆形广场是几何图形中线条较为流畅的一种图形，而且这种广场具有其他形状广场不具备的向心性。圆形广场包括正圆形和椭圆形两种，中心可有无数条放射线向边缘发射，图形虽然相对简单，却充满轻松、活泼之感。特别是正圆形广场同样具有圆形的基本特征。圆形广场一般位于放射形道路的中心点上，周围由各种建筑物围合，与多条放射道路相连，从而构成开敞的空间。与矩形广场相比，圆形广场轴线感并不是非常强烈，但却有着较强的圆润优美感，总能给人以轻松、活跃之感，而不会产生拘谨感。圆形广场的视觉焦点在圆形的圆心上，因此一般在广场中心布置的喷泉、雕塑、纪念碑等往往会成为景观的焦点。为了使广场景观更加丰富，还可以将广场的丰面设置成多个圆环相套的形式，形成圆环形布局。世界上比较著名的圆形广场有法国巴黎的星形广场和意大利罗马的圣彼得广场。

星形广场也称为戴高乐广场，位于法国巴黎市中心。它是巴黎主要广场之一，凯旋门的所在地。戴高乐广场位于塞纳河以北，是十二条主要道路的交汇点，其中最著名的就是向东南延伸的香榭丽舍大街。星形广场始建于1892年，1899年落成。该广场原名星形广场，1918年，为纪念一战胜利，改名为胜利广场。1941年，在德国统治之下，改名为贝当广场。1944年9月1日，在巴黎解放之后，为纪念夏尔·戴高乐为法国做出的巨大贡献改为现名。2005年，冒着极大的争议，巴黎市政当局对戴高乐广场进行了整修。星形广场的直径为145m，包括凯旋门在内，总面积为17km^2，边界是相对低矮的绿化，围合性比较差。整个圆形广场被凯旋门控制着，形成圆形的空间。广场中央的凯旋门高大雄伟，四面均设有拱门，并且建筑的每面都饰有展示着拿破仑赫赫战功的雕刻，建筑雄伟，雕刻精美。星形广场成为巴黎城市空间新体系中最引人注目的交通节点，不仅具有很好的纪念意义，同时还是机动车辆来往穿梭的重要交通广场。

意大利罗马的圣彼得广场位于梵蒂冈的最东面，因广场正面的圣彼得大教堂而出名，是罗马教廷举行大型宗教活动的地方。广场的建设工程用了11年的时间（1656～1667年），由世界著名建筑大师贝尔尼尼亲自监督工程的建设。它是罗马最大的广场，巴洛克式风格，可容纳50万人，是罗马教廷用来从事大型宗教活动的地方。广场略呈椭圆形，地面用黑色小方石块铺砌而成。两侧由两组半圆形大理石柱廊环抱，形成3个走廊恢宏雄伟。这两组柱廊为梵蒂冈的装饰性建筑，共由284根圆柱和88根方柱组合成4排，形成3个走廊。这些石柱宛如4人一列的队伍排列在广场两边。柱高18m，需要三四人方能合抱。朝广场一侧的每根石柱的柱顶，各有一尊大理石雕像，他们都是罗马天主教会历史上的圣男圣女，神态各异，栩栩如生。在广场的中央，矗立着一座方尖石碑。铜狮之间镶嵌着雄鹰，做展翅欲飞状。

这座石碑原是罗马皇帝卡利古拉为装饰皇宫旁边的圆形广场而从埃及运来。1586 年，教皇西斯廷五世下令将石碑移至圣彼得广场。据说为此曾动员 900 多名工人、150 匹骏马和 47 台起重装置，花了近 5 个月时间，才完成这项搬迁工程。广场两侧有两座造型讲究的喷泉，相传也是名家作品。泉水从中间向上喷射，下分两层，上层呈蘑菇状，水柱落下，从四周形成水帘；下层呈钵状，承接泉水成细流外溢，潺潺有声。贝尔尼尼以提倡华丽、夸张为特点的巴洛克式艺术著称于世。

英国小镇巴斯的许多古老壮观的建筑都出自约翰·伍德之手，约翰·伍德在 18 世纪设计巴斯的城市规划时，建造了一座象征太阳的圆形广场和一座象征月亮的皇家新月楼，两者之间由布鲁克大街连接。自此，这种以圆形或新月形广场配置街屋的形式蔚为风潮，对伦敦和苏格兰的爱丁堡的城市规划都产生了很大的影响。圆形广场共有 528 个各不相同的有关艺术和科学的徽记和雕塑，分布在绵延整个圆形广场旁的街屋上、石柱上，这些都是约翰·伍德亲自设计并由他的儿子在 1754 年完成的。这些构想和造型都令人联想到巴斯近郊索尔兹堡的史前圆形巨石群，也因此，他被视作是 18 世纪的象征主义艺术大师，其作品也都成为建筑史上的经典。

3. 正方形广场

正方形广场方方正正，是一种几何图形最为规矩的广场，是一种比较“理智”的象征。正方形广场拥有四条相等的边，有两条中心线和两条对角线，是轴对称图形。正方形广场具有很强的封闭性，给人一种严肃、整齐的感觉。广场的中心即为正方形的中心，是人们视觉感知的主要区域。正方形广场的典型实例有古典主义时期形成的法国巴黎沃日广场。

法国巴黎沃日广场是 17 世纪时期，由亨利四世设计并督造的一个纪念性广场，广场采用数学般严密的正方形平面，其边长为 140m，总面积为 19600m^2。广场的周围绕着 3 层高的建筑物，并且建筑的墙面均用白、红色大理石相间砌筑，色彩和图案搭配十分巧妙，突出了广场的统一性和规整性。其中最精美华丽的一幢建筑物是广场南面正中央的“国王楼”，它与广场北面的塔楼控制着整个广场的空间。广场中央最初矗立着路易十三的骑马雕塑，后来这个雕塑被破坏，被 1825 年人们又在此基础上仿制的石雕取代，并布置了相应的道路和绿化。

4. 梯形广场

梯形好像是一个完整的矩形被切掉两个角一样，与矩形图形一样，有明显的轴线，可以看作是由矩形演变而来的一种规整图形。梯形广场四周建筑物的分布往往可以给人一种主次分明的层次感。如果将建筑物布置在梯形广场的底边上，能产生距离人比较近的效果，可以突出整座建筑物的宏伟。另外梯形广场由于有两条斜边，人站在斜边上，视觉上会产生不同的透视效果。梯形广场的代表有意大利威尼斯城中心的圣马可广场和罗马市政广场等。

罗马城位于亚平宁半岛西部的台伯河畔，建在风景秀丽的七个山丘上。这七个山丘分别是帕拉蒂诺、卡皮托利诺、埃斯奎利诺、维米纳莱、奎里那莱、凯里和阿文蒂诺，史称“七丘之城”。南北长约 6200m，东西宽约 3500m。城墙跨河依山曲折起伏，整体呈不规则状，像一只蹲伏的雄狮。罗马市政广场就在这七个山丘中的卡皮托利诺山上，这里也是古罗马和中世纪的传统市政广场所在地。卡皮托利诺山在古罗马市中心罗曼努姆广场的西北侧，因为当时旧城区处处是古罗马的遗迹，为了保护他们，米开朗基罗把市政广场面向西北，背对旧区，把城市的发展引向还有剩余空间的新区。

市政广场的正面是古罗马时代保留下来的建筑物——元老院。这座建筑历经数次改造，后来成了市政厅。建筑师米开朗基罗把它的正面改为背面，把它的背面改为正面，在前面加了大台阶，并用雕像和水池把它装饰起来。它右侧原有一座档案馆，也很古老。12 世纪，在原有的塔布拉里姆宫和一个私家防御建筑上增建起宫殿，形成了议会宫，成为市政府的所在地。1450 年，档案馆重建于原址。1564 年，按照建筑师米开朗基罗的设计改造了档案馆的内部结构。但 16 世纪时已经破败不堪，又由米开朗基罗进行改建设计，整修宫殿并重新设计广场。其后，又经过多名建筑师的改扩建，直到今天仍在进行。这些建筑气象雄伟，建筑精美，代表了罗马建筑的最高水平。1644 ～ 1655 年间，在档案馆的左面对称地建造了一座与档案馆一模一样的博物馆。因此，广场的平面呈梯形。意大利中世纪的城市广场是不对称的，罗马卡皮托利诺山市政广场是文艺复兴时期比较早的按照轴线对称配置的广场之一。

（二）不规则型广场

不规则型广场是相对规则型广场而言的，一般是在某些地理条件和周围建筑物的状况以及长期的历史发展下形成的。不规则型广场选址比较自由，既可以建在城市中心，也可以位于建筑前面、道路交叉口等位置，具体布局形式应当结合地形、地质、地貌、气候等情况综合考虑。

历史广场中不规则型广场也比较常见，尤其是中世纪时期形成的广场大多数都是不规则的平面形式。著名的不规则型广场有：意大利锡耶纳的坎波广场、佛罗伦萨的西格诺利亚广场、法国巴黎的旺多姆广场等。意大利锡耶纳的坎波广场被称为世界上最美丽的广场之一。广场周围被中世纪的高大楼房所包围，广场成为城市的中心点，也是最低点，有着古罗马剧场一样的天然地势，周边排列着优美的咖啡馆、带古典阳台的家庭旅舍、售卖古灵精怪物品的店铺以及中世纪的宫殿。广场的地面是倾斜的，且形状非常特别，既非常见圆形或椭圆形，也非矩形。登上 102m 的高曼加钟楼，广场的全貌将映入眼帘。这是由从一个中心发射出夹角的两条直线组成的扇面形，而 9 条等分线将这个扇面勾绘成一个巨大的扇贝，其独特的贝壳造型堪称建筑史上的杰作。据说，那分成的 9 个部分分别代表锡耶纳政府的 9 个成员。广场不仅在空间上成为全城的中心，也是锡耶纳人精神上的重心。广场的祭坛上每天都有公开的弥撒，由于住房和商店都面向广场而建，居民和手工艺人不必出家门就可以听到弥撒声。

第二节　广场景观设计成功经验

城市广场是城市中重要的基础设施，满足了人类特定的社会需求，为人们提供了社会交流、集会等活动场所，是城市的一种外部空间艺术。西方城市广场的发展经历了数千年的历史，从古代希腊时期就已经出现了真正意义上的广场。与“广场”一词相对应的希腊语是“Platia”，意味着“宽阔的路”。

古希腊时期由于政治民主气氛浓郁以及当地气候温和适宜等原因，希腊人十分喜爱户外活动，这就促使了广场这类室外交往空间的产生。希腊人把自己对环境的审美和体验感受，通过广场空间的具体设计表现出来，体现了古希腊人独特的环境观。从古至今，城市广场在不同的时代、不同的文化背景和不同的政治统治形式下也呈现出不同的形态，并给人以不同的感受，这也就是说，城市广场的空间景观是动态的和充满丰富变化的。

一、古希腊和罗马的广场

古希腊的城市是在民主、集会、自由和公共的信念下建成的，城市的结构以公共空间为基础，广场作为城市中的一个主要公共空间，其造型和装饰完全表达集体利益。因此，在古希腊时期，广场常设置在城市的中心，周围布置有柱廊长厅、议会大厦、体操竞技场、体育场、神庙等许多象征城市集体的华丽设施。古希腊时期城市广场的空间缺少居住建筑，大多数为公共建筑，主要用来强化广场空间的公共特征，可谓集市广场的形式。

历史发展中形成的广场空间的特征，总是与当时的历史文化发展背景有着密切的关系。古罗马时期的文化发展以罗马城为中心，城市文化在继承了古希腊文明的同时，受到埃及和两河流域文化的影响。罗马共和时期的城市空间仍具有古希腊文化时期的痕迹，城市广场仍表现出一种强有力的公共特征，但要比古希腊时期的广场在功能上又完善了许多。这个时期的城市广场除了用于集会、市场外，还包括了审判、庆祝、竞技等多种职能。到了帝国时期，罗马城市中的大量新建筑兴起，城市空间逐渐演变成为帝王表现权力的象征，并出现了以统治者名字命名的广场，如恺撒广场、奥古斯都广场、图拉真广场等，广场空间景观也开始由希腊时期以及罗马共和时期的自由式走向规整式，由原来的开敞式变为封闭式。

罗马帝国时期先后修建了5个帝王广场，在这5个帝王广场中最著名的设计实例是奥古斯都广场和图拉真广场。奥古斯都广场是古罗马从共和时期向帝国时期转变阶段的广场，早先广场作为公共场所的开放性已经被封闭的形式取代，广场建筑从赞颂伟大国家的纪念碑变成了颂扬帝王的神庙。奥古斯都广场平面为长方形，四周是高大的围墙，广场空间呈封闭状态，与城市空间相隔离。广场内建有供奉战神的神庙和柱廊。神庙坐落在3m多高的台基上，四周由一圈高大的柱廊围合，建筑显得气势宏伟。除神庙和柱廊外，广场中还矗立着奥古斯都的雕像，雕像体量高大、很有气势，是帝王权力的象征。

图拉真广场是意大利罗马市中心的古迹，位于威尼斯广场旁边。公元1世纪下半叶，帝国元首图拉真率兵入侵帕拉亚，还吞并了亚美尼亚、亚述和美索不达米亚。在他的统治之下，帝国的版图大为扩张，对于帝国的崇拜也达到了巅峰。踌躇满志的图拉真在奥古斯都广场旁边建造了罗马最大的广场，这个广场还包括凯旋门、集议厅、图书馆、神庙和贸易市场在内。当时最优秀的建筑师、叙利亚人阿波罗道鲁斯主持了这一建筑群的设计营造，建筑群中还立着一根雄伟的纪功柱。图拉真纪功柱是罗马纪念性建筑，位于图拉真广场的图拉真图书馆内院中，建于公元106～113年，是为纪念图拉真皇帝征服达奇亚人而建。纪功柱全高35.3m，柱身由白色大理石砌筑而成，内部有185级盘梯可登上柱顶。环绕全柱的长条浮雕，刻画着图拉真两次东征的150个故事，全长为244m，这是古罗马的艺术珍品。

罗马城产广场空间景观由最初的自由集市广场发展成为后来的象征帝王的广场，广场空间景观形态的变化反映了强烈的时代背景。罗马帝国时期先后修建了5个帝王广场，尽管广场的大小不一、形态不同，但是对称的布局和较为封闭的广场空间以及中轴线式的布局方式，而且它们在平面上还有机地组织在一起，整体形成一个庞大的广场群。这种空间景观设计方法不仅会给后来的政治性质的纪念广场提供不可磨灭的参考，也是后来城市广场空间设计以及城市景观设计中的最早先例。

二、欧洲中世纪的城市广场

中世纪城市继承了古希腊城市和古罗马城市的文明，但人的社会观念发生了相当大的变化，突出地表现于人们崇奉宗教的价值观念上。当时欧洲统一而强大的教权大行其道，教堂常常以庞大的体积和超出一切的高度占据了城市的中心位置，控制着城市的整体布局。围绕教堂布置的广场是进行各种宗教仪式和活动的地方。除了宗教功能，中世纪的广场还具有市政和商业两大功能，该时期集市广场出现的原动力首先来自于贸易活动，具有强烈的经济特征。集市广场为市场交易提供了场所，因此成为中世纪城市最重要的经济设施。在所有中世纪城市中，集市广场、市政厅和教堂总是相依为伴，共同构成城市及城市生活的中心。可以说，该时期的城市广场是市民生活的大起居室，是各种民间活动和政治活动的中心，是集市、贸易的中心，是具有生活气息的场所，正如扬·盖尔所说“中世纪城市由于发展缓慢，可以不断调节并使物质环境适应于城市的功能，城市空间至今仍能为户外生活提供极好的条件，这些城市和城市空间具有后来的城市中非常罕见的内在质量，不仅街道和广场的布局考虑到了活动的人流和户外生活，而且城市的建设者具有非凡的洞察力，有意识地为这种布置创造了条件。”

中世纪的城市广场景观从规划设计方面来看，多位于城市的中心，规模尺度与所在的社区相匹配，具有比较强的围合性。广场周围的建筑物一般具有良好的空间、尺度和视觉的连续性。在众多中世纪的城市广场中，较著名的设计实例有意大利佛罗伦萨的市政广场和锡耶纳坎波广场等。

中世纪的锡耶纳城是意大利著名的城市，城中遍布着古老的砖石老屋、狭窄的街巷、教堂等各类文化古迹，同时还分布着承载历史沧桑的大大小小的城市广场。这个城市原本是三个自然发展而成的聚落集合而成的，这三个区域分别有自己的城门和道路通向城外。三个区域的三条主要道路在城市中心交汇，道路两侧聚集着城市居民。后来，三个聚落交汇处的市政厅的修建，使原本没有城市中心的锡耶纳有了统一的城市中心。建立在市政厅前的坎波广场使这个城市中形获得了规整的空间形态，为城市的居民提供了休息、散步、呼吸新鲜空气、沐浴阳光的公共活动空间。

坎波广场平面为贝壳形，呈半包围式，设置在道路的转弯处，以市政厅作为广场空间景观的焦点和整个城市的标志性建筑，因此，这个广场也称为市政广场。在广场周围除市政厅高大雄伟的钟塔和北边　座小塔楼外，其余建筑的高度基本一致，并且建筑的比例、材料和色彩等也十分相似，从而衬托出市政厅更加雄伟，也彰显了广场空间的整体性。整个锡耶纳城市空间结构虽然整体上呈自然有机状，但城市中心的市政厅及广场的建造则表现出了高超的规划设计技术。坎波广场不仅表现出自身的空间状态，还反映了它与城市道路合理的空间处理手法。这种将广场空间有机地融入当地自然的城市结构中的设计方法，是中世纪城市空间景观设计的典型特征，为以后城市广场空间景观的设计起到了示范性作用。

回顾中世纪城市广场发展的过程，城市建设主要由贵族、教会和市民阶层这三种势力支撑，因此在几乎所有的中世纪城市中，集市广场、市政厅、教堂是构成城市空间的主要元素。有关专家和学者研究表明，将中世纪的这三种势力比作城市空间中的三个圆环，这三个圆环既相互独立，又有重叠交叉，重叠区域便是城市的集市广场空间。

三、文艺复兴时期的城市广场

文艺复兴时期是欧洲历史发展的一个重要转折点，也是人类历史上的一个伟大的时代。

这个时代提倡人权、科学和理性，反对蒙昧和禁欲。由于这种人文科学的精神核心为理性思维的产生奠定了根基，因此文艺复兴时期的建筑师不再像以前的工匠那样一味地实施，而是有目的地进行规划与设计，并出现了透视、比例法和美学原则。这一巨大的转变使造型艺术更富有文化性和科学性。在这种新文化的影响下，文艺复兴时期的城市广场，表现出力图在城市建设和现存的中世纪广场改造中体现人文主义价值的特点，更趋向于追求人为的视觉效果和雄伟庄重的艺求效果。文艺复兴时期广场空间景观加强了其科学性、理性化的程度，并运用了透视原理和比例法则，同时在广场具体规划设计方面还建立了广场空间设计美学规范，至今在城市广场设计中仍然有效。意大利威尼斯的圣马可广场和由米开朗基罗设计的罗马市政广场，都是欧洲文艺复兴时期城市广场设计中的优秀范例。

意大利威尼斯被誉为世界上最美丽的“水城”，它位于意大利东北部亚得里亚海滨，从地图上看，威尼斯仿佛一颗镶嵌在美妙长靴靴腰上的水晶，在亚得里亚海的波涛中熠熠生辉。圣马可广场是文艺复兴时期对威尼斯景观改造建设活动中最伟大的一项建设项目，改建后的圣马可广场被看作是世界上最完美、最精致的广场，是威尼斯城内进行政治、宗教、司法和庆典活动的主要公共空间，被称为“威尼斯的心脏”。

圣马可广场初建于9世纪，当时只是圣马可大教堂前的一座小广场。马可是圣经中《马可福音》的作者，威尼斯人将他奉为守护神。相传828年两个威尼斯商人从埃及亚历山大将耶稣圣徒马可的遗骨偷运到威尼斯，并在同一年为圣马可兴建教堂，教堂内有圣马可的陵墓，大教堂以圣马可的名字命名，大教堂前的广场也因此得名“圣马可广场”。圣马可广场在历史上一直是威尼斯的政治、宗教和节庆中心，是威尼斯所有重要政府机构的所在地，自19世纪以来是大主教的驻地，它同时也是许多威尼斯节庆选择的举办地。

巍峨壮观的圣马可大教堂坐落于广场东边，圣马可广场由此而得名。教堂始建于公元829年，为千年的古迹瑰宝。圣马可教堂不仅是一座教堂，它也是一座非常优秀的建筑，同时也是一座收藏丰富艺术品的宝库。邻近的总督府原是建于9世纪的防御堡垒，后毁于祝融，现存的外貌始于14～15世纪，其建筑之华丽，充分展现出昔日共和国时期之国威。大运河环绕该区而流，在南弯道两旁府邸林立，乘船游河能遍览水都风华。

圣马可广场东侧是圣马可大教堂和四角形钟楼，西侧是总督府和圣马可图书馆，广场有演奏乐队及数以万计的鸽子，时不时还有戴着奇异面具的小丑经过。圣马可广场的南侧有一座附属的小广场，小广场南临威尼斯大运河敞口的泻湖，河边有两根威尼斯著名的白色石柱，一根柱子上雕刻的是威尼斯的守护神圣狄奥多，另一根柱子上雕刻有威尼斯另一位守护神圣马可的飞狮，这两根石柱是威尼斯官方城门，威尼斯的贵宾都从石柱中间进入城市。

整个圣马可广场建筑群的规划和设计结构非常完整，构图层次分明，节奏、序列高低起伏，无论是就广场本身而言，还是从整个威尼斯城市来讲，圣马可广场都可称得上是一个从海上观看到的最优美的威尼斯城市立面。广场特殊的几何形态以及空间景观的巧妙组合，给人出乎意料的视觉变换。圣马可广场空间景观的设计是历史上广场设计中最成功的实例之一，也是现代城市广场应该借鉴的广场设计实例。

从中世纪到文艺复兴时期的城市空间变化，我们可以看出：文艺复兴时期创造的城市空间，是建立在和谐、均衡，具有韵律感和和谐比例关系的基础之上的，相比中世纪时期形成的自然有机空间凸显出了高雅和超脱的色彩。因此，可以这样评价：文艺复兴时期创造的空间景观更注重从形式美学考虑，而中世纪的城市空间则注重功能和实际需求，这多半是当时的社会背景和文化发展而形成的。而城市广场空间也正是从文艺复兴时期起开始向多元化方向发展开来的，它延续了古罗马广场空间景观的审美标准，产生了以各种不同空间性能和特征的广场共同组合构建城市公共空间的形式。

四、巴洛克与新古典主义时期的广场

巴洛克时期是西方艺术史上的一个时代，大致为17世纪。其最早的表现，在意大利为16世纪后期，而在某些地区，主要是德国和南美殖民地，则直到18世纪才在某些方面达到极盛。巴洛克时期的艺术对于建筑有着极其重要的影响。巴洛克时期城市广场空间组成是以单纯的烘托主题建筑为主，可以说广场成为展示建筑的空间场所。这个时期广场空间设计的主要贡献是将广场空间与城市路网体系联合成一体，形成了更为活泼、动态的城市格局。广场的空间景观设计强调建筑要素的动态美感，以及与地形、街道能够较好地形成对景。

巴洛克时期城市广场的主要特点为广场的一侧往往有教堂，广场里有用生动的雕刻装饰起来的水池，清泉四射，波光潋滟，它们同巴洛克教堂的艺术特色全然一致。巴洛克教堂就像是水纹上的倒影，闪烁而且颤动。巴洛克时期城市广场设计的著名实例有意大利罗马的波波洛广场、圣彼得大广场和纳沃那广场等。

罗马波波洛广场建成于1820年，位于罗马北部的波波洛城门南侧，具有非常重要的交通位置，它是由著名设计师Giuseppe Valadier所设计，波波洛广场的正中央有一座高36m的埃及方尖碑，此尖碑是公园前13世纪的古物，是由奥古斯都从埃及运回的。

广场周围共有三座教堂，其中两个是一模一样的教堂（圣山圣母教堂和奇迹圣母教堂）亦称双子教堂。但可惜的是其中一个圣山圣母教堂一直是关着的，奇迹圣母教堂因供奉的主祭台上会出现不可思议的圣母显灵像而得名。两座教堂对立的北端有一座建于1099年著名的圣奥古斯丁教堂——人民圣母教堂。

波波洛广场的布置格局独特，站在广场上向南看的话会看到两座一模一样的巴洛克式教堂并列在Viadel Corso大道北端起点的两侧，他的右边是Santa Maria di Montesanto教堂，人们称其为“双子教堂”。广场的东西两侧各有一个雕塑喷泉，西边站立的是手持三叉钢戟的海神尼普顿，海神的两边各有一名骑着海豚的随从，东边的象征台伯河、阿涅内河的两位老人簇拥着象征着罗马的母狼哺育两个婴儿的塑像，后边站立着手持长矛，头戴钢盔的罗马神Dea Roma。整个雕塑惟妙惟肖栩栩如生，令人叹为观止。

新古典主义作为一个独立的流派名称，最早出现于18世纪中叶欧洲的建筑装饰设计界，以及与之密切相关的家具设计界。从法国开始，革新派的设计师们开始对传统的作品进行改良简化，运用了许多新的材料和工艺，但也保留了古典主义作品典雅端庄的高贵气质。这一风格很快取得了成功，欧洲各地纷纷效仿，新古典主义自此成为欧洲家居文化流派中特色鲜明的重要一支，至今长盛不衰。

新古典主义时期的城市空间设计，将文艺复兴和巴洛克时期的空间设计形式推向巅峰，从而建立了新的十分严密的逻辑与理性，城市广场空间呈现出更为纯粹的几何特征。这时欧洲文化的中心已经由意大利转移到法国，巴黎逐步成为欧洲新思想的发源地。在一段时间内，巴黎的城市空间造型发生了彻底的改变，其主要设计方法是以地标、广场和轴线景观大道形成放射形结构的城市格局形态。城市广场系统在城市空间规划中的分布呈一条轴线，并且开始把广场上绿化设置、喷泉雕像、建筑小品等，与周围的建筑组成一个协调的整体。同时，也十分注重广场周围建筑物高低比例的处理，以及广场周围的环境和广场与广场之间的街道处理等。新古典主义时期巴黎比较著名的城市广场空间设计有旺多姆广场、沃日广场、协和广场、戴高乐星形广场等。

旺多姆广场是巴黎的著名广场之一，位于巴黎老歌剧院与卢浮宫之间。旺多姆广场最初被称为征服广场，后又称路易大帝广场，大革命时期改称为黑桃广场，1687 年拆除了旺多姆大楼，在其原址上建起了广场，故称旺多姆广场。到了 19 世纪初的拿破仑时代，才开始了旺多姆圆柱的工程。圆柱高 43.5m，要取代大革命时期树立的自由雕像。起初被命名为奥斯德立兹（Austerliz）圆柱，上面描绘着 1805 ～ 1807 年间拿破仑主要战役的场面。起初圆柱上有拿破仑和恺撒大帝的塑像，该塑像由戈黛（Gaudhet）设计，后来圆柱上的塑像随着执政者的更替而被更换。

五、现代城市广场

现代城市广场设计在吸取历史广场空间设计经验的基础上，又有了突破性的进展。随着历史的发展，城市广场已经不再是一个单纯的空间围合，它不仅具有视觉美感的作用，而且逐渐成为城市组织中一个不可缺少的重要元素。现代城市广场是随着人们需要和文明程度的发展而变化的。今天我们面对的现代城市广场应该是以城市历史文化为背景，以城市道路为纽带，由建筑、道路、植物、水体、地形等围合而成的城市开敞空间，是经过艺术加工的多景观、多效益的城市社会生活场所。

城市广场不仅是一个城市的象征和人流聚集的地方，同时也是塑造城市自然美和艺术美的空间。城市广场作为一种城市艺术建设类型，它既承袭传统和历史，也传递着美的韵律和节奏，是一种公共艺术形态，也是城市构成的一种重要元素。因此，城市广场已经成为城市现代化建设的主要硬件之一，对于提升城市形象、增强城市的吸引力尤为重要。在进行城市空间景观设计时，一定要综合运用地理学、生态学、气象学、环境艺术、行为科学等学科的成果，并考虑具体设计时的时空有效性和未来的维护管理的要求。另外，现代城市广场中也有许多是历史遗留下来的，对历史建筑、景观要进行有效的保护和合理的改造，使其既能散发出历史的光辉，又能展现出新时代的意义。

从以上对各个历史时期的各类形式的广场空间进行的分析中，我们可以看出广场在不同的历史时期有着不同的特点。古希腊时期已经有了广场的雏形，古罗马时期广场空间设计已有了较高的艺术成就。在古罗马城市中，已基本确定了以广场作为城市政治、经济、文化中心的城市空间格局模式，但这个时期的广场空间规划比较单一，由城市的主要街道从广场中间穿过，广场空间整体统一。继古罗马之后，西欧国家各个历史时期也都产生了一些世界著名的广场设计实例。其中威尼斯的圣马可广场以其悠远的海上意境、变幻的空间景观，以及标志性的钟塔和精美的广场建筑群，被后人称为“最美的城市客厅”。

城市广场从古代发展到现代，随着时代科学文化的发展和人们思想观念的变化，其空间的性质和特点一直是动态的。由此可见，广场不仅是街道在建筑上的拓展，而且也是没有直接轮廓的自然环境空间的演变，它的概念既体现在功能作用方面，又体现在空间形态方面。传统的城市广场或代表宗教和政治权利，或作为商业活动的中心，都与其作用有密切的联系。现代城市中新建的广场大多是休闲、聚会、游乐的空间，一般不具有特殊的意义。因此，随意性、多元化的特征是现代城市广场形象的具体表现。

第三节　广场景观设计内容和原则

随着社会的发展，中国城市发展的速度越来越快，城市人口数量在不断增多，城市的规模也在日益扩大。现代城市广场是城市空间的重要组成部分，不但能调节城市生态环境的发展，更重要的是现代城市广场可以为居民日常生活提供一个娱乐、交通、集会和休闲交往的场所。我国各地地方政府也都积极采取措施建设为居民建立一个生态和谐的城市广场，现代城市广场的建设近年来在我国发展非常迅速。也就是说，在我国的很多城市都建设成了颇具规模的城市广场，城市广场已经成了居民日常生活的重要组成部分，现代城市广场已经了城市物质文明和精神文明建设的重要内容之一。

广场空间是城市的职能空间，它与公园绿地、街道系统共同组成城市的开敞空间系统，是人们交通、集会、休闲、游憩、举行仪式、商业买卖和文化交流等公共活动的场所。随着城市的演变，广场作为城市中的主要节点，已成为现代城市空间环境艺术魅力最丰富的公共空间，颇受广大市民的关注。城市广场作为现代社会城市设计、景观设计的一个重要部分，也越来越备受建筑学、城市学、景观学设计专业人士的重视，广场景观设计的效果，对城市景观风貌、都市文明和城市氛围都有着重要影响。

一、现代城市广场的基本特点

1. 性质上的公共性

现代城市广场作为现代城市户外公共活动空间系统中的一个重要组成部分，随着工作、生活节奏的加快，传统封闭的文化习俗逐渐被现代文明开放的精神所代替，人们越来越喜欢丰富多彩的户外活动。在广场活动的人们不论身份、年龄、性别差异，都能平等的游憩和交往氛围。现代城市广场要求有方便的对外交通，这正是满足公共性特点的具体表现。

2. 功能上的综合性

功能上的综合性特点表现在多种人群的多种活动需求，它是广场产生活力的最原始动力，也是广场在城市公共空间中最具魅力的原因所在。现代城市广场应满足的是现代人户外多种活动的功能要求。年轻人聚会、老人晨练、歌舞表演、综艺活动、休闲购物等，都是过去以单一功能为主的专用广场所无法满足的，取而代之的必然是能满足不同年龄、性别的各种人群（包括残疾人）的多种功能需要，具有综合功能的现代城市广场。

3. 空间上的多样性

现代城市广场功能上的综合性，必然要求其内部空间场所具有多样性特点，以达到不同功能实现的目的。如歌舞表演需要有相对完整的空间，让表演者的“舞台”或下沉或升高，情人约会需要有相对郁闭私密的空间，儿童游戏需要有相对开敞独立的空间等。综合性功能如果没有多样性的空间创造与之相匹配，是无法实现的。场所感是在广场空间、周围环境与文化氛围相互作用下，使人产生归属感、安全感和认同感。这种场所感的建立对人是莫大的安慰，也是现代城市广场场所性特点的深化。

4. 文化上的休闲性

现代城市广场作为城市的“客厅”，是反映现代城市居民生活方式的“窗口”，注重舒适、追求放松是人们对现代城市广场的普遍要求，从而表现出休闲性的特点。广场上精美的铺地、舒适的坐椅、精巧的建筑小品加上丰富的绿化，让人徜徉其间、流连忘返，忘却了工作和生活中的烦恼，尽情地欣赏美景、享受生活。如合肥胜利广场中紧贴回廊边布置的水面，模仿溪流、瀑布，水是循环流动的，放养各色观赏鱼于其中。每当夜晚来临，水底的彩灯反射出鳞光波影，人们漫步其间，伴随着轻松、优美的背景音乐，是何等的愉快。现代城市广场是现代人开放型文化意识的展示场所，是自我价值实现的舞台。特别是文化广场，表演活动除了有组织的演出活动外，广场内表演更多是自发的、自娱自乐的行为，它体现了广场文化的开放性，满足了现代人参与表演活动的“被人看”、“人看人”的心理表现欲望。在国外，常见到自娱自乐的演奏者，悠然自得的自我表演者，对广场活动气氛也是很好的提升。我国城市广场中单独的自我表演不多，但自发的群体表演却很盛行。

现代城市广场的文化性特点，主要表现在两个方面：一方面是现代城市广场对城市已有的历史、文化进行反映；另一方面是指现代城市广场也对现代人的文化观念进行创新。即现代城市广场既是当地自然和人文背景下的创作作品，又是创造新文化、新观念的手段和场所，是一个以文化造广场、又以广场造文化的双向互动过程。

二、广场空间景观设计内容及方法

城市广场是城市空间的重要节点，起改善城市生态环境、为居民提供户外活动空间的作用。城市广场是人类生存环境的重要组成部分，是现代城市空间环境中最具公共性、最富艺术魅力的开放空间。广场景观设计不仅反映了城市的现代化建设水平，更加折射出城市的文化内涵和精神面貌。城市广场景观设计的研究，为创造自由和谐、亲切自然的城市空间提供了理论依据。

城市广场是由建筑物、构筑物、绿化系统和景观小品等围合而成的开放空间，是自然美和艺术空间美的共同体现。广场景观的设计和建设不仅可以调整整个城市的空间布局，加大市民户外活动的场所，改善城市生活环境的质量，也是使城市上升至更健康、更文明、更讲究生活品位和城市文化氛围的现代城市层次的原动力。只有根据时代的要求，经过综合考虑、精心规划设计的城市广场空间，才能拥有城市居民的认可、喜欢和欣赏。近年来，城市广场景观设计已逐渐成为热潮，其设计内容及方法也日趋复杂和丰富。根据国内外的经验，其内容主要包括广场的地形设计、比例和尺度、空间围合、广场绿化设计、铺地装饰、广场环境及建筑小品设计、灯光设计等。

1. 广场的地形设计

在城市广场的建设过程中，原地形往往不能完全符合广场建设的要求，所以在充分利用原有地形的情况下必须进行适当改造。广场地形设计的任务就是从最大限度地发挥广场的综合功能出发，统筹安排广场内各种景点、设施和地貌景观之间的关系；使地上设施和地下设施之间、山水之间、广场内外之间在高程上有合理的关系。城市广场所在地的地形直接影响着广场的空间形态和动线组织。在进行广场地形设计时，首先要考虑广场的主要用途，根据广场的用途确定地形。广场的地形也可以说是广场的空间形态，常见的广场地形主要有平面式和立体式两种形式。

平面式广场是指广场的地形处于同一平面空间，其中又包括平地广场和坡形广场两类。平地广场的地形比较平坦，高程没有较大的变化，是一种容易布置和设计的地形；坡形广场是指广场的地面有一定的坡度，一般是顺应原有的自然缓坡式地形变化而设计的广场。平面式广场在城市广场中比较常见，历史上及现代已建成的城市广场大多数都是平面式广场。这类广场接近水平地面，在剖面上没有太多的变化，通常与城市的主要交通干道相连通。平面式广场具有很多优点，首先是工程造价低廉，其次交通组织方便快捷。但是，相对立体式广场来说，平面式广场缺乏层次感和有特色的景观环境效果，其装饰效果较为单一。

立体式广场是指广场的地形跨越不同的平面空间，是在垂直维度上的高差与城市道路网络之间所形成的立体空间。随着社会的快速发展，由于处理新的交通方式的需要和科学技术的进步，立体式广场在西方现代城市广场空间设计中越来越受关注。许多发达国家的交通枢纽处于不同水平空间的交通站台都是通过立体式广场进行连接的，可给予不同地面的空间连接以平衡感和合理性。立体式广场是目前城市广场空间设计形态中最为复杂、技术含量最高的一种广场形式，其点、线、面的有机组合使空间结构和造型形态变得更为丰富。立体式广场常见的有上升式和下沉式两种形式，每种形式都具有其不同的特点。

上升式广场一般将车行放在较低的层面上，而把人行和非机动车交通放在地上，实现人车分流。例如，巴西圣保罗市的安汉根班广场就是一成功的案例。安汉根班广场地处城市中心，过去曾是安汉根班河谷。20 世纪初由法国景园建筑师 Bouvard 设计成一条纯粹的交通走廊，由于人车混行，造成了城市交通的严重堵塞，渐渐失去了原有的景观特色，这种情况导致了严重的城市问题。为此，近年重新组织进行了规划设计，设计的核心就是建设一座巨大的面积达 6hm^2 的上升式绿化广场，将主要车流交通安排在低洼部分的隧道中，这项建设不仅把自然生态景观的特色重新带给了这一地区，而且还有效地增强了圣保罗市中心地区的活力，进而推进城市改造更新工作的逐步深入。这样，不仅解决了严重的交通问题，而且也恢复了原来的自然生态景观，使安汉根班广场成为巴西城市中最吸引人、最具有活力的公共场所。

下沉式广场同样具有上升式广场解决交通分流的功能，并且在当代城市建设中应用更多，特别是在一些发达国家中多数是采用下沉式广场。相比上升式广场，下沉式广场不仅能够解决不同交通的分流问题，而且在现代城市喧嚣嘈杂的外部环境中，更容易取得一个安静、安全、围合有致且具有较强归属感的广场空间。在有些大城市，下沉式广场常常还结合地下街、地铁乃至公交车站的使用，如美国费城市中心广场结合地铁设置，日本名古屋市中心广场更是综合了地铁、商业步行街的使用功能，成为现代城市空间中一个重要组成部分。更多的下沉式广场则是结合建筑物规划设计的，如美国纽约洛克菲勒中心广场，该广场通过四个大阶梯将第五大道、49 街和 50 街联系在一起。夏天是露天快餐和咖啡座；冬天则是溜冰场，一年四季都深受人们的欢迎，具有重要的场所意义。

下沉式广场已逐渐成为当代城市空间结构组合中的一个重要组成部分，更是未来城市广场空间景观设计发展的趋势。美国纽约洛克菲勒中心广场便是下沉式广场的一个典型实例。洛克菲勒中心广场是结合周围建筑物而进行综合设计的，是美国洛克菲勒财团投资的大型娱乐和办公的建筑群。围绕在洛克菲勒中心广场周围是 19 座大型的建筑物，总占地面积达 900m^2。建筑群中心是一个下沉式小广场，这里是城市的和平绿洲，设置有花坛，广场的中央飘扬着联合国国旗。在广场和第五大道之间的人行道两侧，设置着成排的花圃。广场的正面是一座希腊火神普罗米修斯飞翔式的雕像，雕像下面有喷泉和水池。小广场周围设置有带状街心花园，景观简洁、怡人，给人们提供了举行各种展览和游憩的适宜场所。洛克菲勒中心广场成为纽约最著名的街道空间，颇受纽约城市居民的欢迎。

广场地形的设计首先要从广场的主要用途考虑，如果是具有纪念性、政治性或用于集会的广场，一般人流量比较大，地形不宜有较大起伏，通常应采用平面式平地广场。对于街道广场或商业广场等，为了营造层次丰富的空间效果，可顺应地形的变化采用坡地形式。如果要进行设计的广场其原地形落差比较大时，则可以考虑广场跨越不同的平面空间，营造立体式广场空间。

2. 广场比例和尺度

城市广场的比例不仅指广场每个边长的长度尺寸和比例，实际上包含的内容还很多，比如广场的尺寸与广场上建筑物的体量之比、广场与城市街道和其他建筑群的比例关系、广场上各个组成部分之间的比例关系等。另外，城市广场上的比例关系并不是固定不变的，可以根据人们的视线感受和使用范围来进行具体的设计。城市广场空间景观千变万化，广场的长宽比虽然是重要的尺度控制要素，但这些却很难精确加以描述。著名的城市设计师卡米洛•西特曾指出：广场的最小尺寸应等于它周围主要建筑的高度，而广场的最大尺寸不应超过主要建筑高度的两倍为宜。以上这些比例关系也不是绝对的，有时可以根据实际情况具体进行调整。美国一些城市在进行广场设计时，为了防止广场的比例过度失调，对广场的尺寸作了明确规定：城市广场的长宽比不得大于3∶1，并且广场中至少有70%的面积位于同一高度内，防止广场的面积零散；街坊内的广场宽度最少应在10m以上，这样才能使阳光直射到草坪上，给人带来舒适感。

城市广场空间如同建筑空间一样，可能是封闭的独立性空间，也可能是与其他空间相联系的空间群。一般情况下，当人们体验城市时，往往是由街道到广场的这样一种流线，人们只有从一个空间向另一个空间运动时，才能欣赏它、感受它。人们在城市中活动时，人眼是按照能吸引人们的物体活动的。当视线向前时，人们的标准视线决定了人们感受的封闭程度(空间感)，这种封闭感在很大程度上取决于人们的视野距离和与建筑等界面高度的关系。据专家总结：①人与物体的距离在25m左右时能产生亲切感，这时可以辨认出建筑细部和人脸的细部，墙面上粗岩面质感消失，这是古典街道的常见尺度；②宏伟的街道和广场空间的最大距离不超过140m。当超过140m时，墙上的沟槽线角消失，透视感变得接近立面。这时巨大的广场和植有树木的狭长空间可以作为一个纪念性建筑的前景；③人与物体的距离超过1200m 时就看不到具体形象了。这时所看到的景物脱离人的尺度，仅保留一定的轮廓线。此外，当广场尺度一定（人的站点与界面距离一定时），广场界面的高度影响广场的围合感。

根据以上所述，广场的尺度关键在于与周边围合建筑物的尺度相匹配，以及与人的观赏、行为活动使用的尺度相配合。广场的尺度要根据广场的规模、功能要求以及人的活动要求等方面的因素确定。一个具有足够美感的城市广场，应该既有能使人感到开阔、放松的大空间，又有使人感到安全的封闭式小空间。假如广场过大并且与建筑界面关联感不强，就会给人模糊、大而空、散而乱的感觉，使空间的可感知性微弱，缺乏较强的吸引力。这时应该采取缩小广场空间等方法进行适当调整。

总之，良好的广场空间不仅要求与周围建筑具有合适的高度和连续性，而且要求所围合的地面具有合适的水平尺度。当广场占地面积过大，与周围建筑的界面缺乏关联时，就不会形成有形的、感知性较强的空间体系。国内外的实践证明，许多失败的城市广场设计都是因为广场的比例失调而造成的，比如地面太小，周围建筑高度过高，使两者不协调。地面过太周围建筑高度过小，都会造成墙界面与地面分离，难以形成封闭的空间。事实上，广场尺度不应超过某一限度，否则广场越大给人的印象越模糊，缺乏作为一个露天客厅的特质。

3. 广场的空间围合

“空间”是一个包容量很大的概念，建筑理论家和景观设计家对“空间”这一概念各有各的想法和理论。著名建筑理论家西格弗里德·吉迪翁曾在其《空间·时间和建筑》一书中，对空间的描述是“无法把握的，不可见的空白”。意大利学者乔尔丹诺·布鲁诺认为：“空间必须通过存在于它自身的实体才会被感知，因此空间以两种形式存在，一种足围绕实体的环绕空间，另一种是介于实体之间的间隙空间。”实际上，城市广场空间组织不但要满足人们的活动所需，还要满足人们视觉欣赏的要求。所以广场空间的围合是城市景观、城市布局形态设计的关键。

用来围合广场的可以是建筑物、树木、柱廊以及山地、沟壕等特定地形，这些都是常见的围合要素。在广场围合程度方面，一般来说，广场围合程度越高，就越易成为“图形”，中世纪的城市广场大都具有“图形”的特征。但围合并不等于封闭，在现代城市广场设计中，考虑到市民使用和视觉观赏，以及广场本身的二次空间组织变化，必然还需要一定的开放性，因此，现代广场规划设计掌握这个“度”就显得十分重要。现代城市广场要同时满足人们的使用和视觉两个方面的功能，因此设计师在进行广场空间的围合时，还要注意要有开放性。

城市广场围合有以下几种情形：①四面围合的广场 当这种广场规模尺度较小时，封闭性极强，具有强烈的向心性和领域感；②三面围合的广场 封闭感较好，具有一定的方向性和向心性；③二面围合的广场常常位于大型建筑与道路转角处，平面形态有“L”形和“T”形等。这种形状的领域感较弱，空间有一定的流动性；④仅一面围合的广场封闭性很差，规模较大时可考虑组织二次空间，如局部下沉或局部上升等。值得指出的是，二面围合广场可以配合现代城市里的建筑设置。同时，还可借助于周边环境乃至远处的景观要素，有效地扩大广场在城市空间中的延伸感和枢纽作用。

工程实践充分证明，城市广场的几种围合形式，并不能明确地比较出哪种围合效果好或者不好。围合形式的采用是根据广场的功能、面积大小等具体情况而决定的，可以说围合形式它们各具特色。总体来讲，四面和三面围合是最传统的、也是最多见的广场布局形式。古典城市的广场四周往往环绕着精美的建筑物，也就是前面所提到的“图形”特征强烈。日本著名建筑师芦原义信曾提出：四角封闭的广场可以形成阴角空间，有助于形成安静的气氛和创造“积极空间”。一般来说，人们不喜欢完全与外部热闹的城市景象相联系，因此为了保证广场空间的相对闭合性，往往用拱廊和柱廊来处理，从而得到围合界面的连续性和空间相互渗透的双重效果。

4. 广场的绿化设计

城市广场的生态环境较复杂，在进行植物景观设计时，必须按照局部生境条件的差异进行植物景观设计。利用植物的柔和姿态组合出植物群落景观，以满足人们的生理和心理需求。同时，广场的绿化设计与观赏相结合，能够提高植物景观的综合实用功能。城市广场的植物景观设计要遵循绘画艺术和造园艺术的基本原则。

在城市广场上设置绿化系统，包括种植树木、花草等，使其呈现出一片生机盎然的景象，这样不仅能增强广场的表现力，而且还能净化空气、美化景观、挡风降尘、阻隔噪声、调节气候等，提高广场的环境质量，保证有益于人体健康。

对城市广场进行绿化设计，应根据广场的功能、性质、规模以及周围环境等方面进行综合考虑。在规则形的广场中一般采用规则式的绿化布置方式，而不规则的广场中多采用自由灵活的布置方式，建筑物周围也宜采用规则式的绿化。在进行绿化空间设计时，还要考虑在游人路线和视线的基础上，形成有较强观赏力、有层次变化并且易成活的绿化空间。同时也要注意绿化系统不得妨碍交通，以不遮挡人们的视线为宜。

通常来讲，公共活动广场周围宜栽种高大的乔木，其中成片绿地的面积应大于广场总面积的25%，并且往往设置成开敞绿地。纪念性广场的绿化系统应选择能够衬托主体纪念物的植物。车站、码头等集散广场集中成片绿地的面积应不小于广场总面积的10%，且宜种植具有地方特色的植物，以便反映出当地特色景观。

5. 广场的小品设计

城市广场作为公共空间最集中的场所环境，其水景的设计越来越重视人性化的研究，强调从人的需求、情感和知觉方面以及人与人之间相互关系出发，组织景观环境各种要素，创造亲切、舒适的环境场所。水景人性化设计不断发展和提升的过程即是人的认识、思想和情感的不断完善的过程，是文化精神及伦理道德的观照。广场的小品设计是无“情”的，又是有“情”的。“情”映射于人类普普通通广场小品的设计中。设计是无生命的，又是有生命的，“生命”蕴含于人类对广场小品的设计和使用过程中。人类社会的一切都已打上了人类精神意识的烙印，广场的小品设计也不例外。

广场中的小品是指体量小巧、功能简单、造型别致、富有情趣、选址恰当的精美构筑物。其不仅具有简单的实用功能，还具有装饰性的造型艺术特点。既能美化环境、为游人提供文化休息和公共活动的方便，又能使游人从中获得美的感受和良好的教益。随着我国经济的高速、稳定发展，广场中的小品被越来越多的人的重视，对其要求既有技术上的，又有造型和空间组合上的。因此，在广场中其造型取意均需要经过艺术的加工、精心的琢磨，力争与广场整体环境协调一致，实现其多元化的意义。

广场中的小品虽属小型艺术装饰品，但其影响之深、作用之大、感受之浓的确胜过其他景物。一个个设计精巧、造型优美的景观小品，对提高游人的游憩情趣和美化环境起着重要的作用，已经成为广大游人所喜闻乐见的点睛之笔。总结起来，景观小品在园林中的作用主要包括以下3个方面。

① 组景的纽带　小品在广场空间中，最重要的一个作用就是把环境中的景色组织起来，形成一个具有诗情画意的场景。这时，景观小品在广场空间中就成为了一种无形的纽带，在引导引人们由一个空间进入另一个空间的同时，还导向和组织着空间画面构图。既能使人们在各个不同角度都看到完美的景色，又营造了充满诗意的意境。

② 美感的表达　小品作为一种艺术品，其本身就具有美感价值，其色彩、质感、肌理、尺度和造型的丰富，加之设计者成功的布置，使其自身就成为广场环境中亮丽的一景。对小品进行空间形式美的加工，是设计者提高广场审美价值的一种重要手段。而小品自身的装饰性，不仅能够增添广场的观赏性，更重要的是给人传递一种艺术的享受和美感的表达。

③ 造型的景观化　广场中的小品除了具有组景和美感的作用之外，还在满足实用功能的前提下发挥着景观化的作用。如柱、碑、雕塑、喷泉、桌凳、地坪、踏步、标示牌、灯具等功能作用比较明显的小品被予以艺术化，这些不同的小品如果设计新颖、处理得当、富有一定的艺术情趣形式，就会给人留下深刻的印象，使广场空间环境更具感染力。在设计和研究中发现，构思独特的小品与广场环境结合，往往会产生不同的艺术效果，使空间环境在实用功能得到满足的前提下更具感染力。

城市广场的小品包括独立的小型艺术品和经过艺术处理的建筑物或构筑物，是广场空间中不可缺少的景观，可以起到装饰美化和补充景观的作用。小型艺术品种类很多，包括柱、碑、雕塑、喷泉等，经过艺术处理的构筑物，包括具体艺术特点的电话亭、垃圾箱等。在对一些小品进行具体布置时，一般要注意以下几个方面：首先是建筑小品的位置选择，主要从人的行走路线的空间组织方面考虑，另外还要注意和广场上的绿化设施等景观结合，形成趣味十足的空间效果。其次是注意建筑小品的主题应多广场的主题氛围相吻合。比如纪念性广场可以在轴线上设置纪念碑或具有纪念意义的柱类景观等；商业性广场和街头广场这些气氛较为活泼的场所，建筑小品的布置切忌具有严肃感的景物，而是应该以一些具有生活性、大众化的题材为主。另外建筑小品的布置要讲究整体统一性，包括建筑小品的色彩、材料、体量、造型等方面不要存在太大的差距，但也不能显得太单调和重复，以在统一中求变化，以营造丰富、美观的景观环境为宗旨。

6. 广场的铺地装饰

广场的铺地装饰是广场景观设计的一个重点，其最基本的功能是为市民的户外活动提供场所，并通过铺地的色彩和图案变化，对广场进行美化装饰和界定空间范围等。广场铺地一般分为复合功能场地铺设和专用场地铺设两种形式。复合功能场地是广场铺地的主要部分，一般不需要配置专门的设施，也没有特殊的设计要求。专用场地是有某种特殊功能的场地，例如儿童游乐场、露天表演场地等，要针对儿童游戏、活动或适宜露天场所使用的材质、色彩进行铺设，在设计或设施配置上往往都有相应的要求。

广场铺地虽然是对广场的装饰，具有丰富广场空间表现力的功能，但与室内空间中的铺地不同之处在于广场铺地主要以简洁为主，并通过一定的组合形式来强调空间的存在和特性。广场铺地要做到与广场功能相结合，并通过一定的结构或以放射形式、端点形式等，对广场的中心及其他位置进行强调。比如对广场的主要建筑物或构筑物前的铺地进行重点处理，彰显出一般与特殊的差别。另外，广场铺地还要同时满足排水坡度的要求，以便顺利地将广场上的雨水迅速排出，保证广场地面的干净整洁。

广场铺地的材料种类较多，比较常用的有花岗岩、广场砖、青石、平面板铺地石、毛面铺地石、磨砂亚光铺地石、鹅卵石、砂子、混凝土等，要根据广场空间的具体功能和特征，选用合适的材料进行铺装。例如广场中的步行小径，一般可选用鹅卵石、砂子等天然材料进行铺装，形成富有田野情趣的步行空间，给人以亲切感。另外广场铺地还要考虑到防滑、耐磨以及有良好的排水性等因素。混凝土是广场铺地材料中物美价廉、使用方便的材料，在西方城市广场铺地中应用较多。如法国巴黎的埃菲尔铁塔广场就是选用的混凝土铺地，甚至连广场上的一些陈设物都是混凝土制品，朴实大方、极具自然气息。

实践充分证明：铺地材料对人的观感和广场功能的应用具有重要作用，因此铺地材料的选择是一项非常重要的工作。材料的肌感可以影响人行速度，细的铺地纹理可用以强调原有地形的品质和形状，增强尺度感成为上部结构的衬托。材料基底纹理可以为人们提示外部空间的尺度设计，场地的纹理变化可暗示表面活动方式，划分人、车、休息、游戏等功能，对广场特征气氛和尺度产生影响，它还可以刺激人的视觉和触觉。

城市广场是城市道路交通系统中具有功能的空间，是人们政治、文化、休闲、娱乐等活动的中心，也是建筑物最集中的地方。广场空间景观设计包括的内容很多，大到广场的地形、尺度、空间形态，具体到广场的绿化、铺地、喷泉、花坛、雕塑、灯光等的艺术处理，这些均能影响到广场空间的美感，同时也是广场景观美感的具体表现。

7. 广场的环境设计

城市规划设计涉及的领域比较广泛，从整体到局部的地域、细部处理等都包含在内，如广场设计、广场周围建筑设计、城市道路设计、广场范围内公园设计、道路景观设计、建筑小品设计、广场绿化设计等。不同的设计对象有着不同的设计要求及内容，但它们相同的一点是注重城市整体性环境，优化城市环境质量。因此，广场的环境设计也是一项不可缺少的重要工作。

城市广场与其周围的建筑物、街道、周围环境，共同构成该城市文化活动的中心。在设计城市广场时，要尊重广场周围环境的文化，注重设计广场的文化内涵，将不同文化环境的独特差异和特殊需要加以深刻的理解与领悟，设计出在该城市、该文化环境下、该时代背景下的环境适宜的城市广场。广场的环境在具体的情况下，有许多不同的表现，例如文脉、传统、源与流、历史、宗教、童话、神话、民俗、乡土、风情、纪念性的、闻名的、怀古的、原始艺术、人类的能量、文学与书法、诗意、符号学等。设计师也可以在设计中表达自己的某种特定的思想与意图。

城市广场的结构一般都为开敞式的，组成城市广场环境的重要因素就是其周围的建筑，结合广场规划性质，保护那些历史性建筑，运用适当的处理手法，将周围建筑环境融入广场环境中，是十分重要的工作。广场与建筑环境完美结合的典范，是威尼斯的圣·马可广场，由于广场周围的建筑不是同一时期建造的，所以广场并不是平行、对称的严谨的关系。而是设计师将不同时期、不同风格的建筑和谐、统一地组合在一起。另一个广场与建筑环境完美结合的范例是建立在卢浮宫广场中心的玻璃金字塔，在这个工程中，建筑师在解决传统建筑的协调与统一问题上，没有采取仿造传统，而是设计了在广场上显眼但并不突兀的玻璃质地的金字塔设计，既解决了功能上的采光问题，在形式上又好像将一颗巨大的钻石镶嵌在广场上，这样不但没有破坏卢浮宫原有的建筑艺术形式，而且增添了卢浮宫广场的整体性和魅力。

城市广场设计与周围整体环境，在空间、比例上要统一与协调。一般城市广场的比例设计是根据广场的性质、规模来决定的，广场给人的印象应为开敞性的，否则，难以吸引人们停留，所以一般广场大小满足这样的条件比较合适，即广场宽度介于周围1～2倍建筑高度之间。在广场内部尺度设计时，注意到其中的踏步、石阶、栏杆，人行道宽度、停车要求等内容，要符合人与交通工具的尺度。当然，广场的比例、尺度等也受材料、文化结构的影响，和谐的比例与尺度设计，不仅可以给人带来美感，也可以增添人们在其中活动的舒适度。

城市广场设计与周围环境在交通组织上要协调统一。城市广场的人流及车流集散，及其交通组织是保证其环境质量不受外界干扰的重要因素。其主要内容有城市交通与广场的交通组织和广场内的交通组织。城市交通与广场在交通组织上，首先要保证由城市各区域去广场的方便性。设计交通与广场时，应采取：①在广场周围的适当区域街道建立步行街，在步行街结束点位充分考虑人流车流集散，并且可以通过设置地下有轨电车、地铁等站点，扩大步行规模；②城市交通做到去广场及其周围环境有最大的可达性，设置完善的交通设施，包括有轨电车、地铁站点、高架轻轨、车行道、步行道、立交等并在线路选择，站点安排以及换乘车系统上予以充分考虑；③充分考虑到大量的停车需求，设计停车场以外也要开辟汽车停靠站等。

综合上述，城市设计中广场的设计是城市设计的重要课题，它反映了城市整体设计的重要性，说明在任何一环境设计中，整体的得失都比局部的好坏重要得多。城市广场的环境设计虽然只是城市设计的一个方面的内容，但它的设计手法却与城市的总体布局与环境质量密切相关，城市设计正是通过对城市中每个小的局部的设计及对城市总体的考虑来实现的，并最终达到城市整体性环境的统一。

8. 广场的灯光设计

城市广场是城市公共社会活动的中心，城市广场的灯光设计就显得颇为重要。灯光表现力是渲染空间气氛的重要因素，装饰与艺术照明时灯光表现力的手段，就是利用灯光表现力来美化广场环境空间，利用灯具造型及其光色的协调，使环境空间具有某种气氛和意境，体现一定风格，增加城市广场的美感，使广场环境空间更加符合人们的心理和生理上的要求，从而得到美的享受和心理平衡。所以在广场照明设计中，应致力于利用灯光的表现力对环境空间进行艺术加工，以满足人们视觉的心理机能的要求。实践证明，由灯光显示出来的空间效果，利用灯光对广场建筑和物体造型的渲染，利用灯光作出雕塑，以及利用灯光作出的图画，有着十分诱人的魅力，发挥了丰富的艺术效果。

形象、功能、环境是现代广场灯光规划设计的基本内容，也是所谓评价规划设计城市广场灯光环境时应该考虑的两个方面。我们在进行城市广场灯光环境设计过程中应当考虑的因素，首先是范围与规模，广场的形式不同、规模不同，灯光环境规划设计的方法也不一样。其次是现状和定位，定位主要指我们设计的城市广场灯光环境在城市或区域中所处的位置，是面向全市的，还是面向一个区的，风格也是定位的一个内容。其实定位与功能、形象、风格等都有一些关系。定位中还包括一项内容即标准，是国际水准的，还是比较符合当地水准的功能，主要从人的使用来考虑。风格，包括是欧陆式的，还是比较传统的中国园林式的，是比较开场空旷的，还是比较封闭隐秘的，这些根据具体情况具体分析。

城市广场的外形有封闭式和敞开式，形状有规则的几何形状或结合自然地形的不规则形状。随着生活水平的提高和生活节奏的加快，人们更加注重城市公共空间的趣味性和人性化，人们对广场开放空间的要求已不再单纯追求人为的视觉秩序和庄严雄伟的艺术效果，而且希望它成为舒适、方便、安全、空间构图丰富、灯光环境优美的场所，来满足人们日益提高的生理和心理上的需求。因而在做广场灯光环境规划设计时应充分认识到这一点。

城市广场的灯光环境建设首先应配合广场的性质、规模和广场的主要功能进行设计，使广场更好地发挥其作用。城市广场周围的建筑通常是重要建筑物，是城市的主要标志。应充分利用灯光来配合、烘托建筑群体，作为空间联系的手段。使夜空间的城市广场空间环境更加丰富多彩、充满生气。城市广场的灯光环境布置还要考虑广场规模、空间尺度，以使灯光更好地装饰衬托广场、美化广场、改善广场的小气候，为市民提供一个舒适、方便、生机盎然的夜间活动场所。

三、现城市广场景观设计的原则

在城市广场设计中应因地制宜，在满足生理需求、安全需求的基础上，满足人民更高级的需求，我们需要创造具有场所精神、有特色、有文化内涵的人性化广场空间。广场设计应遵循以下原则。

1. 以人为本原则

以人为本就是要充分考虑人的情感、人的心理及生理的需要。例如，景观及公共设施的布局与尺度要符合人的视觉观赏位置、角度以及人体工程学的要求，座椅的摆放位置要考虑人对私密空间的需要等。例如，都江堰广场位于四川省成都都江堰市，设计始终强调广场之于当地人的含义和使用功能，把唤起广场的人性放在第一位。广场设计从总体到局部都考虑人的使用需要，使广场真正成为人与人交流聚会的场所。例如，结合地面铺装和座凳，设计树阵提供阴凉；避免光滑的地面等。水景的多样性和可戏性是都江堰广场设计的一特色。玩水是人性中最根深蒂固的一种，广场进行了可亲可玩的水景设计，把水的亲切与缠绵带给每一个流连于广场的人。都江堰广场的形式语言、空间语言都从当地的历史和地域及人们的日常生活中获得，使市民有很好的认同感和归属感。

2. 系统性原则

现代城市广场是城市开放空间体系中的重要节点。它与小尺度的庭园空间、狭长线型的街道空间及联系自然的绿地空间共同形成了城市开放空间系统。现代城市广场通常分布于城市入口处、城市核心区、街道空间序列中或城市轴线的节点处、城市与自然环境的结合部、城市不同功能区域的过渡地带、居住区内部等。现代城市广场在城市中的区位及其功能、性质、规模、类型等都应有所区别，各自有所侧重。广场设计时要做到统一规划、统一布局。

3. 完整性原则

完整性包括功能的完整和环境的完整两个方面。功能的完整是指一个广场应有其相对明确的功能。在这个基础上，辅之以相配合的次要功能，做到主次分明、重点突出，特别是不将一般的市民广场同以交通为主的广场混淆在一起。如合肥的人民广场，该广场作为市民广场地处城市中心地段，四周皆为城市干道，并与商业区毗邻，人流、车流集中，所以设计时将广场地下作停车场，四周道路均为单行道，以确保广场功能的完整性。

环境完整同样重要。它主要考虑广场环境的历史背景、文化内涵、时空连续性、完整的局部、与周边建筑的协调和变化等问题。城市建设中，不同时期留下的物质印痕是不可避免的，特别是在改造更新历史上留下来的广场时，更要妥善处理好新老建筑的主从关系和时空连续等问题，以取得统一的环境完整效果。

4. 尺度适配原则

尺度适配原则是根据广场不同使用功能和主题要求，确定广场合适的规模和尺度。如政治性广场和一般的市民广场在尺度上就应有较大区别，从国内外城市广场来看，政治性广场的规模与尺度较大，形态较规整，而市民广场规模与尺度较小，形态较灵活。从趋势看，大多数广场都在从过去单纯为政治、宗教服务向为市民服务转化。即使是天安门广场，在今天也改变了以往那种空旷生硬的形象而逐渐贴近生活，周边及中部还增加了一些绿化、环境小品等。广场空间的尺度对人的感情、行为等都有很大影响。此外，广场的尺度除了具有自身良好的绝对尺度和相对的比例以外，还必须适合人的尺度，而广场的环境小品布置则更要以人的尺度为设计依据。

5. 生态性原则

广场是整个城市开放空间体系中的一部分，它与城市整体生态环境联系紧密。一方面，其规划的绿地中花草树木应与当地特定的生态条件和景观特点（如“市花”和“市树”）相吻合；另一方面，广场设计要充分考虑本身的生态合理性，如阳光、植物、风向和水面等，做到趋利避害。生态性原则就是要遵循生态规律，包括生态进化规律、生态平衡规律、生态优化规律、生态经济规律，体现“因地制宜，合理布局”的理念。具体到城市广场来说，由于过去的广场设计只注重硬质景观效果，大而空，植物仅仅作为点缀、装饰甚至没有绿化，疏远了人与自然的关系，缺少与自然生态的紧密结合。因此，现代城市广场设计应从城市生态环境的整体出发，一方面应运用园林设计的方法，通过融合、嵌入、缩微、美化和象征等手段，在点、线、面不同层次的空间领域中，引入自然，再现自然，并与当地特定的生态条件和景观特点相适应，使人们在有限的空间中，领略和体会自然带来的自由、清新和愉悦，另一方面城市广场设计应特别强调其小环境生态的合理性，既要有充足的阳光，又要有足够的绿化，冬暖夏凉，为居民的各种活动创造宜人的生态环境。

近年来，许多科学家都在探索人类向自然生态环境回归的问题。我国著名学者钱学森先生提出的建设有中国特色的山水园林城市的主张，得到了专家、学者和普通市民越来越多的赞同。上海、大连、郑州、南京、北海等城市在市中心区开辟大量的绿化广场空间就是对城市生态建设的积极回应。作为城市人文精神与生活风貌重要体现的城市广场，应当成为景观优美、绿化充分、环境宜人和健全高效的生态空间。

6. 多样性原则

当代城市广场虽应有一定的主导功能，却可以具有多样化的空间表现形式和特点。由于广场是人们共享城市文明的舞台，它既反映作为群体的人的需要，也要综合兼顾特殊人群，如残疾人的使用要求。同时，服务于广场的设施和建筑功能亦应多样化，纪念性、艺术性、娱乐性和休闲性兼容并蓄。

城市广场是城市中两种最具价值的开放空间之一。城市广场是城市中重要的建筑、空间和枢纽，是市民社会生活的中心，起着当地市民的“起居室”，外来旅游者“客厅”的作用。城市广场是城市中最具公共性、最富艺术感染力，也最能反映现代都市文明魅力的开放空间。城市对这种有高度开发价值的开放空间应予优先的开发权。其次，城市文化广场建设是一项系统工程，涉及建筑空间形态、立体环境设施、园林绿化布局、道路交通系统衔接等方面。在进行城市广场设计中还应体现经济效益、社会效益和环境效益并重的原则。

7. 步行化原则

步行化是现代城市广场的主要特征之一，也是城市广场的共享性和良好环境形成的必要前提。广场空间和各因素的组织应该支持人的行为，如保证广场活动与周边建筑及城市设施使用的连续性。在大型广场，还可根据不同使用功能和主题考虑步行分区问题。随着现代机动车日益占据城市交通主导地位，广场的步行化更显示出其无比的重要性。北京西单文化广场便是一个最好的例子。在广场的平面设计中，强调步行化原则，设计师分析了广场中休闲和娱乐的滞留人流和通过人流，并把广场划分为动与静两部分。在广场的西南角布置以绿化和铺装通道组成的通过广场，主要为路过西单路口的通过人流服务，其余部分以下沉的中心广场为核心，连接周围的铺地、台阶、平台，以供市民休闲和交往。

广场的竖向设计注重交通组织，包括三个层次，即二层平台、地坪层和下沉广场。设计师通过建筑处理，使三个层次之间产生自然的联系。如二层的平台部分既与北侧的华南大厦相联系，又与长安街上的人行道相联系；平台部分与地面层联系的台阶部分分别指向下沉空间中的玻璃圆锥体，从地平面向上观察，一个直线型、一个曲线型的踏步使广场的围合界面产生递进的层次；广场东北方向的观众台进一步加深了由地面层向二层平台的过渡。总体上，广场中的雕塑、踏步、看台等组成的第一层次和远处的建筑立面相得益彰，一起构成了广场有层次的界面，使行人获得良好的空间感和欣赏周围建筑轮廓线的视距。

此外，人在广场上徒步行走的耐疲劳程度和步行距离极限与环境的氛围、景物布置、当时心境等因素有关。在单调乏味的景物、恶劣的气候环境、烦躁的心态、急促的目标追寻等条件下，近者亦远；相反，若心情愉快，或与朋友边聊边行，又有良好的景色吸引和引人入胜的目标诱导时，远者亦近。但一般而言，人们对广场的选择从心理上趋从于就近、方便的原则。

8. 文化性原则

城市广场作为城市开放空间体系中艺术处理的精华，通常是城市历史风貌、文化内涵集中体现的场所。其设计既要尊重传统、延续历史、文脉相承，又要有所创新、有所发展，这就是继承和创新有机结合的文化性原则。文化继承的含意是人们对过去的怀念和研究，而人们的社会文化价值观念又是随着时代的发展而变化的。一部分落后的东西不断地被抛弃，一部分有价值的文化被积淀下来，融入人们生活的方方面面。城市广场作为人们生活中室外活动的场所，对文化价值的追求是十分正常的，文化性的展现或以浓郁的历史背景为依托，使人在闲暇徜徉中获得知识，了解城市过去曾有过的辉煌。

不同文化，不同地域，不同时代孕育的广场也会有不同的风格内涵。把握好广场的主题、风格取向，形成广场鲜明的特色和内聚力与外引力，将直接影响广场的生命力。根据地方特色展现地方文化是一个空间的精神内涵所在，仅仅有形式和功能是不够的，内涵才是一个作品的灵魂，中国的文化源远流长，任何带有人文主题的公共开放空间总是耐人寻味，使人流连忘返的好场所。能够挖掘和提炼具有地方特色风情、风俗、并恰到好处地表现在景观意象中，是城市广场景观规划设计成败的关键。

注重文化内涵的城市广场设计在我国也有很多成功的例子，例如：西安钟鼓楼广场的设计，首先突出了两座古楼的形象，保持它们的通视效果，采用了绿化广场、下沉式广场、下沉式商业街、传统商业建筑、地下商城等多元化空间设计，创造了一个具有个性的场所，增加了钟鼓楼作为“城市客厅”的吸引力和包容性。其次，钟鼓楼广场在设计元素上采用有隐喻中国传统文化的多项设计，使在广场上交往的人们可以享受到传统文化的气息，创造了一个完整的、富有历史文化内涵，又面向未来城市的文化广场。南京汉中门广场以古城城堡为第一文化主脉，辅以古井、城墙和遗址片断，表现出凝重而深厚的历史感。有的广场辅以优雅人文气氛、特殊的民俗活动，如合肥城隍庙每年元宵节的传统灯会等。

9. 特色性原则

个性特征是通过人的生理和心理感受到的与其他广场不同的内在本质和外部特征。现代城市广场的景观应通过特定的使用功能、场地条件、人文主题及景观艺术处理来塑造出自己的鲜明特色。广场的特色性不是设计师的凭空创造，更不能套用现成特色广场的模式，而是应该对广场的功能、地形、环境、人文、区位、气候等方面做全面的分析，不断的提炼，才能创造出与市民生活紧密结合和独具地方、时代特色的现代城市广场。一个有个性特色的城市广场应该与城市整体空间环境风格相协调，违背了整体空间环境的和谐，城市广场的个性特色也就失去了意义。

综上所述，在进行城市广场设计时，应提倡“以人为本、效益兼顾、突出文化、内外兼顾”的原则，更好地发挥广场聚会、休闲、锻炼、娱乐等功能，体现现代人的价值观、审美观和趣味性。改善居民生活环境，塑造城市形象，提高城市品位，优化城市空间，才是城市广场建设的目的，也是城市广场设计者追求的终极目标。

第四节　城市广场景观设计实例

在城市化水平日益提高的今天，城市景观设计已成为城市设计的重要课题。城市公共开放空间是城市空间重要组成部分，它的景观设计是城市景观设计的重要对象。城市广场是现代城市公共空间中一颗璀璨夺目的明珠，是城市的“起居室”，是城市空间里最具公共性、最富魅力、也是最能反映现代都市文明气氛的公共开放空间。城市广场的景观设计，对城市整体景观建设，创造自由和谐、亲切自然的城市空间起着重要的作用。

城市是人类社会、经济、政治、文化等活动的中心。古今中外，城市都是人类文明的集中体现，创造了亘古久远的城市空间与城市景观。如古希腊盛期的雅典卫城、古希腊晚期的米利都城、文艺复兴时期的圣马可广场、19 世纪法国巴黎的改建、中国苏州古城“平江图”、明清的北京城等。随着人类社会的进步、社会文化的发展，及价值观念的变化，城市问题越来越受到重视，而其中最直接的就是城市景观的建设。如今，营造一个良好的城市环境已成为 21 世纪城市现代化的重要标志，良好的城市环境就是舒适宜人的生态体系，文明高效的精神风貌，富有特色的优美城市景观。世界上一些经济发达的国家都把城市景观建设视为城市建设的重要内容。我国一些经济比较发达，历史比较悠久的城市，也都在努力保护和发展自己的城市特色。

城市的公共开放空间是城市景观的重要组成部分，它再现了城市的景观特色与城市的环境质量，是城市景观研究的主要对象。随着城市现代化的进程，不断创造出具有环境整体美、群体精神价值美和文化艺术内涵美的城市公共开放空间。城市广场作为城市公共开放空间的代表，历来是人们交往、观赏、娱乐、休憩的场所，更是增强与美化城市景观的重要亮点，逐渐成为城市中最富有魅力的外部空间。

如今，现代化的城市生活效率高、节奏快。充满竞争的工作环境以及经济上的逐渐富庶和业余时间的增多，人们更加倾向于在精神生活上追求一种健康、向上、愉快和富有人情味的环境。在这种情况下，城市广场不但要为人们提供怡情、放松的场所，还要促进人们更加积极、主动地调整身心状态，改进人们生存空间的环境质量和生活质量。近几年来，我国的许多城市都兴起了建设城市广场的热潮，然而纵观我国整个城市广场的建设，虽然满足市民社会活动的需要并在提高城市环境质量方面取得了一些成效，但是大多广场在景观设计上缺乏人性化、生态化和场所感，人们还是缺乏自由和谐、亲切自然的城市空间。

从传统的城市发展到现代文明城市，城市形态和城市建设一直在不断发生变化。城市广场作为城市空间的一个重要组成部分，是建筑学理论和景观设计的重要课题之一。城市广场景观设计在历史的不断发展中也取得了显著的成绩，为人们的公共活动提供了一个多功能、多元化的场所。为学习先进的城市广场景观设计经验，下面将具体介绍几个现代城市广场景观设计的优秀实例。

一、法国里昂沃土广场景观设计

沃土广场是法国里昂市中心一个非常重要的城市广场，位于罗纳河与索恩河之间半岛平坦地带，即克鲁瓦鲁塞山麓的第一区。广场平面为规整的矩形，长 130m，宽 75m，周围被建筑风格不太统一的古典式建筑围合。广场东面是 17 世纪由著名建筑师朱尔·阿杜安·芒萨尔主持建造的老市政厅，南面是 20 世纪 90 年代末重建的圣皮埃尔宫，西面是各类商业建筑，北面的建筑虽然名气不是很大，但在建筑风格上却相对统一。广场的北面除建筑物外，还有以人体雕塑所组成的喷泉，极大地丰富了广场的景观。在广场四周的建筑中，除市政厅的塔楼高高挺立外，其余建筑的高度基本保持一致，整个广场的围合布局体现出了典型的传统特色，这个广场所在的整个地区被联合国教科文组织列为世界遗产。

20 世纪 90 年代末，里昂的沃土广场有一次重要的改建工作，这次改建方案是由艺术家丹尼尔·比朗和景观建筑师克里斯蒂安·德勒韦共同设计的，并在 1994 年完成广场的全部改建工作，形成今天的广场格局。两位设计师对广场的改建设计以简洁风格为主，在设计过程中充分尊重了历史环境，按圣皮埃尔宫立面柱子之间的距离为标准，将广场的主体划分为一个方格。整个广场主体有五排，共有 69 个正方形区域，每个区域的中心都有一个水柱涌出，营造出水景广场的景观特征。广场的铺地采用统一的黑色花岗岩和白色条纹勾勒出方格网。在广场网格南面设置有两排供人休息的石墩，石墩的边上用铜制栏杆与公共交通路面的边界分隔。广场北面是充满阳光的咖啡座区，这里有众多的露天咖啡桌椅，并由一排石柱将咖啡座区与沿广场北侧的散步区区分开来，改建后的广场分区非常明确，布局非常清晰。

如今的沃土广场无论是在白天还是在夜晚，都是里昂市最吸引人的公共空间。尤其是广场的喷泉设计，更成为整个广场的主要景点和焦点。一个个水柱带着悦耳的声音，从众多喷水嘴中喷涌出来，几乎覆盖了广场的整个地面，随着喷泉水流的起伏变化，广场的景色也在不断变化，广场氛围立刻变得活跃起来。水柱是整个新广场最生动、最富于生命力的景观。白天，沃土广场人流交通川流不息，当喷泉喷射水柱时，人们可以在广场上众多的小喷泉之间自由穿梭。夜晚，广场周围建筑立面的灯光和小喷泉自下而上的灯光相互反射在广场的有水的地面上时，整个广场在音乐的伴奏下显得生动而富有戏剧性，就好像是一个精彩的大舞台，充满独特的现代都市气息。

此外，沃土广场的改建除了在广场主体设置了许多的喷泉外，还进行了一个大型地下停车场的改建。停车场改建工作的主要目的是减少地面停车场所占据的广场空间，增加新广场的地下停车场面积，汽车可以通过广场外侧的街道进入停车场，而进入地下停车场的人行通道，被巧妙地设置在广场边上的一幢建筑中。里昂沃土广场的改建设计是由传统城市广场向现代休闲氛围广场转变的成功设计，是现代城市广场景观设计中十分难得的成功之作。

二、美国洛杉矶珀欣广场景观设计

在美国大城市的中心地区，总被点缀以大大小小、形色各异的公共广场空间。当行人置身于高楼林立、繁忙喧闹的城区，常常会于不经意间茫然失措，迷失在由各种建筑材料堆砌出来的大尺度城市背景之中。然而，当人们步入散布于城市中的那些广场之中时，那种迷惘的情绪便被涤荡而去。因为尺度宜人的城市广场，特别是广场上的“人”及“人群”的各种活动，为原本紧张的城市空间注入了必需的亲和力，而人与广场也在不知不觉之中相互融合，形成城市中心区最生动、最具吸引力的一道景观。洛杉矶市的珀欣广场便是一个典型的休闲型城市空间。珀欣广场位于洛杉矶第 50 大街与第 60 大街之间，这是一处优美宜人的公共活动空间，也是美国洛杉矶市中心建造年代最早的广场之一。

珀欣广场的历史可以追溯到 1866 年，从那时起到 1950 年，广场曾经有过多次重新设计改建和易名的经历。1950 年前，场地上种植有棕榈树、灌木丛和花卉等。1950 年，一个多层的停车库被兴建于此，车库顶部即为一个公园。而今天的广场是 1994 年的版本，由建筑师里卡多·勒格雷塔和汉纳·奥林公司的景观建筑师劳里·奥林合作设计。

在这里，设计师的理念是通过艺术性的规划布局，创造一处彰显本土文化、历史、地质和经济状况的场所，使该中心广场作为城市自身特征的微观再现，成为整个城市的缩影。因此，人们可以看见在广场中有一条地震“断层线”，而它既使人联想到当地的地质情况，又反映了作者从约翰·范特的小说《Ask the Dust》第13章所捕获的灵感。其水磨石子的铺地拼成的星座图案，也是南加州的夜空所常见的类型，不仅令人想起好莱坞的“星光大道”，也反映了洛杉矶的观星（电影明星）活动。这一“观星”的设计概念又被广场中的3个望远镜所延续，这3个地球望远镜各自代表了珀欣广场的3个历史时期，即1888年始建时期，1950年停车库时期和现代时期。广场中有一处橘树林，它是对1850年时该基地附近林地的缅怀。在喷泉旁的一个座椅靠背上，镌刻着作家凯里·麦克威廉斯的一段文字，文字内容是将珀欣广场喻为洛杉矶的缩景，而水的流动亦是对海洋潮汐运动的模仿。矗立于广场前的卫兵，是多年前即已被打造成形的，今天，他们的存在更显示出广场的历史性，也因此被作为人工纪念物而保留下来。不过，卫兵们的位置已经过重新设计而更具人性化，它们彼此靠近，似乎正在议论着时代的推移及变迁。

珀欣广场的四周用高大成组的树列限定了广场的边界，四角上各设置了一个步行入口。广场的中央是橘树园，广场东面对着希尔大街是由一个48棵棕榈树形成的庭院。广场景观中最突出的是一座10层楼高的紫色钟塔，钟塔顶部的开口中嵌入一个红色的球体，它和散落在广场平面上的其他几个球体一样，在整个广场视觉空间中显得十分醒目。与钟塔相连的导水墙也为紫色，墙上开设了一排方形窗洞，人们可以从广场上透过窗洞观赏毗邻花园的美景，使广场与花园景色产生隔而不断的空间效果，极富有园林的特色。与导水墙的另一端连接的是位于广场纵向轴线上的大型喷泉水池。水池用灰色的鹅卵石铺地，并有意做成碟子似的圆边，坡度设计十分平缓。水从广场内的钟塔中流出，经导水墙顶部的输水渠再注入这个圆形水池中央，从高处倾流而下的水珠使平静的水面激起水花，再向坡度平缓的池岸扩散，水流起起落落，意在模仿海洋潮汐涨落的情景。哗哗的跌水声，却衬得广场更加沉静。在水池边上，设计师艺术性地设置了三段适宜游人坐息的弧形矮墙，矮墙的高度正好适宜人坐于此读书，或躺在此处静听水流声，都是一种美好的享受。

在广场的另一侧，同样也有一处适宜休憩或阅读的安静场地——一个矩形的室外露天剧场，这里也是一处供人们阅读和休憩的安静场所。剧场的规模比较大，能容纳2000人左右，虽然是室外剧场，但它的铺地材料却以草皮为主，踏步则用粉色混凝土装饰，整个设计别具一格、具有新意。在草坪中还设置了一些折线形的矮墙，与圆形水池旁的矮墙一样，这里的矮墙高度也同样适用为坐凳。广场的另一侧有一座咖啡馆和一个三角形的交通站点。咖啡馆和交通站点的颜色均为黄色，与亮紫色的钟塔和导水墙色彩对比鲜明，再加上混凝土色的铺地和露天剧场上绿色的草坪铺地，使广场的整体用色个性鲜明、色泽突出。广场的色彩处理，使珀欣广场既具有历史纪念意义，又具有现代城市广场的新鲜感，以色彩景观彰显广场的空间魅力，这是珀欣广场景观设计最突出的一点。

珀欣广场的整体用色反映出洛杉矶城的西班牙血统，颜色个性鲜明而重点突出。从远处看，广场中有两个亮紫色的形体特别突出，即高耸的塔和平展的墙。高塔顶部的开口中嵌入一个醒目的球体，它和散落在广场平面上的其他几个球体一样，均为石榴子的颜色。广场内泥土色的铺地和绿色的草坪，又与紧邻广场的餐厅外墙鲜亮的黄色形成对比。这些颜色的处理，使珀欣广场既具有历史纪念意义，又不失现代广场的新鲜感和包容性。珀欣广场是美国新建广场中景观设计十分成功的广场之一，充分体现了作为场所精神存在的空间环境景观特色。同时珀欣广场在设计建设时考虑了与南加利福尼亚的拉美邻国墨西哥文化方面的关系，这是一个满足多重需求的公共空间。

三、日本筑波科学城中心广场景观设计

筑波科学城是东京城外的一个新城市开发区。该城市拥有一个大学、一个科学中心以及附属的服务设施和住宅区。新城市规划布局受现代主义规划思想的影响，按照使用功能进行分区，并独立布置建筑物、人行道等，其城市空间与建筑形成一个统一的综合体。筑波中心广场是筑波科学城一个有机组成部分，这个城区的城市空间与建筑是一个统一的综合体。筑波中心广场位于科学城南北向的步行专用道路与中心建筑群（酒店大厦、多功能音乐厅、情报中心）的交点处，由日本著名的建筑设计师崎新主持设计，于 1983 年建成开放。

筑波科学城中心广场是城市的一个有机组成部分，设计师根据城市的地形及空间形态，借用了米开朗基罗设计的罗马市政厅广场中的建筑语汇，在筑波科学城中心广场上设计了过渡区域不规则的下沉式小广场。该广场平面呈不规则的椭圆形，以及一个很富戏剧性的过渡区域，由流布瀑布、植物花架、踏步等多种要素构成，并设有露天讲坛、剧场等。小广场又可以分为两层，顶层与步行专用道路连接，广场内部的金属月桂树雕塑成为这个广场以及整个城市的文化象征物之一。底层与主要建筑的出口相通，采用黑色石带勾勒浅色地面，呈螺旋状的铺地形式，将视线的焦点集中在中间的小喷泉上。两层之间的过渡由台阶和坡道组成，并且将过渡区域艺术性地采用抽象的叠石理水的方法，瀑布喷涌而下与底层中央的小型涌泉形成统一的水系统，它们的布局非常随意，与严谨的几何形地面及广场空间并置在一起，形成一种鲜明的对比。

这个城市空间由三个要素组成：一块高起的平台，由白色面砖方格中填充的红色陶石块铺成，一片下沉的椭圆形区域，以及一个很富戏剧性的过渡区域，由在这两个层次之间的台阶、坡道和喷泉组成。整个筑波科学城中心广场内部空间构成错落有致、层次分明，向人们展示了空间和时间的秩序感。此外，筑波科学城中心广场在色彩处理上还十分注重突出主题特色，例如广场的铺地和落水墙的色彩明显地脱离了日本的传统用色，而以欧洲建筑中常用的土黄色和土红色为基调，与具有凹凸感的花岗岩墙体相互映衬，景观效果恰到好处。

筑波科学城中心广场是广场设计与建筑设计的有机结合，是具有永久性和秩序感的新时代的完美景观空间。筑波科学城中心广场的建成，给之后的日本建筑界带来较大的影响，有力地推动了日本建筑向多元化方向发展。

四、荷兰鹿特丹斯库伯格广场的景观设计

鹿特丹是荷兰第二大城市，与众不同的标志性建筑伊拉斯谟大桥和欧洲桅杆勾画出其独特的城市轮廓，从数英里以外即可看到。鹿特丹是一个活力四射的动感之城，现代建筑、体育赛事、独一无二的店铺和时装店，以及最前沿的艺术和文化都是其鲜明的特色。鹿特丹市是荷兰南部的一个繁华的工业城市，该城市在第二次世界大战初期曾遭到狂轰滥炸，战后进行了较长一段时间艰难、伟大的城市复兴运动，最终建成了现代化的都市景观。

在鹿特丹市中心仅几平方公里的范围内即可看到一个多世纪以来的建筑，仅需步行 5 分钟，就可发现鹿特丹具有全然不同的风貌和环境的全新一面。由于众多的创新建筑和充沛的建筑氛围，鹿特丹在国际上被公认为是一座建筑之都。斯库伯格广场是鹿特丹市比较著名的城市空间，因广场南端的斯库伯格剧院而得名。广场位于鹿特丹城市中心的火车站附近，广场中心靠近城市的主要商业与办公区。由于当时区域的条件十分恶劣，广场只得修建在 20 世纪 60 年代建造的地下停车场的顶部。因此于 1990 年，“西 8 设计组”对原来的广场进行了新的改建。

斯库伯格广场平面为矩形，广场的北端是建于 20 世纪 60 年代的德杜伦音乐厅；广场的南端是 1982 ～ 1988 年重修建的新斯库伯格剧院，与德杜伦音乐厅遥遥相对；广场的东西两侧是办公区域；广场的中央则是最新建成的拜斯科普大型综合影剧院。这个综合影剧院占用了广场用地，减少了广场的空间面积，但是它的大厅被看作是室外的延伸，从本质上来说广场空间可从大厅开始延伸过去，也可以算是广场公共空间的一部分。

现代派的设计方式使广场四周的建筑物有机地结合在一起，给人以一种比较强烈的空间感。沿着街道而行，可以看到高层住宅建筑与办公楼形成的丰富多彩的建筑轮廓。广场的南北两端是低层的影剧院、音乐厅等建筑物，开放的建筑立面中有商店、游乐场及大量街边的咖啡座。巧妙地设计使广场从一个原来没有任何活动的空间变成了一个开放活跃的舞台。

“西 8 设计组”对斯库伯格广场的改建还有一个突出的特色，即用灯光设计和喷泉景观来改变广场的形象。广场上 4 个巨大的鹤形灯柱高约 35m，它们每个小时就会变换一种姿势，人们也可以向广场的控制台投币来操纵灯光的运动，这种人性化自动化的灯光设计，为广场景观带来了无限的生机和乐趣。广场朝阳面的带状区域内，设置了几个小型喷泉，泉水直接从金属格板铺地和石头缝中喷出。另外，在这块带状区域内还布置有各种各样用于小坐和倚靠的建筑小品，给人们的观赏、休息提供了极大方便。

斯库伯格广场的静态区域是保留下来的原停车场上的 3 个通风塔。通风塔顶部安装有数字钟，在夜间这些通风塔格外光彩照人。广场的铺地采用格子板、金属板、人字形木板、橡胶铺面等许多种类的材料，将地面划分成为多个区域。整个广场包括铺地、灯光、建筑以及建筑小品等设计，无一不表现出这个广场就是一个繁华的大型空中舞台，这里期待着人们的到来，进行各种休闲娱乐活动。

五、我国城市广场设计存在问题及对策

随着社会经济的发展，城市的发展也是越来越快。城市广场是一个城市的窗口，它在一定程度上代表了城市的形象。也就是说，城市广场是城市居民生活的重要组成部分，现代人越来越习惯城市广场的存在，市民也都希望城市里可以有一个兼具人文、生态和社会和谐的城市广场。然而，受社会现实条件和设计师主观条件的制约，现代城市广场设计中还是存在一定的问题。本节在分析现代城市广场设计的现状和存在问题的基础上，探讨了人们应该采取何种对策，设计和建立一个人文、生态和社会都能和谐共存的现代城市广场。

（一）现代城市广场设计的现状分析

随着社会的发展，中国城市发展的速度越来越快，城市人口数量在不断增多，城市的规模也在日益扩大。现代城市广场是城市空间的重要组成部分，不但能调节城市生态环境的发

展，更重要的是现代城市广场可以为居民日常生活提供一个娱乐、集会和休闲交往的场所。我国各地地方政府也都积极采取措施为居民建立一个生态和谐的城市广场，现代城市广场的建设近年来在我国发展非常迅速。也就是说，在我国的很多城市都建设成了颇具规模的城市广场，城市广场已经成了居民日常生活的重要组成部分，现代城市广场已经成为城市物质文明和精神文明建设的重要内容之一。但是，受社会现实条件和设计师主观条件的制约，我国在现代城市广场设计方面还是存在一系列问题的，这些问题严重影响现代城市广场的发展。

（二）现代城市广场设计中存在的问题分析

1. 现代城市广场在设计方面尺度过大

通过调查研究，我们可以发现当前我国的一些城市广场，尤其是县级的城市广场在规划阶段就没有对广场的尺度进行科学的界定，从而导致城市广场的设计尺度过大，城市广场尺度过大必然会为城市广场的发展带来一些不好的后果。例如，过大的城市广场必然会导致物力、人力和资源的严重浪费，这样也不利于城市其他项目进行合理的规划。同时，城市广场过大还会使人们产生空旷的感觉，让人感觉不亲切，不具备城市广场应有的亲和力。另外，过大的城市广场会让在广场中游玩的人觉得很累，这样就没有体现城市广场设计“以人为本”的设计原则。

2. 部分城市现代城市广场设计对地方传统特色文化体现不够

城市广场是城市的窗口，别人也可以通过城市广场了解这个城市的特色和传统文化。然而，我国一些城市在进行广场设计的过程中，仅仅是被动模仿其他城市现代城市广场建设成功的范例，并没有结合自己的实际情况，没有体现自己的文化特色，这就说明这些城市在广场设计的过程中并没有注意去挖掘本地的历史文化底蕴，并最终导致城市广成设计和建设缺乏当地特色文化理念。也就是说，一些地方城市广场的设计仅仅是毫无理性地去追求一些图案化的表面，导致广场失去了地方特色，导致各地城市广场千篇一律，毫无特色，不能体现当地的历史和文化底蕴，时间久了，人们就会对这种没有文化特色的城市广场产生审美疲劳，不利于现代城市广场的长久发展。

3. 城市广场设计中大片装饰性草坪产生的弊端

目前，我国多数城市在建设广场的时候都喜欢在广场里布置面积很大的装饰性草坪，这些草坪有工整的修剪图案。在城市广场草坪的旁边大都立有“禁止游客践踏”的牌子。游客面对融融的绿意，却不能在上边休息玩耍，很多游客都不得不在路面和那些局部硬质铺装上面进行活动。同时，为了生活美化，城市广场设计在不同地季节应该有明显不同的景观特色，这就要求人们在进行广场设计的时候一定要把这些因素考虑进去，但是大草坪这种比较单一的景观就很难与不同季节的景观特色进行协调。

4. 部分城市广场设计空间围合感不强，建筑形式不够协调

当前，广场的围合主要有单面围合，两面围合，三面围合和四面围合四种形式，其中三面围合和四面围合具有比较好的封闭感，也有较强的领域感。围合广场的常见要素主要包括数树木、建筑、柱廊和一些有高差的特定地型等，建筑围合是城市广场设计比较高的一种形式。然而，当前我国的部分城市广场大多采用道路围合，或是在城市广场的两侧或单侧布置一些建筑，这种形式会让游客容易在心理上和行为上产生一种不安定的感觉，从而导致游人不愿意长时间的在城市广场游玩，这样就降低了城市广场的内在凝聚力和吸引力。

（三）现代城市广场设计的对策

现代城市广场是城市的窗口，是市民进行娱乐、休闲以及集会交往的场所，这充分说明现代城市广场设计要充分体现“以人为本”的原则，要促进生态、人文和社会的和谐可持续发展。因此，在设计城市广场的过程中，设计师要对城市广场赋予地方特色的文化底蕴，要注重广场建筑各方面的协调，考虑多种大自然环境的引入，要遵守设计原则理念，设计合理科学的现代城市广场，为居民的休闲生活打造一个和谐的场所。

1. 设计在设计过程中要结合当地的特色文化，赋予城市广场丰富的文化内涵

城市广场是城市的窗口，也是外地人了解当地历史文化的一个重要途径，独具地方文化特色的城市广场才能具有更强的吸引力和凝聚力。因此，在进行城市广场设计的时候要充分考虑到当地的文化环境和文化内涵。比如，当地的传统、历史、具有原始风貌的艺术和风土人情，以及古代的有趣传说，当地的宗教、民俗、书法和文学典故等历史文化。例如，在江西南昌的秋水广场，它的设计就是跟当地历史文学相结合的优秀典范。秋水广场位于南昌市赣江北岸，与中国名阁滕王阁隔江相望，千米宽的赣江恰好在这里划出一道优美的曲线，高达 128m 的音乐喷泉也是秋水广场的一大奇观。每到夏夜，游客可以边观看滕王阁夜景，边欣赏美妙的音乐喷泉。因此，秋水广场的设计充分与当地的历史文化糅合在一起。

2. 城市广场设计要考虑到多种大自然环境的引入

目前，我国部分城市的广场只是引入大面积的草坪，这种单一的自然环境并不利于城市广场的长久发展，也不能体现“以人为本”的设计原则。因此，设计师在进行城市广场设计的过程中，不仅要引入草坪，更要引入大量的花卉、树木、水等自然环境，还应该适量的引进一些鸟类和小动物。美丽的花卉在春天开放能吸引不少游人在广场内游玩赏花。夏天树木茂盛能为游人遮去火辣辣的阳光，水的引入更能为游人带来一种清爽的感觉。因此，设计师在设计城市广场的时候一定要综合考虑到各方面的因素，充分体现生态和谐和“以人为本”的原则。

3. 广场设计的规模要适中，要与周围的环境协调，不要过大

一般而言，大城市的城市广场面积在 3～4hm^2 之间，而小城市的城市广场则适宜在 1～2 hm^2 之间。因此，城市广场面积的大小与城市的经济实力是没有很大关系的，这也意味着片面地去追求面积和比例过大的城市广场的观点是错误的。因此，设计师在设计城市广场的过程中，要充分考虑到当地的建筑，要与当地城市的面积相协调，这样，市民在城市广场游玩的时候才不会产生空旷的感觉，这样的城市广场才能更好地体现“以人为本”的设计原则，广场才能更具亲和力，才能提升城市广场的凝聚力和吸引力，促进城市的和谐发展。

社会的发展推动了城市广场建设的热潮，我国各地城市都积极建成了自己的城市广场。但是，受现实条件的制约，现代城市广场设计在规划设计，建设施工和管理维护等方面还是存在问题的。因此，设计师在对城市广场进行设计的时候要坚持“以人为本”的根本原则，充分考虑到当地的特色文化，赋予广场丰富的文化内涵，要注意多种自然环境的引入，广场面积要协调，要努力为市民打造一个生态协调的城市广场。

第四章 城市道路景观设计

为了创造良好的投资环境，我国各城市都在加大力度打造自己的特色风貌，城市基础设施建设的投资力度都有大幅度增长。城市基础设施建设中很重要的部分就是城市道路的建设，城市总体形象主要与五种城市物质要素有关，即道路、边沿、区域、节点及标志，而给人第一印象的便是城市道路。所以，城市道路在构成城市景观形象中有着极重要的作用。作为现代化的城市，更应该在城市的道路景观设计中描绘出绚丽多彩的图案。

第一节　城市道路的作用与分类

城市道路是城市中重要的组成设施，是组织生产、安排生活所必需的车辆、行人交通往来的道路，是连接城市各个组成部分包括市中心、工业区、生活居民区、对外交通枢纽、文化教育区、风景游览区、体育活动场所等，并与城市边缘的公路贯通的交通纽带。

一、城市道路的功能

城市道路是现代化城市重要的组成部分，是城市中人们活动和物质流动必不可缺的重要基础设施，是提供公用空间、抗灾救灾的通道。城市道路的功能随着时代变化、城市规模、城市性质不同，表面上有所差别，但其功能主要体现在以下几个方面。

1. 交通设施功能

交通设施功能是指由于城市活动产生的交通需求中，城市道路担负着城市疏散交通的重要功能，是现代化城市必备的重要基础设施。城市道路是组织城市交通运输的基础。城市道路是城市不可缺少的主要基础设施之一，是市区范围内人工建筑的交通路线，主要作用在于安全、迅速、舒适地通行车辆和行人，为城市工业生产与居民生活服务。

城市道路可分为长距离输送功能和沿路进出行人集散功能，干线道路体现了长距离输送功能，支路及路边公交停靠站，则是为了沿路用地或建筑物发生的行政、商业、文化、生活等活动客（货）流进、流出的交通集散提供直接服务。

2. 公用空间功能

公用空间功能主要有道路、广场、停车场和公园等。城市道路也是布置城市公用事业地上、地下管线设施，组织沿街建筑和划分街坊的基础，并为城市公用设施提供容纳空间。城市道路用地是在城市总体规划中所确定的道路规划红线之间的用地部分，是道路规划红线与城市建筑用地、生产用地，以及其他用地的分界控制线。因此，城市道路是城市市政设施的重要组成部分。

道路是城市中具有重要地位的空间环境，在大部分的城市中，道路的面积约占所有土地面积的 1/4。现代化的城市道路，在满足交通等道路使用功能外，搞好道路的绿化美化，能起到防眩光、缓解驾车疲劳、调节心情、稳定情绪等作用。所以说，有良好绿化美化的园林环境和赏心悦目的道路景观，也是现代化城市道路不可或缺的功能之一。道路绿化就是实现这一功能的主要手段。

国内外城市道路绿化表明，特别是车辆拥挤的道路、立交桥和交叉路口等这些环境污染较严重的地区，大量种树、栽花、种草能起到人为强化自然体系的作用，利用绿色植物特有的吸收二氧化碳、放出氧气的功能，吸收有害物质，减轻空气污染的功能，除尘、杀菌、降温、增湿、减弱噪声、防风固沙的功能等来提高生态效益，应是改善城市生态环境的根本出路。

3. 平面结构功能

城市建设和发展离不开道路规划，道路是城市规划不可缺少的重要组成部分。形成城市平面结构功能中起重要作用的是城市道路网。在通常情况下，干线道路形成城市骨架，支线道路形成街区、邻里街坊。城市的发展是以干道为骨架，以骨架为中心向四周延伸。

4. 防灾救灾功能

城市是人口密集的场所，必然会出现这样那样意想不到的灾害。城市道路的防灾救灾功能主要是起避难场地作用、防火带作用、消防通道作用和救援通道作用等。

二、城市道路的特点

城市道路与公路相比，有很多相同之处。但是，由于城市道路的特殊地位和功能，使得城市道路有其特殊的交通问题，具有如下交通特点。

（1）负担的交通量较大　城区内拥有大量的工作岗位，还有金融、商业、娱乐场所和办公楼等，这些高度集中的公共建设设施吸引的交通量往往占很大比例。同时，城市的交通枢纽处，自行车、行人和机动车等各种交通量都很大。这些机动车和非机动车混在一起，道路负担的交通量大，往往使城市道路长期处于超负荷状态下运行。

其次城区的过境交通量也很大，尤其是处于交通要道上的城市，过境交通也是一个难以承受的压力，我国有些城市的过境交通量已达到30%以上。

（2）交通方式复杂多样　由于城市中汇集了各种车辆和行人，从而形成城市交通多方面的需要，修建了各种各样的交通工程，这样使得城市交通方式变得复杂多样，相互干扰比较严重。尤其在城区混行的交通方式中，公交线路繁多，客运需求量大，往往致使人流过分集中，或者由于公交站点布置不当致使行人与车流发生冲突，都会使城区的交通更加拥挤。

此外，我国很多城市的地上地下轨道换乘处的人流集中，过街量很大，特别是商业繁华区，吸引顾客的能力很强，这样必然会给主干道上的机动车和自行车的行驶都带来一定的困难，严重影响车道功能潜力的发挥。

（3）交通服务水平较低　由于城区内交通用地比较紧张，设计标准较低，交通量比较大，人车相互拥挤，加上交通服务设施严重不足，必然造成道路服务水平低下，缺乏和谐的行人交通环境，交通环境不符合现代化城市的要求的结果产生。

（4）城市道路交叉点多　由于城市中的车辆和人口集中，尤其是中心区交通流量大，根据交通需要设置的道路数量、交叉点和交通形式复杂，再加上车辆和行人混行，交通管理非常困难，所以交通事故比较频繁。

（5）道路两侧建筑密集　城市是一个地区政治、经济、文化的中心，是贸易和对外交流的核心，也是人口居住集中的地方，因此，在城市道路的两侧建筑非常密集，一旦固定下来难以拆迁，不同城市和道路等级，其两侧建筑物的性质、规模和标准也有所区别。

（6）城市道路多种功能　城市道路不仅是城市的交通设施，而且还具有组织城市用地、安排城市绿化和地上地下管线等基础设施的功能。因此，在规划布局城市道路网和设计城市道路时，都要兼顾到城市中其他各种功能的要求。

（7）景观艺术要求比较高　城市景观和建筑艺术必须通过道路才能反映出来，道路景观与沿街人文景观和自然景观浑然一体，尤其与道路两侧建筑物的建筑艺术更是相互衬托、相映成趣。完善的、合理的城市道路网络，也从一个侧面体现和反映出城市的文明程度。

（8）规划设计影响因素多　城市道路规划、设计的影响因素很多，人和物的交通均需要利用城市道路，同时多种市政设施、绿化、照明、防火等，无一不设在城市道路的用地上，这些因素在道路规划设计时也必须综合考虑。

（9）道路建设中政策性强　城市道路的规划设计，涉及社会的各个领域和部门，在规划设计中应考虑城市发展规模、技术设计标准、房屋拆迁、土地征用、工程造价、近期和远期、需要与可能、局部与整体，各部门都有相应的政策和规定，所以城市道路政策性强。

不同规模的城市，对交通方式的需求、乘车次数和乘车距离等方面均有较大的差异，反映在道路上的交通量也有很大的区别。根据我国现行的行业标准《城市道路工程设计规范》（CJJ 37—2012）中的规定，城市道路分为四个等级，公路分为五个等级。

三、城市道路的分级

原来城市人们的出行活动主要是靠步行和自行车，对道路交通网的要求很低。随着城市化的快速发展对人们对交通要求的提高，小城市中的道路级别相应提高，一般其主干路相当于大中城市的次干路或支路。根据《城市道路工程设计规范》（CJJ 37—2012）中的基本规定，城市道路应按道路在道路网中的地位、交通功能以及对沿线的服务功能等，分为快速路、主干路、次干路和支路四个等级。

（1）快速路　快速路是为流畅地处理城市大量交通而建筑的道路，是在城市内修建的具有单向多车道（双车道以上）的城市道路。快速路应中央分隔、全部控制出入、控制出入口间距及形式，应实现交通连续通行，单向设置不应少于两条车道，并应设有配套的交通安全与管理设施。快速路两侧不应设置吸引大量车流、人流的公共建筑物的出入口。快速路是为机动车提供连续流服务的交通设施，是城市中快速大运量的交通干道。快速路的服务对象为中长距离的机动车交通，与城市外主要的高速公路进出口连通，快速集散出入境及跨区的机动车出行。

快速路应为城市中大量、长距离、快速交通服务。快速路主要服务于机动车中长距离的出行，满足车辆连续快速通行的要求。由于快速路是大城市交通运输的主动脉，因此，快速路的两侧不应设置吸引大量车流、人流的公共建筑物的进出口。两侧一般建筑物的进出口应加以控制。

快速路要有平顺的线型，与一般道路分开，使汽车交通安全、通畅和舒适。与交通量大的干路相交时应采用立体交叉，与交通量小的支路相交时可采用平面交叉，但要有控制交通的措施。两侧有非机动车时，必须设完整的分隔带。横过车行道时，需经由控制的交叉路口或地道、天桥。

（2）主干路　主干路是连接城市各主要部分的交通性干路，是承担中心城区各功能分区之间的交通骨架，是与快速路共同分担城市的主要客货交通，因此，主干路的主要功能是交通运输。主干路应连接城市各主要分区，应以交通功能为主。主干路两侧不宜设置吸引大量车流、人流的公共建筑物的出入口。

主干路上的交通要保证一定的行车速度，所以应根据交通量的大小设置相应宽度的车行道，以供车辆通畅地行驶。线型应当畅顺，交叉口宜尽可能少，以减少相交道路上车辆进出的干扰。平面交叉要有控制交通的措施，交通量超过平面交叉口的通行能力时，可根据规划采用立体交叉。

主干路上的机动车道与非机动车道应用隔离带分开。交通量大的主干路上快速机动车，如小客车等也应与速度较慢的卡车、公共汽车等分道行驶。主干路两侧应有适当宽度的人行道。应严格控制行人横穿主干路。主干路两侧不宜建筑吸引大量人流、车流的公共建筑物，如剧院、体育馆、大商场等。

（3）次干路　次干路是分布在城市各区域内的地方性干道，即一个区域内的主要道路，其沿线可分布大量的住宅、公共建筑和公共枢纽等服务设施。因此，次干路是一般交通道路兼有服务功能，配合主干路共同组成干路网，次干路应与主干路结合组成干路网，应以集散交通的功能为主，兼有服务功能。一般情况下快慢车混合行驶，也是公交线路主要布设的道路。条件许可时也可另设非机动车道。

次干路的两侧应设人行道和吸引人流的公共建筑物，并可设置机动车和非机动车的停车场、公共交通站和出租车服务站。次干路与居住区的联络线，为地区交通服务，也起集散交通的作用，两旁可有人行道，也可有商业性建筑。

（4）支路　城市中的支路是以服务功能为主，应为次干路与街坊路的连接线。支路是联系次干路和居民区、工业区、商业区、交通设施、公共设施用地的纽带，应解决局部地区交通，以服务功能为主。支路还是划分城市街坊的基本因素和界线，对不同性质的地块提供良好的交通可达性。

支路作为城市中的集散道路，直接服务于不同土地利用上的交通集散，是非机动车交通的主要承担道路。

此外，根据各地城市的不同情况，还可以规划商、货自行车专用道、公交专用道、商业步行街、货运道路等专用道路。

城市中的文化商业大街，沿街有大量的文化商业设施，道路仅为公共交通和行人服务，一般不负担过境交通。道路仅为沿街单位的运输服务，一般情况下白天禁止货运，这些专用道路属于次干路或支路。

四、公路的分类

不同规模的城市，对交通方式的需求、乘车次数和乘车距离等方面均有较大的差异，反映在道路上的交通量也有很大的区别。根据我国现行的行业标准《城市道路工程设计规范》（CJJ37—2012）中的规定，城市道路分为四个等级（具体分级见第二节），公路分为五个等级。由于城市对外放射道路（进出口道）与公路在边缘区相交，为使城市道路和公路协调一致，在掌握城市道路分类的同时，对公路的分类也应有所了解。

五、城市道路系统

城市道路系统是城市辖区范围内各种不功能道路，包括附属设施有机组成的道路体系，它是城市结构布局的决定因素，也是城市的基本组成骨架。城市道路系统的功能是交通的各项设施根据现代交通的需要，把城市中各个组成部分有机的连接起来，组成完善的道路交通系统，使城市各部分之间有便捷、安全、经济的交通体系。

城市道路系统一般包括城市各个组成部分之间相互联系、贯通的汽车交通干道系统和各分区内部的生活服务性道路系统。城市道路系统的形式是在一定的社会条件、城市建设条件及当地自然环境下，为满足城市交通以及其他各种要求而形成的。

城市内的道路纵横交织组成网络，所以城市道路系统又称为城市道路网。由于城市所处的地理位置和自然环境不同，各自对交通的要求也不同，所以城市道路系统没有共同的统一形式。从已经形成的道路系统中，归纳为以下几种类型。

（1）放射环形道路系统　放射环形道路系统是由一个中心经过长期逐渐发展形成的一种城市道路网形式。放射线干道加上环形道路系统，由几条围绕中心不同距离的环路联通各条放射线干道。使各区之间均有较通畅的联系。但容易导致大量交通直接向中心地区集中。例如，俄罗斯莫斯科就是一个完整的放射环形的典型例子。我国四川的成都市在旧城的基础上从中心向四周较均衡的发展，如图4-1所示。

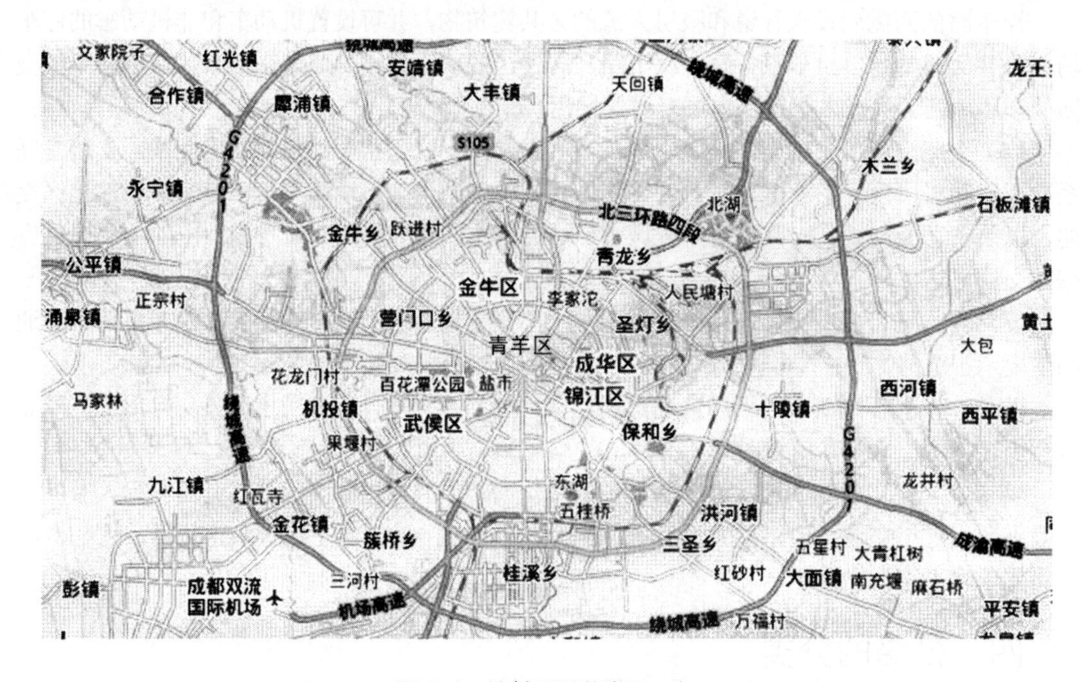

图 4-1　放射环形道路网示意

采用这种形式的道路系统，车流将集中于市中心，特别是大城市的中心，这样尽管环形道路起分散作用，但交通较复杂，易造成拥挤现象。

放射形道路系统（如长春市）是在旧有基础上发展起来的，可以看出它是受理想城市模式和传统平面构图规划思想的影响。其次是无锡市，它是历史悠久的古城，为大运河和沪宁铁路所贯穿，道路从城市的中心地区自然向交通方便的地区和太湖风景区伸展，形成了放射环形道路网。

（2）方格形道路系统　方格形道路系统也称为棋盘式道路网，是城市道路网中常见的一种形式。这种道路网把城市用地分割成若干方正的地段，其优点是系统非常明确，便于建设物布置，道路定线方便，交通组织简单便利，易于识别方向等，特别适用于地势平坦的平原地区，一般中小城市有较多的方格形道路网的形式，例如北京市、西安市、苏州市等一些古城均以这种形式为主，如图4-2所示。

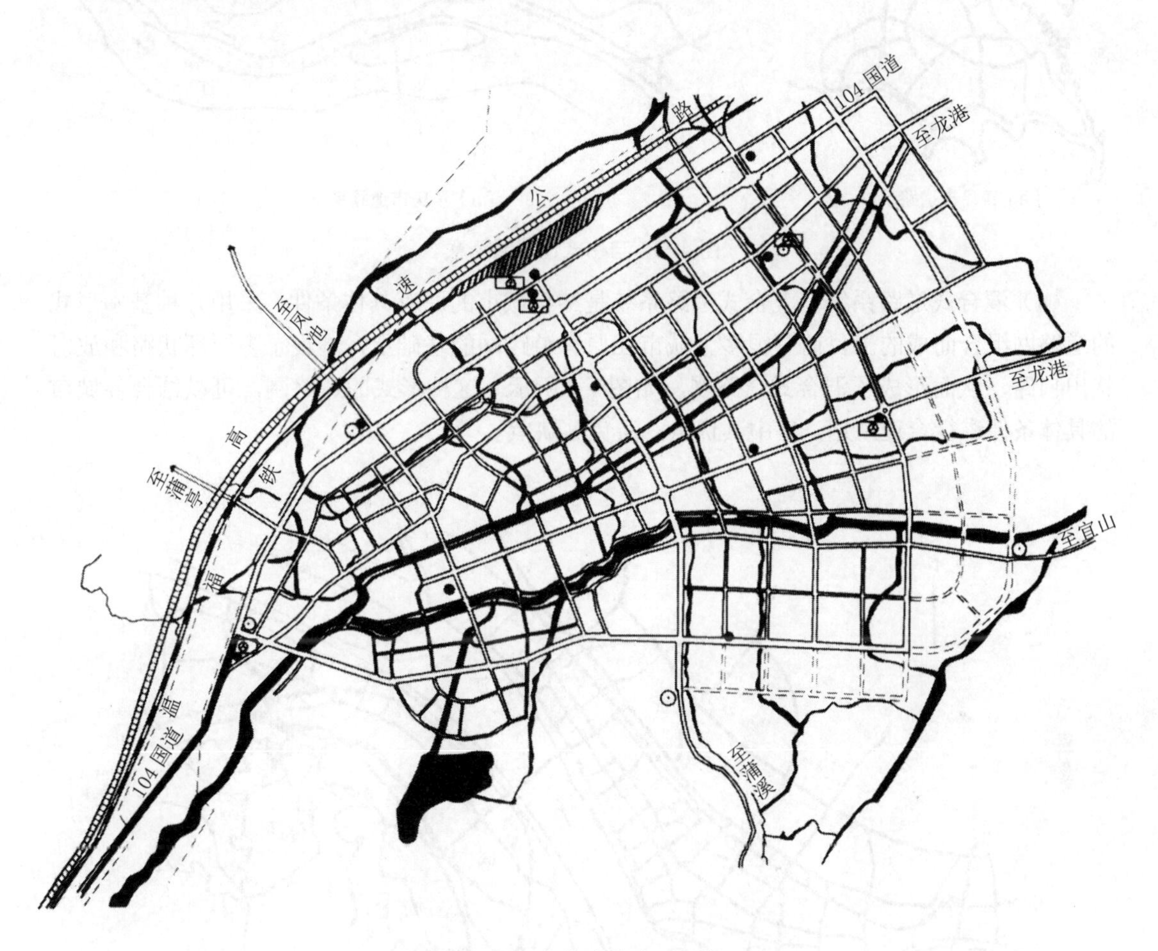

图4-2　方格式道路网示意

方格形道路网划分的街坊用地多为长方形，即每隔一定距离设一条干路及干路之间设支路，将城市用地分为距离大小适当的街坊。但是，这种道路网也存在对角线两点间的交通绕行路程长，从而增加了市内两点间的行程的缺点。

（3）自由式道路系统　自由式道路系统多在地形条件较复杂的城市中，为了满足城市居民对于交通运输的要求及便于组织交通，自由式道路结合地形变化，路线多弯曲自由布局，具有丰富的变化，无一定的几何图形。自由式道路系统能够充分利用自然地形，节省道路建设投资，形式自然活泼。但不规则的街坊较多，严重影响建筑物的布置，路线弯曲不易识别方向。我国的青岛、重庆等城市的道路网都属于自由式道路网。自由式道路系统要合理规划，有组织有规律，如图4-3所示。

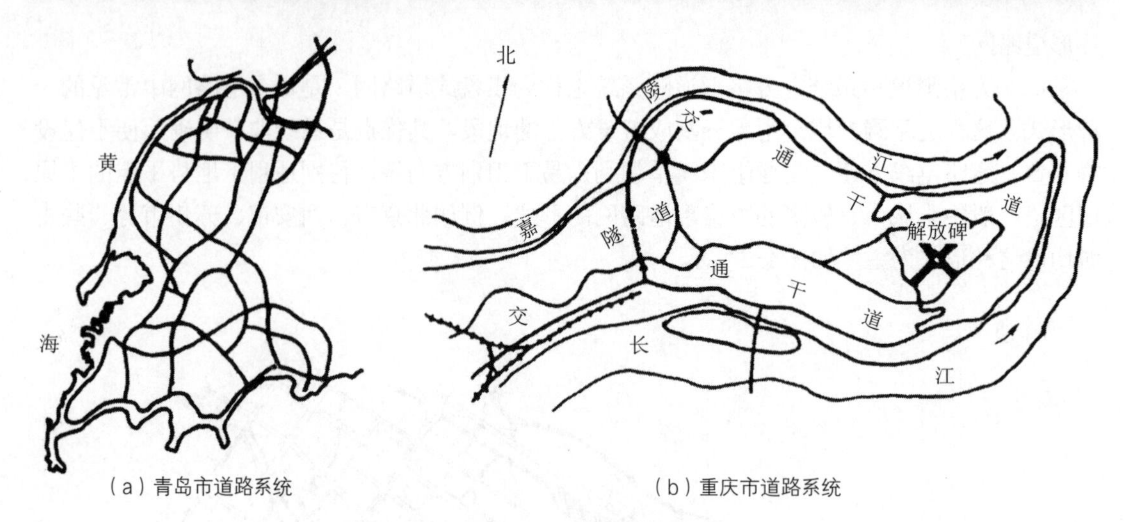

（a）青岛市道路系统　　（b）重庆市道路系统

图 4-3　自由式道路网示意

（4）混合式道路系统　混合式道路系统是结合城市的原有具体条件，采用几种基本形式的道路网组合而成的。目前有很多大城市在原有道路网的基础上，增设了多层环状路和放射状出口路，从而形成了混合式道路网，如图4-4所示。这种形式的道路网，可以结合各城市的具体条件进行合理规划，集中其优点，避免其缺点。

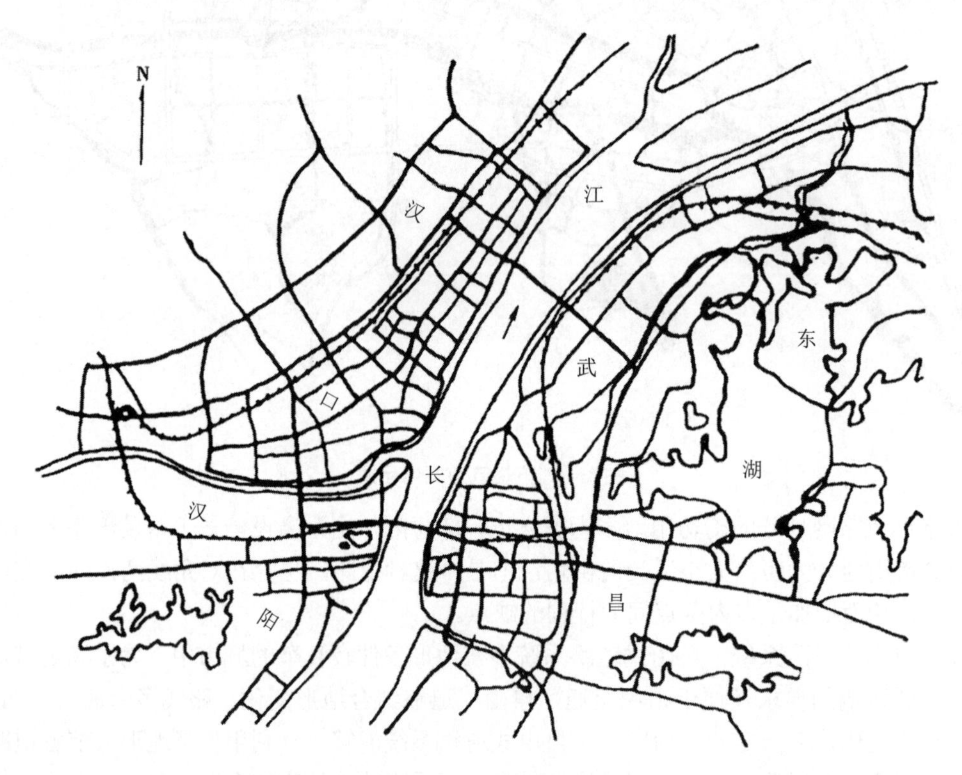

图 4-4　混合式道路网示意

例如，在某些大城市（上海、天津、沈阳、南京等）中，原以方格式为基础，可将放射环形同市中心所采取的方格式结合起来，从而形成一种比较合理的混合形式，发挥放射环形和方格式道路系统的共同优点，因此混合式道路系统是一种比较适用的好形式。

一般在我国的山区、丘陵或海滨等城市，在新中国成立前存在着一些国家的租界地区，都是各自为政自成体系而形成的道路网，如上海、天津、广州、青岛等城市，主要是受海湾影响和山丘等地形限制，道路线型不能很平直布置，只能因地制宜。

六、我国城市道路景观设计现状

近十几年来，我国的城市建设突飞猛进，城市面貌得到了巨大的改观。但城市景观布置是局部的，或是临时改造，城市道路景观设计还不完善，根据国内外的现实来看，目前道路景观设计已成为城市景观设计中重要的一个环节。结合我国城市道路景观设计的实际，在这方面主要存在如下问题。

（1）功能设施不健全　功能设施不健全主要反映在道路交通环境中，只考虑对道路交通要求，不够重视道路两侧各种设施建设和美化设计，如交通标志和照明等。

（2）环境质量差　环境质量差主要表现道路绿化系统不健全，沿街建筑形式杂乱无章，车站站牌、广告箱及其他街具的随意布设等，缺乏系统化和标准化设计。

（3）城市道路环境“重车不重人”　交通繁忙路段缺乏必要的停车站点，以致造成停车挤占人行道。

（4）城市街道建设缺乏个性　城市街道建设在空间上，两侧建筑的色彩、材料及形式等方面过于雷同，缺乏明显的可识别性等。其原因有历史原因、观念原因、经济问题，各专业学科之间分离等，结果造成了城市道路景观缺乏统一整体性。

城市建设尤其是“绿化城市”、“美化家园”、“卫生城市”的建设是不会停止的，而城市道路景观设计，是为居民提供优美及公共活动空间而服务的，因而它必将得到持续发展。

七、城市道路景观设计考虑因素

交通空间的占用在城区范围内产生了相当大的视觉破坏，无论停车场还是快车道，甚至商业街都难以令人产生美感。机动车静的或动的，随处可见，主宰着城市景观。因此，城市景观应有宏观规划，城市道路景观应在城市景观宏观规划指导下，根据自身特点进行具体设计。

（1）与城市道路景观的性质和功能性相适应　由于城市布局、地形、气候、地质、水文及交通方式等因素影响，不同性质和功能的道路组成，会产生不同的路网。如在一些城市中是混合式路网，有环道、高架桥等快速道路系统，但仍不能满足城市经济飞速发展的交通需求。所以必须根据城市的特点，提高道路最基本的使用功能，加强道路自身设计，促进经济发展。

（2）考虑道路使用者的行为规律与视觉特性　道路上的人流、车流都是在动态过程中赏街景，又由于各自交通目的（上班、购物、旅游等）和交通手段（步行、骑自行车、乘公交车等）不同产生不同的行为规律和视觉特征。所以城市道路在设计中要把握“以人为本”的原则，以达到方便行人、美化街道、缓解交通压力的目的。

（3）考虑传统文化和地方文化特色原则　把道路与环境作为一个景观整体加以考虑，并作一体化设计，创造有特色又有时代感的城市环境。如我国的西安市不但是丰富历史遗存城市，而且是经济繁荣、环境幽雅的现代化城市。所以，城市道路景观设计不仅要求各个景观元素组成的街景统一协调，而且应与城市历史文物（古建筑、古街道、塔等）以及现代建筑有机地联系在一起。

（4）考虑道路可持续发展和个性　可持续发展表现为自然资源、生态环境和经济社会发展三方面统一。在道路景观设计中要尽量加强自然要素的运用，恢复和创造城市中的生态环境，让城市道路中的硬质景观融入自然并与自然共存。个性设计指城市道路景观设计突出城市自身的形象特性，使每个城市在各自不同的历史背景，不同的地形和气候和城市整体形象建设中得以充分体现。

八、城市道路景观设计特点

作为城市形象的重要窗口和城市形态构成的重要因素，城市道路应该展现出与之相应的繁荣热闹和轻松愉悦。从带状的行车绿化到点状街头花园，从花坛座椅到路牌广告，无不让人们领略到自然优雅、高效有序、精细、充满关爱的道路景观特色，使城市成为一个高楼林立、环境优雅、交通便捷的都市。据经济合作与发展组织（OECD）估计，发达国家有 15% 的人口生活在 65dB 以上的高噪声环境下，这些噪声主要来自交通，还有重型货车夜间装卸引起的震动，而良好的城市绿化环境有利于降低噪声污染，这就需要城市景观设计中要充分考虑到降低污染的重要性。

（1）植物覆盖率　城市应高度重视城市中绿化“软”环境的培植，这不仅有利于街道的大气清洁，噪声控制和城市景观等有形环境，同时也在引导着城市文化这一非物质的社会环境形成。无论建筑密度有多大，都应该让人感觉到郁郁葱葱的自然气息，城市街道的整洁干净，与道路和两旁的植物覆盖率有着密切关系的。

（2）有序高效的标识系统　道路本身的功能是有效的组织车流人流，使其快捷安全的到达目的地。城市市民的工作节奏越来越快，生活对城市道路提出了要求。根据路段性质和周围环境，从行人的行为出发，合理设置各种标识，成为城市街头的特色景观之一。

（3）精致的细部　细节体现品质，道路中很多精细之处，如花坛、道路中各种管道在地面的出口、人行道的铺装、道路缘石、排水沟等精美装饰，都会给街道增添很多优雅气质。

（4）极富人性的设计　人是使用环境的主题，环境的意义在于个人参与。城市的建设应从使用者出发，悉心设计每一个环节，表现出人性的关爱，如残疾人坡道。

在城市道路景观设计中，把握人在不同道路上的不同活动方式，应该选择不同的景观设计方法。正如美国著名学者培根所说：“由于设计是一件艺术品，因此对身临其境者在每一瞬间，从每个视点产生的印象，必须不仅是连续的而且是和谐的”。

九、城市道路绿化设计注意事项

道路是城市最重要的基础设施之一，是人们认识和理解一座城市的媒介，是一个城市的走廊和橱窗，是人们认识城市的主要视觉和感觉场所，是反映城市面貌和个性的重要因素。城市道路绿化水平直接影响道路形象进而决定城市的品位。道路绿化，除了具有一般绿地的净化空气、降低噪声、调节小气候等生态功能外，还具有保护路面和行人、引导控制人流车流、提高行车安全等功能。在搞好城市发展规划的同时，城市道路绿化设计也是一项不可缺少的重要工作。在城市道路绿化设计中应注意以下事项。

（1）城市中的园林景观路是指在城市重点路段，强调沿线绿化景观，体现城市风貌与绿化特色的道路，是道路绿化设计的重点。由于道路具有良好的绿化条件，应选择观赏价值较高、有地方特色的植物，合理进行配置并与街景配合，以反映城市的绿化特点与绿化水平。

（2）主干路是城市道路网的主体，贯穿整个城市，对其应当有一个长期稳定的绿化效果，形成一种整体的道路景观基调。植物的配置应注意空间层次、色彩的搭配，体现城市道路绿地景观特色和风貌。

（3）同一条城市道路的绿化，应当有统一的景观风格，不同路段的绿化形式可以有所变化，以丰富道路景观。

（4）同一路段上的各类绿带，在植物的配置上应注意高低层次、绿色浓淡色彩的搭配和季相变化等，并应协调各类树形的组合、空间层次的关系，使城市道路绿化有层次、有变化，不但丰富城市道路的街景观，还能更好地发挥绿地和隔离防护的功能。

（5）对于毗邻山、河、湖、海的城市道路，其绿地设计应结合自然环境，并以植物所独有的丰富色彩、季相变化和蓬勃的生机等展示自然风貌。

（6）人们在城市道路上经常是运动状态，由于运动方式不同和速度不同，对于道路景观的视觉感受也不同。因此，在进行道路绿化设计时，在考虑静态视觉艺术的同时，也要充分考虑动态视觉艺术。例如，主干道按车行的中等速度来考虑景观节奏和韵律，人行道树的设计侧重慢速，路侧带、林荫路、滨河路以静观为主。

（7）将城市道路这一交通空间赋予生活空间的功能。街道伴随着建筑而存在，完美的街道必须是一个协调的空间，景观设计中应注意周围的自然景观、文物古迹、道路两侧建筑物的韵律、与道路两侧橱窗的相呼应，还应注意各种环境设施（如路标、垃圾箱、电话亭、候车廊、路障等）。在充分发挥其功能的前提下，在造型、材料、色彩、尺度等各方面均应当精心进行设计。

（8）在城乡结合部的道路交叉口、交通岛、立交桥绿岛、桥头绿地等处的园林小品、广告牌、代表城市风貌的城市标志等均应纳入绿地设计，由专业人员设计和施工，形成统一完美的城市道路景观。

第二节　城市道路景观的组成

城市道路空间的景观设计，就是在合理的功能定位下，如何将城市道路景观各种构成要素进行有机地组合和设置，以及空间和功能上进行整合，达到设计者的意图，使城市道路空间的使用者获得心理和精神的愉悦和共鸣。城市道路空间景观设计的目的包含两个方面：一是通过艺术处理，合理的表达设计意图，满足人的精神上的愉悦；二是通过创作，创造一种意境和氛围，让感受者参与进去，满足人的自我表现、参与或使用需求，并使其成为城市道路景观的重要组成部分。

一、城市道路景观的组成要素

道路是连接一个地点到另一个地点的纽带，联系着城市中不同功能的用地，是城市交通系统中不可缺少的重要组成部分，在很大程度上为人们之间的交通和沟通提供很大的方便。无论是城市还是农村，任何地方都离不开道路，没有道路系统和道路景观的城市，就像一台计算机没有操作系统一样，根本无法正常运行，由此可见，认真了解城市道路景观的组成是十分重要的。

在进行城市道路景观设计之前，必须明确道路景观的构成要素以及这些要素在道路景观设计中的作用，如果设计中只考虑道路自身的功能，那么道路的景观则会缺乏整体上的统一。在认识城市道路景观组成要素后，要科学合理地分配各要素，使其以良好的形式发挥各自具有的功能，这样才能取得通行、途径、空间三方面的平衡，才能创造出精炼、人性化的城市道路景观。构成城市道路景观的要素是多种多样的，从空间角度上讲，道路两旁一般会有沿街界面相连续的建筑围合，这里的道路周边的建筑物以及道路上的交通工具、路面等均是构成城市道路景观的要素。因此，构成道路景观的要素和数量是具有多样性的，这也决定了城市道路景观的多样化特色。

根据景观的性质，城市道路景观要素大致可以分为自然景观、人工景观和历史景观。自然景观包括山体、水体、森林、植物等，山体一般处于远景位置，如果没有近处建筑物的遮挡，便成为构成城市道路景观中优美的外轮廓线。人工景观包括沿街的建筑物、建筑小品、雕塑、灯具、广告牌、围合屏障、广场、公园，以及地下的交通设施等。历史景观主要包括道路景观要素中具有历史价值的人工建筑物和构筑物。像西方城市中的那些具有宗教意义或纪念意义的教堂、凯旋门等都属于历史景观，这些建筑往往还是道路的视觉焦点。例如法国巴黎以广场中央的雄狮凯旋门为中心，向四周呈放射状展开 12 条大道，每条大道的两边都依街建有各种类型的城市建筑，形成了极富有特色的布局形式和道路景观。

为了强化街道景观的整体性，在城市道路景观构成要素的协调性方面的处理，主要包含三个层面：第一层面在对作为景观载体的城市道路与城市的关系协调，也就是城市道路的功能定位合理；第二层面是城市道路景观两大构成要素之间的协调，即各物质构成要素与时代文化环境与价值取向的协调；第三层面城市道路两大构成要素下各子要素之间的尺度、位置、功能、感受（色彩、肌理、形态、印象等）之间的协调。功能定位合理直接决定街道景观设计的成败。

二、风暴区道路的类型

城市风景区道路根据在城市风景区内所起的作用不同，归纳起来大致可以分主干路、次干路和园路三种类型。

1. 风景区的主干路

主干路指在风景区中结合自然景观的旅游游览路线，一般从风景区入口通向整个景区的各个主景区、广场、公共建筑、观景点、服务功能区、管理区，形成整个景区的骨架和环路，组成引导游览的主干路线应能适应风景区内生产运输车辆、管理车辆的行驶，以及应能满足突发事件如救护、消防等交通要求。风景区内主干路的等级一般较高，宽度在 7 ～ 20m 之间。

2. 风景区的次干路

次干路是主干路的辅助道路，成支架状连接风景区内各景点，车辆可以单向通过，承担风景区内游览、生产管理和运输生产。道路宽度一般为主干路的 1/2 左右，线形指标比主干路要低。

3. 风景区的园路

园路是风景区道路系统的末梢，一般为供游人休息、散步、游览的通幽小径。可通达风景区内各个角落，是到广场、景点的捷径，园路的宽度一般在1.0～2.0m之间，多选用简洁、质朴的自然石材（片岩、条石、卵石等）或者条砖层铺或用水泥仿塑各类仿生预制板块，并用材料组合以表现其光彩与质感。园路的功能除了提供行人交通之外，其另一个主要功能是为风景区增添了情趣，形成了独有的景观特色，在交通上是主干路和次干路的重要补充。

上述三类道路指的是风景区内部道路，但有些道路穿过了风景区，其本身从功能上即作为风景区的主干路，同时又承担着区域交通的任务，其交通组成和风景区内部道路有所不同。因此，有必要将其区别于风景区内部道路来看待。根据上述分析，将风景区道路划分为穿过风景区的道路和风景区内部道路两大类。

三、按道路的主要功能分类

按道路的主要功能为标准进行分类，主要可以分为交通性干道、生活性道路和特殊性质的道路。

1. 交通性干道

交通性干道是城市中满足交通要求的道路，这类道路不仅代表城市的形象，而且也是城市道路景观设计的重点。交通性干道首先必须满足保持畅通、速度较快、交通量大等方面的要求；其次应当是城市交通道路景观最引人注目的地方。交通性干道一般是四幅路或三幅路，交通流之间没有或很少有干扰。

2. 生活性道路

生活性道路是与城市居民日常生活有密切关系的活动空间，例如繁华街、商业街、购物一条街等都属于这一类道路。另外，生活性道路还包括一些小巷和小道，这些街道的特点是人流量较少，两侧多为服务性设施，与本地居民的生活密切相关。由于这类道路交通流较小、车速比较慢，一般以单幅路或双幅路为主。

3. 特殊性质的道路

特殊性质的道路主要是指公园的侧道或滨河道路，这些道路大多数只在一侧设置建筑物，往往会失去道路形态上的平衡，因此要保持景观上的和谐就务必将树木、水景等自然要素融入道路景观设计中来。

要设计好城市道路的景观，就必须从基本出发，首先确定城市道路的类型，以便根据该道路类型的各种要素设计其个性化特征。从而使城市道路与人之间产生对话，协调城市的整体环境，营造亲切感与和谐感的城市空间，增强城市的人文风貌。

第三节　道路景观的具体设计

城市，一种特殊的地理景观，是以人为主体的生态系统。人们每天穿梭在城市中，总是希望感受到城市美丽的风貌。城市形象是一个城市各项事业发展的至关表现，而道路作为城市“绿肺”的重要组成部分，人们更期待有良好的道路绿化空间为他们的出行带来愉悦的心情，为他们的城市提供美丽的风景线。当我们想到一个城市时，首先出现在脑海中的就是街道。街道有生气，城市也就有生气，街道显得沉闷，城市也就沉闷。此时，人们对道路的要求已远远不止交通运输功能。同时道路还通过视知觉和环境心理学对人们产生一定影响。人们开始越来越重视道路景观，因此，提供健康美观的城市道路环境不但能够带动良好的生态效益和经济效益，还能够给城市树立良好的形象，给使用者带来审美感受及驾驶乐趣。

城市道路是构成城市系统的框架和纽带，它不仅是城市交通运输的通道，还是市民户外活动最主要的公共场所。道路景观是城市风貌、城市特色的最直接体现，是人们认识城市的主要视觉和感觉场所。当进入一座城市后，最先接触到的就是这座城市的道路街景，因此优秀的城市道路景观设计，能够使市民精神愉悦、心情舒适，让市民内心充满自豪感，也能为外来旅游者留下美好、独特的印象。

美国著名城市规划师凯文・林奇在《城市意象》中，将构成城市形象分为五个部分，分别是道路、边沿、区域、节点和标志。

（1）道路　这是城市道路景观的主体要素，即观察者习惯或可能顺其移动的路线，如街道、小巷、运输线，其他要素常常围绕道路布置。

（2）边沿　边沿是指不作道路或非路的线性要素，“边”常由两面的分界线，如河岸、铁路、围墙所构成。

（3）区域　区域是指中等或较大的地段，这是一种二维的面状空间要素，人对其有一种进入“内部”体验的意识。

（4）节点　节点是指城市中的战略要点，如道路交叉口、方向变换处或者城市结构的转折点、广场，也可以是城市中一个区域的中心和缩影。它使人有进入和离开的感觉。

（5）标志　标志是指城市中的点状要素，可大可小，是人们体验外部空间的参照物，但不能进入。通常是明确而肯定的具体对象，如山丘、高大建筑物、构筑物等。有时树木、招牌乃至建筑物细部也可视为一种标志。

凯文・林奇指出：市民一般用五个元素，即造路、边沿、节点、区域和标志来组织他们的城市意象。其中把道路列为这五要素之首，由此可见城市道路对于创造良好的城市形象的重要性。

一般来说，城市道路景观是在城市道路中由地形、植物、建筑物、构筑物、绿化、小品等组成的各种物理形态。城市道路网是组织城市各部分的“骨架”，也是城市景观的窗口，代表着一个城市的形象。同时，随着社会的发展，人民生活水平的提高，人们对精神生活，周边环境的要求也越来越高。以上这些都要求我们要十分重视城市道路的景观设计。

一、城市道路景观设计的原则

根据国内外城市道路景观设计的实践经验，在城市道路景观设计中应遵循以下基本原则。

（1）尊重历史的原则　城市景观环境中那些具有历史意义的场所往往给人们留下较深刻的印象，也为城市建立独特的个性奠定了基础。城市道路景观设计要尊重历史、继承和保护历史遗产，同时也要向前发展。对于传统和现代的东西，我们不能照抄和翻版，而需要探寻传统文化中适应时代要求的内容、形式与风格，塑造新的形式，创造新的形象。

（2）可持续发展原则　可持续发展原则主张不为局部的和短期的利益而付出整体的和长期的环境代价，坚持自然资源与生态环境、经济、社会的发展相统一。这一思想在城市道路景观设计中的具体表现，就是要运用规划设计的手段，如何结合自然环境，使规划设计对环境的破坏性的影响降低到最小，并且对环境和生态起到强化作用，同时还能够充分利用自然可再生能源，降低不可再生资源的消耗。

（3）保持整体性原则　城市道路景观设计的整体性原则可以从两方面来理解：第一，从城市整体出发，城市道路景观设计要体现城市的形象和个性；第二，从道路本身出发，将一条道路作为一个整体考虑，统一考虑道路两侧的建筑物、绿化、街道设施、色彩、历史文化等，避免其成为片段的堆砌和拼凑。

（4）连续性的原则　城市道路景观设计的连续性原则主要表现在以下两个方面：第一，视觉空间上的连续性；第二，时空上的连续性。道路景观的视觉连续性可以通过道路两侧的绿化、建筑布局、建筑风格、色彩及道路环境设施等的延续设计来实现。城市道路记载着城市的演进，反映出某一特定城市地域的自然演进、文化演进和人类群体的进化。道路景观设计就是要将道路空间中各景观要素置于一个特定的时空连续体中加以组合和表达，充分反映这种演进和进化，并能为这种演进和进化做出积极的贡献。

二、城市道路景观设计的要点

城市道路景观是行人或者乘客可以直接观赏到的景观，因此城市道路景观设计的效果如何，直接影响到人们在通行空间中感受的好坏。然而，现代城市已不同于古代城市，新型交通工具的出现造成城市路网组织形式的巨大转变，这对于道路景观的形成有着直接的影响。古代的交通运输工具对人的步行活动一般不会产生威胁，但是在现代的汽车时代就不同，道路的性质也发生了实质性的改变。这时由于人车混行，城市的交通流量剧增，人们时刻面临着生命危险，生活环境遭受废气、噪声、尘埃等各种污染。针对这些情况，城市规划和道路设计时就需要考虑通过调整道路的功能和路网形式，来改变城市交通的形象，如加强步行空间的连续性，实行人车分离的道路设计原则等各类措施，从而使城市道路景观设计有了决定性的转变。

城市道路景观设计包括的范围很广，其中包括道路的断面设计、建筑设计、停车场设计、绿化设计、广告标志物设计等。道路景观设计的基本特点是由多种因素决定的，其中包括交通的控制、路网的安排、绿化带的位置、停车场的位置、人行系统等。因此，首先路网的安排是道路景观设计的要点；其次，为保证道路的通行功能，停车场、绿化带、休息场所等的位置要选择恰当；此外还要注意各景观要素之间的连续性和美观等特征。

三、城市道路绿化设计的形式

随着我国城市道路系统的迅猛发展和可持续发展观的深入，城市道路环境作为城市的窗口形象已显得越来越重要，人们对道路的期待已经由满足基本的交通功能上升到了期望有赏心悦目的道路景观环境。因此，道路绿化系统的建设变得日益重要。国内外城市建设的实践经验表明，在进行城市道路绿化设计中，究竟采取何种绿化的栽植形式，对于道路绿化的效果起着关键性的作用。

根据城市道路绿地的景观来考虑栽植的形式，道路绿地大致可分为密林式、田园式、花园式、防护式、自然式、滨河式和简易式等七种。

1. 密林式

密林式是指沿道路两侧有浓茂的树林，植物以乔木为主，乔木层次分为上、中、下层，乔木可以以组团方式出现，再结合灌木、常绿地、草花和地被等，竖向层次丰富。密林式的宽度一般在 50m 以上，采取成行成排整齐种植。密林式街道绿地设计如图 4-5 所示。

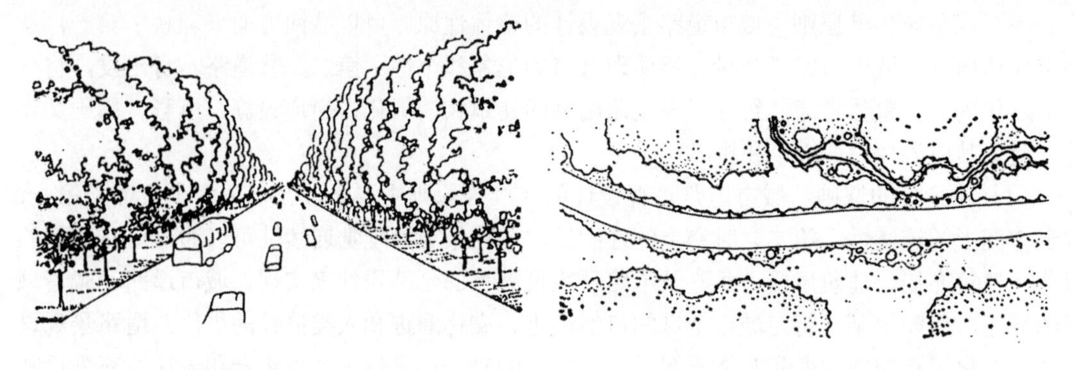

（a）密林式有绿荫夹道的效果（立面图）　　（b）密林式周围的自然地形（平面图）

图 4-5　密林式街道绿地设计

2. 田园式

田园式绿化方式是指道路两侧的绿地植物都在人的视线以下，大多以种植花草为主，其空间全部敞开。在郊区直接与农田、菜田相连，在城市边缘也可与苗圃、果园相邻。这种形式具有开朗、自然和乡土气息，可以欣赏田园风光或极目远望，可以看见远山、蓝天、白云、海面、湖泊等景色。人们在路上高速行车时，视线开阔，心旷神怡。

3. 花园式

花园式绿化栽植形式主要在城市的商业街、闹市区和居住区前使用，这种形式路旁要有一定的空地。商业街道花园式的绿化示意如图 4-6 所示，城市居住区前花园式绿地示意如图 4-7 所示。

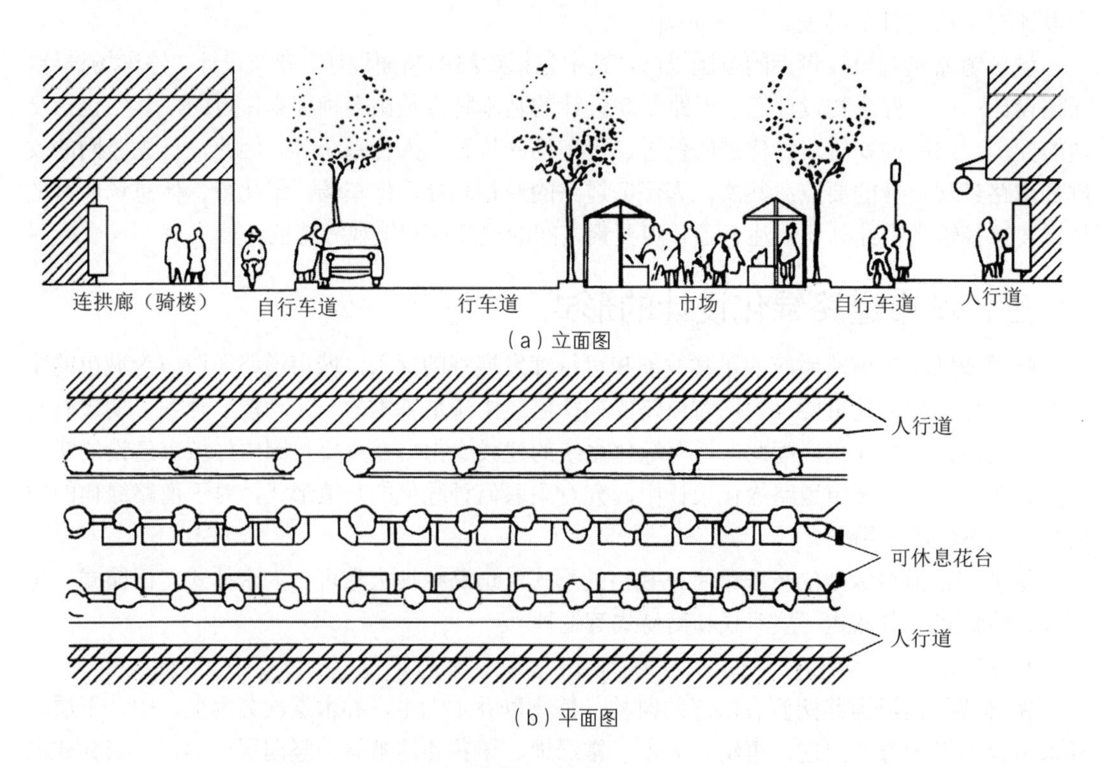

（a）立面图

（b）平面图

图 4-6　商业街道花园式的绿化示意

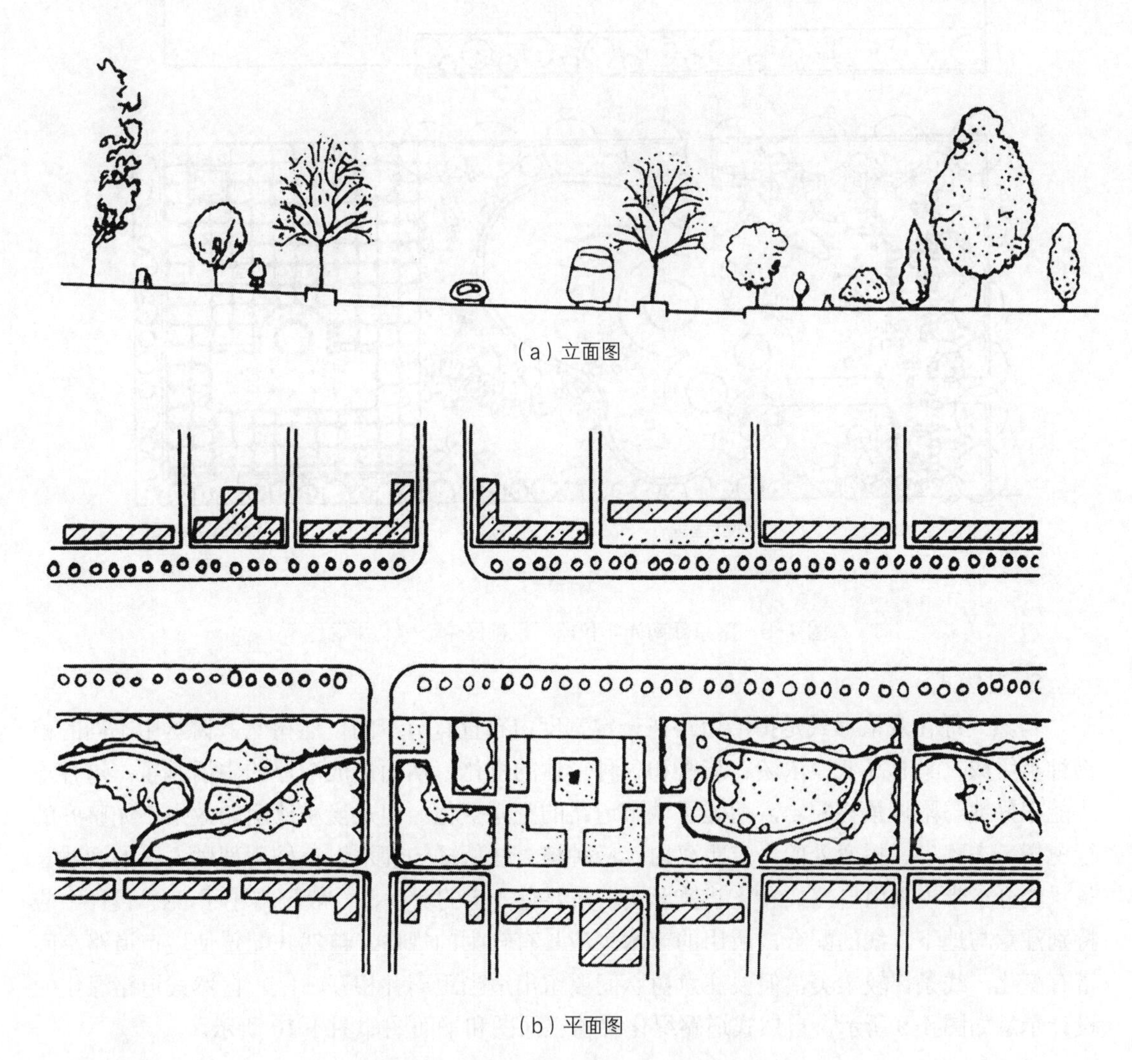

（a）立面图

（b）平面图

图 4-7　城市居住区前花园式绿地示意

4. 防护式

防护式绿化栽植形式一般用于城市市内。在工业区、居住区周围作为隔离林带，以防噪声、防尘土或防空气污染的功能与道路绿化相结合。因此，需要一定的绿化用地，小规模式的绿化隔离带宽度为 15 ～ 18m。在设计工厂道路的绿化中，可以结合工厂内的自然地形进行布置。厂内如果有自然地形或在河边、湖边、海边、山边等，则有利于因地制宜地开辟小游园，以便工厂职工开展做操、散步、交流、休憩、歌唱等各项活动，还可以向附近居民开放。一般可用花墙、绿篱、绿廊分隔园中空间，并因地势高低布置园路、点缀水池、喷泉、假山、花廊、座凳等丰富园景。

对于有条件的工厂，可将小游园的水景与储水池、冷却池等相结合，水边可种植水生花草，如鸢尾、睡莲、荷花等。如南京江南光学仪器厂，将一个近乎是垃圾场的小水塘疏浚治理，设喷泉、立花架、做假山、修园路、铺草坪、种花草、植树木进行综合绿化，使之成为广大职工喜爱的小游园。图 4-8 为南京江南光学仪器厂厂前区中心绿化平面图。

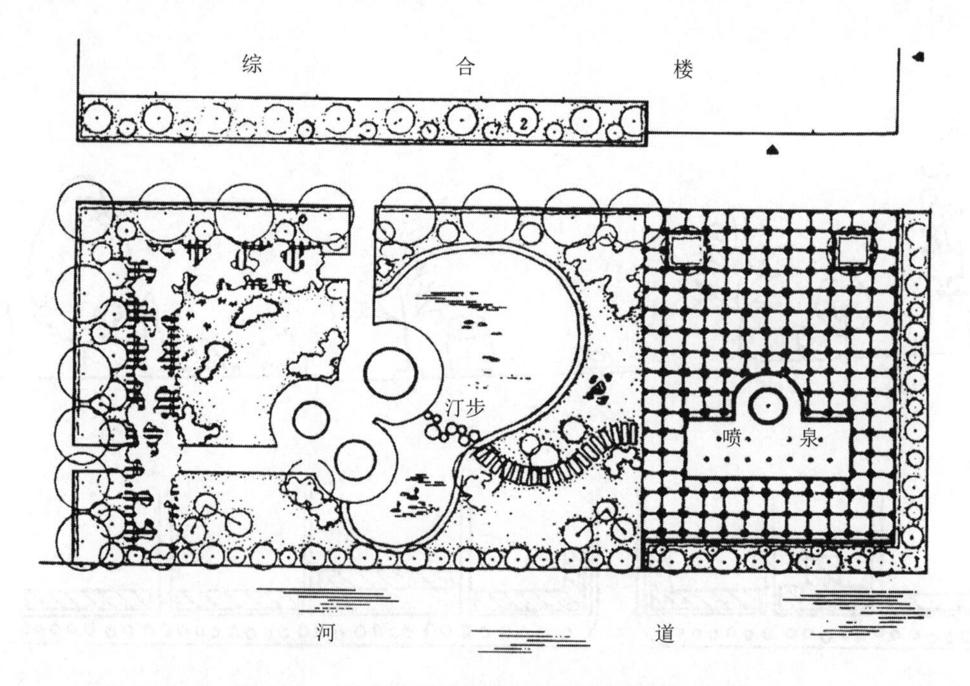

图 4-8　南京江南光学仪器厂厂前区中心绿化平面图

5. 自然式

自然式绿化栽植形式是指沿道路在一定宽度内布置有节奏的自然树丛，树丛由不同的植物种类组成，具有高低、浓淡、疏密和各种形体的变化，从而形成浓厚的生活气氛。这种形式能很好地与附近景物配合，增强了城市道路的空间变化。但是夏季遮阴的效果不如整齐的行道树。在路口、拐弯处的一定距离内，应种植一些低矮的灌木以免妨碍驾驶人员的视线。条状的分车带内采用自然式绿化栽植形式，需要有一定的宽度，一般不得小于 6m。设计中应特别注意与地下管线的配合，所用的苗木也应具有较大的规格。自然式配置使城市道路空间富有变化，线条比较柔美，但要注意树丛间要留出适当距离并相互呼应。自然式道路绿化的设计示意如图 4-9 所示，自然式道路绿化种植立面图和平面图如图 4-10 所示。

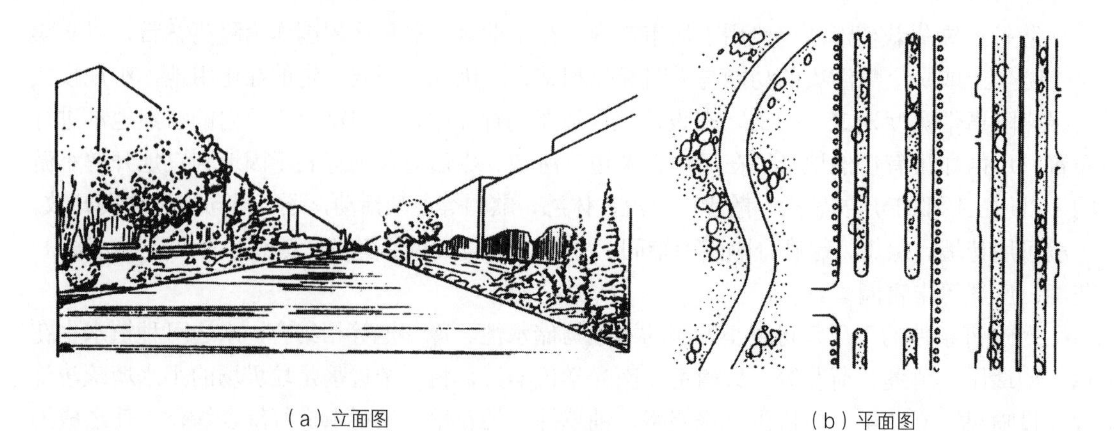

（a）立面图　　（b）平面图

图 4-9　自然式道路绿化的设计示意

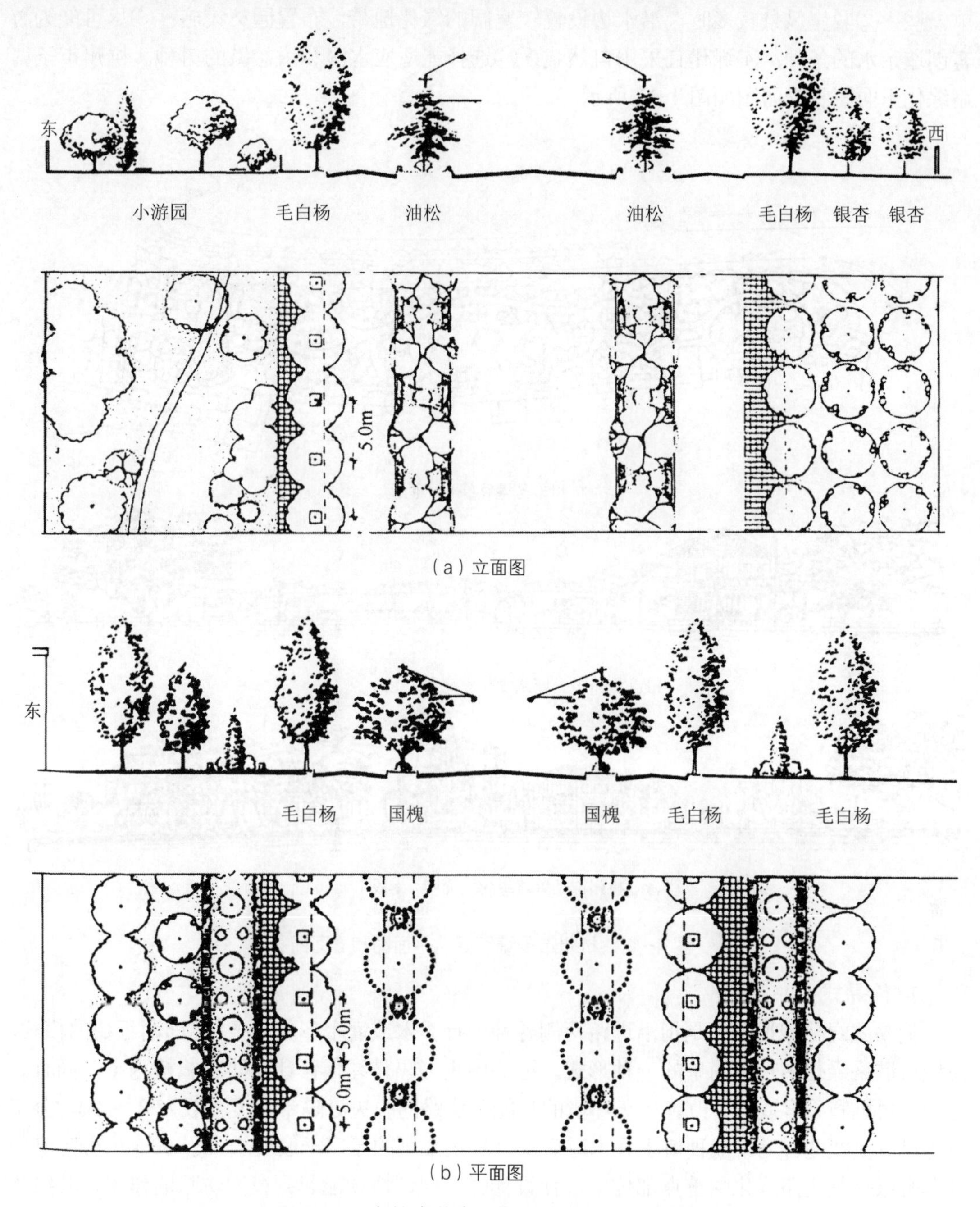

（a）立面图

（b）平面图

图 4-10　自然式道路绿化种植立面图和平面图

6. 滨河式

滨河式绿化栽植形式是指城市道路一面临水的绿化栽植形式，其空间开阔，环境优美，是市民休息游憩的美好场所。在水面不十分开阔，对岸又无风景时，滨河绿地可布置得较为简单，树木种植成型，岸边设置栏杆，树间安放座椅，供游人休憩。当水面宽阔，沿岸风景秀丽，对岸风景点较多时，可在沿水宽阔的绿地上布置游人步道、草坪、花坛、座椅等园林设施。游人步道应尽量靠近水边，或设置小型广场和临水平台，以满足人们的亲水感和景观的要求。

滨河式城市道路绿化设计时应注意以下问题：①水面比较窄、对面又无风景时，布置简单一些；②驳岸风景较多时，沿水边设置较宽阔的绿化地带，布置园林设施；③尽可能为游客创造亲水的条件；④绿化宜采用自然式；⑤选择能适应水湿和耐盐碱的树种。杭州市圣塘路绿化平面图和立面图如图 4-11 所示。

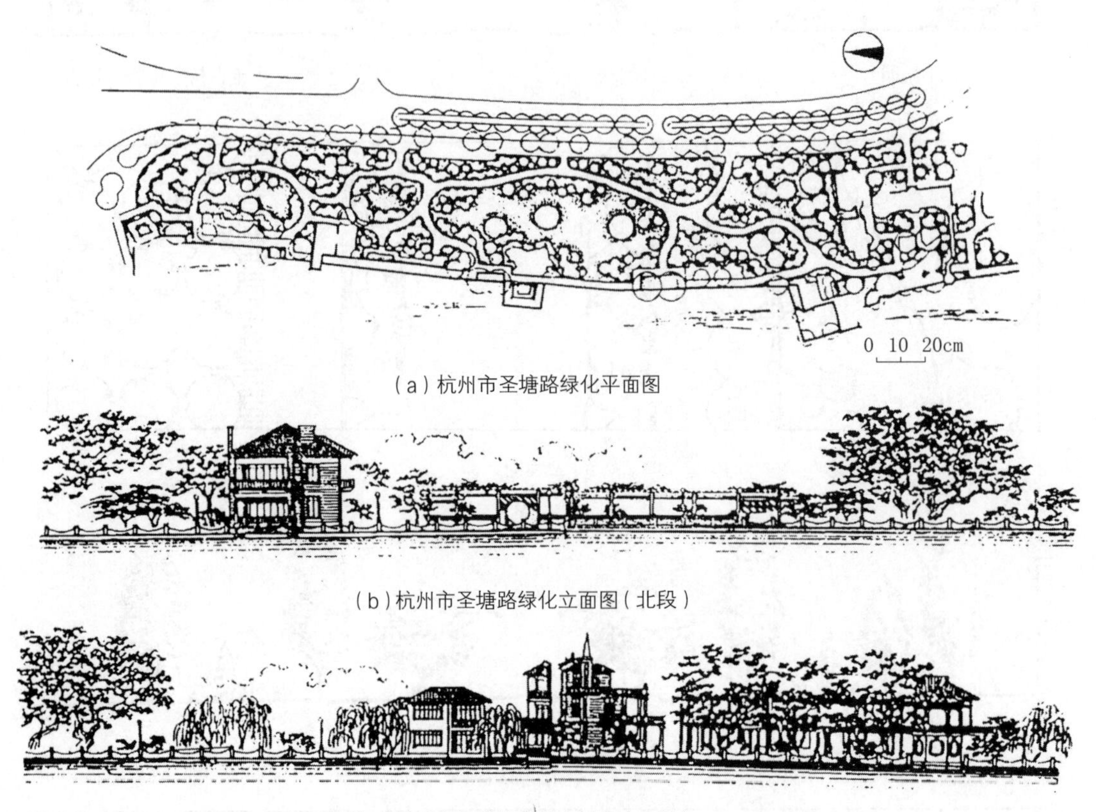

（a）杭州市圣塘路绿化平面图

（b）杭州市圣塘路绿化立面图（北段）

（c）杭州市圣塘路绿化立面图（南段）

图 4-11　杭州市圣塘路绿化平面图和立面图

7. 简易式

简易式绿化栽植形式是指沿道路两侧各种一行乔木或灌木形成一条路，即两行树的模式，在城市道路绿化中是最简单的一种形式。道路中央分隔带绿化设计以防眩栽植为主，同时具有调节司机和乘客疲劳，改善行车环境的功能。道路的中央分隔带宽度一般为 2 ～ 3m，分车带还可以更宽些。为了能种植小乔木或灌木，种植土壤的厚度一般要求大于 60cm。分隔带与分车带绿化是道路绿化的重点部位，进行设计时要保证植物能起到夜间防眩的作用，其绿化景观设计要点包括以下几个方面。

（1）采用草坪、花卉、地被、灌木或小乔木多种植物种植，通过不同标准段的变换，消除司机的视觉疲劳和乘客的心理单调感。

（2）在道路绿化的布置形式上，考虑到城市道路车速较快的特点，一般应当以 5 ～ 10km 为一个标准段，按沿线两旁不同风光设计出若干个标准段，并将它们交替使用，在排列上考虑其渐变感和韵律感。

（3）在植物的选择问题上，一般是以常绿植物为主，选择容易管理养护、耐修剪、抗干旱、抗逆性强的植物品种来作为道路绿化树较好。

图 4-12 所示为城吊道路中央分隔带绿化种植平面图和立面图。

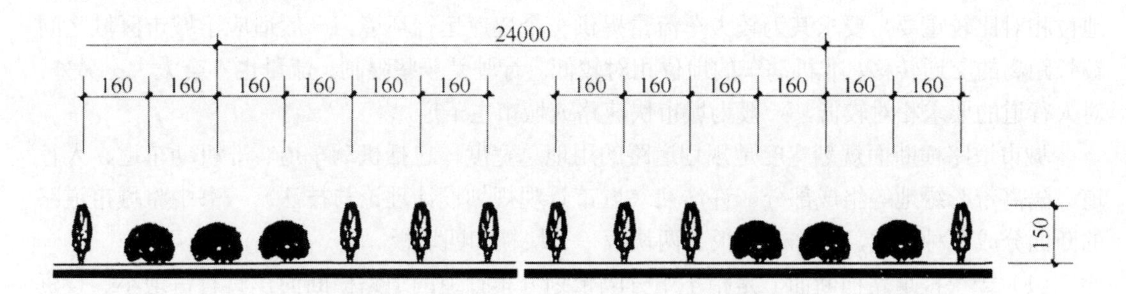

（a）中央分隔带绿化种植立面图

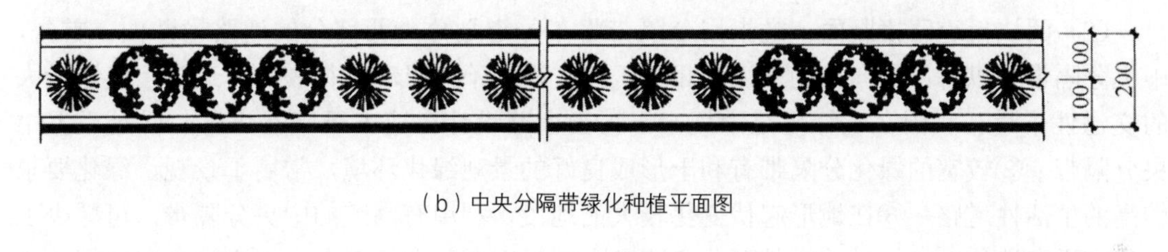

（b）中央分隔带绿化种植平面图

图 4-12　城吊道路中央分隔带绿化种植平面图和立面图（单位：cm）

四、城市道路景观的具体设计

根据城市道路景观设计的实践，城市道路景观的具体设计主要包括交通性道路的断面设计、居住区街道景观的设计、道路两侧建筑物的控制和城市道路的绿化设计等。

（一）交通性道路的断面设计

城市交通是城市社会经济正常运转的基本保证，是城市综合环境的基本组成，亦是实现人流、车流、物流以及信息流的基本手段。城市道路作为城市交通的直接载体，道路的横断面设计的合理与否直接影响到道路的通行能力、道路的安全性能、城市土地资源的使用效率以及城市景观等方面是否得当。城市道路横断面设计是城市建设中的一项重要内容。传统的道路断面形式随着经济的发展、交通状况的改变已经表现出越来越多的缺陷。

城市道路横断面设计是城市道路设计中的关键，对其设计深入研究在道路的交通安全、交通功能、通行能力、服务水平、土地资源利用、城市景观等方面，都有着重要的意义。其涉及要素较多，包括机动车道、非机动车道、人行道、中央分隔带、机非分隔带、路缘带等。然而，这些要素的尺寸分配要根据道路功能，综合考虑道路通行能力、交通安全、交叉口渠化、港湾公交车站设置、地上地下市政管线布设、绿化景观、城市小品等因素来确定。因此，城市道路横断面设计实际上是交通工程设计、道路工程设计、市政工程设计和景观绿化设计的综合体，而不是简单的道路几何设计。交通性道路是以实现交通功能为主，在城市中交通地位相对比较重要，要求其为较大车流量提供一个快速运行环境。一般适应于城市区域之间较长距离的交通转移，非机动车的地位相对较低。行驶受一些限制，流量也不会太大；另外，对人行道的要求相对较低，一般为城市快速路或城市主干道。

城市道路横断面规划宽度是规划道路的用地总宽度，包括机动车道、非机动车道、人行道、隔离带、绿地等组成部分。许浩在《城市景观规划设计理论与技法》一书中将城市道路的断面分成四种形式，俗称一块板、两块板、三块板和四块板。

（1）一块板道路横断面　是指不用分隔带划分车行道的道路横断面，具有占地小、投资省、交叉口通行效率高、道路的使用较为灵活等优点。常见于机动车专用道、自行车专用道以及大量的机动车与非机动车混合行驶的次干路和支路。

（2）两块板道路横断面　是指用分隔带将车行道划分为两部分的道路横断面。首先，中央分隔带可以解决对向机动车流的相互干扰，适用于纯机动车行驶的车速高、交通量大的交通性干道。我国在现行规范中规定：①当道路设计车速大于50km/h时，必须设置中央分隔带；②较宽的绿化分隔带有利于形成良好的景观绿化环境，常用于景观、绿化要求较高的生活性道路；③在地形起伏变化较大的地段，利用有高差的中央分隔带，可减少土方量和道路造价；④较宽的绿带可分离路段上的机动车与非机动车，大大减少二者间的矛盾，但交叉口的交通组织不易处理，除某些机动车和自行车流量、车速都很大的近郊区道路外，一般较少采用。

（3）三块板道路横断面　是指用分隔带将车行道划分为三部分的道路横断面。三块板道路有利于机动车和非机动车分道行驶，可以提高车辆的行驶速度、保障交通安全。同时，可在分隔带上布置多层次的绿化，取得较好的景观效果。但是，对向机动车仍存在相互干扰，机动车与沿街用地之间、自行车与街道另一侧的联系不方便，道路较宽，占地大，投资高，而且车辆通过交叉口的距离加大，交叉口的通行效率受到影响。三块板横断面一般适用于机动车交通量不十分大且有一定的车速和车流畅通要求，自行车交通量又较大的生活性道路或交通性客运干道，不适用于机动车和自行车交通量都很大的交通性干道和要求机动车车速快而畅通的城市快速干道。

（4）四块板道路横断面　用分隔带将车行道划分为四部分的道路横断面称为四块板断面，即在三块板的基础上，增加一条中央分隔带，解决对向机动车相互干扰的问题。由于四块板道路设有低速的自行车道，存在自行车流不时穿越机动车道的情况，如果限制非机动车横穿道路，则在少数允许过街口可能出现交通过于集中的现象，从而影响机动车流的车速、畅通和安全。同时，四块板道路的占地和投资都很大，交叉口通行能力也较低，并且也不经济。所以，一般在城市道路中不宜采用这种横断面类型。

机动车车道的宽度取决于通行车辆的车身宽度和通行车在行驶时摆动、偏移的宽度，以及车身与相邻道路边缘的安全间隙。非机动道路在整个道路的断面上，一般被对称布置在机动车和人行道之间，与机动车道之间用分隔带分开，则更有利于非机动车的安全，同时也可以提高机动车的行驶速度。

人行道主要是为了满足步行需求而设置的道路，同时也是邮筒、垃圾箱、交通标志物、绿化物等道路附属设施设置的场所。人行道一般布置在车行道的两侧，有单侧人行道和双侧人行道之分。双侧人行道的宽度一般是相同的，但在特殊情况下，比如由于地势和地形的影响，道路的宽度也会发生变化。人行道有时还会作为拓宽车行道的备用地，其宽度一般为6m左右。在这6m的宽度中，电力线、电信线和给水管道最少也要占到4.5m，剩余的1.5m则设置路灯和绿化带等。

交通性的道路相对于生活性的道路来说，是属于城市中比较宽大的道路，是反映城市形象的代表。如果在这类道路上设置一些过于生活化的设施和小品，就会使人感到很不协调。另外，如果采用不对称的断面形式或自然式种植植物的方式，同样会给人一种不庄重之感，影响城市的气质和品味。而与之相对的城市后街、巷道则采用古朴的铺装，种植一些非整形的树种，则能给人一种亲和力，营造生活气息浓郁的空间。道路景观的设计不但要保证人和车辆的安全，而且还要注意总体景观的统一和协调。

（二）居住区街道景观的设计

城市居住区的街道环境不仅给人们行走、车辆通行提供物质支持，而且也是人们锻炼身体、欣赏风景、休闲散步、邻里交往的重要场所。所以居住区街道景观的作用，不仅是要解决通行问题，更重要的是为居民的交往活动提供物质支持，通过人性化的设计来诱导交往活动的发生。

近年来，随着中国城市化进程的加快，各地居住区建设蓬勃发展，人们对居住环境的要求也越来越高。作为居住环境重要组成部分的街道景观，素有“公共起居室”之称，是引发居民公共活动和社会交往的重要场所。对居民交往活动进行分析，探讨如何创造良好的住区街道景观，从而为居住环境设计提供理论借鉴，促进其设计的科学化与人性化。城市居住区的街道景观是居住空间的延伸，具有的作用极为重要，是居住区的空间形态骨架。在居民的居住心理方面，它是居住区家居归属的基本脉络，起着“家”与“非家”的联结作用。同时还是居民日常生活的通行通道，有着基本的交通功能。

1. 居住区街道的类型

居住区的街道与城市道路相比，生活性特征更加突出。依据在道路上发生的交通模式，可分为以下四种类型：①通勤性交通，上下班、上下学等必要性活动；②生活性交通，为购物、娱乐、休闲、交流等日常生活需要而发生的交通；③服务性交通，搬家、送货、收发邮件、垃圾清运等；④应急性交通，消防、救护等紧急需要。通过以上分析可知，通勤性交通和生活性交通的发生者是住区内的居民，所以这两类为道路设计的重点，应全面的考虑居民的需要，符合安全、便捷、舒适等要求。但服务性交通与应急性交通并不是居民自身发生的交通模式，它们更注重使用的功能性，所以在设计时应符合相关规范的要求，并在最大程度上避免对周边住宅的干扰。

2. 居住区街道景观的设计原则

（1）空间组织立意原则　景观设计必须呼应居住区设计整体风格的主题，硬质景观要同绿化等软质景观相协调。不同居住区设计风格将产生不同的景观配置效果，现代风格的住宅适宜采用现代景观造园手法，地方风格的住宅则适宜采用具有地方特色和历史语言的造园思路和手法。当然，城市设计和园林设计的一般规律诸如对景、轴线、节点、路径、视觉走廊、空间的开合等，都是通用的。同时，景观设计要根据空间的开放度和私密性组织空间。如公共空间为居住区居民服务，景观设计要追求开阔、大方、闲适的效果；私密空间为居住在一定区域的住户服务，景观设计则须体现幽静、浪漫、温馨的意旨。

（2）体现地方特征原则　景观设计要充分体现地方特征和基地的自然特色。我国幅员辽阔，自然区域和文化地域的特征相去甚远，居住区景观设计要把握这些特点，营造出富有地方特色的环境。如青岛，“碧水蓝天白墙红瓦”体现了滨海城市的特色；海口“椰风海韵”则是一派南国风情；重庆，错落有致是山地城市的特点；而苏州，“小桥流水”则是江南水乡的韵致了。同时居住区景观还应充分利用区内的地形地貌特点，塑造出富有创意和个性的景观空间。

（3）使用现代材料原则　材料的选用是居住区景观设计的重要内容，应尽量使用当地较为常见的材料，体现当地的自然特色。在材料的使用上有以下几种趋势：①非标制成品材料的使用；②复合材料的使用；③特殊材料的使用，如玻璃、荧光漆、PVC材料；④注意发挥材料的特性和本色；⑤重视色彩的表现；⑥DIY材料的使用，如可组合的儿童游戏材料等。当然，特定地段的需要和业主的需求也是应该考虑的因素。环境景观的设计还必须注意运行维护的方便。常出现这种情况，一个好的设计在建成后因维护不方便而逐渐遭到破坏。因此，设计中要考虑维护的方便易行，才能保证高品质的环境历久弥新。

（4）点线面相结合原则　环境景观中的点，是整个环境设计中的精彩所在，这些点元素经过相互交织的道路、河道等线性元素贯穿起来，点线景观元素使得居住区的空间变得有序。在居住区的入口或中心等地区，线与线的交织与碰撞又形成面的概念，面是全居住区中景观汇集的高潮。点线面结合的景观系列是居住区景观设计的基本原则。在现代居住区规划中，传统空间布局手法已很难形成有创意的景观空间，必须将人与景观有机融合，从而构筑全新的空间网络。

① 亲地空间，增加居民接触地面的机会，创造适合各类人群活动的室外场地和各种形式的屋顶花园等。

② 亲水空间，居住区硬质景观要充分挖掘水的内涵，体现东方理水文化，营造出人们亲水、观水、听水、戏水的场所。

③ 亲绿空间，硬软景观应有机结合，充分利用车库、台地、坡地、宅前屋后构造充满活力和自然情调的绿色环境。

④ 亲子空间，居住区中要充分考虑儿童活动的场地和设施，培养儿童友爱、合作、冒险的精神。

3. 道路的比例与尺度

在城市的居住区内，若想形成丰富的街道景观与迷人的街道生活，就一定要注重道路的比例与尺度问题。下面就从街道空间 D ∶ H 值（街道宽度∶围合构筑物高度）与人的视觉与感知两方面进行探讨。街道宽度 D 与其围合构筑物高度 H 之间的比例关系不同，道路的围合感也不尽相同。步行是居住区交往活动的关键，因为它有利于延长居民在室外环境中活动的时间。日本当代著名建筑师芦原义信先生在《外部空间设计》中指出：人在室外环境中行走时，能够识别人面孔的距离大概为 20 ～ 25m，所以对于步行道而言，每隔 20 ～ 25m 都应出现些变化。比如线形节奏变化、地面铺装材质变化、高差变化或布置小品等，形成一定的节奏感与韵律感，打破单调沉闷的街景，这样一来，即使行走的路程更远些人们也不会觉得疲惫。芦原义信先生还指出，可以看清人的肢体活动的距离为 150 ～ 200m，所以居住区内部道路的直线距离不宜超过这个尺度。

4. 道路景观的构成要素

居住区的道路景观由两侧构筑物、地面、绿化、公共设施等要素共同构成，是建筑物、植物等的外部轮廓配合光影、节奏变化的综合体现。它是对居住区认知定位的重要环节，给人们以印象，为人们所记忆，形成居住区鲜活的“街道生活”。

（1）构筑物　居住区街道两侧的主要构筑物多为住宅和公共服务设施，比如会所、物业中心、幼儿园、超市、饭店、洗衣房等。使用者多为居住区内的居民和少量市民，人流量和交通量都不是很大。

（2）地面的设计

① 车行道　居住区车行道的设计需要重点考虑两方面内容：a. 怎样通过路面的设计从而达到限制车速和标识出车行道边界的目的；b. 机动车停车场地如何处理的问题。车行道的设计，关键在于路面边界的处理。可以用高度的落差，或利用软质材料和硬质材料的差别来划分车行道和人行道。在步行道上采用与车行道不同的色彩或材料，也可以用铺装的变化来暗示车辆进入不同空间的变化。比如从柏油路面进入板岩路面，或从混凝土路面进入自然型的毛石路面，都可以暗示车辆减速。机动车停车场地有多种设置方式，可以把沿街建筑的底层做架空处理，也可以利用地下或半地下室的空间，从而形成停车场地。

② 人行道　人行道的铺装要满足功能和美观两方面的设计要求。首先要考虑的是居民通行、活动和安全的功能性需求，所以需要提供一个坚固、耐磨、防滑的路面；其次是要引导人流方向和界定场地边界，这就需要利用铺装材料的变化与色彩和图案的组合来实现；最后就需要与周围环境形成良好的关系和创造地面景观，可以通过一种能表现和强化特定街道场地特性的组合来实现，如材料、色彩或图案的变化组合等。

5. 居民区道路的宽度

道路的宽度对居住区的景观效果影响巨大。宽度设计应当充分预测各个方向的人流量，以及人通行的速度。在拥挤程度可以自由确定的情况下，双向步行交通的街道和人行道上，可通行密度的上限大约是每米街宽每分钟通行 10 ～ 15 个人，如果密度继续增加，就可以观察到步行交通明显地趋于分成两股平行的逆向人流的现象。当步行者最后不得不沿道路边侧才能通行时，活动的自由就受到了限制，这样的状况显然是不合理的步行道路宽度设计导致的。道路过窄会影响同行通行，过宽的话一方面浪费土地，另一方面会无形中鼓励机动车加速。

路面如果过宽，不妨分解开来，中间设置绿化带、小品，增加层次、柔化边界、美化环境。最宽处也可延伸为小广场，吸引人们聚集，促进居民交往；最窄处仅符合规范即可，只做铺装变化，简洁明了。

6. 居民区道路的铺装

居住区道路的铺装除具有实用功能外，还能丰富景观层次。不同功能的道路对铺装材料要求也不同。车行道的主要功能是通行，“畅通”是其铺装的主要目的，所以应以硬质、平坦的材料为主；人行道的铺装是为了营造适合步行的路面，要求路面平坦、排水好、防滑，还应尽量减少高差变化，若出现高差时，应该做明显的标志，如变换材料、变换图案、变换颜色等。

铺装材料的选择、色彩的设计能够强化人行道的景观形象。根据不同的地域特征铺装可以采用不同的色调。北方冬季严寒、漫长，可以暖色调为主；南方城市夏季酷热，可以冷色调为主。路面可以是沥青、石板等单一材料，也可以是多种材料的组合，或粗糙、坚硬，或光滑、柔软，从而暗示不同的活动，比如卵石铺成的健身路。

7. 居民区道路的线型

道路空间是一种线型空间，人们在街道中的生活和活动也是在行进的过程中来体会的。如果街道的空间形态过于单调和乏味，便会使人产生疲劳感，从而失去停留的兴致，各种交往活动也就没办法发生。道路空间形态的基本类型主要是直线型和曲线型两种。

（1）直线型　直线型道路平面布局规矩严谨，方向感强，各个尽端一目了然，给人感觉比较易于控制，但过长、过直的道路易使人产生疲劳感从而带来单调乏味的空间感受。因此对长而直的道路线型应进行变化，可以用较短而相互衔接的直线段进行替换。比如通过对街楼的设置，将长直空间划分成具有节奏感的片断，从而丰富道路空间的层次感。

（2）曲线型　曲线型道路平面布局灵活多变，空间柔和，具有流动感。线型也属于曲线型道路的一种。它使人在道路的行进中随着方向的变换游移产生新鲜感，增加心理期待与趣味性。由于曲线型道路有助于限制车速，更易于创造宁静的居住氛围，因此"通而不畅，顺而不穿"的设计原则成为了我国居住区道路规划的法宝。

8. 居民区街道设计要点

居民区街道是为城市居民服务的街道，也是居民活动的主要场所，根据居民活动的内容不同，居民区街道有不同的功能分区，例如行车道区、步行街区、绿化设施、停车区域、居民娱乐区等，有着多重功能的特征。因此，在居民区街道的设计中应掌握以下要点。

（1）居民区街道与大型的以交通为主的道路不同，首先必须设置一定的步行区，并且要有一个完整的路径系统。步行也是市民最普遍的行为活动方式，"步行有益于健康"是现代城市人的健康观念。因此居住区街道中步行街的景观设计是十分重要的，步行街也是现代城市空间环境的重要组成部分，其设计的成功关系到城市中某个特定区域景观特色的凸显，同时也会影响城市的生活状态，给人的身心带来愉悦和享受。此外，从理性角度来讲，步行街可以减轻汽车对人们活动环境所产生的压力和安全隐患，步行街的绿化有利于缓解居住区或商业区建筑环境的生硬感，降低交通噪声的污染，调节城市生活空间的平衡。

（2）居住区街道为满足居民不同活动的需求，除了提供日常行驶的空间外，还要求保证居民锻炼、娱乐、玩耍所需要使用的固定场所。而汽车行驶的街道，在居住区街道中并不是设计的重点，行人和非机动车道才是居住街道的重心。为了使居住区街道景观丰富，通常都要进行路面铺装和在街道旁设置一些绿化植物，有的还可以配备一些健身设施，使街道具有全面"一体化"的特征。

（3）居住区街道景观设计要与自然环境相呼应。一些高低起伏的自然地势有的是可以改变的，但要花费相当大的人力和物力。而居住区街道景观设计可以在此基础上进行整顿，如种植整排连续的、枝叶繁茂的行道树，可以营造出路景视觉的统一感。而为了达到美观的要求，街道地面铺装材料应当与周围环境相协调，以期创造出赏心悦目的街道景观。

步行街景观设计的关键是要与城市整体环境景观相连续，使其具有人性化的特征。从城市设计的角度来看，步行要素能有效地联系现存的空间环境和行为格局，有助于基本城市要素的相互作用。实际上，对步行街的要求是现代人对传统城市中生机勃勃的街道生活景象的一种向往的表现。如今许多大城市中步行街区的建成，不仅极大地丰富了城市的整体形象，美化了城市环境，而且还是新城市文明下人文关怀意识的具体体现。

9. 居住区景观设计新趋势

（1）强调环境景观的共享性　这是住房商品化的特征，应使每套住房都获得良好的景观环境效果，首先要强调居住区环境资源的均好和共享，在规划时应尽可能地利用现有的自然环境创造人工景观，让所有的住户能均匀享受这些优美环境；其次要强化围合功能强、形态各异、环境要素丰富、安全安静的院落空间，达到归属领域良好的效果，从而创造温馨、朴素、祥和的居家环境。

（2）强调环境景观的文化性　崇尚历史、崇尚文化是近来居住区景观设计的一大特点，开发商和设计师开始不再机械地割裂居住建筑和环境景观，开始在文化的大背景下进行居住区的规划和策划，通过建筑与环境艺术来表现历史文化的延续性。如杭州的“白荡海人家”、“江南山水”，苏州的“锦华苑”、“佳安别院”等居住区，无一不是在传统文化中深入挖掘，从而开发出兼具历史感和时尚感的纯正的中国风格的作品。

（3）强调环境景观的艺术性　20世纪90年代以前，“欧陆风格”影响到居住区的设计与建设时，曾盛行过欧陆风情式的环境景观，如大面积的观赏草坪、模纹花坛、规则对称的路网、罗马柱廊、欧式线脚、喷泉、欧式雕像等。20世纪90年代以后，居住区环境景观开始关注人们不断提升的审美需求，呈现出多元化的发展趋势，提倡简约明快的景观设计风格。同时环境景观更加关注居民生活的舒适性，不仅为人所赏，还为人所用。创造自然、舒适、亲近、宜人的景观空间，是居住区景观设计的又一趋势。

（三）道路两侧建筑物的控制

道路两侧的建筑物是城市道路不可缺少的主要景观要素，对建筑物高低的控制以及外观和形态的改造起极其重要的作用是道路景观设计的重中之重。道路两侧建筑物的高度是城市天际线的基本组成部分，对于道路景观乃至整个城市的景观设计都具有非常重要的影响。一般来说，城市道路两侧建筑群的轮廓线以横“S”形曲线为宜。如果建筑物之间高低相差过大，就会使道路景观变得凌乱、参差不齐；当建筑物的高度过于统一时，道路的景观又显得比较呆板，让人顿觉索然无味。因此，道路两侧建筑物的高度不仅要控制适当还要与建筑形象相结合，建筑立面形象也是构成道路景观形象的一个重要方面，建筑形象与道路景观设计相结合，既要避免呆板、凌乱，又要使其美观、充满韵律感。

1. 道路宽度与建筑高度的比值

景观的主体是人，人的视觉感受的好与坏是景观的评价标准。道路景观中影响人的视觉感的因素还包括沿街建筑高度与道路宽度两者的比例关系。比如建筑物的高度用H表示，道路的宽度用D表示，一般有以下几种情况。

（1）当$D/H \geqslant 4$时，道路较为宽阔，行人置身其中感觉视觉开旷，不会产生压抑感。

（2）当D/H=1～3时，虽然道路的宽度有所减少，但整体的围合感并不是很强，也不会导致压抑感的产生。

（3）当$D/H < 1$时，则有较强的围合感，人们视野几乎到了被封闭的状态，很容易产生压抑感。

由以上所述可以看出，道路幅宽与沿街建筑物高度之比（D/H）是保证道路空间的均衡、开放感和围合程度的重要指标，一般来说，两者的比值越小，道路的封闭感越强，随着两者比值的增加，道路的开放感就会越大。例如法国巴黎的香榭丽舍大街宽 71m，日本札幌的公园大道宽 105m，尽管沿街两侧建有 25 ～ 30m 高的大楼，由于 $D/H=3$，因此，道路空间仍然是开放的，基本不会产生围合或压抑感。

道路景观中的建筑物要素十分重要，不但要求建筑物的高度需要适当地加以控制，同时也要考虑其与街道宽度的比例关系。在道路景观设计时，D/H 的比值应注意以下几个方面。当路幅较宽的道路在形成重要景观的路段时，$D/H=1\sim2$ 左右是比较理想的空间构成比例；当 $D/H>3$ 时，道路整体空间会显得十分宽阔，这时要注意空间视觉的对景设计，可以在道路中设置行道树进行细分，或设置一些景观标志物等进行空间分隔。后街、小巷等这类生活气息比较浓的道路，$D/H>1$ 是最适合的空间构成比例，这样的道路围合性较强，给人以亲切感。

道路景观设计中对建筑物的控制还应包括建筑物的外观和建筑物后退程度的控制。建筑物是道路景观的主体，因此沿街建筑物的外观是决定道路整体景观设计成功的关键。对建筑物外观的控制主要从建筑物的材料、样式和色彩这几个主要方面进行，尽量避免建筑形态的凌乱和建筑物整体色调的严重偏差。在道路景观设计对建筑物的控制中，美国和日本等国家均有比较详细的规定。国家通过制订相应的法规和制度，对沿街建筑物的外观设计进行相应的控制，并通过对单体建筑进行评判，或者通过道路整体环境设计，使建筑外观在道路整体景观中起到和谐一致的作用，从而增强道路景观的整体感与和谐感。

建筑物后退是指在道路与建筑物之间留出一定的开敞空间，将道路两侧的建筑物控制在一定的后退距离内，这是整治道路空间的方法之一。控制建筑物的后退程度，一方面可以丰富道路景观的变化；另一方面又可以为行人提供休闲的步行空间，人性化的设计往往最容易受到人们的欢迎。

2. 道路两侧建筑红线的控制

道路红线指规划的城市道路（含居住区级道路）用地的边界线。道路红线一般是指道路用地的边界线。有时也把确定沿街建筑位置的一条建筑线谓之红线，即建筑红线。建筑红线可与道路红线重合，也可退于道路红线之后，但绝不许超越道路红线，在红线内不允许建任何永久性建筑。道路规划红线一般称道路红线，指城市道路用地规划控制线。

建筑红线由建筑红线和建筑控制线形成的相对位置关系，体现建筑退界。道路红线是城市道路（含居住区级道路）用地的规划控制线；建筑控制线是建筑物基底位置的控制线。

（1）基地内如有上述不同的三条线，那么由道路中心至基地的顺序基本上为道路红线、用地红线、建筑红线。

（2）基地应与道路红线相邻接。也就是说，基地某一边的某一部分一定有道路红线。

（3）道路红线与用地红线常有可能重合，也可能是不同的规划边线。这两条线之间的用地由城市规划部门确定，它属城市用地，建设单位不得占用。建筑的任何突出物均不得突出用地红线。

（4）各地城市规划行政主管部门常在用地红线范围之内另行划定建筑红线（建筑控制线），以控制建筑物的基底不超出建筑控制线（这里指的是“基底”二字）。两条线之间的用地建设单位可以作为地面停车、绿化等功能使用。地下建筑可以越过建筑红线，但万万不能超出用地红线。

3. 道路两侧建筑物高度控制

在我国现行国家标准《民用建筑设计通则》（GB 50352—2005）中，对于道路两侧建筑物高度控制有非常明确的规定。

（1）建筑高度不应危害公共空间安全、卫生和景观，下列地区应实行建筑高度控制。

① 对建筑高度有特别要求的地区，应按城市规划要求控制建筑高度。

② 沿城市道路的建筑物，应根据道路的宽度控制建筑裙楼和主体塔楼的高度。

③ 机场、电台、电信、微波通信、气象台、卫星地面站、军事要塞工程等周围的建筑，当其处在各种技术作业控制区范围内时，应按净空要求控制建筑高度。

④ 当建筑处在《民用建筑设计通则》第1章第1.0.3条第8款所指的保护规划区内。

注：建筑高度控制尚应符合当地城市规划行政主管部门和有关专业部门的规定。

（2）建筑高度控制的计算应符合下列规定。

①《民用建筑设计通则》中第4.3.1条第3、第4款控制区内建筑高度，应按建筑物室外地面至建筑物和构筑物最高点的高度计算。

② 非第4.3.1条第3、第4款控制区内建筑高度。平屋顶应按建筑物室外地面至其屋面面层或女儿墙顶点的高度计算；坡屋顶应按建筑物室外地面至屋檐和屋脊的平均高度计算。下列突出物不计入建筑高度内：a. 局部突出屋面的楼梯间、电梯机房、水箱间等辅助用房占屋顶平面面积不超过1/4者；b. 突出屋面的通风道、烟囱、装饰构件、花架、通信设施等；c. 空调冷却塔等设备。

4. 道路两侧建筑突出物规定

在我国现行国家标准《民用建筑设计通则》（GB 50352—2005）中，对于道路两侧建筑物突出物控制也有非常明确的规定。

（1）建筑物及附属设施不得突出道路红线和用地红线建造，不得突出的建筑物如下。

① 地下建筑物及附属设施，包括结构挡土桩、挡土墙、地下室、地下室底板及其基础、化粪池等。

② 地上建筑物及附属设施，包括门廊、连廊、阳台、室外楼梯、台阶、坡道、花池、围墙、平台、散水明沟、地下室进排风口、地下室出入口、集水井、采光井等。

③ 除基地内连接城市的管线、隧道、天桥等市政公共设施外的其他设施。

（2）经当地城市规划行政主管部门批准，允许突出道路红线的建筑突出物应当符合下列规定。

① 在有人行道的路面上空：a. 2.50m以上允许突出建筑构件，凸窗、窗扇、窗罩、空调机位，突出的深度不应大于0.50m；b. 2.50m以上允许突出活动遮阳，突出宽度不应大于人行道宽度减1m，并不应大于3m；c. 3m以上允许突出雨篷、挑檐，突出的深度不应大于2m；d. 5m以上允许突出雨篷、挑檐，突出的深度不宜大于3m。

② 在无人行道的路面上空：4m以上允许突出建筑构件：窗罩、空调机位突出深度不应大于0.50m。

③ 建筑突出物与建筑本身应有牢固的结合。

④ 建筑物和建筑突出物均不得向道路上空直接排泄雨水、空调冷凝水及从其他设施排出的废水。

（3）当地城市规划行政主管部门在用地红线范围内另行划定建筑控制线时，建筑物的基底不应超出建筑控制线，突出建筑控制线的建筑突出物和附属设施应符合当地城市规划的要求。

（4）属于公益上有需要而不影响交通及消防安全的建筑物、构筑物，包括公共电话亭、公共交通候车亭、治安岗等公共设施及临时性建筑物和构筑物，经当地城市规划行政主管部门的批准，可进入道路红线建造。

（5）骑楼、过街楼和沿道路红线的悬挑建筑建造不应影响交通及消防的安全。在有顶盖的公共空间下不应设置直接排气的空调机、排气扇等设施或排出有害气体的通风系统。

（四）城市道路的绿化设计

道路绿化在我国具有悠久的历史，我们的祖先在很早就开始在路边种树，有了道路绿化的意识。秦始皇统一天下后，就命令在所有街道旁都要种上树，地方官吏就遵旨在他出巡行进的道路上，清水泼街，黄土垫道在道路两侧种植树木。北京作为六朝古都，早在元朝建大都之时，就在“市”的道路两旁种植树木。随着“三海”水系的形成，在河岸路旁也植了树，初步有了绿化与湖光山色相辉映、游乐与园林景观相交融的景色。栽植树木不仅给道路增加了艺术感染力，还丰富了道路的园林景观。

现在，我国道路绿化为适应新的功能要求在不断的创新中发展提高，出现了一条又一条绿化带宽阔、层次丰富、林荫夹道、景观多样、芳草如茵、行车通畅、行人舒适的现代化城市道路，形成了多行密植、层次丰富，落叶树与常绿树相结合，绿化与美化相结合，用大树绿化城市道路的特点与特色。

城市道路是一个城市的骨架，而城市道路绿化水平的好坏，不仅影响着整个城市面貌，更反映出城市绿化的整体水平。是城市基础设施建设的重要组成部分。城市道路交通绿地主要指街道绿化，穿过市区的公路、铁路、高速干道的防护绿带，它不仅可以给城市居民提供安全、舒适、优美的生活环境，而且在改善城市气候、保护环境卫生、丰富城市艺术形象、组织城市交通和产生社会经济效益方面有着积极作用，是提高城市文化品位，创建文明城市的需要。

1. 道路绿化的意义和功能

（1）道路绿化的意义　公路绿化美化工程是公路环保工程的重要组成部分，直接体现了公路形象。以往人们没有形成对公路也要进行绿化美化的概念，认为修路只要主题工程搞好就完事。但是，今天随着城市机动车辆的增加，交通污染日趋严重，利用道路绿化改善道路环境已成当务之急。改革开放特别是近年来，国家加大了交通基础设施的投入，与之相关的公路绿化，特别是新建高速公路的绿化工作得到了进一步的加强。然而，占据路网70%左右的县乡公路绿化工作尚未引起足够的重视，因此，全面加强公路绿化建设是公路建设实现可持续发展的重要任务之一。

除了城市道路要绿化外，刚刚还提到了高速公路绿化。随着我国高速公路事业的蓬勃发展和人们环保意识的日益提高，高速公路的绿化越来越受到设计者和建设者的高度重视。高速公路进行绿化不仅可以减小因道路施工给沿线自然地形、地貌造成的各种破坏，还可以保护和改善当地环境，而且还使其成为赏心悦目的自然景观，使司乘人员感到安全、舒适，仿佛置身于优美的自然环境之中，从而提高了城市道路的使用效果，更好地发挥城市道路的各项功能。

（2）道路绿化的功能　在一般人看来，相对于道路绿化，大家会认为公园的绿化更为重要。其实，那只是表面，如果进一步了解道路绿化真正的作用也许就不会这么想了。首先，绿化带分隔交通，具有安全功能。其次，绿化带具有美化城市作用，可以软化街道建筑硬环境，消除司机视觉疲劳。种植乔木绿化带还可以改变道路的空间尺度，使道路空间具有良好的宽高比。再次，改善道路沿线的环境质量，有净化环境作用，能庇阴、滞尘、减弱噪声、吸收有害气体，并释放氧气。以乔木为主，乔木、灌木、地被植物相结合的道路绿化，防护效果最佳，地面覆盖最好，景观层次丰富，能更好地发挥其功能作用。除了这些，本书其他部分也会有对道路绿化功能的体现。

2. 城市道路绿化设计的基本要求

道路是城市最重要的基础设施之一，是人们认识和理解一座城市的媒介，城市道路绿化水平的高低直接影响道路形象进而决定城市的品位。进行城市道路绿化，除了具有一般绿地的净化空气、降低噪声、调节小气候等生态功能外，还具有保护路面和行人、引导控制人流车流、提高行车安全等功能。根据各国的设计实践经验，搞好城市道路绿化，首要任务是进行高水平的城市道路绿化设计。城市道路绿化设计应符合以下基本要求。

（1）道路绿化应当符合行车视线和行车净空的要求，所设计的行车视线应符合安全视距、交叉口视距、停车视距和视距三角形等方面的安全要求。安全视距即最短通视距离，即驾驶员在一定距离内，可随时看到前面的道路和在道路上出现的障碍物，以及迎面驶来的其他车辆，以便能当机立断及时采取减速制动措施或绕越障碍物前进。交叉口视距，即为保证行车安全，车辆在进入交叉口处前一段距离内，必须能看清相交道路上的行驶情况，以便能顺利驶过交叉口或及时减速停车，避免车辆相撞，这一段距离必须大于或等于停车视距。停车视距，即车辆在同一车道上，突然遇到前方障碍物，而必须及时刹车时，所需要的安全停车距离。视距三角形，是指由两相交道路的停车视距作为直角边长，在交叉口处组成的三角形。为了保证行车安全，在视距三角形范围内和内侧范围内，不得种植高于外侧机动车车道中线处路面标高1m的树木，保证通视。行车净空则要求道路设计在一定宽度和高度范围内为车辆运行的空间，树木不得进入该空间。

（2）满足树木对立地空间与生长空间的需要　树木生长需要的地上和地下空间如果得不到满足，树木就不能正常生长发育，甚至死亡。因此，市政公用设施如交通管理设施、照明设施、地下管线、地上杆线等，与绿化树木的相应位置必须统一设计，合理安排，使其各得其所，减少矛盾。道路绿化应以乔木为主，乔灌、花卉、地被植物相结合，没有裸露土壤，绿化美化，景观层次丰实，最大限度地发挥道路绿化对环境的改善能力。

（3）树种选择要求适地适树　树种选择要符合本地自然条件，根据栽植地的小气候、地下环境、土壤条件等，选择适宜生长的树种。不适宜绿化的土质应加以改良。道路绿化采用人工植物群落的配置形式时，要使植物生长分布的相互位置与各自的生态习性相适应。地上部分，植物树冠、花叶分布的空间与光照、空气、温度、湿度要求相一致，各得其所。地下部分，植物根系分布对土壤中营养物质全面吸收互不影响，符合植物间伴生的生态习性。植物配置协调空间层次、树形组合、色彩搭配和季相变化的关系。此外，对辖区内的古树名木要加强保护。古树名木都是适宜本地生长或经长久磨难而生存下来的品种，这些树木十分珍贵，是城市历史的缩影。因此，在道路平面、纵断面与横断面设计时，对古树名木必然严加保护，对有价值的其他树木也应注意保护。对于衰老的古树名木，还应采取复壮措施。

（4）道路绿化设计要求实行远近期结合　道路绿化很难在栽植时就充分体现其设计意图，达到完美的境界，往往需要几年、十几年的时间。因此，设计要具备发展观点和长远的眼光，对各种植物树种的形态、大小、色彩等现状和可能发生的变化，要有充分的了解，使其长到鼎盛时期时，达到最佳效果。同时，道路绿化的近期效果也应该重视，尤其是行道树苗木规格不宜过小，速生树胸径一般不宜小于5cm，慢生树木不宜小于8cm，使其尽快达到其防护功能。道路绿地还需要配备灌溉设施，道路绿地的坡向、坡度应符合排水要求，并与城市排水系统相结合，防止绿地内积水和水土流失。

（5）道路绿化应符合美学要求　道路绿化的布局、配置、节奏、色彩变化等都要与道路的空间尺度相协调。同一道路的绿化宜有统一的景观风格，不同道路和绿化形式可有所变化。园林景观路应配置观赏价值高、有地方特色的植物，并与街景结合；主干路应体现城市道路绿化景观风貌；毗邻山、河、湖、海的道路，其绿化应结合自然环境，突出自然景观特色。总之，道路绿化设计要处理好区域景观与整体景观的关系，创造完美的景观。

（6）适应抵抗性和防护能力的需要　城市道路绿地的立地条件极为复杂，既有地上架空线和地下管线的限制，又有因人流车流频繁，人踩车压及沿街摊群侵占等人为破坏，还有城市环境污染，再加上行人和摊棚在绿地旁和林荫下，给浇水、打药、修剪等日常养护管理工作带来困难。因此，设计人员要充分认识道路绿化的制约因素，在对树种选择、地形处理、防护设施等方面进行认真考虑，力求绿地自身有较强的抵抗性和防护能力。

五、各类城市道路景观的设计思路

不同的道路在城市生活、生产活动中所起的作用各有不同。笼统地研究城市道路景观问题是不太切合实际的。因此，我们需要将城市道路进行分类，以便研究得更深入。城市中的道路按活动主体可分为车行道路、人车混杂型道路及步行道路等类型。不同类型道路因使用方式与使用对象之间的差异，在景观设计上的侧重与手法的运用上也各不相同。

车行道路的景观设计。市区车行道路（快速路）受城市用地的限制，城市中的快速路常常表现为高架与立交的型式，其道路景观设计与一般道路极为不同。由于快速路是在市区内，其高度、宽度、尺度设计应对城市传统景观加以充分考虑，以降低快速路对于传统景观及周边环境的割裂，尤其是要控制快速路的高度以避免对传统建筑立面所讲求的比例关系造成破坏，必要时可采用地面式或拉开与建筑高度的差距。

建筑物的尺度应与快速路和谐，可采用双重尺度，建筑的上部恰恰是在快速路上运动的汽车中人的视觉范围内，因而只需设计色彩效果，而建筑的下部是慢速运动的行人视觉可及范围，可采用人的尺度进行设计。快速路形式单一，交叉口少，很容易形成单调而乏味的街景，因此地标建筑的设计就显得格外重要，它的视觉标志性可以成为道路景观的高潮，使枯燥的道路景观有节奏和兴奋点。

道路设施的设计。快速路上的道路设施包括快速路照明设施、标志广告牌、信息显示牌、护栏、隔音板等。这些设施的设计不应仅仅是道路功能的补充与完善，还要注重它在视觉效果上对快速路的美化与修饰功能，更要避免自身对景观的消极影响。

快速路的立交桥和匝道会产生大量的“失落空间”。这些空间为快速路的绿化设计带来了很大的契机。绿化铺作的几何构图配以相应的乔木、灌木栽植与快速路自身的线型交织在一起，会在大尺度上形成景观的和谐。但也应该注意这种绿化不应仅仅是一种视觉需要，还应注意其可达性，使其成为人们游憩的场所。

1. 人车混杂型道路景观设计

城市中人车混杂型道路又可分为以交通性为主的道路与以生活性为主的道路。

（1）交通性为主的道路　交通性为主的道路一般担负着城市各个功能区之间的人流物流的运输，其交通流量大通常路幅较宽。其景观特性除了要满足安全性、可识别性、可观赏性、适合性、可管理性以外，还因有人的需求而需要提供方便性，如公交车停靠站、座椅、垃圾箱等。

① 道路形式的设计　交通性为主的人车混杂型道路首先要考虑其安全性，将机动车与自行车隔离，由于考虑通行速度，多采用直线，在道路线型上不宜产生特色。其景观设计主要是通过对道路空间、尺度的把握，推敲建筑物高度与道路宽度比例提升其形象。

② 建筑形式的设计　建筑形式的设计需要考虑车、人的双重尺度。对于快速车行道来说，强调建筑物外轮廓线阴影效果和多彩的可识别性；而对于自行车和步行来说，由于车行速度较慢，行人数量增多，对建筑的观察时间较长，建筑物底层立面的质感、细部处理要给予精心的设计。

③ 道路设施的配置及设计　此类道路的交通特点要求设置减速标志和减速设施，隔离设施也有所增加；点缀小品设施为使用者提供方便，造型上应与整体环境协调，相同设施体现系列化、标准化。道路的文字标识要采用英汉对照，增进城市的国际化程度。

④ 道路绿化设计　此类道路人行道尺度比较大，可考虑草坪、绿篱、花坛、行道树等多种形式，树木的种植间距不应对行人或行驶中的车辆造成视线上的障碍，在品种搭配上，应充分考虑随季节变化而变化的景观效果。

（2）生活性为主的道路　生活性为主的道路车种复杂、车行速度慢，人流较多。可分为以居住为主的街道、以商业为主的街道和以行政办公为主的街道，景观设计强调其多样性与复杂性。

① 街道形式设计　城市生活性道路是以城市生活为主，因此它的场所感较强。街道空间形式的设计首先要满足活动内容的需要，并根据街道功能特点，可以考虑街道空间的变化，如沿街附属空间的导入，弯曲和转折，采用对景、借景等来丰富空间景观。

② 沿街建筑的设计　此类街道应对建筑的文化性与历史延续性充分考虑，建筑临街的底层部分要精心设计。设施小品的设计应充分为使用者提供方便，同时应符合其使用功能，造型上应与环境协调、考虑文化内涵。广告设计不宜过大，不能影响原有建筑的体量与立面风格，艺术品设置要强调色彩、体量及易亲近性等。

③ 道路绿化设计　由于道路上行人数量较行车多，应尽量少用草坪，除行道树外，其他形式的绿化适合采用带花池的花坛、灌木等。设计中还要考虑绿化中的灯光效果，使绿化不会在夜晚显得漆黑一片。

2. 步行道路景观设计

步行道路的出现给城市带来了很多生机，其景观特性为安全性、方便性、舒适性、可识别性、可适应性、可观赏性、亲切性、公平性、可读性、可管理性等。其景观设计在考虑上述几种情况之外，应格外强调个性化、人性化、趣味性、亲切性的特征，要充分注重自然环境、历史文化、人与环境各方面的要求。下面介绍商业步行街的景观设计。

（1）道路形式　通过街道空间形式来体现商业步行街的景观个性。如德国不莱梅古商业街狭窄而弯曲的街道形式，构成了其特有的景观形象。商业步行街建筑的高度及其与街道宽度的比例，要以能够营造亲切、和谐的空间尺度和环境气氛为宗旨，适于人们进行交往、休闲、娱乐行为。沿街建筑物风格、色彩、体量、质感会使商业街景观具有鲜明个性。

（2）地面铺装设计　地面铺装应根据实际选择不同性能的铺装材料，如南方炎热多雨，应选用吸水性强、表面粗糙的材料，在雨季起防滑作用；而北方寒冷地区应选择吸水性差表面粗糙且坚硬的材料，防滑防冻、不易损坏。铺装材料材质的选择、色彩的设计能够强化商业街的景观形象。

（3）设施设计　步行道的设施设置要考虑在其中人群的多种使用需求，如停车场、自行车停车位、电话亭、自动提款机、垃圾桶、道路指示牌、导游图、座凳等，这些设施的设计应根据使用方便、造型别致、尺度亲切、布局合理、无障碍使用的原则。值得一提的是，城市中商业街多是有传统历史的，其设施设计也应充分体现文脉精神。

（4）道路小品设计　道路小品的设计，题材可以来自城市的历史、文化、典故、事件等，能够起到强化空间环境文化内涵、渲染城市的人文色彩的作用，使人们在购物、观景的过程中接受传统文化的熏陶。小品的尺度要与人接近，使人感到亲切、熟悉。

（5）道路绿化设计　为了能够反映商业步行街的繁华特点，不宜采用高大的树木，而且种植密度要适中，不影响两旁的建筑在人们的视野范围内展现其商业氛围。在供行人休息、停留的小广场或道路局部放大处种植一些遮阴树，这对夏季较为炎热的城市，能够起到较好的降温作用。

第四节　城市道路各类绿地的设计

城市绿地是指用以栽植树木花草和布置配套设施，基本上由绿色植物所覆盖，并赋予一定的功能与用途的场地。城市绿地是城市生态系统中具有重要的自净能力，在城市生态中既是城市生态系统的初级生产者，也是生态平行的调控者，城市空间中达到一定数量和质量的绿地，不仅是美化城市景观和市容的需要，更是减轻和净化城市环境污染功能所必不可少的重要手段。绿色植物通过光合作用，吸收空气中的二氧化碳，释放出大量的氧气，提高城市空气中的含氧量，吸收有害气体，降低空气中有害物质含量，吸附空气中的颗粒物，杀死空气中的细菌，降低噪声，防风和防灰尘扩散，调节和改善城市气候，改善城市热岛效应，有着明显的作用。有着对居民消除疲劳和陶冶情操之功效，城市中水生植物有着对污水进行净化，对城市河水富营养化有着较大缓解作用，同时给水生动物创造了一定条件。

发展城市绿地建设不但对社会产生许多效应，同时对发展城市经济有着重大作用，城市绿地建设可以带动林业和园林部门的相关产业的发展，为林农增收，增加就业岗位，促进发展第三产业，吸纳大量劳动力，促进区域经济发展。城市的绿地水平反映城市管理者的文化内涵和管理素质，良好的城市绿地系统成为现代化城市进展的标志，它的公益性和公利性，是城市社会经济和社会文明进步基础。优美的城市投资环境，将会对投资的内、外商有着较强的吸引力，为城市经济发展注入活力。

一、城市道路绿地的设计

城市道路绿地是城市绿地的重要组成部分，与城市各类绿地一起系统地为城市发挥着景观、生态、游憩及安全防护等功能。同时，道路绿化与城市道路一起，形成城市布局的总体骨架，体现城市的景观和艺术面貌。随着城市化的快速发展，城市道路的新建和拓宽也快速进展，道路绿化事业获得空前的发展。随着城市机动车交通的飞速发展，道路空间内的机动车废气污染成为城市大气环境恶化的首要因素。因此城市道路绿地布局及道路绿化设计形式对城市环境的影响尤其是生态影响越来越明显。

各国城市道路绿化的实践证明，现代城市的道路绿地设计再也不能像以往那样，仅从道路景观和工程管理方面考虑，而应当结合城市生态环境和植物生境等方面探讨道路绿化设计的原理和方法，并成为今后城市道路绿化设计的一个重要研究方向。当前，我国各大城市正在努力建设园林城市、花园城市、生态城市，然而城市绿化是一项重要指标，其中的道路绿带是城市绿化的一个重要组成部分，是城市绿化的骨架，是行人对城市风貌动态分解的主要方式，直接代表着一个城市的形象。所以，对城市道路绿带的规划设计的研究就显得尤为重要。根据城市道路绿化的组成，城市道路绿地设计主要包括城市道路分车绿带的设计、城市道路行道树绿带设计和城市道路路侧绿化带设计等。

（一）城市道路分车绿带的设计

所谓分车绿带，是指车行道之间可以绿化的分隔带，其位于上下行机动车道之间的为中间分车绿带；位于机动车道与非机动车道之间或同方向机动车道之间的为两侧分车绿带。

1. 城市道路分车绿带的设计原则

在现行行业标准《城市道路绿化规划与设计规范》（CJJ 75—1997）中，具体规定了城市道路分车绿带的设计原则。

（1）分车绿带的植物配置应形式简洁，树形整齐，排列一致。乔木树干中心至机动车道路缘石外侧距离不宜小于0.75m。

（2）中间分车绿带应阻挡相向行驶车辆的眩光，在距相邻机动车道路面高度0.6～1.5m之间的范围内，配置植物的树冠应常年枝叶茂密，其株距不得大于冠幅的5倍。

（3）两侧分车绿带宽度大于或等于1.5m的，应以种植乔木为主，并宜乔木、灌木、地被植物相结合。其两侧乔木树冠不宜在机动车道上方搭接。分车绿带宽度小于1.5m的，应以灌木种植为主，并应灌木、地被植物相结合。

（4）被人行横道或道路出入口断开的分车绿带，其端部应采取通透式配置。

2. 城市道路分车绿带的设计要点

（1）道路分车绿带是用来分隔干道的上下行车道和快慢车道的隔离带，为组织行驶车辆分向和分流，起着疏导交通和安全隔离的作用。由于分车绿带占有一定宽度，除了绿化还可以为行人过街停歇、立照明杆柱、安设交通标志、公交车辆停靠等提供用地。

（2）道路分车绿带可以分为以下3种类型：①道路分车绿带道路分隔上下行车辆的，也称为一条绿带；②道路分隔机动车与非机动车的，也称为二条绿带；③道路分隔机动车与非机动车并构成上下行的，也称为三条绿带。城市道路分车绿带的类型如图4-13所示。

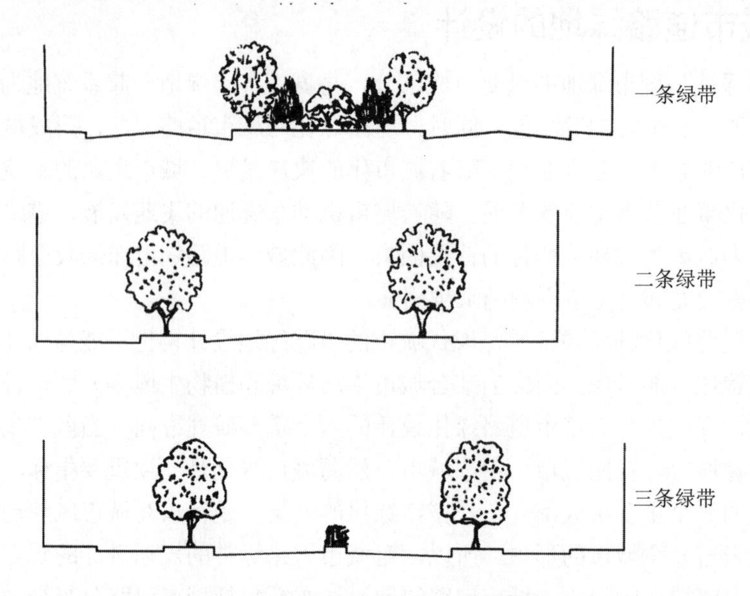

图 4-13　城市道路分车绿带的类型

（3）道路分车绿带的宽度应当因路而异，没有固定的尺寸，分车绿带宽度占道路总宽度的百分比也没有具体的规定。作为分车绿带最窄一般为1.5m，常见的分车绿带为2.5～8.0m。大于8.0m宽的分车绿化带可作为林荫路设计。加宽分车绿带的宽度，可以使道路分隔更为明确，街景更加壮观，同时，为今后道路的拓宽留有余地，但行人过街不方便。

（4）为了便于行人过街，分车绿带应进行适当分段，一般以每段75～100m为宜。尽可能与人行横道、停车站、大型商店和人流比较集中的公共建筑出入口相结合。城市道路分车绿带最小宽度如表4-1所列。

表 4-1　城市道路分车绿带最小宽度

分车绿化还类别		中间绿化带			两侧绿化带		
设计行车速度 /（km/h）		80	60，50	40	80	60，50	40
分隔的最小宽度 /m		2.00	1.50	1.50	1.50	1.50	1.50
路缘带宽度 /m	机动车道	0.50	0.50	0.50	0.50	0.50	0.50
	非机动车道	—	—	0.25	0.25	0.25	0.25
侧向净宽度 /m	机动车道	1.00	0.75	0.75	0.75	0.75	0.75
	非机动车道	—	—	0.50	0.50	0.50	0.50
安全带宽度 /m	机动车道	—	0.25	0.25	0.25	0.25	0.25
	非机动车道	—	—	—	0.25	0.25	0.25
分车带最小宽度 /m		3.00	2.50	2.00	2.25	2.25	2.25

（5）道路分车绿带是指车行道之间可以绿化的分隔带，其位于上下行机动车道之间的为中间分车绿带，位于机动车道与非机动车道之间或同方向行驶机动车道之间的为两侧分车绿带。

（6）人行横道线与分车绿带的关系　人行横道线在绿化带的顶端通过时，在绿化带进行铺装。人行横道线在靠近绿带的顶端通过时，在人行横道线的位置上进行铺装，在绿带顶端剩余位置种植低矮的灌木，也可以种植草坪或花卉。一般情况下，人行横道线在分车绿带中间通过时，在人行横道线的位置上进行铺装，铺装的两侧不要种植绿篱或灌木，以免影响行人和驾驶员的视线。人行横道线与分车绿带的关系如图4-14所示。

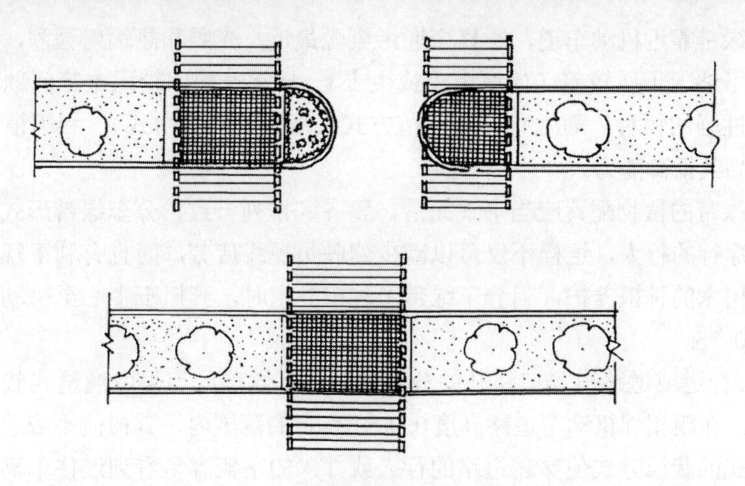

图 4-14　人行横道线与分车绿带的关系

（7）分车绿带上汽车停靠站的处理　公共汽车或无轨电车等是城市中的主要交通工具，其停靠站的位置设置是非常重要的问题。当停靠站设在分车绿带上时，大型公共汽车一路大约要30m长的停靠站，在停靠站上需留出1～2m宽的地面铺装为乘客候车使用。绿带尽量种植乔木为乘客遮阴。分车绿带在5m以上时，可以种植绿篱或灌木，但应设护栏进行保护。分车绿带上的公交车停靠站示意如图4-15所示。

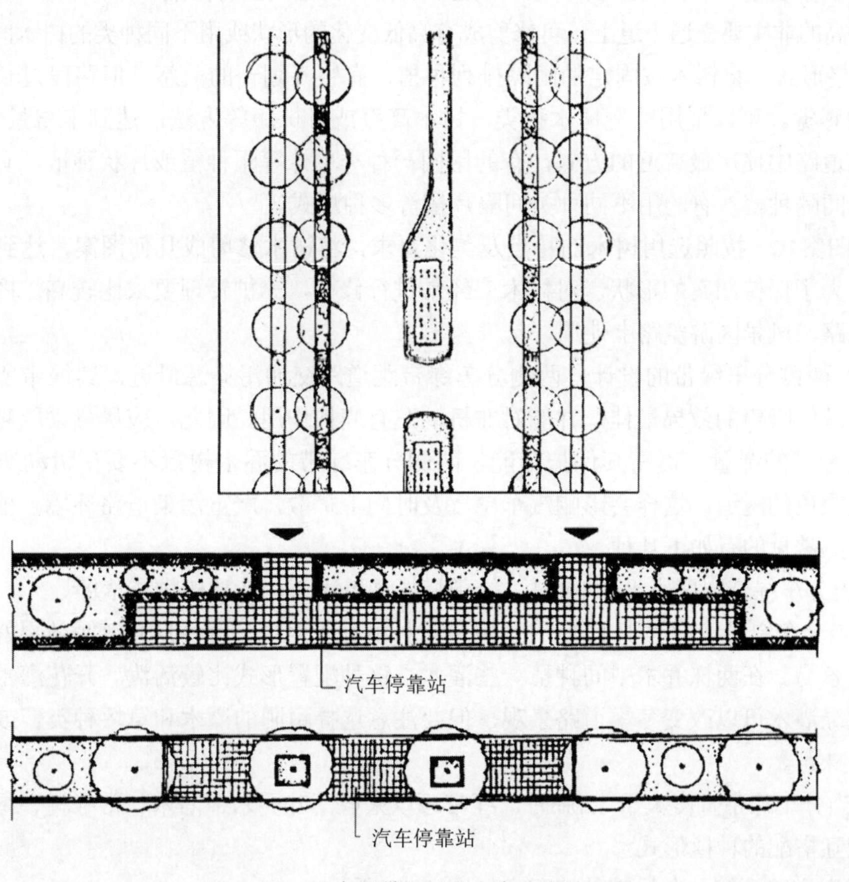

图 4-15　分车绿带上的公交车停靠站示意

（8）分车绿带靠近机动车道，距离交通污染源最近，光照和热辐射强烈，很容易出现干旱、土层深度不够、土质较差（如垃圾土或生土）、日常养护比较困难等问题，因此应选择耐瘠薄、抗逆性强的树种。灌木宜采用片植方式（规则式、自由式），利用植物之间互助的内含性，来提高其抵御能力。

（9）分车绿带的植物配置应当形式简洁、整齐、排列一致。分车绿带形式简洁有序，驾驶员容易辨别穿行的行人，这样不仅可以减少驾驶员视线疲劳，而且有利于行车的安全。为了交通安全和树木的种植养护，当分车绿带上种植乔木时，其树干中心至机动车道路缘石的距离不能小于0.75m。

（10）被人行道或道路出入口断开的分车绿带，其端部应当采取通透式栽植，即指绿地上配置的树木，在距相邻机动车道路高度0.9～3.0m的范围内，其树冠不应遮挡驾驶员的视线。采用通透式的栽植方式使穿越道路的行人或并入的车辆容易看到过往车辆，以利行人和车辆的安全。

（11）中间分车绿带的种植设计　在中间分车绿带上，一般距相邻机动车道路面高度为0.6～1.5m的范围内，种植灌木、灌木球、绿篱等枝叶茂密的常绿树，这样能有效地阻挡夜间相向行驶车辆前照灯的眩光。在一般情况下，其株距不大于树冠幅的5倍。中间分车绿地种植的形式主要有绿篱式、整形式和图案式。

① 绿篱式　在绿带内密植的常绿树，经过整形修剪，使其保持一定高度和美好形状。这种形式栽植宽度较大，行人难以穿越，而且由于树与树之间没有间隔，杂草很少，管理容易。在车速不高的非主要交通干道上，可修剪成有高低变化的形状或用不同种类的树木间隔片植。

② 整形式　将树木按固定的间隔排列种植，有整齐划一的美感。但路段过长会给人一种单调的感觉。可以采用改变树木种类、树木高度或者株距等方法，达到丰富景观的效果。这是城市道路中使用最普遍的方式，有的用同一种类单株等距种植或片状种植，有的用不同种类单株间隔种植，有的用不同种类间隔片植等多种形式。

③ 图案式　按照选用树木的特点及美化要求，将树木修剪成几何图案，达到整齐美观的效果。为了保持图案的形状，对树木应经常进行修剪，养护管理要求比较高。图案式可在园林景观路、风景区游览路上使用。

（12）两侧分车绿带的设计　两侧分车绿带距道路交通污染源最近，其绿带所起到的滤减烟尘、减弱噪声的效果最佳，并能对非机动车有庇护作用。因此，应尽量采取复层混交配置，扩大绿带的绿量，提高其保护功能。两侧分车绿带的乔木树冠不要在机动车道上面搭接，形成绿色的隧道，这样会影响汽车尾气及时向上扩散，严重污染道路环境。植物配置的方式很多，常见的有如下几种。

① 当分车绿带宽度小于1.5m时，绿带只能种植灌木、地被植物或草坪。

② 当分车绿带宽度等于1.5m时，绿带以种植乔木为主。这种形式遮阴效果好，施工和养护比较容易。在两株乔木中间种植一些灌木，这种配置形式比较活泼。开花灌木可以增加色彩，常绿灌木可以改变冬季道路景观，但要注意选择耐阴的灌木和草坪种类，或者适当加大乔木的株距。

③ 当分车绿带宽度大于1.5m时，绿带可以采取落叶乔木、灌木、常绿树、绿篱、草地和花卉相互搭配的种植形式。

某城市道路两侧分车绿带种植示意如图4-16所示。

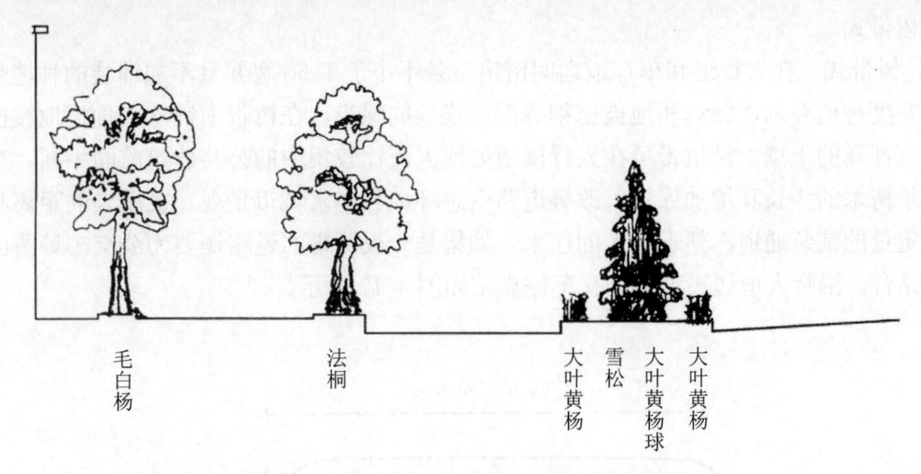

图 4-16　某城市道路两侧分车绿带种植示意

（二）城市道路行道树绿带设计

行道树是指布设在人行道与车行道之间，给车辆和行人遮阴并构成街景的树种。行道树具有可补充氧气、净化空气、美化城市、减少噪声等多种作用。行道树的宽度应根据道路的性质、类别和对绿地的功能要求，以及立地条件等综合考虑而决定，但不得小于1.5m。在进行城市道路行道树绿带设计时应注意下列要点。

（1）行道树绿带的主要功能是为行人和非机动车隔离、导向及庇阴，并以种植行道树为主。绿带较宽时可采用乔木、灌木、地被植物相结合的配置方式，提高防护功能、加强绿化景观效果。

（2）行道树的种植方式。行道树种植方式有多种，常用的有树带式和树池式两种。

① 树池式　在人行道狭窄或行人过多的街道上经常采用树池种植行道树。树池形状可方可圆，其边长或直径不得小于1.5m，长方形树池的短边不得小于1.2m，长短边之比不超过1 ∶ 2，方形和长方形树池易于和道路及其两侧建筑物取得协调，故应用较多，圆形常用于道路圆弧转弯处。行道树的栽植位置应位于树池的几何中心，对于圆形树池更为重要，方形或长形树池虽然允许偏于一侧，但也要符合技术规定，从树干到靠近车行道一侧的树池边缘不小于0.5m，距车行道缘石不小于1m。

为了防止行人踩踏池土，影响水分渗透和土壤空气流通，可以使树池周边高出人行道6 ～ 10cm，但因为有影响雨水流入池内这一缺点，因此在不能保证按时浇水或缺雨的地区，常把树池做得和人行道相平，池内土应稍低于路面，一方面可便于雨水流入，另一方面避免池土流出污染路面，如能在树池上铺设透空的保护池盖则更为理想。如北京天安门广场一带即为如此。

池盖一般由金属或水泥预制板做成，经久耐用，式样美观，为了便于清除池内杂草、屑物和翻松土壤时拿取方便，常用两扇或三扇合成，放在搁架上，既有利于保护池土不被池盖压实，又可避免土壤受热灼炙树木根系。池盖属于人行道路面铺装材料的一部分，可以增加人行道的有效宽度，减少裸露土壤，有利于环境卫生和管理，同时可以美化街景。

树池一般情况下其营养面积有限，影响树木生长，增加了铺装面积，提高了造价，利用效率不高，且要经常翻松土壤，增加管理费用，卫生防护效果也差，所以在可能条件下应尽量采用树带式。

② 树带式　在人行道和车行道之间留出一条不小于 1.5m 宽并且不加铺装的种植带。视树带的宽度种植乔木、绿篱和地被植物等形成连续的绿带。在树带中铺草或种植地被植物，但不得有裸露的土壤。种植带可在人行横道处或人流比较集中的公共建筑前面中断。这种方式有利于树木的生长和增加绿量，改善道路生态环境和丰富城市景观。在适当的距离和位置留出一定量的铺装通道，便于行人的往来。如果是一板两带的道路还要为公交车等留出铺装的停靠站台。沿行人道边设置的公交车停靠站如图 4-17 所示。

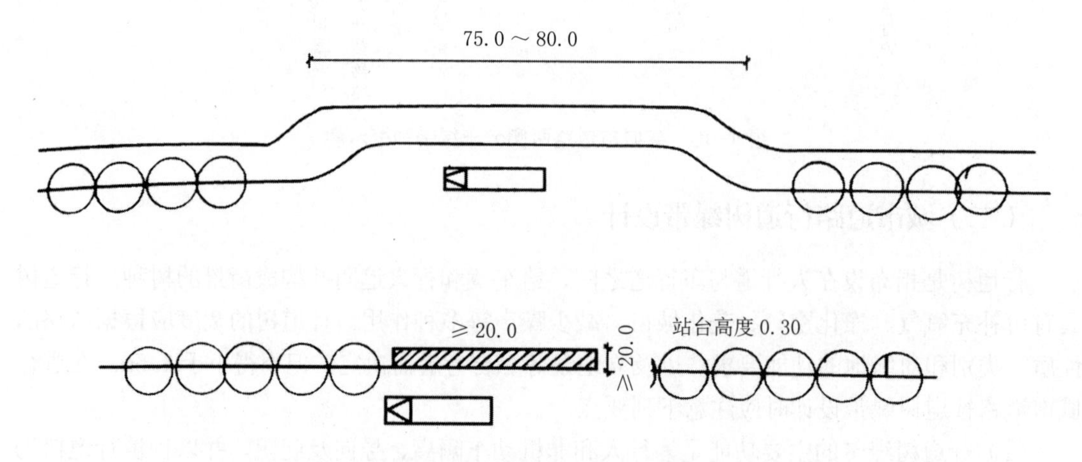

图 4-17　沿行人道边设置的公交车停靠站（单位：m）

（3）行道树的株距，应以其树种壮年期的树冠大小为准，最小种植株距不得小于 4m。

① 株距的确定既要考虑充分发挥行道树的作用，又要考虑苗木的合理使用。盲目的采取密植方式，不但会浪费苗木，而且还会因树木得不到应有的分布空间和必要的营养面积，而使树木生长衰弱。

② 株距的确定要考虑不同树种的生长速度。如杨树类属速生树种，其寿命比较短，一般在道路上 30 ～ 50 年就需要进行更新。因此，种植胸径 5cm 的杨树，株距以 4 ～ 6m 比较适宜。在南方城市悬铃木也属速生树种，树冠直径可达 20 ～ 30m，种植胸径 5cm 的悬铃木树，株距以 6 ～ 8m 比较适宜。

③ 我国北方的槐树，属中慢长树种，树冠直径可达 20m 以上。种植胸径 8 ～ 10cm 的槐树时将株距应定在 5m 左右。树龄 20 年左右可隔株间移，永久株距为 10 ～ 12m。

④ 树木株距的确定还要考虑其他因素，例如消防、抢险车辆在必要时穿行的需要。人流往来频繁的商业街及沿街有大型公共建筑群时需要加大株距。有些沿街的外观不美观的建筑物或场所需要加以隐蔽的，可以缩小株距，形成绿墙，遮挡视线。

（4）行道树种植的苗木，其胸径在《城市道路绿化规划与设计规范》（CJJ 75—1997）中规定“快长树不得小于 5cm；慢长树不宜小于 8cm。”这是出于对新栽行道树的成活率和种植后在较短时间内能达到绿化效果的考虑。随着现代科技水平和机械施工水平的提高，不少城市的行道树种植喜欢选择较大规格的苗木。这样既能做到当年施工，当年见效，又能抵御人为的破坏。例如北京市种植的槐树、栾树、银杏等慢长树胸径在 15 ～ 20cm，成活率都保证在 95% 以上。

（5）城市行道树绿化带的种植设计　随着我国城市化进程的加快，城市道路建设的步伐也越来越快。行道树作为城市道路绿化的核心部分，其树种选择、种植形式和养护管理水平直接影响到道路绿化的功能和美观。行道树的绿化带的种植设计是行道树设计中首要的影响因素。

绿化带的种植设计的选择应结合道路的功能对行道树的要求，充分考虑植物的生长特性和景观特性，在因地制宜、适地适树的原则下进行选择和搭配。在城市道路绿化中，行道树又因其在功能、体量和布局上的突出性而成为重中之重，城市行道树绿化带的种植设计的好坏直接影响道路绿化的成败。总之，城市行道树绿化带的种植设计应注意以下方面。

① 行道树树干中心至路缘石外侧的最小距离为0.75m，以便于公交车辆停靠和树木根系的均衡分布，防止树木发生倒伏，并便于行道树的栽植和养护管理。

② 在弯道上或道路的交叉口，行道树绿带上种植的树木，在距相邻机动车道路面高度0.9～3.0m的范围内，其树冠不得进入视距三角形范围内，以免遮挡驾驶员的视线，影响行车的安全。

③ 在城市的同一街道上采用同一树种、同一株距对称栽植，既可以更好地起到遮视、减噪等防护功能，又可以使街景整齐、雄伟，体现出一种整体美。如果要变换树种，一般是从道路交叉口或桥梁等分界的地方变更最好。

④ 在一板二带式的城市道路上，当路面比较狭窄时，注意两侧的行道树树冠不要在行车道上搭接在一起，以免造成飘尘、废气等不易扩散。应注意树种的选择和修剪，适当留出一些“天窗”位置，使道路上的污染物迅速扩散、稀释在空中。

⑤ 在车辆交通流量较大的城市道路上及风力很强的道路上，应种植绿篱植物，形成防尘防沙的屏障。

⑥ 行道树绿带的布置形式多采用对称式。即道路横断面中心线两侧，绿带的宽度相同；植物的配置和树种、株距、树的高度及胸径等均相同。例如每侧均为一行乔木、一行绿篱、一行乔木等。

⑦ 两侧不同树种的不对称栽植方式。即道路横断面中心线两侧栽植的树种不同，行道树绿带不等宽的不对称栽植。如北京市美术馆后街的行道树，一侧为一行乔木，另一侧为二行乔木。北京市美术馆后街的行道树布置如图4-18所示。

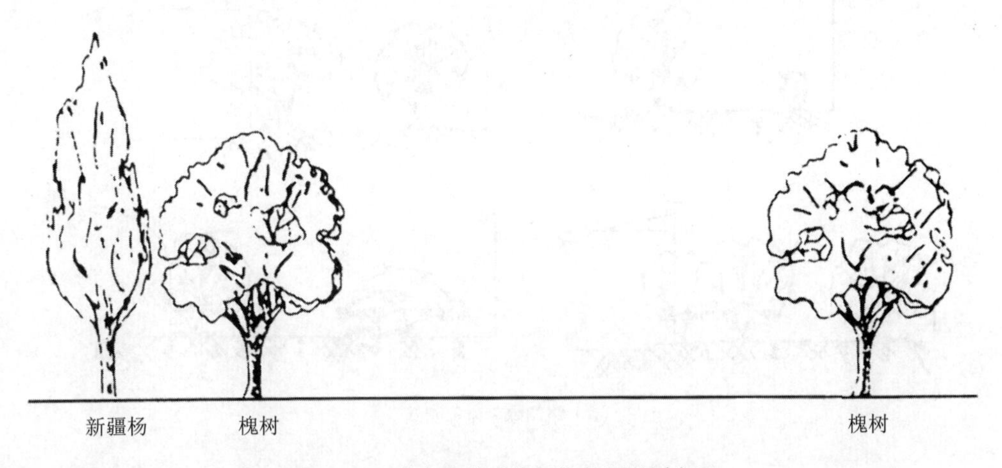

图4-18　北京市美术馆后街的行道树布置

⑧ 道路横断面为不规则形式时，或者道路两侧行道树绿带宽度不等时，则形成不对称的布置形式。例如山地城市或老城区旧道路幅较窄，采用道路一侧种植行道树，而另一侧布设照明等杆线和地下管线。对于以上这些情况应根据行道树绿带的宽度设计行道树，如一侧是乔木，而另一侧是灌木；或一侧是乔木，另一侧是两行乔木等；或因道路一侧有架空线而采取道路两侧行道树的树种不同的非对称栽植。

（三）城市道路路侧绿化带设计

优美的城市环境、宜人的道路绿化不仅能体现一个城市的姿态美、意境美以及形象美，而且也是一个城市文化底蕴的显现。而且一个优美的城市，不仅使人感到亲切、舒适、具有生命力，而且对于它的发展也是十分重要的。然而这一切都要源于一个完善的城市道路绿化景观设计，它是创造完美城市的前提基础。路侧绿带是城市道路绿化中不可缺少的重要组成部分。路侧绿带与沿路的用地性质或建筑物关系密切，有些建筑要求绿化衬托，有些建筑要求绿化防护，有些建筑需要在绿化带中留出入口。因此，路侧绿带设计要兼顾街景与沿街建筑需要，应在整体上保持绿带连续、完整、景观统一。

（1）城市道路路侧绿带是指在城市道路的一侧，布设在人行道边缘至道路红线之间的绿带，是构成城市道路优美景观的重要地段。路侧绿带常见的有三种：第一种是困建筑物与道路红线重合，路侧绿带毗邻建筑进行布设；第二种是建筑退让红线后留出人行道，路侧绿带位于两条人行道之间；第三种是建筑退让红线后在道路红线外侧留出绿地，路侧绿带与道路红线外侧绿地结合。城市道路路侧绿带的三种形式如图4-19所示。

（2）路侧绿带与沿路的用地性质或建筑物关系密切，有的建筑物要求用绿带加以美化，有些建筑要求用绿带加以防护。因此路侧绿带应用乔木、灌木、花卉、草坪等，要结合建筑群的平面和立面组合关系、造型、色彩等因素，根据相邻用地性质、防护和景观要求进行设计，并应在整体上保持绿带连续、完整和景观效果的统一。

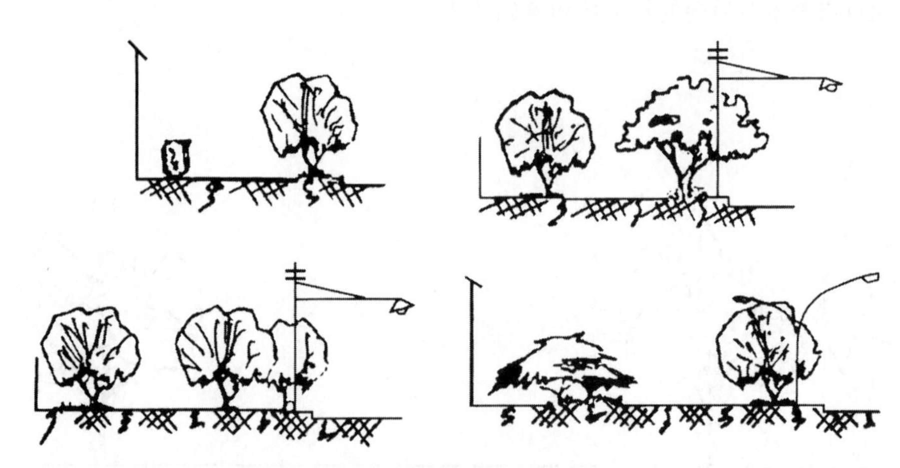

（a）路侧绿带毗邻建筑

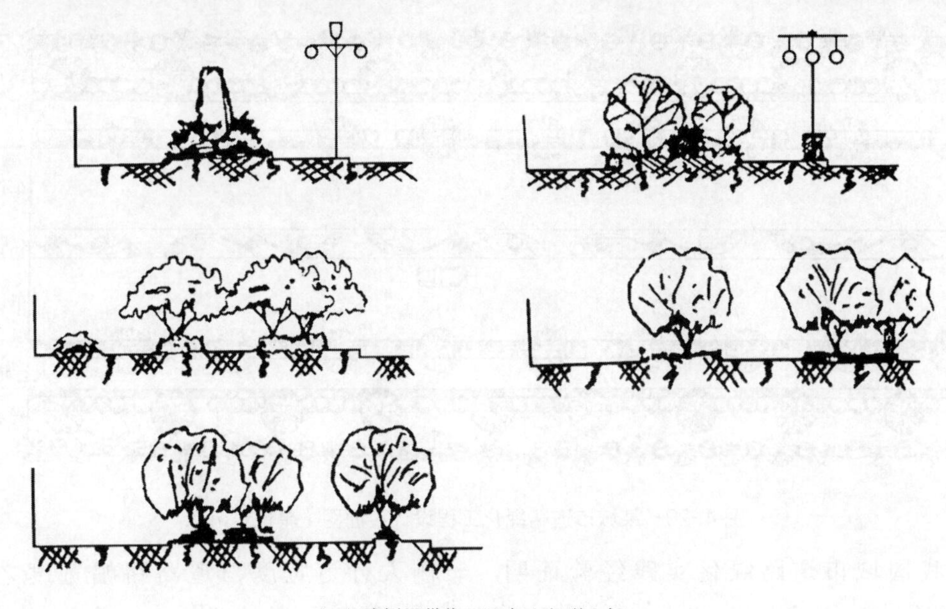

（b）路侧绿带位于两条人行道之间

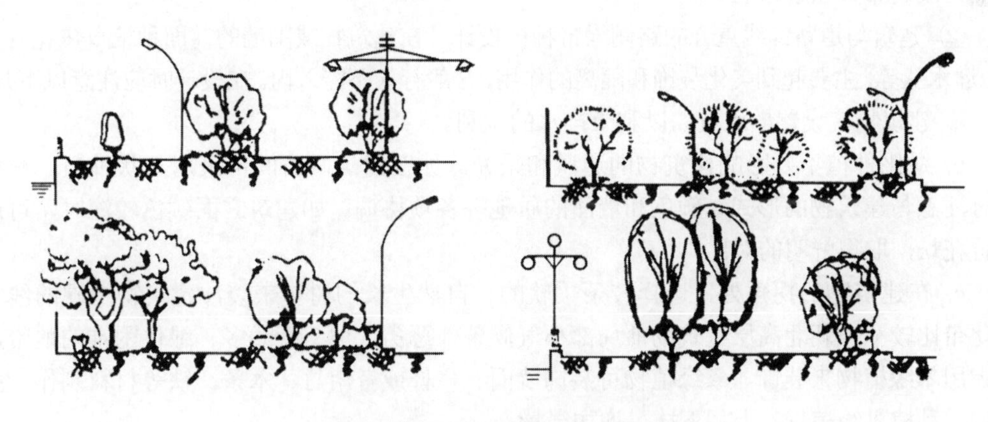

（c）路侧绿带与道路红线外侧绿地结合示意

图 4-19　城市道路路侧绿带的三种形式

（3）路侧绿带宽度在8m以上时，内部铺设游步道后，仍能留有一定宽度的绿化用地，而不影响绿带的绿化效果。因此，可以设计成开放式绿地，方便行人进入游览休息，提高绿地的功能作用和街景的艺术效果。开放式绿地中绿化用地面积不得小于该段绿带总面积的70%。路侧绿带与毗邻的其他绿地一起作为街旁游园时，其设计应符合现行行业标准《公园设计规范》（CJJ 48—1992）中的规定。

① 人行道的设计　人行道绿化是城市街道绿化最基本的组成部分，它对美化环境、丰富城市街道景观、净化空气、为行人提供一片绿荫具有重要的作用。在设计人行道宽度时除了满足以上基本要求外，也应满足地上杆柱、地下管线、交通标志、信号设施、护栏、邮筒、果皮箱、消火栓等公用附属设施安排的需要。图 4-20 为某城市道路绿化工程设计平面图。

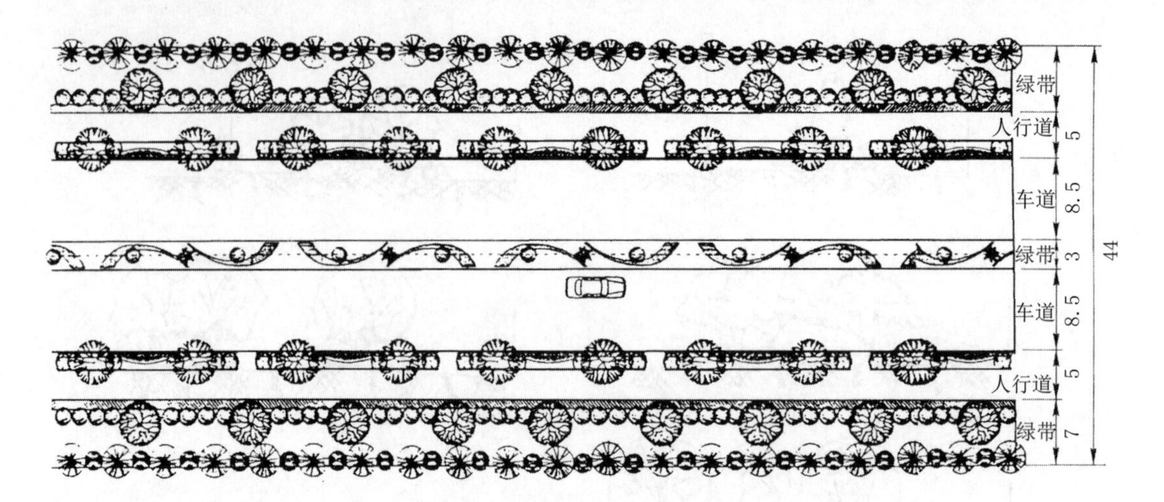

图 4-20 某城市道路绿化工程设计平面图（单位：m）

我国城市道路绿化实践经验证明，一侧人行道宽度与道路路幅宽度之比为（1 ∶ 7）～（2 ∶ 7），以步行交通为主的小城镇可掌握在（1 ∶ 4）～（1 ∶ 5）。人行道通常对称布置在道路的两侧，但因地形、地物或其他特殊情况，也可两侧不等宽或不在一个面上，或仅布置在道路的一侧。

② 建筑与道路红线重合的路侧绿带种植设计　在建筑物或围墙的前面种植草皮花卉、绿篱、灌木丛等，主要起到美化装饰和隔离的作用，一般行人不能入内。在设计时应注意以下几点。

a. 建筑物应设置散水坡，以利于排水的顺利。

b. 绿化种植不要影响建筑物的通风和采光。如在建筑两窗间可采用丛状种植。树种选择时注意与建筑物的形式、颜色和墙面的质地等各项协调。如建筑立面颜色较深时，可适当布置花坛，取得鲜明的对比。

c. 在建筑物的拐角处，选择枝条柔软的、自然生长的树种来缓冲建筑物生硬的线条。绿化带比较窄或朝北高层建筑物前局部小气候条件恶劣、地下管线多、绿化困难的地带，可考虑用攀缘植物来装饰。攀缘植物可装饰墙面、栏杆或者用竹、木条、铁等材料制作一些攀缘架，种植攀缘植物，上爬下挂，增加绿量。

（4）人行道绿化设计常见形式　人行道绿化设计的几种常见形式有单排行道树、双排行道树、绿化带内间植行道树、行道树与小花坛、游园林阴路等。

① 单排行道树　通常在人流量较大，空间较小的街区采用。行道树间距宜为 5 ～ 7m，周围砌筑 1.5m×1.5m 的方形树池，树种采用干直、冠大、树叶茂密、分枝点高、落叶时间集中的乔木，一个街区最好选择同一树种，保持树型、色彩等基本一致。

② 双排行道树　人行道宽度为 5 ～ 6m，门店多为商业用户，人流量较大，采用单排行道树绿化遮阴效果差，布置花坛又影响行人出入，在这种情况下，可交错种植两行乔木。为了丰富景观，可布置两个树种，但在冠形上要力求协调。

③ 绿化带内间植行道树　当人行道宽度为 5 ～ 6m 且人流量不大时，可在人行道与车道之间设置绿化带，绿化带宽度应在 2m 以上，种植带内间植 4 ～ 5 棵行道树，空地种植小花灌木和草坪，周围种植绿篱，这种乔灌草结合的方式，不仅有利于植物的生长，而且极大地改善了行道树的生长环境。

④ 行道树与小花坛　当人行道较宽、人流量不大时，除在人行道上栽植一排行道树外，还要结合建筑物的特点，因地制宜在人行道中间设计出或方或圆或多边形的花坛（既要考虑绿化效果又要方便行人通过）。花坛内可采用小乔木与灌木和花卉配置，形成层次感，也可用花灌木或花卉片植成图案。

⑤ 游园林荫路　对于宽度为8m以上的人行道，多为居民居住区街道或滨河路，这里可布置成弯曲交错的林荫路形式，在林荫路中设置小广场，修建凉亭、座椅、儿童游戏设施等供行人休息和娱乐，实际上起到小游园的作用。在植物种植上，可以采用乔灌草与藤本植物相结合的方式。

（5）建筑退让红线后留出人行道，路侧绿带位于两条人行道之间的种植设计。一般商业街或其他文化服务场所较多的道路旁设置两条人行道，一条靠近建筑物的附近，供进出建筑物人们使用；另一条靠近车行道为穿越街道和过街行人使用。路侧绿带位于两条人行道之间。种植设计视绿带宽度和沿街的建筑物性质而定。一般街道或遮阴要求高的道路，可种植两行乔木。商业街要突出建筑物立面或橱窗时，绿带设计宜以观赏效果为主（来往行人有行道树遮阴），种植常绿树、开花灌木、绿篱、花卉和草皮。

（6）建筑退让红线后，在道路红线外侧留出绿地，路侧绿地与道路红线外侧绿地结合。道路红线外侧绿地有街旁游园、宅旁绿地、公共建筑前绿地等。这些绿地虽不统计在道路绿化用地范围内，但能加强道路的绿化效果。因此，新建道路往往要求和道路绿化一并设计。

二、城市街头游园绿地的设计

街头游园绿地建设在城市的绿化建设中起着非常重要的作用，不但有丰富的美化功能、生态功能，而且有很重要的社会功能。在城市街头游园绿地的建设研究过程中，倡导以人为本的景观设计方法，要求它能摆脱景观设计的平面化、缺乏人性化等这些缺点，它提倡切实从人的感受和需求出发，营造宜人舒适的城市公共空间。结合各个城市的不同人文及历史特色，实现城区绿化基础设施建设中以人为本，探求人与环境和环境与社会增长的最佳结合的方式，创造出具有明显特色的景观空间。

如今在现代化城市建设中，城市土地是寸土寸金，各种用地矛盾十分尖锐、突出，即使在城市总体规划中用于绿化的规划用地往往以各种理由被其他功能所占据，严重地影响了城市的绿化率。如果能重视市区街头游园绿地的建设，充分利用城市规划及建设的边角地带来增加绿化用地及绿量，可以提高绿化覆盖率。

街头游园绿地处于街头或道路旁，其配置的植物可以与行道树、分车带的植物构成多道屏障，能有效地吸收或阻隔机动车带来的噪声、废气及尘埃，起到保护环境的作用。随着社会发展的需要，市区的私家车日益增多，给街道环境造成严重污染，仅靠两行行道树及分车带窄小的绿化带，已不能产生很好的效果。若能重视街头游园绿地建设，与街道树、分隔绿带连成一片，扩大街道的绿化面积，可以有效地阻隔和吸收废气、尘埃等，净化环境。

街头游园绿地分布在每条街道，我们可在绿地上配置多姿多彩的植物景观、小巧精致的园林小品，配合行道树衬托、装饰临街建筑物，使之与建筑物交相辉映，并随着季节的变化而产生变化万千的街道景观。把园林美景展现在街头，可以静谧园林环境，收到闹中取静的艺术效果，从而较好地满足人们日常活动和休息的需要。

1. 城市街头游园绿地的概述

（1）城市街头游园（小游园、街头绿地）是指城市道路红线以外供行人短暂休息或重点艺术装饰街景的小型公共绿地。

（2）街头绿地作为城市绿化规划设计重要的一环，直接关系到城市的整体形象，它是通过带状或块状的“线”性有机的组合，使整个城市道路绿地巧妙地连为一个整体，成为建筑景观、自然景观及各种人工景观之间的“软”连接。

（3）在城市道路绿化景观设计中，街头绿地越来越被大众所重视，其创作特色、内容丰富，给城市道路景观带来了文化艺术氛围，起着美化城市环境的巨大作用。主要表现在以下几个方面。

①因城市街头游园位于道路的两侧，具有线长、点多的特点，可以丰富街道的景观，使街景显得活泼有生气，具有很好的装饰性、观赏性和游憩性，也是建设城市高质量环境的一个重要手段。街头游园内多姿多彩的园内植物，精美灵巧的园林建筑小品等，绿化、美化了道路两侧呆板的混凝土建筑群，使建筑融于绿色空间之中，或作为建筑物的背景，突出建筑美，使建筑和绿地互相辉映。也可以通过绿化弥补建筑艺术的不足，或者用绿化隐蔽外形欠佳的建筑。

② 城市街头游园除了和道路上其他绿带一样，除了具有减少噪声、防风、防尘、降温等改善小气候的作用外，在喧闹的道路上安谧的城市街头游园环境还可取得闹中取静的效果，使城市道路环境得以改善。

③ 城市街头游园可为人们提供小憩、锻炼和交往的空间。为行人短暂的休息和附近居民早晨锻炼、晚上纳凉、茶余饭后入内游憩、交往、调节紧张情绪提供场所。满足人们尤其是老人和儿童的日常活动。使他们每天都能生活在绿色的环境中。

④ 在城市上下班的人流高峰时，步行者可在街头游园中穿行，这样可减轻人行道的负担，起到组织交通、分散人流的作用。

⑤ 城市街头游园能把园林和园林艺术在城市道路旁得以体现，这样不仅可以丰富和提高城市道路的景观。而且使街头游园贴近人们的生活，体现城市街头游园的优越性，在人们经常使用的过程中，潜移默化地形成了热爱自然、热爱生活、热爱祖国的高尚情操。

（4）城市街头游园和绿地在不同的城市地域、不同的文化背景下，应表现出不同的风格。优秀的城市街头游园和绿地，它是时代、地域文化、自然环境的反映。

2. 城市街头绿地的设计原则

（1）城市街头绿地的设计应与城市道路的性质、功能相适应。由于交通目的的不同，景观元素也不同，道路两侧建筑、绿地以及道路自身的设计都必须符合不同道路的特点。

（2）在进行城市街头绿地的设计时，应选择主要用路者的行为规律与视觉特性作为设计的依据，以提高视觉的质量。

（3）城市街头绿地的设计与其他街景元素协调，即与自然景色、历史文物、沿街建筑等有机结合，与街道上的交通、建筑、附属设施、管理设施、地下管线等相配合，把道路街头绿地与环境作为一个景观整体考虑，形成完善的具有特色和时代感的景观。

（4）城市街头绿地的设计应考虑城市土壤条件、养护水平等因素，选择适宜的绿地植物，发挥滞尘、遮阴降温、增加空气湿度、隔声减噪和净化空气等生态功能，减少汽车眩光，防风、防雪和防火等灾害的出现，形成稳定而优美的街头景观。

第五节 道路景观设计实例

道路随着集镇的形成而产生，它的功能由走路、行车需求开始，到沿街进行贸易，进而逐步融入政治、经济、文化、艺术等因素。发展到今天，道路空间已经成为多功能活动集合的带形城市生活空间。它是人们室外停留时间最多的地方，是人们户外活动的主要载体。道路空间也是展示城市景观的舞台，是人们欣赏、体验城市生活的场所，其本质就是城市空间的重要组成部分，它有着鲜明的空间特色。

我们的目标是让道路的功能在最佳的道路形态中实现，“通过优美的道路景观引导自然优雅，高效有序，充满关爱的都市文化精神内涵”。对于道路景观而言，现代的设计立足点应在于生态原则文化特色、功能需求三位一体的整合。也就是对于道路景观而言，物质景观是载体，生态保持是法则，文化景观是目标，这样才能创造人和自然发展的富有文化意蕴的美，让道路成为城市流动的风景线。

道路景观是城市风貌、特色的最直接体现，代表着城市的总体形象。从古代城市到现代城市，城市道路背后是复杂的时代特征。在各国城市建设中有许多道路景观设计的优秀实例值得借鉴和参考。

一、法国巴黎的香榭丽舍大街

法国香榭丽舍大街又名爱丽舍田园大街，是法国巴黎城一条集高雅及繁华，浪漫与流行于一身的世界上最具光彩与盛名的道路。香榭丽舍取自希腊神话“神话中的仙景”之意，在法国，它被看作是“世界上最美丽的街道”。

法国香榭丽舍大街位于卢浮宫与新凯旋门连心中轴线上，东起巴黎的协和广场，西至星形广场（即戴高乐广场），地势西高东低，全长约 1800m，宽度为 100m，是法国巴黎市最美丽繁华的大街。香榭丽舍大街以圆点广场为界分成两部分，跨两个街区，东段靠近卢浮宫，是条约 700m 长的林荫大道，此街道以自然风光为主，道路是平坦的英式草坪，两旁绿树成行，莺往燕来，树木和花园般的景观构成了街景的框架，成为闹市中一块不可多得的清幽之处。西段靠近凯旋门，长约 1200m，是巴黎的高级商业区，雍容华贵，密集 7、8 层高的建筑构成了街道的边界。

香榭丽舍大街道路两旁商贾云集，不太长的街道两旁布满了法国和世界各地的大公司、大银行、电影院、奢侈品商店和高档饭店。人们既可在其中消遣娱乐，又可采买购物，同时也可以欣赏这个有着百年历史的人间第一美丽大道之一的万种风姿。

从卢浮宫远望香榭丽舍，可以通过协和广场和凯旋门直望到巴黎郊外拉德芳斯区的新凯旋门。街道两边的 19 世纪建筑，仿古式街灯，充满新艺术感的书报亭都为这条大道平添一种巴黎特有的浪漫气息。香榭丽大道几乎与塞纳河的一段是平行的，从大道向南便可以到达塞纳河。两道 8 线行车的大街配上其间起伏凹凸的地势，使这条大街气度非凡。

走在香榭丽舍大街上，看着大道中央车水马龙的繁华和大道两旁被浓密法国梧桐树遮盖下的悠闲，体会着巴黎人的生活和浪漫……名店、时装、电影院穿插其中，华丽、优雅、美丽，俨然成了香榭丽舍大街的代名词。人流中有的衣着光鲜，有的整洁素雅，也有的青春热烈，还有的简单随意，却都没有丝毫的矫情与做作。香榭丽舍大街也是巴黎城中最重要的步行街。

香榭丽舍大街过去是一片旷野和沼泽地，当年法国的皇后玛丽·德·梅德西斯，下令将这里改造成为一条林荫大道。因此，在那个时代称这条大道为“皇后林荫大道”，后来又有了香榭丽舍的译名。香榭丽舍大街的景观如同它的名字一样美丽，洋溢着诗情画意。香榭丽舍（Champs Elysees）是由Champs（译为田园的意思）和Elysees（译为“爱丽舍”）两个词汇构成，所以翻译为“爱丽舍田园大道”或“香榭丽舍田园大道”。“爱丽舍（Elysees）”一词系指希腊神话中众神聚集的地方，因此也可以译为“极乐世界”或“天堂乐土”。“榭”在中国园林建筑中是依水而建的景观平台，一部分建在岸边上，一部分伸入水中。曾经的香榭丽舍就是片水榭泽园，而现在则成为一个让世人流连忘返的观景平台。这里到处弥漫着咖啡、糕点的香气，可谓名副其实的“香榭”，而街道两侧的奥斯曼式建筑被称为“丽舍”也是非常恰当的。香榭丽舍大街无论是其名字，还是真正的街道景观，都给人以美的视觉和丰富的感观体验。

香榭丽舍大街历史悠久，从1616年开始建造，随笔过去的几百年的历史变迁，其街景景观也发生了很大的变化。据有关记载，17世纪中叶，凡尔赛宫的风景设计师勒·诺特为拓展士伊勒里花园的视野，将花园的东西中轴线向西延伸至圆点广场，这就形成了香榭丽舍大街的雏形。经过多年不断整顿和修改，1828年巴黎市政府在此铺设了人行道，安装了路灯和喷泉，使其成为法国城市建设史上的第一条林阴大道。

到了第二帝国时期，拿破仑主持大规模的扩建巴黎的工程。在这次扩建工程中，兴建了星形广场、巴士底广场等许多街头式广场，其中以星形广场为中心，形成了12条呈放射状的大道。连接各大广场路口的大道都栽植了树木，两旁是豪华高大的建筑。每条大道都通往一处纪念性的建筑。这时的城市布局不但气势宏伟，而且交通非常流畅。香榭丽舍大街从圆点广场延长至星形广场，成为12条大道中的一条，也是后来最为引人注目的一条大道。随着巴黎市的不断扩建，香榭丽舍大街道路两侧的景观发生了翻天覆地的变化，富有法国特色的时装店、化妆品店、高级夜总会等纷纷进驻这条街道。到19世纪时，香榭丽舍大街西段已经成为巴黎市重要的商业大道，同时保留了法国式的优雅和浪漫的情调。

从20世纪80年代开始，随着全球城市化进程的加快，香榭丽舍大街也开始出现大都市街道存在的通病。最主要的问题是由于机动车的剧增，造成交通严重拥堵，连人行道上也被各种车辆占满，行人走路也十分困难。其次其道路两旁的电话亭、报亭、广步牌等这些无规矩的杂物陈设造成街道景观混乱的局面，甚至连街道两旁的建筑物的立面都被各种广告张贴覆盖。以上问题的出现，渐渐地遮去了街道原本高贵典雅的形象。

在法国的民间有保护历史文化遗产的优良传统，当人们意识到城市环境的恶化正在影响到城市道路景观时，人们便开始了城市复兴运动。于是，在巴黎市政府的主持下，于1992年开始了改造香榭丽舍大街的工程。改建工作的主要目标是恢复散步大道的原貌，把行为的活动空间腾出来。因此，香榭丽舍大街的改建工程主要集中在靠近凯旋门的1200m长的范围内。改建工作包括将路边的停车道取消，两侧的人行道由原来的12m拓展到24m，并在新设的人行道下面新建一个五层拥有850个车位的停车场。此外，还将人行道的路面全部用统一的浅灰色间有小蓝点的花岗石进行铺装，给人以宁静沉稳的感觉，并在新旧人行道之间增种了一排行道树，形成了绿树掩映的散步大道的景观面貌。

在将香榭丽舍大街原来的人行道拓宽后，又重新安装了以灰黑色为基调的路灯、长椅、公共汽车候车亭、报亭、电话亭等街道设施，配件则选用了发亮的深色铸铁，保持着古典庄重的风格，使街道景观融现代风格与古典情调于一体。简约而高雅的新铺地和街道新设施，改变了城市街道旧时的面貌，使城市街道拥有了新的空间形象，从而重新美化了城市环境。

香榭丽舍大街经由近400年的历史演变，形成了今天优美、引人的街道景观。沿街而立的19世纪建筑，配套的仿古式街灯以及充满新艺术感的书报亭等，都成为改变这条大街形象的重要元素，使这条大街拥有了一种独特的浪漫气氛。夜晚，香榭丽舍大街两侧树上的灯带闪烁，翡翠色的灯光带透过树枝，波影变幻，蔚为奇观。香榭丽舍大街中央车水马龙的繁华和大道两侧被浓密梧桐树所掩盖下的悠闲，这就是法国巴黎人的浪漫生活的真实写照。可以说，香榭丽舍大街是所有法国城市道路中的女王，最具有景观效应和人文内涵，是实用标准与审美标准相结合的街道的典范，法国人则毫不谦虚地称香榭丽舍大街为“世界上最美丽的散步大道”。

二、德国慕尼黑步行商业街

慕尼黑是德国巴伐利亚州的首府。慕尼黑分为老城与新城两部分，总面积达310km^2。2010年人口为130万，是德国南部第一大城，全德国第三大城市（仅次于柏林和汉堡）。慕尼黑位于德国南部阿尔卑斯山北麓的伊萨尔河畔，是德国主要的经济、文化、科技和交通中心之一，也是欧洲最繁荣的城市之一。慕尼黑同时又保留着原巴伐利亚王国都城的古朴风情，因此被人们称作“百万人的村庄”。慕尼黑也是生物工程学、软件及服务业的中心，拥有各大公司的总部和许多跨国公司的欧洲总部。慕尼黑是德国第二大金融中心（仅次于法兰克福），是欧洲最大的出版中心，拥有德国最大的日报之一《南德意志报》，以及许多出版社。

早在16世纪初慕尼黑便是商业发达、文化艺术发展蓬勃的巴伐利亚州的首府。在第二次世界大战期间曾受到严重破坏，之后经济恢复迅速，人口增长很快，由于城市化进程的加快，使原来城区内部产生了诸多问题和矛盾。针对当时的城市发展状况，该市于1963年确立了“促进市中心的城市生活”的规划设计目标，并于1965年成立了专门工作小组，对全市的交通进行全方位的改造。该专门工作小组经过调查研究后，建议将东面向宽度为18m的纽豪萨尔街和南北向的凡恩街改为步行街，也就是所谓的“津森十字”街，这是全球首个利用十字交叉道路建成的步行街模式的商业步行街。步行街改造的建议在1968年的议会上通过并实施，经过4年的时间改造完成。

20世纪60～70年代以来，商业步行街在德国发展迅速，当时风靡全国。几乎没有一个城市的中心区没有步行商业街，而慕尼黑的步行商业街则是其中的佼佼者。慕尼黑步行街与柏林步行街是有较大差别的。这里步行街两边，都是以小型的商业设施为主，行人密度很高，在步行街上就直接摆放着很多的咖啡、酒吧座椅，也有统一标识的水果摊位。步行街上，有一些小型的雕塑。其中一头野猪雕塑，就是表达作者对茂密森林时代的追忆。

慕尼黑的步行街，游客最为集中的是在玛利亚广场。这里历史上起源于中世纪，曾经是巴伐利亚远近驰名的粮食与食盐市场，19世纪初市场已转移到了附近的食品集市广场。玛利亚广场作为慕尼黑老城区的中心，广场上每天有来自世界各地游客和操着各种语言的人们，各色皮肤的人种熙熙攘攘集中于此。在广场中央，有玛利亚圆柱上竖立着玛利亚的雕像，北侧耸立着新市政厅，东侧有老市政厅和彼得教堂等建筑。19世纪的老市政厅和钟楼在二战时遭到严重破坏，战后重建时恢复其建于15世纪的原貌。钟楼已经成为了玩具博物馆。百货大楼及连锁店则位于步行区中，包括许多大大小小的集市。

步行街四周都有不同造型、不同历史年代、有差别的宗教教堂。教堂与商业街布局还是能够有机的和谐结合，风格与建筑艺术往往在于一部分的接近，或者说建筑师自己想表达的有相同的地方。高超的建筑师就是通过具有历史眼光与思维，精心设计与画龙点睛般的创作，让许多不同年代与不同风格的建筑物能够协调起来。

慕尼黑从 19 世纪开始，就与法国的巴黎和奥地利的维也纳并列为欧洲三大文化中心。慕尼黑城内没有摩天大厦，所有建筑的高度均不超过 36m，而且有人将其称之为“超级大农村”。尤其是这个城市的步行街更是欧洲驰名的商业与文化相结合的艺术型街道。慕尼黑步行街从火车场延伸到玛利恩广场，再继续延伸到葡萄酒大街及剧院大街。这里有百货商店、服装店、餐厅，遍布着教堂、博物馆、剧院、音乐厅等文化及娱乐场所，建筑鳞次栉比，还有许多露天自由表演的场所等。除了这些比较完整的建筑设施外，景观设计者还精心设置了花坛、铺地、坐椅、电话亭、音响、垃圾箱、灯光等各类环境设施和建筑小品雕塑等，为公众沟通交流、商品销售、节日庆典、艺术表演活动等提供了宜人的公共空间。

慕尼黑的步行街环境特色非常鲜明，街道活动丰富多彩，不仅是一条商业街，而且是一条文化街。人们在这里不仅可以欣赏一座座不同时期、不同风格的精美建筑，又可以看到文化名人、普通业余爱好者的精彩表演等大众流行文化，享受到丰富多彩的现代城市生活。慕尼黑步行街是由单一的商业购物功能，向购物、休闲、娱乐、社会交往等多功能发展道路景观设计实例。

慕尼黑步行街的主要特色体现在其地理位置的特殊和巧妙的功能设计上。首先是步行街的地理位置优越，与火车站、玛利恩广场、葡萄酒大街及剧院大街连接，并结合城市地铁建设，这条步行街实际上成了联系周边辐射道路之间的纽带，促成了城市交通通畅便捷。其次是巧妙地利用了历史建筑文化遗产进行合理的空间布局，道路景观富于变化。步行街完成了集交通、购物、休闲、娱乐等复合功能于一体的使用，是成功街道景观设计的典型实例。

特别值得一提的是，在德国的慕尼黑市很好地做到了步行商业街与古老建筑的有机结合，通过建筑师的努力与创意，有利于保护与利用古老的建筑，也能为现代服务业所用。

三、日本横滨公园大道

公园式道路的设计理念是一个新鲜名词，但是类似的设计理念在国外很早就提出了。早在 1907 年，美国开始组织道路工程师和园林建筑师合作设计道路，逐渐摆脱景观设计与路线设计分离的状况。主要是在现场勘察中考虑道路线型与地貌的协调，环境保护与景观美学，并于 1935 年在康涅狄格州修建了一条世界闻名，长达 61km 的美黎特观光道路；澳大利亚于二十世纪初由交通部建设了沿海岸公园大道；日本交通建设省负责设计修建了东京至横滨公园大道；南非建成了全世界闻名的西海岸花园式大道。其中日本在修建横滨公园大道中获得了很大成功。

横滨位于日本东京北面约 20km 处，以日本经济最发达的关东地区为腹地，素有“东京外港”之称，是仅次于东京、大阪的日本第三大城市，人口数量达 277 万，仅次于东京，居全国第二位。横滨位于日本关东地方南部、东临东京湾，南与横须贺等城市毗连，北接川崎市。横滨港是日本最大的海港之一，也是世界上第三大港。横滨公园是利用关东大地震时的废土和瓦砾，沿港湾填海而建成的一座著名的带状公园，公园大道位于公园的两侧，是与带状公园相互结合的空间形态。该公园大道于 1971 年设计，历经七年修建完成。

日本横滨公园大道与三处地铁车站相互连通，全长 1200m，宽 30 ～ 40m，大道的两侧被两排浓郁的银杏树覆盖，形成了具有自然特色浓郁的林荫大道景观。林荫大道从北向南被带状公园的不同空间分成为三部分，依次为石广场、水广场和绿色森林区。石广场基本全部为石料铺装，并设置了大型室外舞台，配制了音响、灯光、喷泉、观看台等建筑小品，适宜各种演出及庆典活动的举行。水广场中设置了瀑布、亲水区和涡水池等景观，突出表现水景观特色。绿色森林区是整个公园大道中面积最大的区域，分布有草地、小广场、旱冰场、儿童游戏场等，是人们休息、散步的理想场所。

横滨公园大道位于公园的两侧，形成了风格独特的园林式街景，在两排浓郁的银杏树覆盖的林荫大道旁，高高矗立着为纪念横滨开港一周年而建的灯塔，塔高 106m，可以称得上是世界上最高的平面为十字形的塔，这是横滨大道中极为醒目的景观之一。公园大道景观结合地形精细设计，站在林荫大道上既可以一览独特的港湾风景，又可以远眺海湾大桥及港口内来往穿梭的船只，视野非常开阔，景色极其优美。横滨公园大道是道路景观设计中实用性和观赏性都俱佳的优秀实例。

四、东莞市寮步镇西区大道

（一）工程概况

广东省东莞市寮步镇西区大道位于东莞市寮步镇，这是作为镇中心的一条重要的景观大道，其全长为3.15km，绿化面积为35380m^2。道路两侧环境现状是开阔的未开垦地，有待开发为高尚住宅小区。

（二）设计依据

莞市寮步镇西区大道进行设计的主要依据有：①建设部颁布的《城市道路绿化规划与设计规范》（CJJ 75—1997）；②东莞市寮步镇城市建设办公室提供的“寮步镇西区大道道路平面图”；③寮步镇西区大道现场踏查资料等。

（三）设计理念

结合现状并考虑长远绿化效果，与周边旷野地和即将开发的高尚商住区环境充分结合，共同构筑成一种简洁大方、优美易管的城市道路绿化景观效果。在保证行车通畅、美化环境原则下，在方案设计手法上以创新为指导思想，对西区大道做了自然生态型及规则整齐型两种绿化方案，西区大道两侧远期规划将发展成为高档住宅小区，发展潜力大，绿化层次高。在绿化设计上，既要考虑道路绿地的降噪滞尘、净化空气、遮阴降温等生态作用，又要降低交通给人居活动带来的不利影响，因此在方案一的设计中主要体现出郁郁葱葱、绿树成荫的生态效应。

规则整齐型方案，即采用简洁的规则配置，高大棕榈科植物组团与造型灌木组团有机结合，使绿地景观整齐简洁而不失生动活泼，设计线条流畅、色彩明快的大色块、大曲线式的彩叶花灌木带穿插其间，使绿化景观既有层次丰富的立面效果又具有简洁流畅的平面构图，增强城市的热烈气氛。

（四）具体设计

1. 方案一（自然生态型绿化景观）

自然生态、粗生易管是此方案的主要特点，下层花灌木讲求自然流畅、少修剪，可尽量简化绿化后期养护管理。根据树种生态习性层次错落、疏密有致，形成大体量、多层次自然和谐的植物群落结构。

（1）中央隔离带绿化带宽度为6m，可种植高低错落的棕榈科植物，如大王椰、海南椰、丝葵、银海枣等，有机搭配丛植大型灌木类，如鸡蛋花、福木等，适量间植夹竹桃、翅荚决明、金凤花、小叶紫薇等粗生开花灌木，下层选择抗污染强、粗生易管、少修剪小灌木以自然式种植，如黄榕、鸭脚木、毛杜鹃、蜘蛛兰、春羽等，高中低植物形成的层次丰富的立面景观，在满足防眩光的功能要求下，形成中央绿化带自然生态的绿化效果。适当布置以规则式的花灌木带及组团式的棕榈科植物，给人以有张有弛、豁然开朗的植物景观效果，同时强调视线通透、安全。

（2）主辅分隔带为宽度仅为2.8m的绿化带，以增加层次体现植物的生态屏障作用，上层植物以常绿乔木为主，如盆架子、水石榕等，中层点缀鸡蛋花、桂花、金凤花等低矮型乔木，下层以流畅连续的曲线式花灌木自然配置串联于乔木之间，形成具有高低错落的起伏林冠线、疏密相间的多层次的复式植物结构。

（3）行道树为常绿乔木樟树，其树冠宽阔、树姿雄伟，能抗风，抗大气污染并有吸收灰尘和噪声的功能，生长迅速，寿命长，是优良行道树种。

2. 方案二（规则整齐型绿化景观）

此方案采用规则的图案式花坛，乔木的选择以棕榈科及造型常绿乔木相结合，注重色彩，对比强烈，灌木选择色彩明快、耐修剪的植物，运用大色块流畅形的线条，体现出城市景观大道的整齐简洁、大方优美的景观特点，衬托出城市的热烈气氛。

（1）中央隔离带通过以图案式的设计，形成开阔大方、整齐简洁而又不失生动活泼的风格。图案一是长度约为40m的三个平行四边形图案，每个平行四边形种植三株加拿列海枣，大小搭配，其下点缀种植苏铁、丝兰，体现出南亚热带的南国风情。紧接而至的是曲线式灌木带，以色彩对比较大的花灌木相互搭配，如花叶女贞、大叶红草、福建茶、黄榕等，增强城市道路的热烈气氛。沿着曲线蜿蜒种植苏铁，以增加流线效果。一组组椭圆形花坛的布置，产生视觉的跳跃感，能有效减缓司机的视觉疲劳，花坛上种植造型乔灌木，如伞形花叶榕、伞形小叶榕、木樨榄球、黄金叶球等。

（2）主辅分隔带在与中央隔离带形成统一风格的前提下，主辅分隔带更讲究图案的设计，曲线形与几何形相结合，棕榈科植物与造型乔灌木组团的交替重复种植形成视觉上的跳跃，使道路绿地处于动态变化和发展之中，近远期均有理想的绿化效果，满足景观的可持续发展要求。

（3）行道树　白玉兰是东莞市的市树，其树形直立，叶色青翠，开花清香，是高级行道树种。

（五）绿化给水系统

以方便日常绿化管养，中央绿化带采用半自动给水系统。主辅分隔带绿地采用常规绿化给水系统。利用自来管网自压供水，给水管材采用UPVC水管。

第五章
环境设施与建筑小品设计

环境设施与建筑小品是指城市外部空间中供人们使用、为人们服务的一些设施。环境设施与建筑小品的完善体现着一个城市文明建设的成果和社会民主的程度，完善的环境设施与建筑小品会给人们的正常城市生活带来许多的便利。城市环境设施与建筑小品虽不是城市空间的决定因素，但在空间实际使用中给人们带来的方便和视觉的美感，并对城市景观形象的塑造起到了良好的装饰作用，随着人们生活方式的日益丰富，精神文化需求的不断提高，环境设施与建筑小品也逐渐成为现代景观设计范围的重要内容之一。

第一节 环境设施与建筑小品的概述

在进行城市建设的进程中，城市设计是一项极其重要的技术工作，不仅关系到城市建设的整体形象，而且关系到城市的未来。城市设计的对象范围很广，从宏观的整个城市到局部的城市地段，如公共中心、居住社区、步行街、城市广场、公园、建筑组群乃至单栋建筑和城市细部。根据各国城市设计的经验，城市设计的对象范围大致可以分为三个层次，即大尺度的区域和城市级城市设计、中尺度的分区级城市设计、小尺度的地段城市设计。

区域和城市级的城市设计着重研究在城市总体规划前提下的城市形体结构、城市景观体系、开放空间和公共性人文活动空间的组织。其内容包括市域范围内的生态、文化、历史在内的用地形态、空间景观、空间结构、道路网格、开放空间体系和艺术特色乃至城市天际轮廓线、标志性建筑布局等内容。其设计目标是为城市规划各项内容的决策和实施提供一个基于公众利益的形体设计准则，成果具有政策取向的特点，在有些场合，它还可以指定一些特殊的地区和地段作进一步的设计研究。

分区级城市设计主要涉及城市中功能相对独立和具有相对环境整体性的街区，这是城市设计涉及的典型内容。分区级城市设计的目标是基于城市总体规划确定的原则，分析该地区对于城市整体的价值，为保护或强化该地区已有的自然环境和人造环境的特点和开发潜能，提供并建立适宜的操作技术和设计程序。

地段级城市设计主要指由建筑设计和特定建筑项目的开发，如街景、广场、交通枢纽、大型建筑物及其周边外部环境的设计。这是最常见的城市设计内容，这一尺度的城市设计多以工程和产品为取向，虽然比较微观而具体，却对城市面貌形成很大的影响。地段级的城市设计主要落实到具体建筑物设计以及一些较小范围的形体环境建设项目上。城市环境设施与建筑小品就是地段级城市设计中的重要组成。

一、环境设施与建筑小品的定义和作用

在进行城市环境设施与建筑小品的规划设计时，首先要研究人们在居住环境里进行各种活动所需要的面积、空间尺寸、人流特点、各种空间的接近程度。同时还要根据以上各种功能，

要求归纳出人们在居住环境的“活动模式”，而且必须进一步深入到居住环境建筑小品与设施的使用者的心理因素和社会文化因素。在现代化的城市里，衡量人们居住生活水平的标志，不仅是具有良好的物质条件的住宅，而且要具有良好的居住环境的质量。

随着人类居住行为的不断变化，人们的居住生活圈还要逐渐向住宅外部的空间扩展。楼间绿化和庭院绿化是提高居住环境的重要手段，而各种小品是园林绿化重要组成部分。于是人们在住宅外部的空间活动时就需要各种建筑小品与设施加以配合。如果把城市的环境比喻为交响乐，那么城市中的建筑小品便是其中的乐段的强音。

1. 城市环境建筑小品与设施的定义

建筑小品指的是一些体量较小的建筑或者与环境、建筑有关的设施。“小品”原本是一种文学作品中的名称，相对于大文学作品而言的，凡属随笔、杂感、散文一类的小文章统称为小品。“建筑小品”是借用文体“小品”之名，专指那些小而简的建筑。这些建筑小品既有功能要求，又具有点缀、装饰和美化作用，是从属于某一建筑空间环境的小体量建筑、游憩观赏设施和指示性标志物等的统称。在实际中例如亭、廊、钟塔等，或者是独立于建筑之外或城市空间中的大型陈设、装饰物件等，也被人们称之为“建筑小品”。建筑小品可以单独设在一个特定的空间中，也可以与建筑、植物等组合在一起构成半开敞的空间。

环境设施通常是指城市空间除建筑之外的供人们使用，同时具有构成环境形象平素的内容，主要包括如垃圾箱、电话亭、公共厕所、广告亭等一些公共设施。设置这些设施的目的是为人们提供服务，为人们的生活带来便利。环境设施的完善程度体现了城市精神文明和物质文明建设的成果。完善的环境设施能随时随地为人们的生活带来方便，使人们充分享受到现代社会生活条件的进步与改善。

城市环境设施与建筑小品两者包括的内容中有些并没有严格的区分，也就是说它们既可以称为环境设施，也可以归为建筑小品一类。例如城市空间中的许多电话亭、路灯、报栏、路标等均具有独立的功能，又具有独特的外观形象，既可以称之为环境设施，也可以称之为建筑小品。

2. 城市环境设施与建筑小品的作用

城市环境设施与建筑小品，是城市景观设计不可缺少的组成部分，在功能上可以给人们带来许多便利，对于为人类服务和观赏起到非常重要的作用。美国著名景观设计师劳伦斯·哈普林曾把城市比作一座舞台、一座调节活动功能的器具，把空间比作包容事件发生的容器。一切活动指标、临时性的棚架、供人休息的桌凳等提供了这个小天地所需要的一切。由此可见，城市环境设施与建筑小品不仅是城市中具有装饰环境功能的点缀物，同时也起着实用和空间具体化、真实化的作用。

归纳起来，城市中环境设施与建筑小品的功能作用主要有以下几个方面。

（1）休息　环境设施与建筑小品为城市居民提供良好的休息与交往场所，使空间真正成为一种露天生活空间。为人们创造优美的、轻松的空间环境氛围。

（2）安全　一方面利用一些环境设施与建筑小品和通过对场地的细部构造处理，实施“无障碍设计”，使人们避免发生安全事故；另一方面，可以利用场地装修、照明和小品设施吸引更多的人活动，减少极少数人的犯罪活动。

（3）方便　城市中设置的用水器、废物箱、公厕、邮筒、电话亭、行李寄存处、自行车停放处、儿童游戏场、活动场与露天餐座设施等，都是为了向居民提供方便的公共服务，因此是城市社会福利事业中一个不可缺少的部分。

（4）遮蔽　城市环境设施与建筑小品，如亭、廊、架、公交站点等，在空间中可以起遮风挡雨、避免烈日曝晒的遮蔽作用。

（5）界定领域　在进行环境设施与建筑小品设计中，可根据环境心理学的原理，强化那些可能在本空间内发生的活动，界定出公共的、专用的或私有的领域。

二、环境设施与建筑小品的分类

1. 城市环境设施与建筑小品的分类

从古代起，在城市中就开始设置环境设施与建筑小品，并成为城市环境和空间密不可分的一部分。例如中国古代城市街道上的华表、牌坊等，古罗马时期城市大街小巷随处可见的雕塑，欧洲文艺复兴时期城市中设置的各种喷泉、雕塑等，都属于建筑小品的范围。现代城市环境设施、建筑小品的种类和设置方法，以及在环境中的作用要比古代更加丰富。

（1）为人们提供生活服务的设施　例如书报亭、露天餐饮处、商业服务亭、饮水器、公共厕所等。

（2）市政公用设施　例如交通岗亭、路灯、路标、候车站、地铁出入口、邮筒、加油站、电话亭、垃圾箱等。

（3）起到安全阻拦与诱导类　例如栏杆、隔离墩、围墙、桥梁、沟渠等。

（4）能美化环境，具有生态效益类　例如花草、树木、花盆、花架、花坛、喷泉、水池、雕塑等。

（5）为人们提供休憩的设施　例如休息廊、休息亭、座凳、桌椅等。

（6）文化宣传类设施　例如画廊、阅报栏、展览橱窗、广告牌、宣传栏、招贴柱等。

城市中环境设施与建筑小品的类型和形式，随着社会经济和文化生活的发展而逐渐增加。古代城市的功能比较单一，交通也相对比较闭塞，因此城市中的许多小品类建筑只是起初依据实用要求而设置和设计的，因其材料的特殊和造型的丰富，所以能够起到美化环境的作用，在造型和使用材料上也反映了当时以手工业为主的生产特点。与古代相比，现代城市的功能要比古代城市要复杂得多，城市空间类型也更趋于多样化。

2. 居住区环境设施与建筑小品的分类

居住区环境设施与建筑小品在居住区空间环境设计中不仅承载着居民的生活、健身和娱乐，而且还起到分隔空间、美化环境、烘托气氛等作用。此外，服务性景观小品在设计中不仅需考虑其功能性和美观性，还应充分考虑老年人、儿童、残障人士的特殊要求，保障无障碍设计，体现设计中的实用功能、审美价值和人文价值。

居住区环境设施与建筑小品，主要目的就是给居民提供在景观活动中所需要的生理、心理等各方面的服务，如休息、照明、观赏、导向、健身等的需求。具有装饰性的居住区环境设施与建筑小品作为艺术品，由于其色彩、质感、肌理、尺度、造型等的特点，它本身具有一定的审美价值。运用环境设施与建筑小品的装饰性，能够大大提高其他景观要素的观赏价值，满足居民的审美要求，给人以艺术的享受和美感。景观设施与小品的艺术特性与审美效果，加强了景观环境的艺术氛围，创造了美的环境。

居住区环境设施与建筑小品设计不仅给人视觉上的美感，而且更具有意味深长的意义。优秀居住区环境设施与建筑小品设计注重表现地方传统、人文历史、民俗风情和发展轨迹，强调人们对历史文脉的体验、记忆和想象，借以展现区域的识别性，提高环境艺术品位和思想境界，提升整体环境品质。

具体地讲，居住区环境设施与建筑小品可以分为以下类型。

（1）出入口　为了规划、设计出独具特征的居住区，居住区的大门就起着画龙点睛的作用。因此，在居住区的出入口处往往选择一些建筑为视觉焦点，即设计出新颖、独特的环境设施与建筑小品，作为该居住区的标志，以有别于其他居住区。居住区的出入口，通常分为四种类型：第一种是居住区级的大门；第二种是居住区里住宅组团的门；第三种是住宅底层外庭的门；第四种是单家独湖小庭院的门。各种类型的出入口不仅应具有让人流、车流集散的功能，而且还要能起到标志、分隔、警卫以及装饰的作用。

（2）树　在居住环境里，不仅要种植好树，还要结合实地以各种建筑小品与设施来保护树木、培植树。凡是与树的种植和保护相关的建筑小品与设施的设计，都应与树相协调。树不属于小品，但经过修剪可视为小品，如修剪树、盆景是绿化设计等。

（3）水　水也不属于小品，但在建筑小品往往利用水来丰富自己，如瀑布、喷泉、小桥、流水、叠泉、水池等。所以在居住环境里，动态的水很少独立存在，它与各种建筑小品相辅相成构成水景，以增添情趣。处于动态水环境里的建筑小品，其主要功能是与水相结合产生观赏价值，同时也在水的循环、清洁等方面起到相关的技术处理作用。此外，随着人们鉴赏水平的不断提高，水环境里的建筑小品与设施的规划设计手法，要求新颖、别致、不落俗套，这样才富有时代感和地方特色。

（4）石　在居住区环境设施与建筑小品设计中运用石材时，必须注重石材质感的表现。所谓质感，就是由于感触到素材的结构而有材质感，能够使人有崇尚自然的联想。

（5）雕塑　居住环境里的雕塑形式通常分为具象与抽象两类，具象的雕塑由于能直接为人们接受，所以往往多于抽象。但许多优秀的抽象的雕塑形象比具象的雕塑更含蓄、更概括、更简练、更典型，因此也就更耐人寻味、引人遐想。

（6）活动场地与设施　在居住区环境设施与建筑小品的设计中，活动场地要选择是非常重要的内容，必须根据场地的功能要求进行选择设施。如儿童活动场地应当选择的设施，如秋千、转椅、滑梯、攀登架等。如果有条件的话，还可以设置一些可以供孩子们进行创造性活动的设施和场地，如篮球场、羽毛球场等。

（7）花坛、花台和花池　外部平面轮廓具有一定几何形状，其中种植植物，以各种低矮的观赏植物，配制成各种图案的花池称为花坛。花台主要分为平面规则式花台和立体组合石花台两大类。花池就是由草皮、各种花卉等组成的具有一定图案画面的地块。花池主要分为草坪花池、花卉花池和综合花池等。

（8）分隔设施　在居住环境中，围墙、篱笆、栅栏是基本的分隔设施。围墙的功能不仅仅限于分隔，同时还具备美化和装饰环境的功能。有的围墙和花坛、花台、树丛、竹林、山石相结合，形成具有自然生机和情趣的绿带，打破了某些围墙的单感。

（9）凳、椅　居住环境里的凳和椅，主要是供居民作息活动，赏景之用。凳和椅的布局要遵循并适应人们的活动规律，通常设置在适于人们安静休息、交往方便、景色优美的地方，如花坛与花池旁、树旁或树的四周、水池旁、小游园的游人通道、台地上，以及游息性的场地内等。

（10）灯　居住区的灯，它除了夜间具有照明的主要功能之外，白天还应具有装饰的作用。因此，各种灯无论在造型和布局上，以及光源的选择、照明质量和方式上都必须满足环境设计的要求。

（11）花架　花架布局的方式主要分为独立式与联立式两种。住宅的出入口以及内、外庭院大多设独立式花架，居住区的小游园以及各种游息场地大多设联立式花架。 花架所采用的材料，一方面可采用钢筋混凝土、铁、木等，这样一类花架要求具有坚固和具有永久性；另一方面则可根据所选择的花种类而采用一些具有地方特色的建筑材料，如竹、树干等。

（12）公共小品及设施和居住环境中的公共小品及设施，如公用电话亭、布告栏、凉亭、垃圾箱等。这些公共小品应既能满足各种使用要求，又应具有让人观赏的价值。有的小品与设施还应便于清洗、拆卸、更换、组合，在选材上要针对不同的使用要求而分别考虑。

居住环境建筑小品与设施规划、设计的途径，首先是从居住空间的立场出发，其次是从公共设施空间的立场出发，然后是从城市空间的立场出发。在进行居住空间环境设计时，如果从公共设施空间的立场出发，就要发挥公共设施空间功能，将所有的公共服务设施联成一个整体，看到整个居住环境。此外，还要按设施的功能进行群组排列，这样既构成各个群组的空间层次，又取得了巧妙的相互融合。

第二节　环境设施与建筑小品的设计

所谓环境设施是指公共或街道社区中为人们活动提供条件或一定质量保障的各种公用服务设施系统，以及相应的识别系统。它是社会统一规划的具有多项功能的综合服务系统，免费或低价享用的社会公共资本财产。“环境设施”这一词产生于英国，英语为Street Furniture，日本理解为“步行者道路的家具”或称为“街具”，我们可以理解为“环境设施”或“公共设施”或“城市环境设施”。

环境设施在我国统一的概念还未正式确定，一般泛指建筑室内、外环境中一切具有一定艺术美感的，设置成特定功能的、为环境所需的人为构筑物。环境设施从布局、功能、色彩直到氛围，皆应以适于人的需求为最高追求。任何细节，都应考虑到人的因素，精心地进行设计，同时应该功能、文化、美于一体，成为城市和自然环境联系的纽带，并同建筑和自然环境一起构造城市性格。在建筑和环境艺术领域，环境设施产品已从过去的“配角”开始成为“主角”之一，尽管还没有形成专门的设计理论，但是，新的关注也带来了多样、复合、变化的设计理念，这使现代设计研究中存在太多的不稳定因素。

随着我国人民生活水平的提高和建筑设计事业的发展，建筑的类别越来越多，而建筑小品正是在这样一种多学科交织的状态下逐步凸现的。一提到建筑小品，大家都很熟悉，因为在日常生活休闲娱乐当中，接触的最多的就是建筑小品。建筑小品是指那些体量小、功能简单的“小建筑”，强调其在所处环境中的装饰性。建筑小品的定义涉及范围广泛，从一片墙到一座小型建筑均可归为小品建筑。建筑小品分布广泛，与人们的生活有着紧密的联系。它们在不同的环境中，与周围不同的景物和人群发生关系，因而必须具有灵活多变的体态、气质和表情。要做到这些，要求我们重视小品建筑的创作。

根据人们的实际需求，在建筑物附近的不同部位，应当充分利用地形，设置一些建筑小品，如花坛、假山、宣传栏、小雕塑等。这些建筑小品投资不多，却有美化环境的重要作用。当然，建筑小品与建筑的协调，必须从建筑小品的种类、造型、色彩、尺度等方面综合考虑。在建筑小品的设计中，要根据实际选择建筑小品的种类、位置、功能等方面的因素来确定。

如在建筑入口的台阶旁宜设置花池、雕塑等，在建筑入口的广场上宜设置喷泉、花坛等，在建筑入口广场的四周和建筑的山墙上宜设置宣传栏等。建筑小品的造型必须与主体建筑相互衬托。如果主体建筑造型比较丰富时，其小品的造型宜简洁些；反之，如果主体建筑的造型比较简洁时，其小品的造型宜活泼些。

一、城市环境设施与建筑小品的设计要求

（1）设计的环境设施与建筑小品要兼顾装饰性、工艺性、功能性和科学性的要求　许多细部构造和小品体量较小，为了引起人们足够的重视，往往要求形象与色彩在空间中表现得强烈突出，并具有一定的装饰性。

（2）整体性和系统性的保证　城市设计中应当对环境设施和建筑小品进行整体的布局安排、尺度比例、用材设色、主次关系和形象连续等方面的考虑，并形成比较完善的系统，在变化中求得统一。

（3）要具备一定的更新可能　工程实践证明，环境设施和建筑小品使用寿命一般不会像建筑物那样的久远，因而除考虑其造型外，应考虑其使用年限、日后更新和移动的可能性。

（4）要符合综合化、工业化和标准化的要求　花台、台阶、水池等大多可以与座椅、凳等结合，既清洁美观，又方便人们使用，扩大“供坐能力”。而基于“人体工学”的尺寸模数，又可使设计制造采用工业化、标准化的构建、加快建设速度，节约投资。

二、环境设施和建筑小品设计原则

街道上的环境设施和建筑小品虽然不像街道两侧的建筑物那样高大雄伟、气势恢宏，但从城市景观的总体角度来看，这些环境设施和建筑小品的设计与建筑物的设计同样重要。怎样进行合理地配置交通标识、路灯、护栏、电话亭、报亭、邮筒、宣传栏、休息设施等，才能表现出良好的街景效果，是城市景观设计必须考虑和需要重点处理的对象。

环境设施和建筑小品设计是城市景观设计的重要组成部分，大到绵延几十公里的风景区规划，小到十几平方米的庭院设计，都属于景观设计的范畴。环境设施和建筑小品具有精美、灵巧和多样化的特点，设计创作时可以做到“景到随机，不拘一格”，在有限空间得其天趣。近年来，我们生活的城市环境发生了很大的变化，大批的广场绿地、商业步行街、主题公园、环境设施和建筑小品出现在我们的视觉内，影响着我们的感观和行为方式。而环境设施和建筑小品设计正式通过提高生活品质，提升生活品位，以人为主体，以空间环境为载体，构架着现实通向理想的桥梁。一个有良好景观的城市环境、居住环境，为人们提供了物质功能和精神功能双重价值。

要想创造出良好的、真正能让人感受到优美、轻松的空间环境气氛，城市环境设施和建筑小品必须遵循一定的原则进行设计，否则设计出来的景观要么单调、呆板，要么凌乱、无秩序，没有统一的整体美。根据工程实践经验，在环境设施和建筑小品设计中，应当注重以下6个原则。

1. 功能性原则

城市环境设施和建筑小品绝大多数均有较强的实用意义，在设计中除满足装饰要求外，应通过提高技术水平，逐步增加其服务功能，要符合人的行为习惯，满足人的心理要求。建立人与小品之间的和谐关系。通过对各类人群不同的行为方式与心理状况的分析及对他们的活动特性的研究调查，实现在小品的物质性功能中给予充分满足。因此，园林景观小品的设

计要考虑人类心理需求的空间形态，如私密性、舒适性、归属性等。景观小品在为景观服务的同时，必须强调其基本功能性，即城市环境设施和建筑小品多为公共服务设施，是为满足游人在游览中的各种活动而产生的，像公园里的桌椅设施或凉亭可为游人提供休息、避雨、等候和交流的服务功能，而厕所、废物箱、垃圾桶等更是人们户外活动不可缺少的服务设施。

2. 艺术性原则

城市环境设施和建筑小品设计是一门艺术的设计，因为艺术中的审美形式及设计语言一直贯穿整个设计过程中，使景观设计成为艺术的设计和改善人类生存空间的设计。城市环境设施和建筑小品设计的审美要素包括点、线、面，节奏韵律，对比协调，尺寸比例，体量关系，材料质感以及色彩等。审美要素以它们独有的特征形成对人的视觉感官产生刺激，有质量的景观的审美特征呈现于人的眼前，使人置身于某种“境界”之中。把城市环境设施和建筑小品设计成为艺术的设计，使视觉体验和心理感受在对景观之美的审视中产生情感的愉悦，提升人们的生活品质。因此，城市环境设施和建筑小品的设计首先应具有较高的视觉美感，必须符合美学原理。

3. 文化性原则

历史文化遗产是不可再造的资源，它代表了一个民族和城市的记忆，保存有大量的历史信息，可以为人们带来文化上的认同感和提高民族凝聚力，使人们有自豪感和归属感。中国园林区别于其他国家园林环境的一个明显特点，是在一定程度上通过表面塑造达到感受其隐含的意境为最高境界。现代园林的发展更多的是追求视觉景观性，城市环境设施和建筑小品的文化内涵更能增加其观赏价值和品位，它也是构成现代城市文化特色和个性的一个重要因素。所以，建设具有地方文化特色的城市环境设施和建筑小品，一定要满足文化背景的认同，积极地融入地方的环境肌理，真正创造出适合本土条件的，突出本土文化特点的环境设施和建筑小品，使城市环境设施和建筑小品真正成为反映时代文化的媒介。

4. 生态性原则

人们越来越倡导生态型的城市景观建设，对公共设施中的环境设施和建筑小品也越来越要求其环保、节能和生态，石材、木材和植物等材料得到了更多的使用，在设计形式、结构等方面也要求城市环境设施和建筑小品尽可能地与周边自然环境相衔接，营造与自然和谐共生的关系，体现“源于自然、归于自然”的设计理念。所谓生态性，即是一种与自然相作用、相协调的方式。任何无机物都要有与生态的延续过程相协调的方式。任何无机物都要与生态的延续过程协调，使其对环境的破坏影响达到最小形式。通过这些环境设施和建筑小品设计向人们展示周围环境的种种生态现象、生态作用，以及生态关系，唤起人与自然的情感联系，使观者在欣赏之余，受到启发进而反思人类对环境的破坏，唤醒人们对自然的关怀。

5. 人性化原则

城市环境设施和建筑小品的服务对象是人。人是环境中的主体，所以人的习惯、行为、性格、爱好都决定了对空间的选择。人类的行为、歇息等各种生活状态是城市环境设施和建筑小品设计的重要参考依据。其次，城市环境设施和建筑小品的设计要了解人的生理尺度，并由此决定环境设施和建筑小品空间尺度。城市环境设施和建筑小品设计在满足人们实际需要的同时，追求以人为本的理念，并逐步形成人性化的设计导向，在造型、风格、体量、数量等因素上更加考虑人们的心理需求，使环境设施和建筑小品更加体贴、亲近和人性化，提高了公众参与的热情。如公园座椅、洗手间等公共设施设计更多考虑方便不同人群（特别是残障人士、老年人和儿童等）的使用。在生活节奏紧张的今天，人性关怀的设计创作需求更为迫切。富于人性化的环境设施和建筑小品能真正体现出对人的尊重与关心，这是一种人文精神的集中体现，是时代的潮流与趋势。

6. 创造性原则

创新使城市环境设施和建筑小品更为形象地展示，以审美的方式显露自然，丰富了景观的美学价值。它不仅可以使观者看到人类在自然中留下的痕迹，而且可以使复杂的生态过程显而易见，容易被理解，使生态科学更加平易近人。在这个过程中，设计师不仅要从艺术的角度设计景观的形式，更重要的是引导观者的视野和运动，设计人们的体验过程，设计规范人们的行为。对创造行的理解与研究应该运用在景观小品设计的最初阶段。从解决现实问题的角度来考虑创造性问题，是环境设施和建筑小品推陈出新，探索新材料、新技术的使用的基础。

综上所述，城市环境设施和建筑小品的设计应与所处总环境的设计意图相一致。特别是环境设施和建筑小品在衬托环境气氛，加深环境意境方面起着不可低估的作用，设计中必须做到先立意，也就是先有构思，只有做到意在笔先才能创造出优美的意境来。

三、城市建筑小品的设计

1. 城市建筑小品的主要特点

城市建筑小品是指室外环境中供休息、装饰、照明、展示和为园林管理及方便游人之用的小型建筑设施。这类建筑小品一般没有内部空间，体量小巧，造型别致，富有特色，并讲究适得其所。这种建筑小品设置在城市街头、广场、绿地等室外环境中便称为城市建筑小品。观赏性小品如叠石盆景、喷泉及各种装饰物。它的作用就是通过作品自身的美，给人从视觉感官上激发起美的情趣，美的联想，并将环境衬托得更加和谐，更加漂亮，因此它们所处的位置一般都很重要，大多在景区中心成为主要景观或是全园的构图中心。

集观赏性与实用性于一体的建筑小品是园林绿地中数量最多，体积最大的人工景观。如亭、廊、架、榭之类，无论在现代城市中还是在古典园林中，都会因设置了这些得体的建筑小品点缀而使其成为更加艳丽。城市建筑小品具有精美、灵巧和多样化的特点，在设计创作时可以做到“景到随机、不拘一格”，在有限空间得其天趣。在城市空间中既能美化环境，丰富园趣，为游人提供文化休息和公共活动的方便，又能使游人从中获得美的感受和良好的教益。

2. 城市建筑小品的功能分类

按照城市建筑小品的功能不同，城市建筑小品可以分为供休息的小品、装饰性小品、照明性小品、展示性小品、服务性小品等。

（1）供休息的小品　包括各种造型的靠背园椅、凳、桌和遮阳的伞、罩等。常结合环境，用自然块石或用混凝土做成仿石、仿树墩的凳、桌，或利用花坛、花台边缘的矮墙和地下通气孔道来做椅、凳等；围绕大树基部设椅凳，既可休息又能纳凉。

（2）装饰性小品　各种固定的和可移动的花钵、饰瓶，可以经常更换花卉。装饰性的日晷、香炉、水缸，各种景墙（如九龙壁）、景窗等，在园林中起点缀作用。

（3）照明性小品　园灯的基座、灯柱、灯头、灯具都有很强的装饰作用。

（4）展示性小品　各种布告板、导游图板、指路标牌以及动物园、植物园和文物古建筑的说明牌、阅报栏、图片画廊等，都对游人有宣传、教育的作用。

（5）服务性小品　如为游人服务的饮水泉、洗手池、公用电话亭、时钟塔等，为保护园林设施的栏杆、格子垣、花坛绿地的边缘装饰等，为保持环境卫生的废物箱等。

3. 现代建筑小品的主要特点

建筑小品之所以在现代园林中得到长足的发展和普及，主要是因为它在继承前人经验的基础上结合现代人的审美意识，科学地将其运用于景观设计之中，它打破了传统的建筑模式，给人以耳目一新的感受，凭其自身的艺术感染力为现代城市景观环境注入了新的生机与活力。现代小品建筑中应具备以下显著的特点。

（1）造型比较新颖　城市景观中的每组建筑小品都应给人以美的感受。为充分体现自身的艺术价值，它们必须新颖独特、千姿百态，不同于一般的建筑物。比如一个作品除满足基本使用功能外，应更多地考虑其外形立面的处理，加大各个构件组合的对比强度，给游人以很强的吸引力。

（2）具有强烈的时代气息　无论是哪类建筑小品都应当体现时代精神，体现当时社会发展特征，既不能滞后于历史，也不能跳跃于历史。在某种意义上说建筑小品必须是这个时代的精神写照，是这个时代的人文景观的记载。

（3）具有地域和民族风格　城市景观中的建筑小品应充分考虑到自然地域和社会文化地域的特征，要与当地整个城市风貌协调一致。在建筑小品的建筑形式上，应与当地自然景观和人文景观的秩序相一致，尤其在风景旅游城市，建设新的城市景观时，更应当充分注意到这一点，才能更好地丰富那里的旅游资源。

（4）新型材料的应用　新颖的城市景观建筑如何体现“新”字是城市建筑小品设计的重点，建筑小品不仅体现在它的形态新，而且材料也应体现“新”字，应该说时代的作品是新型材料综合应用的典范。新型建筑材料的出现给小品建筑提供了良好的素材，给设计者带来了充分的选择自由，从而可以充分体现构思意图，为小品创造和发展开辟了新的广阔途径。

4. 现代建筑小品的创作要求

从某种意义上来讲，现代建筑小品设计是城市文化的标志。建筑小品作为景观设计的一部分，具有较强的艺术性和实用性。在满足人民群众精神需求的同时，能起到丰富城市景观、营造良好环境、增添生活情趣、展示地域文化、塑造城市特色等作用，是城市居民不可缺少的景观元素。经济的快速发展，技术的不断提高，形成了新的城市景观环境理念。建筑小品设计景观设计包括城市空间中的雕塑、壁画、装饰、园艺、标识、广告、地景、其他建筑等艺术形式。现代建筑小品是指园林中常用的小型建筑物，包含休憩、欣赏以及点缀环境的小型建筑物和装饰设施。

随着城市空间的快速发展，现代建筑小品得到拓展，好的现代建筑小品可以烘托出优美的景观环境。因此，现代建筑小品设计必须首先处理好与环境的关系，充分考虑建筑、绘画、雕塑、植物多元一体格局，结合地面铺装变化完成造景需要。同时运用一些陈设、配景来烘托气氛，增强趣味性和生动性。建筑尺度和比例对增强透视感有很重要的作用。室外景观小品应以陈设小品和植物造型为主，要准确表达空间比例、材料质感、装饰色彩等要素，把握整体效果，运用扩散思维，让景观设计通俗易懂。

现代建筑小品设计表现方法设计表现就是设计者把计划、研讨等思维意图及发展通过某种媒介使其视觉形象化来表达预想过程的方法和技巧。设计源于头脑里的简单想法，然后在纸上勾勒出二维的草图或三维的模型，主要有透视图、平立剖面图、轴测图等。它不仅是设计的层次显示，还是设计完成品的展示。

《园冶》是中国古代造园专著，也是中国第一本园林艺术理论的专著。《园冶》是明末造园家计成将园林创作实践总结提高到理论的专著，全书论述了宅园、别墅营建的原理和具体设计手法，反映了中国古代造园的成就，总结了造园经验，是一部研究古代园林和建筑小品的重要著作，为后世的园林建造提供了理论框架以及可供模仿的范本。根据我国专家在《园冶》中总结的实践经验，对现代建筑小品的创作主要有以下要求。

（1）立其意趣　根据自然景观和人文风情，作出景点中建筑小品的设计构思，真正做到建筑小品设计与自然景观和人文风情有机结合。

（2）合其体宜　对于拟建的建筑小品应选择合理的位置和科学的布局，做到巧而得体、精而合宜。

（3）取其特色　设计应当充分反映出建筑小品具有的特色，把建筑小品巧妙地融合在城市空间整体景观之中。

（4）顺其自然　在进行建筑小品设计时，不要破坏原有风貌，做到涉门成趣，得景随形。

（5）求其因借　通过对自然景物形象的取舍，使造型简练的建筑小品获得景象丰满充实的效应。

（6）饰其空间　充分利用建筑小品的灵活性、多样性，以丰富园林空间。

（7）巧其点缀　通过建筑小品的设计，把需要突出表现的景物强化起来，把影响景物的角落巧妙地转化成为游赏的对象。

（8）寻其对比　通过建筑小品的设计，把两种明显差异的素材巧妙地结合起来，相互烘托，显出双方的特点。

四、居住区建筑小品与设施的设计准则

居住区的建筑小品与设施应具备适用和供人观赏的功能。其规划与设计应充分结合环境考虑，使其各得其所，各显其能。在设计上应认真研究人们的居住生活行为，尤其要注意人的尺度和活动规律，同时还要考虑其美学价值及景点作用。此外，在选材上要注意本地的建筑材料，设置位骆恰当，数量合理，效果显著，在施工中切忌粗制滥造。在进行居住环境建筑小品与设施的规划设计时，首先要研究人们在居住环境里进行各种活动所需要的面积、空间尺寸、人流特点、各种空间的接近程度。同时，还要根据以上各种功能，要求归纳出人们在居住环境里的“活动模式”，而且必须进一步深入到居住环境建筑小品与设施的使用者的心理因素和社会－文化因素。

在规划与设计建筑小品与设施时，要实现建筑小品与设施与环境的有机结合，必须注意三个方面，一是利用；二是保留；三是协调。所谓利用，就是将居住区建筑基地上一切有利于建筑小品与设施构成的地形、地物和地貌充分利用起来。所谓保留，则是指那些具有历史意义，属于名胜古迹一类的建筑物、构筑物或其他建筑小品的保留。所谓协调，就是采取某种规划、设计手段使建筑小品及设施与周围环境的关系相协调。这种协调手段通常分为两个方面：一是建筑小品本身的处理，即尺度、体量比例、色彩乃至总的风格上与周围的住宅等建筑物或环境取得协调；二是以建筑小品为“媒介”来协调新建筑、道路与原有建筑或环境之间的关系。

五、对居住区各类小品的设计要求

居住区各类小品的设计包括对基地自然状况的研究和利用，对空间关系的处理和发挥，与居住区整体风格的融合和协调。居住区的小品主要包括建筑小品、装饰小品、公共设施小品、游憩设施小品、工程设施小品和居民区内铺地等，这些小品既有实用功能意义，又涉及视觉和心理感受。在进行居住区各类小品设计时，应注意整体性、实用性、艺术性、趣味性的结合。

1. 对建筑小品的设计要求

休息亭、廊大多结合居住区和居住小区的公共绿地布置，也可布置在儿童游戏场地内，用以遮阳和休息。钟塔可结合建筑物设置，也可单独设置在公共绿地或人行休息广场。出入口指居住区、小区和住宅组团的主要入口，可结合围墙做成各种形式的门洞。

2. 对装饰小品的设计要求

装饰小品是美化居住区环境的重要内容，它们主要结合各级公共绿地和公共活动中心布置，如水池和喷水池还可调节小气候。装饰小品除了能活泼和丰富居住区面貌外，又可成为居住区、居住小区和住宅组团的主要标志。

3. 对公共设施小品的设计要求

公共设施小品名目和数量繁多，它们的规划和设计在主要满足使用要求的前提下，其造型和色彩等方面都应精心地考虑。特别如垃圾箱、废物筒等，他们与居民的生活密切相关，既要方便群众，但又不能过多。照明灯具根据不同的功能要求不同，有街道、广场和庭院等照明灯具之分，其造型、高度和规划布置应视不同的功能和艺术等要求而异。公用设施是现代城市生活中不可缺少的内容，它给人们带来方便的同时，又可以给城市增添美的装饰。

4. 对游憩设施小品的设计要求

游憩设施小品主要结合公共绿地、人行步道、广场等进行布置，其中供儿童游戏的器械，应当布置在儿童游戏场地。为成年人、老年人也应设置适当健身器械。桌、椅凳等游憩小品又称室外家具，一般结合儿童、成年人或老年人休息活动场地布置，也可布置在林荫步道或人行休息广场。

5. 对工程设施小品的设计要求

工程设施小品的布置应首先符合工程技术方面的要求。在地形起伏的地区常常需要设置挡墙、护坡、坡道和踏步等工程设施，这些如能巧妙地利用和结合地形，并适当加以艺术处理，往往也能给居住区面貌增添特色。

6. 对居民区内铺地的设计要求

道路和广场所占的用地在居住区内占有相当的比例，因此他们的铺装材料和铺砌方式将在很大程度上影响居住区的面貌。铺地设计是现代城市环境设计的重要组成部分。铺地的材料、色彩的铺砌方式应根据不同的功能要求与环境的整体艺术效果进行处理。

六、环境设施和建筑小品的具体设计

环境设施与建筑小品是指城市外部空间中供人们使用，为人们服务的一些设施。环境设施与建筑小品的完善体现着一个城市两个文明建设的成果和社会民主的程度，完善的环境设施与建筑小品会给人们的正常城市生活带来许多的便利。 城市环境设施与建筑小品虽不是城市空间的决定因素，但在空间实际使用中给人们带来的方便和影响也是不容忽视的。因此，搞好环境设施和建筑小品的具体设计，是城市景观设计中一个非常重要的方面。

（一）治安交通亭的设计

“亭”本是一种中国传统建筑，在中国古典园林中占有重要的地位。随着园林设计的不断发展和全球文化的大融合，“亭”的概念得到了拓展，即有顶而无墙体围合的建筑。在我国，亭的主要功能是休息，近年来，一些售货亭、交通亭、展览亭也纳入了这一范围。我国建筑的发展是极为迅速的，“亭”既然为建筑，其发展自然也与建筑同步，不管是形式还是材料，抑或是施工技艺，都有了巨大的转变。这一转变使得亭更加适应当代人的生活需求，更加符合当代人的审美观，并且更趋向于节能环保和可持续发展。

治安交通亭是为警察提供工作场所而兴建的环境设施和建筑小品，其主要功能作用是维护公共安全，给警察创造一个必要和便于工作的环境，因此交通亭多设置在比较容易被人们看到的地方，如十字路口、大桥的桥头等，这样方便市民与其所属区的治安沟通。

交通亭虽然是非常简单的建筑小品，根据道路的组成形态不同，在其具体设计中也有着一定的讲究。如果是“Y”字形交叉路口，一般应将交通亭设置在它的锐角位置；如果是“丁”字形交叉路口，一般应将交通亭设置在交点位置。另外，有些交通亭还经常被设置在都市街道计划的留用地或宽阔街道的中央隔离带或者交通岛上。

由于交通亭的位置要求应布置在较为醒目的地方，建筑自身的造型设计直接影响到整个街道景观的美感，因此建筑自身造型及装饰的设计是十分重要的。此外，还要考虑在其周围留出巡逻车的停车空地，为警务人员提供必需的活动空间。在交通亭和派出所的设计中，不但要注意建筑本身的美观性和实用性，还要考虑与周围场所及交通图、广告板、电话亭等公共设施的和谐与搭配。

（二）标识小品的设计

标识小品通常是指能为人们提供信息的设施，如广告牌、方位提示牌、地名标牌、路标等均属于标识小品。这些标识小品一般都是各自独立设置的，如果在一个位置设置过多的标识小品，就容易造成街景的混乱，对城市环境的塑造反而产生消极作用。只有经过精心设计，并对所在环境进行严格规划后设置的标识小品，才会给城市、广场、街道、园林等区域空间增添景观内容，营造出活泼生动、丰富多彩的景观氛围。

标识小品的设计和设置，从城市设计角度看是一个环境视觉管理问题，它本身并不直接介入标识的设计工作。从环境艺术的角度来说，各行各业所要求设立的广告标志和设计质量，应当受到规范化的管理控制，一般应采用国际通用的符号来表示，它既可以作为方向和识别的标志，还可在指定的广场、道路、步行街区等其他类似的地方作为环境设计的基本规范，以建立环境的协调性和系统的可识别性为目的。

在街道空间比较狭窄的空间环境中，广告标识、交通标识等最好分开设置，以免影响交通的安全性。这些区域的标识小品可以利用沿街建筑物的壁面，或者采取集合化组合入其他大型设备中等措施。所谓集合化也可以称为共架，就是将各种设施共同使用一个支本。比如信号灯、标牌和电线杆距离很近时，可以在电线杆上集合信号灯和标牌，这样既节省了街道的空间，又可以美化街道景观，还可以避免杂而乱的现象出现。当在交通干道上设置标识小品时，一方面应充分考虑到不要对车辆驾驶员的视觉造成干扰；另一方面应减少标识混乱的现象，并与必需的公共交通标志相协调。

标识小品设置的原则就是用一套完整的、有层次的、固定和灵活的元素组合起来的系统向人们提示交通信息、指示道路方向和识别内部空间等功能。目前，各国在城市标识小品设置方面都取得了一些成功的经验，在进行标识小品设计时值得借鉴。比如指示道路方向的标识，表达到机场、车站、地区、景点等某个特定地区道路的标识可以相对固定。当路线较长时，可以在途中多设置几个路标，保证行人能够判断出自己行驶方向的正确性。方向性标识应设置在交叉路口或外围的转弯处，以及行人有可能会自然停下寻找方向的地方。标识物上的术语和文字应力求简洁明了，标出的尺寸等因素与所处位置应相协调。

美国和日本等国家的一些城市中有许多标识小品设计比较成功的案例。比如美国的亚特兰大城市的公共汽车、地铁等综合公交系统完全使用统一的路标，这样为乘客提供了极大的方便。日本一些城市在路口的大型显示板上，不仅有可以为驾驶员提供附近停车场的位置的标识，而且连停车场内是否还有停车位也有显示，从而大大减少了盲目停车的烦恼，也节省了乘客的时间和精力。此外，日本的许多大城市在公共活动领域中也制订了规则标识的图示样本，还考虑到了"无障碍"设计的问题。有些无障碍标识系统采用了以不同的音乐方式，来提醒盲人红绿灯的变化状态，也有采用在行人信号灯旁设置刻有点字的筒子等措施，来帮助盲人辨别方向，这都是现代城市标识小品人性化设计的表现。

城市的环境、性质、文化习俗等的不同，导致标识小品设计的要求也有所不同，但它们相同的是这些标识小品设计是在不影响城市交通和其他活动的前提下为市民提供服务的，同时塑造了一种规范化、行为化、文明化的城市精神面貌。

（三）公共厕所的设计

城市里的厕所是城市基础设施的必要组成部分，可以方便人们生活、满足生理功能需要，是收集、储存和初步处理城市粪便的主要场所和设施。作为城市建筑的公共厕所设施本身是人文景观之一。公共厕所是社会的一种文化符号，无论是对待厕所的态度、使用方式，还是建筑设计方面，都体现了不同国家和民族的风俗习惯、伦理标准。从生理代谢的简陋随意场所，到兼有生理代谢、卫生整理、休息乃至于审美、商业、文化等多种功能，本质上构成了人的生活观念和环境意识的变革和进步。公共厕所已成为现代城市文明形象的窗口之一，体现着城市物质文明和精神文明的发展水平。

公共厕所简称为公厕，指供城市居民和流动人口共同使用的厕所，包括公共建筑（如车站、商店、影院、展览馆、办公楼等）附设的厕所。根据建筑形式、建筑结构、建筑等级、空间特征、冲洗方式、管理方式或投资渠道等，公共厕所有多种分类。公共厕所的设计需要相应的面积，并要注意进行维护和管理。那种处于显眼位置并缺少维护管理的公共厕所，会对城市的景观和卫生产生不良影响，而对于厕所的传统观念也使人们在一定程度上降低了对设置有公共厕所的街景的评价，其实这都是人们思想狭隘和不开放的表现。

厕所作为对人体生理正常运行提供服务的场所，其位置和形象的设计也是相对受到约束和限制的。厕所的位置设计应当考虑在既容易被人看到，又不影响所在地区城市景观的地方，也就是既不十分醒目，也能比较容易被发现的地方。因此，在公园或城市道路空间中的公共厕所，常将其设置在目的用地以外的用地中，比较常见的是设置在桥头一侧，或者是公园的角落处，尤其是地下式和半地下式的方法建造是比较理想的处理方法。这样既不影响人们活动的视线，又能得到及时方便的使用。

当在交通的交叉路口等视野比较开阔的公共空间中设置厕所，地下式的处理方法是最常见、最合乎视觉景观的做法。如果处理成地下化或半地下化比较困难时，可将厕所房屋设置在地上，但要注意尽量使其外观具有清洁感。厕所屋檐和外墙的设计要给以人宁静的印象，并在周围适当地栽植一些植物来加以修饰。

对于城市公共厕所的设计，我国还是非常重视的。2005年颁布了城镇建设工程行业标准《城市公共厕所设计》(CJJ 14—2005)，使城市公共厕所的设计有标准可依。

1. 公共厕所的设计一般规定

(1) 公共厕所的设计应以人为本，符合文明、卫生、适用、方便、节水、防臭的原则。

(2) 公共厕所外观和色彩的设计应与环境协调，并应注意美观。

(3) 公共厕所的平面设计应合理布置卫生洁具和洁具的使用空间，并应充分考虑无障碍通道和无障碍设施的配置。

(4) 公共厕所应分为独立式、附属式和活动式公共厕所三种类型。公共厕所的设计和建设应根据公共厕所的位置和服务对象按相应类别的设计要求进行。

(5) 独立式公共厕所按建筑类别应分为三类。各类公共厕所的设置应符合下列规定。

① 商业区、重要公共设施、重要交通客运设施，公共绿地及其他环境要求高的区域应设置一类公共厕所。

② 城市主、次干路及行人交通量较大的道路沿线应设置二类公共厕所。

③ 其他街道和区域应设置三类公共厕所。

(6) 附属式公共厕所按建筑类别应分为二类。各类公共厕所的设置应符合下列规定。

① 大型商场、饭店、展览馆、机场、火车站、影剧院、大型体育场馆、综合性商业大楼和省市级医院应设置一类公共厕所。

② 一般商场（含超市)、专业性服务机关单位、体育场馆、餐饮店、招待所和区县级医院应设置二类公共厕所。

(7) 活动式公共厕所按其结构特点和服务对象应分为组装厕所、单体厕所、汽车厕所、拖动厕所和无障碍厕所五种类别。

(8) 公共厕所应适当增加女厕的建筑面积和厕位数量。厕所男蹲（坐、站）位与女蹲（坐）位的比例宜为（1 ∶ 1）～（2 ∶ 3)。独立式公共厕所宜为1 ∶ 1，商业区域内公共厕所宜为2 ∶ 3。

2. 公共厕所设计的具体规定

(1) 公共厕所的平面设计应将大便间、小便间和盥洗室分室设置，各室应具有独立功能。小便间不得露天设置。厕所的进门处应设置男、女通道，屏蔽墙或物。每个大便器应有一个独立的单元空间，划分单元空间的隔断板及门与地面距离应大于100mm，小于150mm。隔断板及门距离地坪的高度，一类和二类公厕大于1.8m、三类公厕大于1.5m。独立小便器站位应有高度0.8m的隔断板。

(2) 公共厕所的大便器应以蹲便器为主，并应为老年人和残疾人设置一定比例的坐便器。大、小便的冲洗宜采用自动感应或脚踏开关冲便装置。厕所的洗手龙头、洗手液宜采用非接触式的器具，并应配置烘干机或用一次性纸巾。大门应能双向开启。

(3) 公共厕所服务范围内应有明显的指示牌。所需要的各项基本设施必须齐备。厕所平面布置宜将管道、通风等附属设施集中在单独的夹道中。厕所设计应采用性能可靠、故障率低、维修方便的器具。

(4) 公共厕所内部空间布置应合理，应加大采光系数或增加人工照明。大便器应根据人体活动时所占的空间尺寸合理布置。通过调整冲水和下水管道的安装位置和方式，确保前后空间的设置符合本标准第3.4节的规定。一类公共厕所冬季应配置暖气、夏季应配置空调。

(5) 公共厕所应采用先进、可靠、使用方便的节水卫生设备。公共厕所卫生器具的节水功能应符合现行行业标准《节水型生活用水器具》(CJ/T 164—2014) 的规定。大便器宜采用每次用水量为6L的冲水系统。采用生物处理或化学处理污水，循环用水冲便的公共厕所，处理后的水质必须达到国家现行标准《城市污水再生利用城市杂用水水质》(GB/T 18920—2002) 的要求。

(6) 公共厕所应合理布置通风方式，每个厕位不应小于40m³/h的换气率，每个小便位不应小于20m³/h的换气率，并应优先考虑自然通风。当换气量不足时，应增设机械通风。机械通风的换气频率应达到3次/h以上。设置机械通风时，通风口应设在蹲（坐、站）位上方1.75m以上。大便器应采用具有水封功能的前冲式蹲便器，小便器宜采用半挂式便斗。有条件时可采用单厕排风的空气交换方式。公共厕所在使用过程中的臭味应符合现行国家标准《城市公共厕所卫生标准》(GB/T 17217—1998) 和《恶臭污染物排放标准》(GB 14554—199) 的要求。

(7) 厕所间平面优先尺寸（内表面尺寸）宜按表5-1选用。

表5-1 厕所间平面优先尺寸（内表面尺寸） 单位：mm

洁具数量	宽度	深度	备用尺寸
三件洁具	1200，1500，1800，2100	1500，1800，2100，2400，2700	$n\times1000$（$n\geqslant9$）
二件洁具	1200，1500，1800	1500，1800，2100，2400	
一件洁具	900，1200	1200，1500，1800	

(8) 公共厕所墙面必须光滑，便于清洗。地面必须采用防渗、防滑材料铺设。

(9) 公共厕所的建筑通风、采光面积与地面面积比不应小于1∶8，外墙侧窗不能满足要求时可增设天窗。南方可增设地窗。

(10) 公共厕所室内净高宜为3.5～4.0m（设天窗时可适当降低）。室内地坪标高应高于室外地坪0.15m。化粪池建在室内地下的，地坪标高应以化粪池排水口而定。采用铸铁排水管时，其管道坡度应符合表5-2的规定。

表5-2 铸铁排水管道的标准坡度和最小坡度

管径/mm	标准坡度	最小坡度	管径/mm	标准坡度	最小坡度
50	0.035	0.025	125	0.015	0.010
75	0.025	0.015	150	0.010	0.007
100	0.020	0.012	200	0.008	0.005

(11) 每个大便厕位长应为1.00～1.50m、宽应为0.85～1.20m，每个小便站位（含小便池）深应为0.75m、宽应为0.70m。独立小便器间距应为0.70～0.80m。

(12) 厕内单排厕位外开门走道宽度宜为1.30m，不得小于1.00m；双排厕位外开门走道宽度宜为1.50～2.10m。

（13）各类公共厕所厕位不应暴露于厕所外视线内，厕位之间应有隔板。

（14）通槽式水冲厕所槽深不得小于0.40m，槽底宽不得小于0.15m，上宽宜为0.20～0.25m。

（15）公共厕所必须设置洗手盆。公共厕所每个厕位应设置坚固、耐腐蚀挂物钩。

（16）单层公共厕所窗台距室内地坪最小高度应为1.80m；双层公共厕所上层窗台距楼地面最小高度应为1.50m。

（17）男、女厕所厕位分别超过20时，宜设双出入口。

（18）厕所管理间面积宜为4～12m²，工具间面积宜为1～2m²。

（19）通槽式公共厕所宜男、女厕分槽冲洗。合用冲水槽时，必须由男厕向女厕方向冲洗。

（20）建多层公共厕所时，无障碍厕所间应设在底层。

（21）公共厕所的男女进出口，必须设有明显的性别标识，标识应设置在固定的墙体上。

（22）公共厕所应有防蝇、防蚊设施。

（23）在要求比较高的场所，公共厕所可设置第三卫生间。第三卫生间应独立设置，并应有特殊标识和说明。

公共厕所是现代城市设计的一部分，关系到城市的新形象。良好的公共厕所需要有良好的设施、良好的管理与保养、素质优良的使用者、需要全社会对于厕所文化的认同和改革。公共厕所环境的好坏从一定程度上影响了整个城市文明建设的发展，精神文明建设高的城市对于城市公共厕所的关注程度要比一般城市高。实际上公共厕所的设计包含了一系列社会问题，如环境卫生问题、医疗问题、公共设施的维护问题、老幼病残孕问题、旅游的形象工程问题、宗教、文化问题等。我们在解决这些问题的同时关键要把人们对公共厕所的认识提高到一个高度上面来，否则再好的设施、设备也是无关紧要的东西。只有城市管理者、城市设计的规划者、使用群体以及公共厕所维护者统统关注起来，整个城市的公共厕所的问题才能解决，才有机会朝着更高、更远的方向发展。

（四）护栏设施的设计

城市中的主干道路以其高速、高效、安全、舒适等特点在国民经济中确定了它的重要地位。同时随着城市道路的迅猛发展，通行车辆的迅速增加，充分体现了高速公路大流量，高速度的优势，但也逐渐暴露出安全性问题。如何能保证在大流量，高速度的前提下保证行车安全，充分发挥高速路的经济效益和社会效益，是我们要逐渐紧紧跟上解决的问题。

交通工程是研究人、车、路等各种关系的一门综合性科学，几乎包含了城市道路沿线管理养护机构，安全设施监控、通信、收费、供配电、照明、房建设施，服务设施等内容，即除了路桥主体工程之外的其他一切公路附属工程。本书仅主要说明高速公路标识、标线、护栏和隔离栅，防眩设施等设施的布局和设置对于高速公路行车安全的作用。

交通安全的重要性。城市交通现代化包括两个方面的内容：一是设施装备现代化，即城市交通设施技术水平要不断提高，既要发挥现有的实用技术，又要采用先进的科学新技术，谋取综合效益；二是交通战略现代化，即政策措施要不断完善，既要合理调整交通供需与交通方式的协调配合，又要提高城市路网在整个城市活动的运输效率。先进的设施是硬件前提，正确的战略是软件保证，两者相辅相成。高速公路交通安全设施包括交通标识、标线、安全护栏、防眩设施、隔离设施、视线诱导标等。它们为道路使用者提供各种警告、禁令、指示、指路信息和视线诱导，排除干扰并提供路侧保护，减轻潜在事故的发生和已发生事故的严重程度，防止眩光对驾驶员视觉性能的伤害。因此，各国对这些基础设施的开发研究非常重视。

在城市道路逐渐出现拥挤的情况下，采用人车分离是解决现代城市交通和提高交通安全的重要措施，因此人车分离装置在城市道路设计上也显得十分重要，其装置的形制及色彩也将直接影响到行走环境和街道氛围。人车分离方案的具体实施可以通过采用不同的材料铺装路面进行分离，或采用高差设计的方法设计人行道和机动车道。除此之外，护栏和隔离墩等附属设施也是人车分离方案中经常采取的方法，它可在无法采用不同铺装材料进行道路铺设，以及人行道和机动车道高差设计困难时使用。

护栏既要防止失控车辆冲出路外碰撞路外的障碍物或其他设施，或冲过中央分隔带闯入对向车道引起更大的交通事故，同时还要能使车辆回到正常行驶方向，对司乘人员的损伤最小，并且要能起到诱导视线的作用。

公路护栏一般分为柔性护栏、半刚性护栏及刚性护栏，柔性护栏一般指的是缆索护栏，刚性护栏一般指的是水泥混凝土护栏，半刚性护栏一般指的是梁式护栏。梁式护栏是一种用支柱固定的梁式结构，依靠护栏的弯曲变形和张拉力来抵抗车辆的碰撞，梁式护栏具有一定的刚度和韧性，通过横梁的变形吸收冲撞能量，其损坏部件容易更换，具有一定的视线诱导作用，能与道路线形相协调，外形美观。其中波形梁护栏是近期国内外应用最为广泛的。

不同国家在选择和决定护栏的设计原则时，都要结合本国的道路交通条件，在满足护栏基本功能的前提下，决定设计目标的侧重点。

1. 城市道路护栏设置原则

护栏作为公路上的基本安全设施，对公路上的交通安全起着积极的作用。但同时，护栏本身也是一种障碍物，它的设置也是有条件的，通常是以设置护栏和不用设置护栏保护的相对危险性比较后做出判断的。只有正确的设计才能实现护栏的功能和目标。

（1）路侧护栏的设置原则　路侧护栏主要分为路堤护栏和障碍物护栏两种。路侧护栏的最小设置长度为70m，两段护栏之间相距小于100m时，宜在该两路段之间连续设置。夹在两填方路段之间长度小于100m的挖方路段，应和两端填方路段的护栏相连续。在路侧护栏设计中，凡符合下列情况之一者，必须设置护栏：①道路边坡坡度i和路堤高度h在一定范围内的路段；②与铁路、公路相交，车辆有可能跌落到相交铁路或其他公路上的路段；③城市主干路或汽车专用一级公路在距路基坡脚1.0m范围内有江、河、湖、海、沼泽等水域，车辆掉入会有极大危险的路段；④城市高速造路互通式立体交叉进、出口匝道的三角地带及匝道的小半径弯道外侧。

在需要设置路侧护栏的路段，大、中桥侧采用钢筋混凝土组合式护栏，在土路基段及小桥、通道、涵洞上采用波形梁钢板护栏。一般路侧护栏在土路基段采用普通型钢板护栏，立柱间距为4.0m，在小桥、通道及设有挡土墙的路段采用加强型钢板护栏，立柱间距2.0m。路侧护栏立柱采用140mm×4.5mm（直径×壁厚）钢管，横梁为310mm×85mm×3mm的变截面波形梁，护栏高度一般采用60cm，当护栏立柱位于构造物上时，立柱应采用迫紧器连接。

（2）中央分隔带护栏的设置原则　城市主干路和汽车专用路均应设置中央分隔带护栏，当中央分隔带宽度大于10m时，可不设护栏。在路基采用分离式断面时，靠中央分隔带一侧按路侧设置护栏，上、下行路基高差大于2.0m时，可只在路基较高一侧设置。中央分隔带护栏全部采用波形梁钢板护栏，构造上有分设型和组合型两种，分设型护栏适合于中央分隔带相对较宽，中央带内的构造物较多，并在中央分隔带下埋有管线的路段，组合型护栏适用于中央分隔带宽度较窄，中央带内构造物不多或埋设管线较少的路段。一般中央分隔带护栏在土路基段采用普通型，立柱间距为4.0m，在有构造物的路段采用加强型，立柱间距2.0m。中央分隔带护栏立柱为114mm×4.5mm（直径×壁厚）钢管，横梁为310mm×85mm×3mm变截面波形梁，护栏高度一般采用60cm。在中央分隔带开口处设置活动护栏。

从交通参与各方出发，中央隔离护栏设计要充分体现人性化。交通参与各方，从人的角度有司机、行人等；从物的角度，有机动车、护栏等。人性化设计不仅是针对司机，也是针对行人；不仅是针对机动车、马路，也是针对护栏、红绿灯以及很多易被忽视的细节。人性化设计护栏，要统筹考虑司机、行人、机动车、护栏等多方面的要求。

2. 选择道路护栏的注意事项

（1）护栏的选择需要系统思维，而不应把它看作一个独立的过程。只有综合考虑道路条件、交通条件和交通管理状况，才能因地制宜地设计出符合要求的护栏形式。否则，护栏只是一个摆设，一个面子工程而已。因此，设计者应该熟悉道路工程尤其是线型设计、交通工程、交通安全工程、道路交通管理等相关专业，熟悉标准规范的由来，乃至要清楚标准规范中存在的不足之处。同时设计者还要有全生命周期的概念，了解建设、使用和维修各阶段的情况，才能最大限度地满足护栏的使用要求，保证优良的设计。

（2）护栏的选择要因地制宜　护栏选择要考虑道路设计指标，尤其是主体设计中线形等指标，再根据交通量预估车辆的运行速度，确定护栏的初始碰撞条件。考虑路侧情况，确定路侧危险度再据此选择相应等级的护栏。同时要考虑道路的事故率，根据已有的事故资料选择护栏，并考虑现有的交通管理水平。目前的城市道路的交通管理、限速指标的确定和标识标线等设施管理职责在交管部门，护栏的管理在路政部门。设计者在进行护栏设计的同时，还应对交通管理提出建议，考虑与监控和通信等机电系统的相互配合等。

（3）护栏防护能力要强　护栏的防护能力强，就是要保证护栏结构强度足够，不被车辆撞断。因为城市道路交通量大，事故经济损失大，容易造成交通拥堵，所以更应该保证护栏的安全性。尤其是在交通流量大的路段，更要保证中央分隔带护栏的防撞能力，以免发生与对向车辆碰撞的二次事故。

（4）护栏的导向能力要好　车辆碰撞护栏后，能够顺利导出而不会反弹过大导致与同向的车辆发生二次事故。

（5）经济性好，节约土地　在满足护栏防撞与导向性能的同时，也要尽力减小护栏材料的用量保证经济性。同时，我国的土地资源稀缺，在城市中更是如此，因此尽量选用占用土地面积小的护栏，降低工程造价。

（6）护栏应当比较美观、整齐，与道路周边环境协调一致，并可以采用绿化等手段使护栏美化。

（7）护栏的维修要简单，这样在发生事故后，可以在短时间内修复，减少对于交通的影响，避免或减轻交通拥堵。

近年来，伴随着中国城镇化的加速发展，城市的急速扩张，城市交通问题越来越突出，城市道路护栏设施是保障城市交通有序的物质基础，道路护栏需要不断的人性化改善以满足日益复杂的交通环境的需求，环境因素是城市城市道路护栏设施设计要考虑的重要因素，并在城市交通组织与引导中发挥着重要作用，从以上所述可知，护栏的设计不但要起隔离围护的作用，还要考虑到给行人带来舒适、轻快的感觉。在20世纪城市街道上的机动车道的护栏，由于设计和材料还比较落后，给人留下一种栅栏的印象，整体设计显得十分呆板。但是，进入21世纪后，城市景观的高质量要求，促进了道路护栏设计和材料质量的提高，出现了许多构思新颖的护栏形式。有的人行道上还使用较小部件的扶手状护栏，营造出舒畅的行走环境。新式的护栏在色彩上也融入了相应的地方特色，但对于护栏的色彩设计则不能过于强调个性，否则会使护栏脱离周围的景观，形成跳跃性的不协调风格。但是在一些其他的场合，如广场、公园等相对比较活泼的空间中，护栏的造型风格和色彩设计可以讲究变化多端，给人带来一定的新奇感。

街道上的护栏虽然并不是街道设计的主要对象，但为了避免护栏设计造成街道景观杂乱的问题出现，在护栏设计上需要十分谨慎，色彩的搭配、外形、结构、材料的选择都十分重要，力求创造出最佳的街道景观。街道景观的色彩设计最好以材料本身的色彩为主，以尊重其自然性，使其呈现出自然的特色。但是有时为了延长护栏的使用寿命，需要在其表面涂饰油漆进行保护。在涂饰色彩时，必须注意护栏颜色的亮度和彩度，一定要与街道的风格以及街道周围的环境相协调。比如在北京在一些护栏的设计中，采用金色色调，装饰五角星和麦穗图案，护栏同时还是道路环境的组成部分，能够提升整个城市形象，道路护栏在设计风格上体现出了北京是一个文化古城，这里是祖国的首都，体现出与城市中的公共雕塑以及城市建筑一样，具有体现城市环境的作用。

城市道路的护栏作为街道附属辅助设施，为了提高街道景观的观赏性，在设计时要避免连续重复，以免给人带来呆板的感觉。同时，还要及时修复由于机动车碰撞而变形的护栏。另外还要注意并排护栏的构思风格要保持一致、互补等多个方面的问题，以保证城市道路景观的完整性。

（五）隔离墩的设计

城市道路上的隔离墩与护栏一样，同样也起到分离人行道和车行道的作用，但是隔离墩相对护栏来说更自由一些。比如在人行道和车行道之间用隔离墩分离，行人可以自由占用车行道，等车辆开来时，再移到人行道区。另外，隔离墩还能起到座凳的功能，方便人们在此进行短暂的休息或聊天。因此现代城市景观中使用隔离墩替代护栏实现人车分离，并保证空间流畅的实例也越来越多。尤其是在隔离墩上加贴反光膜后，夜间指示更清晰，隔离墩对驾驶者有明显的警示作用，隔离墩有效减少车辆的交通事故及损失。

由于隔离墩和护栏都不是城市街道景观的主角，因此在进行隔离墩设计时要特别注意色调和造型的选择，以便使其在城市道路整个景观中不显得突兀。首先从色调上讲，应尽量采用材料的原色，但选用材料本身的色调要与地面的颜色相互协调，使街道整体氛围轻松、舒适。从造型设计方面来讲，隔离墩应尽量避免采用醒目的特殊造型，否则会与路边的建筑、标识等小品发生冲突，使道路景观混乱。隔离墩造型的设计应力求给人整洁的感觉，在隔离墩与路面结合的部位不要露出安装的痕迹，要做到隔离墩就像从地面上“长”出来一样，给人以稳定整洁的感觉。此外，隔离墩在设计成为人们提供方便的座凳时，其设计要考虑适合人体就座的高度，且墩的顶部处理要平滑。隔离墩的粗细关系也要处理得当，以方便市民稳定、舒适的使用。

隔离墩个体造型在设计好后，还要考虑将这些隔离墩摆放在街道上以后的形象。在具体安排时，要保持隔离墩的整齐和设计风格的一致，不要弯曲起伏，忌讳造型差异偏差较大，造成城市道路景观的混乱。隔离墩的设计还要考虑与其他设施之间的协调，以及隔离墩和路面颜色的搭配等。隔离墩一般也常用于城市道路的出口处作为紧急出口使用，还有道路十字路口、桥梁、停车场、车站、码头、商场、高速公路养护段、酒店、小区、体育场所、危险地区和道路施工地段，集会地点等场所作为道路分道、区域隔离、分流、导向等。

现在，我国有些城市道路的隔离墩采用高强度环保塑料制作而成，这种材料的隔离墩制作简单、摆设方便、耐热、耐寒、耐冲击、不易老化、使用寿命长、不易破损。产品无焊无缝、二次投料、一体成型、内外光滑，具有质量好、耐撞击、使用时间长、耐高温、耐冷冻、耐酸碱等显著特点。在隔离墩中注满水后更具有缓冲弹性，放空水后可灵活移动。安装非常轻便快捷，不需要吊装机械，也不必要作任何路面施工，储存的可叠高放置节省地方，产品可回收，无污染，比玻璃钢、铁栏等更环保。高强度环保塑料隔离墩款式新颖、安装方便，隔离墩桶色为红色，色泽鲜明亮丽，加上白色反光膜夜间更加醒目，是值得推广应用的道路隔离墩。此外，在隔离墩中内藏照明设备是一种有创意的设计，这样不仅为人行道提供了照明，同时还有效保护了照明设施，为城市道路夜景增加了不少色彩。

（六）电话亭的设计

电话亭作为城市公共设施的一个部分，不仅具有自身功能特性，同时体现了一个地区的人文特征，体现出环境，人与社会和谐发展，显示着城市的形象特色和科技水平的不断提高。电话亭的设计在完善功能的基础上，要反映出城市和地域的环境特点。城市的文化精神会通过这些公共设施浓缩成可视的符号语言，在对精神文明越来越注重的今天，公共设施是一种直接、有效的呈现方式，最终展示给来自四面八方的观众，人们能从中感受到自己所处的时间和空间世界。

1. 电话亭的位置选择

城市中的公用电话亭是为市民提供方便的通信服务设施，因此位置的选择是非常重要的，既要使行人容易看到和方便到达，又要保障通话者不受周围噪声和雨雪等自然因素的影响。电话亭有开放式和封闭式两种，从以上这几个方面考虑，最好使用封闭式的电话亭，并将其设在道路的空地上，但不能影响行人的正常行走。实践证明，封闭式的电话亭既保证了行人适宜的通话环境，又保证了行人通话时免受风吹雨淋。

在封闭式电话亭的制作或设计较为困难时，可以采用开放式的电话亭，但应将电话亭面向或背对树木或电线杆等物，以减轻人们在来往的行人中通话所产生的不安感。

2. 电话亭的设计要点

电话亭无论是开放式的还是封闭式的，在世界各国的风格都是不同的。只要一看到某个造型，就会马上想到这个国家的人文环境。设计城市电话亭的外观，实际上是在三维空间里对形式、色彩、肌理的处理。

（1）形式和色彩　电话亭的形式和色彩给人带来最直观的感受，最能直接反映出环境的性格。

① 形式　形式是一件作品的实际物理轮廓，是从空间中刻画出来的体积或团块。我们通常认为形式涉及一件作品的外部，即它的外部形式，但是作品可能也揭示一种内部形式。对两者之间关系进行比较，可能是审美体验的一个重要部分。在电话亭的设计中，通透的玻

璃门和墙允许我们看到内部形式，当我们试图区分各个部分之间的关系时，透明性创造了某种有趣的模糊空间。

② 色彩 色彩能明显地展示造型的个性，突出民俗文化传统，使人或精神振奋，欢欣鼓舞，或宁静休闲，平和安静。我们的文化中，色彩具有某种共同的感情内涵。在一定程度上，这些联想是文化上习得的。在设计时，不能忽略色彩对人的心理影响。另外，色彩的美丽与作品审美的功能的因素是分不开的。电话亭作为城市公共设施，应该有统一的色彩，方便人们识别。此外，从美学上看，色彩的这种简朴性会把人们的注意力转移到其他设计要素上。

（2）材料与肌理 电话亭的材料关系到其使用年限、装饰性能、耐久性能和对环境的影响，因此对电话亭材料的选择是一项非常重要的工作。肌理是指物体表面的组织纹理结构，即各种纵横交错、高低不平、粗糙平滑的纹理变化，是表达人对设计物表面纹理特征的感受，对电话的肌理处理同样也是不可忽视的工作。

① 材料 在城市电话亭的设计中，首先要考虑采用环保材料；其次还要考虑材料清洗的容易度；另外还要考虑地区的气候，在潮湿多雨的地方，注意防潮防锈。

② 肌理 肌理的处理被用来创造和强调形式，也和其环境进行比较。巧妙地运用肌理，可以在一件作品的各部分之间或者在作品与其环境之间提供鲜明对比。在城市电话亭的外观设计上，也要注重个体对象与所在环境的关系，不能独立地看待某个个体。

电话亭自身的设计也要保证与周边环境完美融合。例如电话亭和地面间的结合可以通过设置基座来完成，这样既解决了电话亭与不同高度的地面之间的配合，也有利于防止雨水对电话亭底部的浸湿。基座的材料选择也要考虑与路面铺地色彩相协调，力求既能够方便市民，又能达到创造完美街道景观的效果。

（七）休息椅的设计

休息椅是街道上供人们提供小憩的设施。休息椅的种类很多，在城市中常见的有带靠背的长椅和不带靠背的长凳两种形式。有靠背的长椅为人们休息时提供了倚靠的装置，更具有舒适感，而无靠背的长凳虽然不能倚靠，但人们在休息时可以自由选择方向，随意进行就座。休息椅设计的服务对象是城市人群，它强调从使用者的视角出发，运用场所精神，把人的认知和感受作为设计的基础及本源。根据调查显示，多数人在累的时候希望能在就近的休息座椅休息，等调整精神后再继续其他活动。由此可见城市中街道上的休息设施尤为重要，虽然地方小，但可以让人们及时得到休息。比较时尚的城市街道，如果配备极具创意且时尚的休息椅，既衬托了街道景观的氛围，又能让游客心情舒畅。

1. 休息椅的位置确定

休息椅设施本身需要占用一定的空间，再加上使用者在其周围进行活动也需要占用空间，因此将这些设施设在人行道上会减少人行道的有限宽度。当休息椅设置在人行道上时，离汽车噪声、尾气、灰尘等污染源也较近，对使用者的健康不利。基于这些因素，路边的树木和花池中间是安置休息椅最理想的地方。树木还能起到遮挡日光和小雨的功能，创造出无比惬意的环境。

休息椅的位置确定后，设施本身的设计也非常重要。如果是带靠背的长椅类，应确定好人坐的方向，尽量不要让长椅对着一些不佳的环境。另外长椅若需要面对面设置，应考虑两者之间不能距离太近，因为这里的使用者往往都是路过的陌生人，距离太近，会使人感觉很拘谨。最后，休息椅的设置还要考虑与周围环境、景色、风格等和谐统一，否则会破坏街道的整体美观。如果在街道两侧的护栏、隔离墩、垃圾箱等设施较多时，可以用隔离墩、花池边等代替休息椅，以减少道路附属辅助设施的数量，避免过多的附属设施影响了正常的交通和街景的美观。

2. 休息椅的设计原则

（1）功能性原则　休息椅就是为城市居民提供休息的设施，是为人服务的。因此，在进行休息椅设计时，必须首先坚持“以人为本”的原则，考虑到步行者（特别是年老体弱者）活动的舒适。在满足步行者其他活动的同时，提供一个可以休憩和放松的场所，满足了人们的行为和精神愉悦需求。休息椅为市民和游客提供了一个交往、娱乐、休闲、观赏等活动的公共场所。在这里人们可以开展公益社会活动、展览展示、文艺演出、节日庆祝、旅游观光、民俗文化、运动健身等多种社会活动，增加了步行街亲切宜人的氛围。来这里的人们不再仅仅是为了购物，更多的是被优美宜人的环境和丰富多彩的活动所吸引，人们在轻松的环境中充分享受人与人之间交往的乐趣。

（2）舒适性原则　让人在心理上和生理上都感到舒适的步行街环境，可以有效地激发步行街区的活力。提高舒适性的设计手法有界面连续、和谐和统一，保持合理的人流密度、空间环境的尺度、序列构成以及空间的场所感的营造和附属设施的完善等。步行街区的服务对象是人，人的行为需求和心理需求决定了空间的尺度大小。从使用者视角来看，为保证使用者的舒适性，应避免过大的空间面积，可以将其化整为零。这样一方面能获得适宜的空间的尺度，另一方面提供更多的驻留界面。

（3）安全性原则　安全性是“马洛斯人类需求理论”需求之一，步行街区环境是人性化设计原则的基本保障，也是人们能够自由行走、安心购物的基本条件。步行街区的安全设计应处理好机动车及外围交通间的矛盾，避免车行道路对区内的不良影响。安全性的设计还充分利用实现对于环境的自然监督。这就需要保证良好的空间视线，尽可能避免空间死角。

（4）审美性原则　通过改善地面铺装，安装街道照明，布置绿地，街头小品等，为人们提供高质量的活动空间与场所，使人们有更多机会在步行街消遣，参加各种公众活动，丰富了人们的业余生活，延长人们在商业步行街中逗留的时间，从而体现出休息空间在商业步行街中不可磨灭的作用。休息设施以其不同的造型和功能展示了步行街丰富的空间形式，塑造了完整的空间环境，满足了人们的精神需求，让其成为旅游者市民最热衷休闲散心的场所。从而促进城市步行街商业、文化、旅游、服务业的发展和繁华。

3. 休息椅的设计措施

休息设施的形式多种多样，简单来分有圆形的、方形的、弧形的、曲线的、大的、小的、高的、矮的等。最简单的仅供休息，没有多余的修饰，结构单一。结构复杂的，附加一些有趣或者漂亮的修饰，可作为一个视觉焦点，吸引过往游客。

（1）休息设施的材质　休息设施的材质在古代是多使用木材和石材，但随着科学技术的发展，材料多样化。而步行街上的休息设施多为木材、石材、金属及塑料等材质。

① 木质休息设施的人性化设计　木质座椅感触良好，外观亲切，导热性差，因此木质座椅的使用率明显高于石材座椅。材料加工性强，但耐久性差（经过加热注入防腐剂处理的木材，才具有较强的耐久性）。这样更换时间慢成本也不至于太高。随着木材黏结技术和弯曲技术的提高，座椅的形态更加多样化。从人类视觉特性的基础上分析，基于木质色、纹

理、光泽、反射性及节疤等视觉特点将景观家具设计的内涵转向包括视觉、听觉、触觉、嗅觉等在内的更丰富的感觉系统。

② 金属休息设施的人性化设计　金属材料比较耐久，制作也灵活多样，但视觉效果给人以冰冷的感觉。金属材料以铸铁为主，铸铁具有厚重感和耐久性强、可塑性极高的特点。也有使用不锈钢和铝合金的金属材料，但由于其热冷传导性高，难以适应座面积。现在由于冲孔加工技术的进步，可使用金属薄板制成网状结构，散热性较好，可使用于座面。铝合金、小口径钢管等可以加工成轻巧、曲折的造型座椅。

③ 塑料材质休息设施的人性化设计　由于塑料材料易加工，色彩非常丰富，一般适宜做座椅的面，以其他材料制成脚部。但塑料易腐蚀变化，强度和耐久性也较差。为了改变材料的特性，可采用塑料、混凝土相结合的复合材料，以增强材料的强度。各种材质的休息设施的形式多种多样。

（2）休息设施的科学尺度　城市街道是人们聚集之地，不同的人对休息设施的要求不一样，小孩需要的尺度整体要稍微小，座椅尺度不适的话，孩童够不着地面坐久了也会累，更起不到休息的作用。休息设施的长度也应做相应设计，双人座和多人座的长度要适宜，所以休息设施在尺度上是多样化的。可以满足不同人群的不同需求，并且也要和周边环境和谐，从色彩、造型、材质及设置点的选择上都应考虑与周边环境协调统一。

实现人、城市、自然共融。与人的需求相和谐，充分考虑人的行为心理，处理好私密性和安全性的关系，满足不同年龄段、不同性别、不同时间段的休息方式。与其他设施相和谐，周围植物、垃圾桶、路灯、小卖部、广告牌等的配置，应妥善处理，使其既不相互影响，更相得益彰。

（3）针对弱势群体休息设施的设计　在城市街道的建设中，对特殊活动人群的关注状况从一个侧面反映了步行街的空间质量，在日常的户外生活中，存在着一些弱势群体包括老人、儿童以及行动不便的人士，他们对室外活动环境的要求高。儿童与行动不便者在街道活动中是需要他人特别关注的群体，他们的活动对空间的安全性、舒适性、畅通性等有较高的要求。建议在步行街的设计中，应为盲人设计盲道，有高差的地方局部为腿脚不便者设计无障碍通道，增设供老人、儿童休憩、娱乐的设施。

① 儿童休息设施人性化设计

a. 学龄前儿童　学龄前儿童对户外事物的认识还停留在好奇阶段，而且这个年龄段的儿童及家长特别需要合适的休息设施，以避免不必要的争抢及麻烦。然而在步行街几乎没有娱乐设施，为学龄前儿童提供的游戏设施非常少，管理疏忽，卫生条件差，也缺乏必要的保护设施，因此儿童的休息设施要有一定的安全设施，护栏之类的要采用木质或软材质的设计。

b. 学龄儿童　学龄儿童的思想正在形成阶段，喜欢亲近自然，喜欢尝试略带危险性的行动，但思想并不成熟，又过高地估计了自己的能力而使其行动常伴有危险性。步行街内经常有些放学的儿童在此做短暂的停留。但供儿童使用的游戏设施十分缺乏，其内甚至没有一些基本的休息桌椅。因此可见，步行街内应设置一些供儿童休息的座椅或娱乐的设施。

c. 青少年　青少年更愿意停留在一些私密性较高的场所里进行小团队的交流，他们趋于逃避成人的视线和管制。在步行街玩耍停留的青少年多是选择停留在一些较高能远眺的地方或者树木茂密行人较少的地段，一般停留的时间比较短。由于步行街夜晚光线较差，夜间的安全也存在一些问题。所以在灯光照明设计中也应考虑这个因素。

② 老年人休息设施人性化设计　由于老年人的身体状况和心理状况，老年人经常需要锻炼活动身体，组织娱乐节目增加他们的社会交际机会。由于步行街流通性较差，休息设施比较少，年龄较小、体力较好的老年人会愿意多走一些路作为锻炼，并且有一定的工作人员执勤，负责安排老年人在步行街的休息，毕竟城市道街的是比较繁华的地方，老年人去的较少，但公共设施也要设计到位，体现以人为本的宗旨。

③ 残疾人休息设施人性化设计　残疾人群是特别需要关爱的群体，本着人性化设计理念，在城市街道中应在高差处设计无障碍通道。伤残人群的心理与常人有一定的差异，他们更愿意和正常人一样被平等对待，所以应为残疾人士做一些私密性但内部景观视线通透的节点场所。在一些地方设置一些可移动的护栏，使他们的安全得到保障，在设计时应考虑交通路线的无障碍设计，在为残疾人群提供休息、停留的场所时，可以设置一些可以移动的座椅来满足不同类的残疾人士的需求。

休息设施的设计作为城市街道环境设计的重要组成部分，具有最大程度与人接触的特点。因此在设计时必须首先考虑到人的需求，以人的心理和行为活动为中心，把人的因素放在第一位。休息设施的设计应当突出人，设计师要充分考虑人的生理构造和行为习惯，只有这样才能完成设计的根本目的，也就是供人使用的目的。最终让广大市民真正享受到富有人性化的休息设施，让步行街真正成为人们休闲娱乐购物的天堂。

城市街道的休息设施作为城市设计当中的一个重要元素，一直以来不被重视，被当作附属品，所以关于休息设施的设计仍旧存在许多问题。

（八）垃圾箱的设计

20 世纪 40 年代以来，工业文明的迅猛发展造成了人类历史上前所未有的环境污染与能源短缺，同时也迫使人们意识到工业、生活垃圾再利用所产生的巨大节能和环保效益。于是，一场垃圾分类回收的热潮由欧美日等发达工业国兴起，而逐渐风靡全球。作为全球最大的发展中国家，中国在迈向工业化的进程中，也将保护环境与资源再生列为国策，避免重蹈“西方工业化进程引发种种负面效应”的覆辙。与此同时，伴随着乡镇城市化步伐的加速，城市垃圾的无害化与资源化分类处理已成为现代化城市文明的标志。分类回收式垃圾箱已成为仅次于公共厕所的又一城市文明标识物。

为了保证城市环境的清理，垃圾回收设施是城市道路上不可缺少的装置。但是因垃圾回收设施毕竟不是城市道路上的主角，所以应尽量将其设置在道路不显眼的地方，特别是不应放置在十字路口的旁边。此外垃圾回收设施本身的造型和色彩设计也十分重要。

目前，世界上的城市垃圾的回收方式主要有“混合收集”和“分类收集”两种。混合收集是把所有废弃物一起收集混装的方式，比较简单易行，收集费用低，但处理时则比较麻烦。分类收集是按废弃物成分分别收集的方式，其优点是便于回收利用有价物质或剔除有害物质，减少垃圾处理难度，简化处理工序，降低处理成本。垃圾分类收集是科学的最有效的收集方式。工业发达国家的分类收集主要是回收废纸、玻璃、金属、塑料、大件废物和电池等。根据城市垃圾组分和当地资源供求情况，有的国家只重点回收一两种废品，有的则分别收集几类物质。我国一些城市也已开始进行垃圾分类收集的尝试，但目前由于许多市民的文明意识和自觉行动还尚有距离，真正实现还相当困难。

目前收集设施有可移动的各种容器（如垃圾桶、垃圾箱、垃圾袋等）和固定式的各种建筑物（如垃圾楼、垃圾台、垃圾坑等）。工业发达国家普遍使用各种类型的收集容器，其优点是密封性好，易于保洁，其中使用垃圾桶收集有利于实现机械化装车，是经济、高效的收集方法，使用越来越广泛。在进行垃圾回收设施设计中主要应掌握以下要点。

1. 垃圾回收设施与生态设计

生态设计（Ecodesign）也称为生命周期设计，即利用生态学的思想，在产品生命周期内优先考虑产品的环境属性。即除了考虑产品的性能、质量和成本外，还要考虑产品的回收和处理；同时也要考虑到产品的经济性、功能性和审美等因素。它的技术要素是指为提高产品的环境性能采用并取得成果的技术，它具有节省能源、节省资源、生态环境材料、循环再生、易拆卸性、物降解性、清洁卫生、寿命较长等优点。垃圾的分类与有效回收的所有环节和设备设计均与生态设计息息相关。利用生态设计的原理对垃圾分类回收设施进行设计，特别是其终端分类回收垃圾箱的设计，无论从结构、材料、外观、维护还是其设置方式，乃至整个回收原理本身，都有着极其现实的理论指导意义。

2. 垃圾回收设施与环境设计

与环境设计相关学科广泛包括艺术和其他科学技术等多学科领域的知识。环境设计是以人为使用者、以人为对象的设计，对人体的生理和心理学方面的研究是一切功能的基本依据。环境设施中的系统环境设施是维护环境卫生的重要工具。城市的环境卫生，已不仅是清洁和美观的问题，它是一个地区民众文明程度的象征。并且，由于环境保护运动的发展，许多与卫生系统相关的口号，如“垃圾回收”、“垃圾分类”、“禁烟权”、“把垃圾带回家”都广泛地为现代人所接受。垃圾的分类放置体现了人类为保护家园付诸的实际行动，利用色彩的设计、浅显易懂的图形符号设计、容器的造型设计以及特殊的感光和感应技术等，设计者从视觉效果上大大提高了人们的垃圾分类意识和行为。分类垃圾的标识选择可以用明确而典型的实物图形来快速而有效地传递信息。

3. 垃圾回收设施的材料使用

垃圾箱的制作材料广泛，应用各种金属、石材、混凝土、木材、塑料、陶瓷、玻璃钢等都可以有很好的表现。因此垃圾箱的色彩、造型、材料、规格十分丰富，可供设计师选择的厂家生产的成品就有很多。目前，最为流行的趋势是根据生态原则所倡导的对再生材料的利用，比如将纸、塑、铝材料的利乐盒和真空食品袋经过细碎、加热和模压后成的HB复合板，用这些材料来制作垃圾箱，既经济又无偷盗价值，并有效避免了酸碱腐蚀，延长了使用寿命，这本身就是对废物回收再利用的贡献。

4. 因地制宜的人文审美因素

垃圾回收装置在设计和设置时，应依据环境的需要进行合理的人文审美因素考虑。例如在旅游景区即要考虑与景观、历史和文化的贴切性的设计。在高档社区里，即要考虑与绿化、建筑和居住人口的素质相协调的设计。在步行街等商业地段，即考虑商业宣传与城市文化兼顾的设计。在CBD和写字楼里，即要考虑档次、效率、习惯和使用场合都相对合理的设计等。在垃圾回收装置设计和设置时，应最大可能地依据环境的需要，进行合理的人文审美因素的考量。

对于城市垃圾回收设施这样一个环保产业链中的子系统，在设计研究的过程中，首先要认定它属于生态设计的一种，应将“人－机－环境的统一”作为设计指导的最高原则来看待。其次，在人类已掌握的垃圾回收技术中，垃圾箱作为分类回收系统的终端，触一点而动全局，高技术和精设计的投入带来的是整个城市垃圾回收系统的成本与效率的节约。再次，从目前国际与国内的发展趋势来看，分类回收垃圾箱的设计发展越来越科技化、文明化和多样化，应打破“那只是垃圾容器”的思维定势，积极考虑与媒体、娱乐、教育和市民受益等因素的嫁接，力图达到使用者能够“喜闻乐见”的设计效果。

环境设施和建筑小品在城市建筑和城市空间中虽然不是主体，但它们以其特有实用功能和观赏功能而成为城市景观的重要组成部分，其设计效果的好坏直接影响景观形象的完整与否。因此，从不同的角度，根据具体的环境和具体的设施综合考虑，对环境设施和建筑小品进行设计显得十分必要，以保证环境设施和建筑小品这类景观细部的设计与大型建筑物、公共空间、街道等共同构成优美、舒适的城市景观。

第三节　滨水区域建筑小品的设计

水对城市建设和社会发展具有深远的意义和影响。现代人类的生存和发展也同样无法离开水，水在一定程度上已经成为一个国家经济发展的重要战略资源。因此，我们迫切需要认真研究水与自然、人类、建筑、城市的关系，使水与自然、人类、建筑、城市能够和谐发展。在国内外，随着滨水区大规模开发活动的展开，在滨水区建设的各方面也取得了大量的经验和教训，尤其是从城市规划、城市设计、滨水景观设计等角度研究滨水区的开发已经获得了许多理论研究成果。在许多发达国家，尤其是对于滨水区等重要景观区，人们对建筑小品设计研究的关注远远超过我们，建筑小品充分的展示着符合人们心理、行为、尺度的人性化和新材料、新工艺、新技术的艺术美。

建筑小品的设计在我国也由来已久，是伴随着我国的园林设计的发展而不断被人们所重视起来的。但是很少有人把建筑小品单独拿出来作为一个门类进行研究，随着人们生活水平的提高，人们越来越意识到建筑小品对于景观、环境的提升作用。人们在设计和理论研究中，逐渐对滨水建筑小品的设计有了自己的一些想法和心得。随着我国经济的发展，人们越来越重视周围环境的质量，尤其是滨水区等重要景观区域。而其中建筑小品的设计与建设更是滨水区设计的重点与亮点。但是往往由于设计者不够重视，设计针对性不强，建设周期短、速度快，而导致了许多建筑小品的设计与建设存在诸多不足。

滨水建筑小品作为滨水区重要的构成要素，对滨水区的环境改善、空间塑造、场所形成、视觉完善与特色突显起到至关重要的作用，因此滨水建筑小品的建设越来越受到大家的关注。如何避免在新的滨水区建设中走弯路，如何逐步恢复遭受破坏的滨水空间与环境，是当今人们所面临的重要课题。为了解决这样的矛盾，设计人员应当把滨水建筑小品作为研究对象，从滨水建筑小品的概念入手，对滨水建筑小品的空间、环境、形态等方面进行分析，最后总结归纳出实际可行的设计方法与理念，探索出滨水建筑小品设计行之有效的途径。青岛理工大学工程硕士姜国梅，以莱西锦绣江国际湿地旅游城滨水建筑小品设计为例，在滨水建筑小品的设计策略及方法研究方面，提出了自己的观点，并取得一定成绩。

一、滨水建筑小品的设计策略及方法

随着城市建设脚步的不断加快，建筑小品设计已经成为城市公共形象的一个重要组成部分，滨水建筑小品地带的建设更是成为城市人文形象的主要表现形式。城市滨水建筑小品指的是与湖泊、河流、海洋等水域相连接的特定空间地段呈现出来的有别于其他地域的建筑小

品。城市滨水建筑小品需要对自然资源进行充分的利用，将人工造景和生态自然景观有机融合，实现开阔的自然空间对城市布局和城市环境的有效调节，促进人与自然和谐统一，从而达到城市布局的合理化和生态化。

（一）滨水建筑小品的设计原则

滨水建筑小品是滨水环境的重要组成部分，不但具有美化环境的作用，而且能够满足使用者行为、心理的需要，使人们得到心身的愉悦。对于滨水建筑小品的设计应当遵循下列原则。

1. 滨水建筑小品与环境相协调的景观性原则

建筑小品只有与自然相互交织，才形成整体上的融合，也才有意义的表达。一般来说，滨水建筑小品与滨水自然环境的融合分为两个层次，即总体关系的融合和室内外空间的互动。

（1）总体关系的融合　这种层次强调将水和其他自然景观建立起与建筑小品的关系，是建筑小品与自然基于总体层面的宏观思考。例如，中国民间的临水建筑，在临近水边的建筑部分采用架空、挑台、架桥等手法将水与建筑融为一体。总体关系的建立使得建筑小品与自然构成对话的关系，二者并不是孤立而存在的，而是相互融合、互为依靠。建筑群融合于自然之中，甚至可以说是成为自然的一部分，与原有基地共同构成新的、更加宜人的环境。

（2）室内外空间的互动　在滨水环境中，需要将室内外空间互相渗透，造成空间的流动，形成建筑小品与自然的共生及和谐。大面积的水面是室外空间中的重要元素。从空间角度来说水面开阔的外部空间是“空”的部分，在滨水建筑小品的室内环境交融中，渗透出这种空间的表现力。从小的建筑小品周边环境到大的滨水环境，层次的过渡是建筑小品内外交织创造的形式。它从大到小，从自然尺度到人的尺度，空间的序列具有多样而丰富的空间表现力。在滨水区中，不同的元素同时可能具有两种风景功能，即观景与景观，这就是说，滨水建筑小品既是观景点，又是被观景物，两者如能协调处理，将观景与景观的关系处理好，就可使建筑小品与自然环境在一定意义上融为一体。在古典园林中将水面、开阔视野中心、设置景观点，使景观与观景的关系相得益彰。

建筑小品是为了改善和调整人与环境之间的关系而创造的，不可能脱离环境而凭空存在，它依环境而生，是环境的产物。建筑环境涉及地域环境、城市环境、地段环境等很多方面。建筑设计的价值在于能否为环境赋予意义，并取得地域或地区上的认同，在尺度和体量上与环境是否协调，在形式上是否延续了原有理有环境的肌理，在文化上是否传承了原有的人文特征。建筑小品应关注当地气候条件和气候特征，基于地方特定的文化、地理与气候条件，既与整体相融合，又有所突破，强调个性特征，以自身固有文化基础表现独特的风貌，成为环境的反映或延续。

2. 滨水建筑小品设计以人为本的原则

（1）满足人的行为需求　人是自然环境中的主体，人的年龄、性别、行为、心理、文化程度等，都会影响对空间环境的喜好。建筑小品的设计必须坚持“以人为本”的原则，从人的行为、心理等方面出发进行设计。各种运动形态能够体现出使用者对建筑小品的行为需求，是进行建筑小品设计的重要依据。所以，在进行滨水建筑小品设计时必须先了解人的尺度。人的尺度是指人体在环境空间内完成各种动作时的活动范围，它是决定建筑小品空间尺寸的基本依据。由于不同人在活动时的范围并不相同，因此对人体尺度的认识，都有代表性的或平均的尺寸。设计师获得这些尺寸除了可以查阅相关资料外，还必须在生活中留心观察，并不断地在实践中吸取经验。

不同性质的环境空间之所以具有不同的空间形式，主要是因为在这些环境中，人们的行为模式不同。人在公共空间中的行为活动可以分为三种类型，即必要性活动、自发性活动和社会性活动。不同类型的活动决定了人们对环境空间的依赖性不同，因此应根据不同类型活动的需求，设计出不同的建筑小品。环境空间的一系列问题，比如安全性、可识别性、舒适性等都给环境行为学提出了新的研究课题。环境行为学研究的逐渐深入，又促使了设计者创造新型的空间，设计出更加宜人的建筑小品，人的行为已经逐渐成为设计的焦点。

综上所述，了解人的各种行为模式及特征，对建筑小品的人性化设计起着关键性的作用。只有对这些因素进行充分研究和理解，才能设计出真正符合人类行为需要的建筑小品。好的建筑小品既为使用者的各种活动提供了适合的物质条件，又会因为具有人性化设计，让使用者得到身心的愉悦与轻松。

（2）满足人的心理需求　建筑小品的设计只满足人体的静态尺度和行为活动模式是不够的，还必须要考虑人的心理需求。人的心理需求可以分为五个部分，即生理的需求、安全的需求、归属与爱的需求、尊重的需求和实现自我的需求。其中生理的需求和安全的需求是人生存的基本需求；归属与爱的需求及尊重的需求则是人的精神上需求；实现自我的需求则是人高层次的发展要求。这五种需求说明了人在需求欲望上是由低层次向高层次发展、从物质层面到精神层面的发展。不同的人因其年龄、性别、学历、知识、习惯等因素的不同，对需求的选择以及实现需求所采取的方式都不同，了解这些因素对建筑小品的设计颇为重要。建筑小品的设计通过形式、色彩、质感的不同赋予建筑小品以特定的属性，来满足人的心理需求。结合人的心理特征而设计出的建筑小品比单纯从功能要求和人体尺度等为设计出发点的建筑小品更适合人的真正需要。

（3）满足人的审美需求　建筑小品的设计主要是创造出一种人工的空间实体形态。使用者要从建筑小品里获得功能和精神上的满足，首先建筑小品在视觉上应具有美感，必须符合形式美的原则。形式美的原则是营造环境空间美感的基本法则，是美学原理在环境空间设计上的具体应用。设计师在设计建筑小品时，必然要考虑形式美的规律，要运用形式美的规律来进行建筑小品的构思、设计，然后按照设计要求进行建造。

3. 滨水建筑小品设计生态性的原则

与不临水的平原区域相比，滨水区域不但有独特的风景优势，更有难得的生态优势。独特的水环境，决定了这里具有天然的气候优势，在炎热的夏天这里有水陆风、河谷风可以降低气温，给人带来新鲜的空气。这里湿润的气候条件，非常适合人们的生理需求。同时，独特的水环境，也决定了这里有丰富的物种资源，无论是水中的水生动植物，还是岸边的绿色植物，都能给人带来美好的视觉享受和精神享受。清澈的水面、绿色的植物不仅能够陶冶人们的性情，也可以满足人们的亲水性和亲近大自然的需求，同时它们也是构成山水环境和展示城市形象的重要元素，这种非常难得的生态优势应当被人们所珍惜。在进行建筑小品设计时，也要善于利用和发挥这种生态优势，绝不能随意地破坏它。换句话说，建筑小品必须适应自然环境，必须与自然环境和谐共处，才能够充分发挥滨水环境的生态优势。滨水区域是城市的生态敏感区，极易受到人类建设活动的破坏，如果人们在进行滨水建筑小品设计时，不注意维护和保持现有的生态平衡，就很容易遭到大自然的报复。人们也已经从近代的建设活动中吸取了教训，深刻地意识到任何水资源的破坏，都会使人们滨水而居的梦想变得可望而不可即。

（二）滨水建筑小品的设计方法

1. 滨水建筑小品场所特征的营造

滨水建筑小品设计的最根本原则就是以人为本的原则，其中空间与场所的营造，是建筑小品设计的精髓。因此，在进行滨水建筑小品设计时，必须考虑人的行为与心理等因素，创造一个适合人们在其中活动的充满活力的滨水场所。可以说，一个良好的建筑与环境的创造，不仅是符合人的行为与审美要求的，而且在某种程度上也可以重新组织人的行为而赋予知识性和趣味性，或者把人在快节奏、高竞争的生活中被压制的各种行为充分发挥出来。建筑环境心理学一方面研究聚居环境对人心理的影响，另一方面研究人的心理需求对聚居环境的需求。从而根据人的心理需求，调整、改善、提高聚居的环境质量。诺伯格·舒尔茨认为：既然有了人的存在，就有了所谓的“场所”。如果事物变化太快了，历史就变得难以定形，因此，人们为发展自身，发展他们的社会生活和变化，就需要一个相对稳定的场所体系。

场所感是一种复杂的心理过程，它要求空间从社会变化、历史事件、人的活动及地域特定条件中获得文脉的意义，然后反映在实体的空间上。当处于空间之内的人对场所空间形态的把握有了方向感，人们就能够据此对自己的空间进行定位，因而可以获得安全感。在人们熟悉空间后，最终对场所的精神产生认同和共鸣，觉得自己和环境已经融为一体，这是归属感。滨水空间之所以能成为一个场所，在于它融入人们的多种行为与经历甚至人的思维、习俗、文化和信仰等。

（1）强化环境的可识别性　环境因素在很大程度上决定了场所性和独特性，因此，相应的设计应深刻理解滨水特定的背景条件，并对环境因素加以精心提炼、升华和再创造，以使环境产生独特性，即蕴含丰富意境的“环境意”，使滨水景观反映它所在城镇的文化内涵、民族性格，以及岁月的沉淀、地域的分隔，使其成为城镇环境美的核心。

滨水环境吸引人的首要因素是其强烈的视觉感受，在滨水环境中水与岸边不同的交接方式，优美的岸线，还有那碧绿树木、白色沙滩、蓝色水面等，都给人们提供了丰富的视觉感受。另外人们的视觉往往对色彩极为敏感，在灰色的建筑群中有这样一片醒目的蓝色，本身就给人以强烈的视觉冲击。由于滨水环境独特的自然特征，人在其间活动也有其特点。人在滨水环境中行为心理的总体特征就是具有亲水性。其行为包括步行行为、休憩行为、观赏行为、居住行为、社交行为等，这一切都是因为有了水的存在而具有亲水性的特点。在滨水区域中的各种活动，如钓鱼、游泳、冲浪、划船、帆板等，都是人们满足其亲水性的心理行为。随着人类文明与科技的快速发展，人们已经从基本的生存及居住等生理层面的满足，提升到养生与体验生活的精神层面的追求，对于户外游憩活动的需求也日益迫切。而令人流连忘返的滨水环境，使都市人成为享受的一种生活情趣。

以滨水街道、岸线、建筑为主的人工设施景观因素，是人作用于滨水区自然景观的点睛之笔，是深刻反映文化意蕴、升华自然水景的手工艺品。因此，滨水区各项的设计，应该具有宜人的尺度和亲水的意向，不仅要体现与水的关联，而且更要以简练的手笔、符号化的建筑语汇，反映出城市文化的精神内涵。

（2）促进公共活动的发生　公共活动对于人文环境的培养，唤起场所精神有着重要的作用。对于公共活动的促进，要注重活动与场所之间的互动效应，根据物质环境决定相应的活动性质，并以此形成联系的活动链，增强活动的连续性。滨水地带最引人之处，除了有开阔的空间环境、亲水情趣体验以外，还有一个重要的因素是丰富多彩的滨水活动，这些活动能够吸引大量的人群进入滨水地带游玩、观光，也正是各种滨水项目的建设，使得滨水地带更具有活力和吸引力。

对于公共活动的促成，从空间设计的角度来说，应有必要的环境设施对人的行为提供一定的支持和引导，例如活动场地、公共设施、建筑小品等。同时，也需要安排一些具有吸引力的公共项目，即以“活动吸引活动”。最好能使这些活动成为社区的传统，能够形成一个制度，定期举办这些活动，使其形成当地的特色，并增强居民对场所的认同感，进而产生归属感。这些活动有时是由居民自发形成的，如一些有共同爱好的人发起的定期活动，有时则是由社会团体、政府机构举办的一些大型活动，这两种活动都是增强滨水地带场所的凝聚力的有效手段，使得原本开放的空间成为有实际意义的场所。

（3）加强环境的基础建设　任何一个良好的空间场所都必须有完备的基础条件作为支撑，这样才能吸引人的活动，形成自身的场所感。环境要满足人最基本的心理和生理需求，体现了空间对人的关怀，包括人在其中的安全感、舒适度、视觉美观、适宜尺度、无障碍设计等各项便捷设施的设置。这是环境设计的最基本的需求，但在实际中往往被设计者所忽视，这样会使滨水区域的景观大打折扣。滨水环境的设计，应容纳多样的存在方式，允许不同年龄、层次、背景的人进去进行活动，这样才能吸引更多的人。活动应具有包容性，留给使用者一定的自由，让他们有机会根据自己的体验去创造性地使用环境，让人深入地参与到滨水环境中，形成人与环境的互动。

通过对滨水环境中自然与文化特色的发掘，赋予空间独特的场所感，再通过切实的使用功能，吸引更多人的公共活动，完善基础环境的建设，从而提高滨水环境的品质，形成具有活力的滨水环境场所。

2. 滨水建筑小品形态的塑造

建筑小品是城镇空间中非常重要的影响因素，建筑小品设计的优劣直接影响到城镇空间的质量，以及人们对城镇环境的评价。在城镇景观的设计中，应根据城镇的整体形态和塑造区域特色的要求，对建筑小品形式及体量进行控制，包括建筑小品的布局、高度、风格、尺度、色彩、材料、细部处理等内容。滨水区的建筑小品形式应与滨水环境能充分融合，体现滨水区的风格。建筑小品的形态是形成城镇景观特征的极重要因素，不同的自然地理条件、不同的建筑小品和技术，以及人们不同的建筑观和欣赏水平，带来了丰富多彩的建筑形态，从而也形成了不同的城镇风貌，因此滨水区的建筑小品形体、色彩、肌理等方面，应当与滨水区整个环境相协调，而不能过分地强调建筑小品的个性。

（1）建筑小品的布局与高度　滨水建筑小品往往是所处滨水区的视觉焦点和空间构图中心，平面布局宜采用水平伸展格局，自由中不失其规律。在由若干要素组成的整体中，各要素必须有所区别，由于每一要素在整个环境中所占的比重和所处的地位不同，如果不加以区别，必然会显得杂乱而失去统一性，因此各要素在整体组合中必须有主次的差别，从建筑小品的设计来看，如果采用对称的构图形式，就表现出一主两从或一主多从的形式。

此外，滨水建筑小品本身是低层且体量小，在进行设计中应特别注意顺应地形和景观的需要及组织形式与密度的分布。体量布置应体现紧凑与疏朗相结合，保持滨水与陆域间彼此眺望的视野。总之，滨水建筑小品布局、体型、尺度与自然的挂钩，保证最佳的环境效益和投资效益。

（2）建筑小品的风格造型　建筑小品的造型是由物质环境和文化环境产生的形象所组成。它是在特定空间里意象、符号的创造给予人的真切体验与持续的记忆，并产生的识别感和认同感。建筑小品在造型上运用特殊的形体，可以提高建筑形象的可识别性。滨水环境作为城镇形象的门户，成为建筑小品表现的舞台，建筑师在这方面都展露出各自的才华。建筑小品的风格造型的营造可以运用以下手法得以实现。

① 隐喻　通过不同建筑小品形式间接传递意境的信息。我们可以运用传统文学、传统艺术、古代传说故事、历史人物、宗教和神话传说、中国文化符号、中国文字、古老的生活用品、中国传统建筑语言符号等，来深化建筑小品的文化内涵，此时人们所领略的不仅只是眼前的景观，而且还能不断地在头脑中闪现“景外之景”，在享受感官美的同时，还能够获得不断的情思激发和观念联想，最终达到情景交融的艺术境界。

② 提炼、概括　我们可以学习抽象表现主义的核心思想，从自然形态的本质着手，将其最具有感染力的美感因素进行取舍和艺术归纳，简化为单纯、明晰的形象语言，从而构成建筑小品在造型、形式、审美等方面最基本的元素，体现建筑小品艺术的精致与生动。

③ 夸张、变形　为美为基本原则，通过对建筑小品的夸张和变形，突出和强化建筑小品最具有表现力的某些造型特征，使建筑小品更集中、更典型、更具有感人的艺术魅力。

④ 节奏、韵律　节奏是指对建筑小品的形、光、色等进行有规律的重复，韵律是指在节奏的基础上进行有规律的变化。节奏可以产生次序美，韵律可以产生律动美。建筑小品可以运用排列、交叉、重复、渐变等方式和方法，进行疏密、强弱和长短交替出现的各种组合，形成或静态、或动态、或崇高、或优美的韵律，使建筑小品的造型语言和形象特征形成节奏分明、律动起伏的形式美感。

（3）建筑小品的材料选择　滨水建筑小品在材料的选择上，应尽量运用天然材料或仿天然材料，使建筑小品与水域及水域周围的自然环境相适应，与滨水自然环境巧妙融合。比如，木质的栈道和平台设计不但能为景观环境添色，而且从生态性设计上来讲，木质的建筑小品更具有积极的意义。在材质上能更加贴近自然，融入环境之中，并给人以亲切感。

除此之外，在滨水建筑小品材料的选择上，还应当注意以下两个方面，一是通过建筑小品的材料、技术和手法来表达传统的地域、文化特色，使选择的材料与滨水区文化、传统、地域特点相一致，并与水域自然环境相协调；二是建筑小品之间的材料也应当相对协调，避免太强烈的材质对比，影响整体环境的和谐。

（4）建筑小品的色彩设计　色彩是一种独特的表达语言，滨水建筑小品合理的色彩构图和搭配将给人直观的美感，增加其本身的魅力和感染力。在实际建设和设计中，色彩的设计往往没有得到足够的重视，色彩呈无序发展的状态。滨水建筑小品的色彩应当遵循整体统一原则，进行统一规划设计。

滨水建筑小品整体色彩应当统一和谐　一方面，建筑小品应当有统一的主题色调，与整个城镇的主色调联系和呼应。在选择滨水建筑小品主题色调时，要考虑滨水城镇的地域文化、民族传统等因素，让建筑小品的色彩体现城镇的传统特色，与传统文化建筑的色彩相协调，同时还应考虑主题色调应与水域以及水域周围绿化环境的绿色、天空的蓝色调相协调，避免与水、环境、天空的色调形成太鲜明的对比，影响滨水景观的美观。另一方面，要注意建筑小品之间的色彩统一与协调，建筑小品的主色调只是滨水建筑小品的总体倾向，建筑小品之间的色彩三要素，即色相、明度、纯度三方面都要注意和谐，色彩的变化不要太大，色彩有一定变化时要注意色彩的适当联系，否则会打破和谐的气氛，甚至会使人感到不适。

在保证滨水建筑小品色彩与主题色调相协调的前提下，单个建筑小品可以适当追求色彩的个性。一个建筑小品本身的色彩也应当是有变化的。可以通过适当的色彩组织与色彩构图体现建筑小品的个性，增加建筑小品的美感。

（5）比例与尺度　比例是指在一个整体中，部分与部分、部分与整体之间的关系。比例是控制建筑小品形态的基本手法之一，确定好建筑小品的比例，对于建筑小品获得良好的视觉效果非常重要。形式美原则中的尺度是指尺度感，是以相对固定的人或物体的尺寸为基础，从而对事物产生的大小感觉。建筑小品的尺度控制在其设计中是至关重要的。处理空间尺度的基本依据就是来自人的行为心理特征的研究。

环境心理学的研究表明，如果两个人处于 1 ～ 2m 的距离，可以产生亲切的感觉；两人相距 10 ～ 12m 能看清对方的面部表情；相距 25m 左右，能够认清对方是谁；相距 130m 左右，能够辨认对方的身体姿态。空间距离越短亲切感越强，空间距离越长亲切感越弱。在滨水空间设计中，有 3 个基本空间尺寸：① 20 ～ 25m 见方的空间，人们感觉比较亲切，可以自由的关注，这是创造空间的尺寸；②距离超过 110m 之后，能产生广阔的感觉，这是产生场所感的尺度，也就是广场的尺寸；③距离为 390m 左右，超过这一尺度就能创造出深远、宏伟的感觉，这是形成领域感的尺度。

当然，在滨水建筑小品的设计中，不能简单以某一尺度来确定亲水尺度，空间活动内容和视觉特性才是确定亲水尺度的重要影响因素。在设计时，应结合人们对环境的基本心理感受，来分析滨水空间中人的活动方式、活动内容和活动性质，综合考虑来确定最佳亲水尺度。

滨水建筑小品形态最重要的是要与水体的特征协调，大江大海气势磅礴，小河水溪秀美流畅，建筑体形、色彩、体量、高度、疏密都要进行针对性推敲，对于建筑小路形态控制，除了注重建筑向水开敞、通透、跌落、造型优美之外，并应着重对建筑小品界面、建筑布局、建筑高度等要素进行控制。

二、滨水建筑小品的设计步骤

建筑小品的设计是描述设计中一系列的分析及创作思考过程，使建筑小品尽可能达到预期的效果，并符合美学上的要求。建筑小品设计可以利用逻辑及系统的工作构架来预想、创作设计结果，这样有助于确定方案能否与基地的先决条件配合，能否符合使用者的行为、心理的要求和甲方的预算等。利用备选方案研究来帮助投资者、业主作最佳的设计决定。建筑小品设计成果是对投资者和业主的解说设计，或对其进行说服工作的基本资料。

在进行建筑小品设计之前，与投资方和业主接触时先进行初步的沟通和了解，这是设计程序中非常重要的环节，基地调查与分析是建筑小品设计前的一项重要工作之一，也是协助设计人员解决基地问题最有效的工具。调查范围包括自然环境、人文环境等。设计除了依照设计本身的理想构思之外，还应考虑所有者的需求、经费的限制、景观的目的、自然环境的限制、造园材料的配合等诸多因素。分析以自然条件、人文条件相互关系为基础，再加上投资方和业主的意见，综合研究以决定景观的形式，这可以为将来的施工、管理及维护节省很多的工作。

构思与草图阶段的概念设计中应当提供的成果有场地现况勘察、相关资料收集及整理；

与业主沟通，以便确定主题构想；场地空间概念分析，景观方案总平面图、分析图及分区平面草图；主要景点透视意向；概念设计说明。

方案设计阶段中应当提供的成果有概念设计的进一步完善，与业主再次进行沟通，使概念构思达成共识，并经专家评审成为最终确定的景观方案；深化概念设计，完善表达设计概念的总平面效果图、分析图、分区平面图、总体鸟瞰效果图、重要景点透视效果图；总体地形变化处理方案，主要包括各剖面图、立面图；总体植物效果方案；方案设计说明；景观工程估算书。

构思与草图阶段和方案设计阶段的成果，都应当能很好地表现出设计者的想法，偏重于设计的创意。所取得的成果应当能鼓舞人心，打动投资者和业主，使业主非常信服，并且很欣赏设计方案。因此在这些阶段成果的表达时要着重注意这个出发点，这也是滨水建筑小品设计的根本和目的。

在方案设计阶段之后，就是建筑小品的初步设计阶段。初步设计阶段是建筑小品艺术设计过程中的关键阶段。初步设计中要考虑景观的合理布局、交通的合理联系、景观的艺术效果等许多具体问题。在考虑取得良好的艺术效果的同时，还必须考虑结构的合理性、技术要求的可解决性等。结构方式的选择应考虑坚固耐久、施工方便和经济合理等内容。

技术设计是建筑小品初步设计的具体化阶段，也是将景观艺术设计中涉及的各种技术问题定案的阶段，技术设计的内容包括建筑小品的具体建造方法、各个部分确切的尺寸关系、装修设计、结构方案的计算和具体内容、各种构造和用料的确定、各个技术工种之间矛盾的合理解决以及设计预算的编制等。建筑小品设计的施工图和详图主要是通过图纸表现，把设计意图和全部设计，包括做法和尺寸等表达出来。

作为工人制作的依据，图纸是设计和施工的桥梁，施工图和详图要求明晰、周全、表达确切无误。施工图和详图是整个设计工作的深化和具体化，又可称为细化设计。它主要解决构造方式和具体做法的设计，解决艺术上的整体和细部、风格、比例和尺度的相互关系。细部设计的水平在很大程度上影响着建筑小品设计的艺术水平。

三、滨水景观的亲水性设计

滨水景观从字面上看，可以理解为临水而建的景观。滨水景观是景观设计的重要组成部分，它在景观设计中的地位归根到底还是与水对人类的重要性有关。“水是万物之源”，也就是说，水体孕育了大多数生物，很久以来人类的生产生活都是选择临近水源的滨水地区，可见水对人类产生的巨大影响。滨水环境不仅拥有丰富完善的自然生态系统和资源，还运用自身的生态条件创造了优美的自然风景。

在经济高度发展的今天，虽然人类的生活水平大幅提高了，但随之而来的污染也对水环境造成了很大的影响，引起了人们的高度重视，人们不再单纯地满足于生活水平的提高，更多的是对生活的品质和精神层面的追求，因此，滨水空间的景观设计是否具有亲水性成为滨水景观能否吸引游客的关键要素之一。

所谓滨水景观的亲水性，一般来说，可以简单解释为亲近水体，与水体相互接触，从而更全面地观赏水景的意思，具有人的视觉和听觉，以及触觉、体觉等方面对滨水空间内水体环境的感知。从更深一层的方面来说，亲水性的含义除了具有景观观赏方面的意义，还具有生态性的意义，现在的滨水景观在亲水性方面的设计，强调的是景观观赏与自然生态的并存，这也是人们对于亲水性的更高的期望，通过这种景观氛围的营造，最终来满足人们心理上及精神上对滨水景观的需求。

（一）滨水其他景观的亲水性设计原则

1. 舒适性原则

除了具有防洪等特殊要求之外，滨水景观的亲水设施的设计，在坡度、高度和尺寸上都应符合空间和人体尺寸要求，既可以让人们舒适地使用，又能在视觉上令人向往，这种舒适性是就整个亲水环境而言的，包括沿河畔行走、跑步、就座、躺卧和触水等。此外，要更多地关注老人、儿童和残疾人的需要，配备适用于他们的相关设施。

2. 生态性原则

亲水设计的生态性体现在生态的恢复和维持、人与自然的融合与功能适用性等方面。生态方面的合理性要求设计师充分了解和掌握所设计环境的地区生态现状，制订符合该地区特性的、切实可行的实施方案。对于已形成较为丰富的、物种生存良好的自然环境，在不对该环境造成影响的前提下，应力求提供人与自然环境的接触，特别是与水的接触。在人与自然的交融中仍能保持原有的生态环境现状。

3. 安全性原则

（1）亲水边岸的安全设计　在提倡近水和亲水的同时，在接近、接触水的水边部位应考虑防范性的安全设施，原则上不要在水位较深、水流较大的区域进行亲水设计，也要避免在具有潜在危险的地段进行设置。如果欲将亲水边岸设计成坡面形式，则应以缓斜坡的结构将水边部位与水下部位连接起来，并要缩小斜坡至水面以下部位的落差。倘若将边岸设计成阶梯形式时，一定要将踏步一直延伸至水下河床。此外，还要缩小边岸至水面以下部位的落差，并将从河岸向深水区延伸的一段距离的水域做成浅水区。

（2）亲水安全措施和设施　对拟定设置场所的河湖边岸和河床断面必须进行认真调研，因地制宜地进行构思设计。此外，还应根据需要采取相应安全措施，设置必要的安全救生设置。在亲水环境和城市滨水边岸，应当根据具体情况和需要，设置防止游人落水的栅栏。为防止人们不慎跌水设置的栅栏一般称为安全栏，在潜在危险不大的部位设置的、为提示和装饰而设置的栅栏称为警示栏。此外，还有不同结构和材料组合的复合栅栏，以及通过密植灌木而设置的绿篱栏。

4. 合理性原则

（1）生态合理性　恢复和维持河道的自身基本功能，尤其是维护水生植物的多样性和生物链，以提高水体的自净能力。兼顾以人为本的设计思想，在不影响边岸生态环境的前提下，尽量考虑人的亲水需求和人在滨水区的活动空间，以满足人类活动的需求。

（2）历史和地域文化的合理性　不同地区的湖泊和河川之所以都有自己的魅力和个性，就是因为存在着历史和地域文化印痕及因素。作为滨水工程的护岸与亲水设计，是科学性与艺术性的结合，且在客观上表现了该工程的文化内涵。亲水设施和护岸是人们观光和聚集的场所，更应传承当地历史文化，创新现代水文化表现形式，使其成为既有愉悦性和观赏性，又有艺术性和文化性的场所。

（3）工程设计的合理性和亲水的便利性　工程设计的合理性首先应符合人的要求，以人为本，为人所用。其次是亲水设计及设施不会影响水利工程和河道安全，所谓便利性是指人们使用的便利性和维护管理的便利性。

护岸的艺术性是护岸作为园林景观的重要组成部分，要与园林景观融为一体，要具有较好的观赏性，并充分利用水的多样性、可塑性、多角度、多层次地建立亲水空间。让人在水与景的体会中使人性得到完全的恢复，感悟生活的美好。

（二）滨水景观亲水性设计方法

1. 自然驳岸设计

驳岸是滨水环境中陆地和水体的连接部分，它拥有最丰富的生态资源，是景观亲水性能否充分实现的重要途径之一。对于驳岸的设计，要结合原有的驳岸形态，考虑到现在人们对于自然生态环境的向往，要尽量保持原有岸线形态，如果确实需要人工改造，在充分考虑到驳岸生态性和安全性的前提下，一般可以设计为自然曲折的形式，在水位较低的水域还可以适当地降低驳岸的高度，拉近游人与水体之间的距离，如自然式生态护坡，这种驳岸形式不仅可以增加滨水景观的亲水性，还可以根据水位的涨落进行自我调节，适当地对防洪起到了一定作用。

2. 亲水小品设计

滨水景观的亲水小品是亲水性设计的点睛之笔，是除了驳岸等硬质景观之外的软质景观，滨水景观对游人是否具有吸引力在很大程度上也是在于亲水小品是否亲水和有新意。在人工设计的滨水景观中，往往可以根据滨水景观的类型以及各个年龄段游人的需求设置小品，如亲水座椅、亲水雕塑、漫水桥、景观绿化等。在亲水小品形态设计上，可以根据地方历史和人文特色进行设计，或运用具有地方特色的设计元素对其进行装饰。

3. 空间环境设计

滨水景观的空间是游人进行游憩活动的承载空间，是滨水景观设计的主体，整个滨水景观是否具有亲水性，可以根据驳岸、小品以及最主要的空间环境的设计来判定。因此，在对滨水空间环境进行设计时，既要根据不同功能需求划分多样性的空间，又要考虑到滨水区的自然环境承载能力而不能使空间环境过于繁复。其功能区的划分可以包括滨水步道、娱乐休闲区、健身活动区、滨水观景区等。除此之外，对于管理区的设置也很重要，管理设施可以方便维护整个滨水空间环境及设施，还可以为其空间的安全性提供帮助。在滨水空间环境的设计中，还可以利用旱喷广场或亲水小品适当地把水体引到岸上来，如浅水池、叠水等与水体相呼应的元素，形成一个可以使游人与水体充分互动的滨水开放空间。

四、滨水建筑小品的设计实践

（一）莱西锦绣江山国际湿地旅游城现状分析及规划设计

1. 莱西锦绣江山国际湿地旅游城现状分析

（1）项目的背景　莱西锦绣江山国际湿地旅游城项目是以湿地环境为特色的集休闲、度假、居住、会议、办公多功能一体的生态园区。项目由青岛泰林涌集团投资建设，总占地面积为13773亩，是莱西市“五湖联动”旅游框架上一个重要节点。莱西市投资70多亿元，联动开发月湖、莱西湖、姜山湖、青山湖、龙泉湖。姜山湖湿地项目起到一个枢纽作用，通过它使以上五湖联动，五湖相连后，莱西市打造成“湖河相连、绿水环绕、湖河城一体”的生态型湖滨城市，成为一座名副其实的“胶东水城”。

（2）区域发展条件分析　锦绣江山国际湿地旅游城项目位于莱西市姜山镇镇区北部，山东半岛都市群的中心位置，交通条件比较优越，具有得天独厚的区位优势。该项目用地东邻烟青高速公路，通过公路交通网辐射整个半岛地区，南距青岛流亭机场仅有半小时车程，方便迎接国内各大城市及日韩等国际客商。用地南部为莱西姜山镇镇区，劳动力资源非常丰富，依托该项目可以带动姜山镇的经济发展，能实现多赢效益。

（3）自然地理条件分析　项目地块呈倒三角形，东西长5600m，南北宽3100m，规划面积为10.142km^2，其中已征用土地为9.182km^2，待征用土地为0.96km^2。地块北高南低，分布少量的菜地与鱼塘。南部保留有大片湿地湖泊，湿地湖泊北侧水岸为自然状态，南侧水岸为人工堤岸。

（4）风景资源条件分析　经过进行实地调查表明，基地内自然资源保护良好，除了有少量的农田外大部分为原始自然湿地，非常适合进行旅游及生态居住、创意产业类项目的开发。园内水体以湿地自然水体为主，主要分布于园区南部，区内无工厂类污染排放源，水质良好。南部水域呈片状形态，北部自然岸线水陆交错，有部分河道贯穿于绿地之中，可在现有的水道基础上适度开挖新的水道，组织比较完善的水上交通体系。

园区内的植被覆盖率较高，但主要以水生植物为主，高大的乔木比较少，只在园区中部有成片的乔木林带。基地内土质较好，便于观赏性水生植物的引入。较好的自然条件引来大量水鸟在此栖居，一年四季景色各异，林木苍翠，水草丰美，水鸭游戏，白鹭飞翔，呈现出一派生机盎然的美好自然景象。

2. 莱西锦绣江山国际湿地旅游城规划设计

（1）规划设计的理念　在我国的古代，在建筑规划设计方面就有“人天合一”、“师法自然”的原则。在近代，德国哲学家马丁•海德格尔做出了“人，在大地上诗意地栖居”的解释。“莱西锦绣江山国际湿地旅游城”项目秉承对水和生态环境的保护，提出“源于自然，融入自然”的原生态生活主张，避免钢筋水泥混凝土，拒绝大量车辆的来往，让湿地沾湿鞋底，让湿地滋润心灵，让人们享受簇拥于绿树与碧波静水间的恬静生活，“诗意地栖居在湿地雅境之中”。

（2）具体的规划设计　主要可分为功能分区设计、景观结构设计、交通系统规划。

① 功能分区设计　莱西锦绣江山国际湿地规划设计共分为七个功能分区，分别是湿地生态保护区、休闲运动绿地、中央服务区、合院居住区、堤岸别墅区、景观别墅区、生态湖面。湿地生态保护区，划定区界对湿地动植物进行保护，开展湿地科普活动；休闲运动绿地，大片开敞的绿地，为游客进行体育锻炼提供场所；中央服务区，集中布置行政办公、旅游服务、商业购物、商务金融等功能模块；合院居住区，布置中式合院式住宅，各片区配置建设完善的公共服务设施；堤岸别墅区，沿堤岸布置的别墅居住区，与步行商业街隔河相望；景观别墅区，运用生态节能技术建造的景观住宅，临近运动休闲绿地，景色优美；生态湖面，片状、块状分布的生态湖面，是观赏湿地植物和水鸟的绝佳场所。

② 景观结构设计　莱西锦绣江山国际湿地规划采用“一心、三轴、带状延伸”点、线、面有机结合的景观框架结构。“一心”指园区中心的生态景观中心，生态景观中心位于园区中央服务区，是两条景观道路轴线的交点处，也是整个园区景观序列的最高潮部分；“三轴”指贯穿于中央服务区的中央景观轴线和两条景观道路轴线，以这三条轴线为空间骨架，各级

景观节点分布其间，形成湿地景观体系；“带状延伸”是指沿湿地和景观道路延伸的带状生态绿地，这是整个景观体系的构成基础。整个园区景观规划设计从湿地原始质朴的特点出发，将自然景观和人工景观有机地融合在一起，从而形成美丽生态化的湿地景区。

③ 交通系统规划 交通系统规划主要包括湿地入口、车行交通、人行交通、静态交通和水上交通。

1）湿地入口。基地东接烟青高速公路，规划将湿地主入口设置于基地东部，取紫气东来之意，迎接四方来客。园区主入口广场设置停车场，阻隔外来的车流，减少进入湿地园区的车辆。游客进入湿地景区在换乘点换乘电瓶车或船只。基地南接莱西的姜山镇镇区，在南部设置次入口，主要供镇区游客和后勤服务车辆使用。

2）车行交通。园区内部采取限制私家机动车，鼓励公用电瓶车的零排放交通模式。东西向景观主路和沿堤道路形成环形路系统，穿插于湿地景观绿地的景观支路，为游客骑乘自行车运动、休闲提供优良的条件。

3）人行交通。人的步行交通系统主要沿园区中心的景观主轴展开，辅以湿地沿岸的景观步行道、步行广场、观景平台，构成多元化、立体化、安全、便捷的交通系统。

4）静态交通。在停车布置方面，在主要游览建筑处设置电瓶车集中停车场，外来的私家车一律停放在园区的入口停车场内。

5）水上交通。除了陆上交通外，还根据湿地现状采用中小型电动船和小型人力船组成水上交通，结合电瓶车形成水陆联运体系。利用自然水网并人工开辟水道环布园区，形成了水上交通环路。中型船只运载团体旅客，小型船只可经由支线水网直达住户，部分住宅建筑设计私家船坞。

3. 莱西锦绣江山国际湿地的旅游规划设计

莱西锦绣江山国际湿地的旅游规划设计主要包括旅游市场分析和旅游项目规划两部分。

（1）旅游市场分析 莱西锦绣江山国际湿地度假区，具有良好的观光资源以及可观的度假资源发掘潜力，可开展观光资源和休闲旅游二位一体的综合旅游，以便适应多层次的旅游需求，原始、生态、自然的特点更适合城市精英人士的旅游品位，良好的用地现状也非常适于观光和运动项目的引入。

（2）旅游项目规划 通过对湿地游憩项目的集中开发，可以形成全面的旅游度假体系。游憩项目可以分为观光型、生态旅游型、运动娱乐型、休闲度假型四大类，根据以上四大类型，结合锦绣江山国际湿地的实际情况，又可设计出以下建筑小品。

① 观鸟屋 根据不同水鸟的生活习性和栖居位置，建造造型各异的木质观鸟屋、观鸟台。隐蔽的观鸟屋在为游客提供设施完备的观鸟场所的同时，也可以减少人类活动对鸟类生活的影响，给各种鸟提供一个良好的生存和生活环境。

② 垂钓园 垂钓园是集景观、商业、休闲、娱乐、交往于一体的休闲园区，是以垂钓为主题的多功能娱乐休闲的乐园，旨在为游客提供一个静谧、悠然的休闲场所。

③ 千鹿苑 将鹿群在划定的区域内进行放养，为游客近距离观赏鹿提供条件，也为鹿群在自然中生活提供良好的环境。

④ 马术俱乐部 俱乐部配备专业驯养师、赛马饲养中心、赛马场，满足赛马运动爱好者切磋、竞技的需求。

⑤ 游艇俱乐部 出租或代为私家游艇管理，筹办游艇赛事、聚会、观光等活动。

⑥ 生态度假屋　采用前沿的生态技术、节能技术和仿生学建筑设计理念（如地源热、光伏电、光导、污水生态处理等），建造生态节能的示范住宅，并承担相关的生态、节能等科普展示功能。

（二）莱西锦绣江山国际湿地旅游城建筑小品的设计

1. 观鸟屋的设计

（1）区位说明及优势　观鸟屋设置于湿地的东南部，这是一个原始、朴实和清幽的地方，此处水塘连绵不断，河道纵横交错。本方案旨在通过科学的设计，在保持原有生态风貌的基础上，环境将得到进一步的改善，营造更好的鸟类栖息环境，吸引更多的鸟类繁衍栖息，使这里真正成为鸟类的乐园。

（2）观鸟屋设计总体意向　观鸟屋是莱西锦绣江山国际湿地园区中的特色旅游项目。该项目是让游客贴近湿地优势的生态环境，享受到百转千回、众禽竟鸣的燕语莺声，打造一个“隐身林间、湖畔，随鸟通行，与鸟为伴”的观鸟天堂。

（3）观鸟屋的建筑设计　观鸟屋采用自由、分散的建筑布局，通过栈道的穿插，灵活而伸展，使游客在各个位置，都有良好的观赏内容。建筑形式采用木结构、坡屋顶形式，尺度宜人，融入环境，实现了“人、鸟、屋”的和谐共生，使游客犹如身处其中，充分地将情绪放松，真正能够在这观鸟的天堂感受到大自然的和谐，从而得到很好的休息和乐趣。

（4）人性化设计的体现　在建筑材料上，观鸟屋采用的是木质结构，充分考虑到人的感受，木结构会使人感到比较亲切、温暖。在结构尺度上，充分考虑到了人坐、站观鸟的尺度，构件的设计都严格遵循以人为本的原则。在建筑设计中，整个空间都是通透的，没有设置门窗，使人可以更近距离的观察鸟类、亲近自然。整个设计中均考虑了人的行为、心理等各因素，力图通过人性化设计为旅游者提供一个宜人、舒适的观鸟环境。

2. 垂钓园的设计

（1）垂钓园的设计理念　垂钓园建筑立面创意来源于古篆书“吉庆有余”，建筑立面为“余”字的衍生。中国人喜爱鱼，是发自内心的，从出土的鱼的图谱，到年画、吉祥语，可以说鱼文化贯穿于中国人生活的点点滴滴，中国源远流长的文化中，有很多鱼的谐音，无不寄托中国人向往富足美好生活的愿望。由“鱼”而引出很多的寓意，更是影响着中国人民的生活，给平淡的生活带来了许多乐趣，同时“鱼”通“余”，寓意着吉庆有余的美好愿望。

垂钓园的建筑细部采用“磬”的意象装饰，“磬”通“庆”字，契合垂钓园“吉庆有余”的主题。建筑通过细部的精心设计，创造出传统民俗中的喜庆气氛，将美好的愿望带给每一个来此垂钓的游人。

（2）垂钓园的区位说明　垂钓园毗邻中心码头，四面环水，地形起伏丰富，曲折蜿蜒，属于独立的环境，游客需要通过船只往来于垂钓园区，周围景致优美。垂钓园区集垂钓、餐饮、休闲于一身，各个功能分区以水上平台或者栈道相连。步入栈道的入口，正面为茶室，客人可在此品茶观景。右侧为垂钓区，钓鱼台错路散布于贴近湖面的栈道两侧。左侧为餐厅，客人可将垂钓的鱼在此烹饪，显得别有致趣。

（3）垂钓园的区位优势　由于垂钓园具有独有优越的地理位置，使得游览垂钓于此的游客，在尽情享受乐趣的同时，还可以饱览360°全方位湿地水域景观，使最美的湿地水景尽收眼底。同时，还可以观赏近景的中心码头与远景堤岸别墅区，景观层次丰富，是湿地独有的度假胜地。

（4）垂钓园的总体意向 垂钓园是集景观、商业、休闲、娱乐、交往于一体的休闲园区，是以垂钓为主题的多功能娱乐休闲乐园。旨在为游客提供一个静谧、悠然的休闲场所。在这里，不但可以放松身心、亲近自然，而且还可以与家人、朋友在此亲切交谈，从而增强亲情和友谊。垂钓园区由几条探入水中的栈道连接垂钓区和与之相配套的功能用房，其中包括住宿、接待、渔具租赁、餐饮、海产加工、小商品买卖等，为来此休闲垂钓的旅客提供全方位的休闲服务。

（5）垂钓园的建筑设计 在垂钓园的建筑设计中，采用自由、分散的建筑布局，灵活而伸展，使游客在园中各个位置，都能有良好的景观欣赏。通过栈道的穿插，又能使各个功能用房方便、快捷的到达，使游客充分的放松、休息。每个小单体，采用两端斜向交叉，好似扬起的风帆，似一艘小船悠然地浮于安静的水面。建筑与环境和谐的融合，无论是远看和近看，都非常赏心悦目。材料外观呈木质、玻璃、钢材，古典中又不失现代，整个园区既有江南园林的精致，又不失北方园林的大气。

（6）垂钓园的人性化设计 在垂钓园的建筑选择材料上，垂钓园采用的是木结构和玻璃，使人感到非常亲近，又能通透的看到外部美丽的景观。在尺度上，充分考虑在人休息、垂钓时，所需建筑小品的尺度，并在设计中时刻以此为依据和标准。建筑设计中，两面墙斜向交叉，不仅外观非常优美，而且内部设计合理，使人无论在内在外，都能感受到设计者以人为本的设计理念，充分得到休息和放松。

在莱西锦绣江山国际湿地旅游城建设小品的设计中，设计人员以亲水性和人性化为基本出发点。在建筑小品的设计中，平面布局采用伸展自由的格局，建筑小品内含入水中，与水的大面积接触，保证了使用者可以尽量的亲近水、亲近自然、无时无刻不感到滨水环境的舒适和惬意。在造型上，以江南园林的亭榭为基础进行了发展和变化，构件更加适合当代的工艺和人的使用尺度。外装修材料也选用了最为自然的防腐木结构，实现了生态环保。在色彩上，基本保留了原有的本色，和周围环境和谐统一。

第六章 居住区景观设计

居住区是城市居民居住和日常活动的区域，是城市的主要组成部分，也是城市的主要功能之一，因此居住区的景观设计是影响居民区环境极为重要的一个方面。居住区景观的设计包括对基地自然状况的研究和利用，对空间关系的处理和发挥，与居住区整体风格的融合和协调。居住区景观设计具体包括道路的布置、水景的组织、各种绿地、游憩场地、路面的铺砌、照明设计、小品的设计、公共设施的具体设计和安排等，这些都要在居住用地上做出具体规划和设计。

居住区的景观设计既有功能意义，又涉及人行的视觉和心理感受。因此，对居住区进行景观规划和设计是满足居民生活方式等诸多方面要求的综合性规划和设计，对于整个城市的环境质量和居民生活状况等都会造成直接的影响。在进行景观设计时，应特别注意景观整体性、实用性、艺术性、趣味性的结合。

第一节 居住区景观设计概述

随着物质和社会文明的进步，人类从迁徙走向定居、从农村走向城市。人们为了生活更加美好而聚居于城市，并在城市中繁衍生息，这奠定了城市作为人类重要聚居地的基础。当今世界，城市居民在享受到现代城市文明的同时，逐渐远离了原来纯朴自然的居住环境，并且备受蜗居在钢筋混凝土森林般的城市中的困扰。占城市用地 1/3 之多的城市居住区对此有着重要的作用和影响，也是现代城市规划的主要目标之一。

随着城市人口的急剧增长，城市中的居住区也正在迅速扩大。一个舒适、卫生、安全、安静且具有优美景观环境的居住区，应当以符合居民的审美习惯，适应当地的风土人情，提高居民视觉愉悦感为目的，在进行具体规划和设计时，要根据本地的特色，在景观内容、形式、风格与居住区建筑整体风貌上达成和谐一致。美国建筑师伊尔·沙里宁（Eero Saarinen）曾经指出：“城市的改进和进一步发展，显然应当从解决住宅及其居住环境问题开始”。

一、居住区景观的组成

城市居住区是城市社会的基本空间类型和重要组成部分，是指城市居民居住和日常活动的区域。泛指不同居住人口规模的居住生活聚居地和特指被城市干道或自然分界线所围合，并与居住人口规模相对应，配建有一整套较完善的、能满足该区居民物质与文化教育生活所需的公共服务设施的居民生活区域。

居住区的景观要素主要包括物质和精神两个方面。物质要素主要包括自然形成的地形、土壤、水体、地貌、植物等自然景观和由人工建造的建筑物，如各类公共设施、道路、小区公园等人工景观。精神要素主要是指社会制度、社区组织、文化活动、风俗习惯、宗教信仰、文化艺术修养等。

居住区主要以居住建筑为主，其中包括住宅和单身宿舍等，这类建筑通常占据整个居住区面积的50%以上。其次是公共建筑、生产性建筑、市政公用设施以及环境小品等。居住区的用地、居住区各类公共建筑和公共设备用地、小区道路用地以及小区公园、小游园等公共绿地组成。

二、城市居住区的类型

城市居住区的分类方法，一种可以根据居住区所处位置不同进行分类；另一种可以根据居住人口或用地规模大小进行分类。

（一）根据居住区所处位置不同分类

如果以居住区所处位置不同为标准，可以分为城市内的居住区和远郊的居住区。

城市内的居住区是城市居住区景观的主体部分，其具有相对独立的居住组团。这类居住区内一般要根据居住区的人口多少，来设置为居住区提供服务的公共设施，为居民的生活提供便利。城市内的居住区中居民的生活、工作、学习等方面，都与城市的发展有密不可分的联系，是人类居住休息的场所，占据城市环境重要意义的部分。因此，居住区的规划和景观设计也直接影响着整个城市的景观设计的效果。

远郊的居住区一般距离城区较远，交通也不十分便利，相对居住人口也比城市内居住区要少得多。远郊的居住区具有较大的独立性，因此在居住区设施的配置上，除一些公共服务设施外，还需要设置一些工厂、医院、商店等，以便方便居民生活所需。另外，远郊的居住区的公共服务设施还往往兼为附近农村服务，因此，这就需要适当增加设施以满足居住区和农村两区域的需求。

如果城市的居住区以建筑的层数确定居住区类型的话，则主要由高层居住区、低层居住区和高低层混合居住区组成。其中不同的住宅层数组成的居住区形成了不同的城市景观，共同构成丰富的城市景观面貌。受土地匮乏的制约，高层住宅将是我国未来城市居住区的必然选择之一，高层居住区景观规划设计是适应时代的新课题。高层居住区景观设计具有一般居住区景观设计的共性，又有其特殊性。通过十几年来高层住宅的演变，景观随之呈现适应现代社会需求的特征，研究现代高层居住区景观对指导专类景观设计具有现实意义。

如果以居住区建设的时间为依据，则有新建居住区和原有居住区之分。在现行国家的规范和标准控制下，新建居住区通常符合规定的要求，其整体规划一般都比较合理。而旧的居住区由于建设时间比较早，当时没有相应的规范和标准可依，情况比较复杂，相对于变化较快的生活方式，这些旧有的居住区布局也不再适应现代的居住需求，而针对一些传统的城市格局和建筑风格，则需要做出相应的调整和改造，力求营造出适合现代居民生活而又不破坏传统文化形象的现代文明的居住区景观环境。

现代社会，人们渴望高品质的生活，寻求理想的栖息地。因此，营造安全、舒适和宜人的居住环境，使得人-建筑-环境和谐共生，是现代居住区景观设计的最终目标。随着城市人口的快速增长、土地资源的日益紧张，现代居住区由传统低密度的多层模式逐渐向高密度的高层模式转变。特别在追求经济效益最大化的开发商眼里，高层住宅无疑是最合理的开发模式之一，其势必成为我国未来城市居住的模式之一。

（二）根据人口或用地规模大小分类

在城市中，居住区往往呈现出集聚和地区性分布的特征，其居住区规模大小与城市人口多少密切相关，城市人口越多，居住区规模则越大。因此，为了便于确定公共服务设施和市政基础设施规模、便于行政管理和开发建设，我国常把城市居住区以居住人口或用地规模大小划分为若干等级。

1. 居住片区

居住片区由城市功能划定或历史形成的、以满足居住功能为主、且成片成规模的城市居住片区。城市居住片区的规模大小和分布特征往往与城市规模和总体规划密切相关。如在我国特大城市中，以居住为主要功能的区域往往呈现区域集中的特点，像城市外围区中的居住新城等。

2. 居住区

居住区即城市中具有一定人口和用地规模控制的居住区域。是我国城市居住区规模等级划分中的第一层次。在大中城市中，一个居住片区往往由几个居住区组成。城市居住区亦可称为居住社区，有着与社区相近的管理模式与功能。先行规范中，我国城市居住区的人口控制规模约为3亿～5亿人。

3. 居住小区

居住小区是居住区规模等级划分中的第二个结构层次，即不被城市道路所分割，界限明确，地段完整，且有独立道路交通系统和基本公共服务设施的居住区域。在城市居住区内，往往由若干个独立的居住小区组成。居住小区也是我国建立基层行政管理机构的起点，如居民委员会等。近年来，由于产生于计划经济时期的居住小区规划模式的相对呆板、封闭等缺陷，在很多新的居住区规划中，居住小区的模式和概念逐渐淡化，取而代之的是较小规模（介于小区和组团之间）传统街坊的回归和新型居住街区的出现。但是，小区作为一个规模概念仍是我国目前相应规范中确定配套设施标准的重要依据。

4. 居住组团

居住组团是居住小区的下一级层次，是我国居住区规模等级划分的第三层次，也是居住区规模中的最小结构层次。即居住小区内主要满足居住功能的相对独立地段。一个居住小区往往由若干个居住组团组成。居住组团的特点是规模较小，功能单一，便于邻里交往和安全管理。居住组团亦可称为居住街坊或居住邻里。

三、居住区景观规划设计的原则

城市居住区，顾名思义，是城市内人们工作之余，用于休息、交流的休闲场所，泛指不同居住人口规模的居住升华聚集地和特指被城市干道或自然分界线所围合，配建有一整套较完善的，能满足该区居民物质与文化生活所需的公共服务设施的居住生活聚居地。城市居住区景观设计是利用当地的自然资源与人文资源，通过景观构成的基本元素的有机组合，营造一个利于工作、方便生活、清洁优美、舒适的居住景观环境。它包含了两个含义：一是景观是人与自然资源、历史人文资源的关系；二是为人与人交往创造一个合理舒适的场所。

城市居住区景观环境有广义和狭义两方面的含义。从广义上讲，即人居环境概念，是指城市中各种维护人类活动所需的物质或非物质结构的有机结合体，以人为中心的城市环境，包括了自然生态环境、居住生活环境、基础设施环境、社会交往环境、可持续发展环境五个子系统。它不仅是指城市居民的居住和活动的有形空间，而且还包括贯穿于其中的人口、资源、环境、社会和经济等各个方面无形空间。

从狭义上讲，是指城市居民的居住和社区环境。它不仅包括住宅质量、基础设施、公共设施、交通状况以及建筑与环境的协调、空气质量、绿化美化、卫生条件等硬件设施和硬环境，而且包括社会秩序、邻里质量、人际交往、居住区和谐、安全归属等社会人文软环境。居住区景观规划设计一般是指狭义的城市居住区景观环境。在进行居住区景观规划设计中应遵循以下原则。

1. 以人为本的原则

所谓以人为本，其基本含义简要说就是一种对人在社会历史发展中的主体作用与地位的肯定，强调人在社会历史发展中的主体作用与目的地位；它是一种价值取向，强调尊重人、解放人、依靠人和为了人；它是一种思维方式，就是在分析和解决一切问题时，既要坚持历史的尺度，也要坚持人的尺度。

城市居住区的规划设计意在为居民营造一个良好的“居住环境”。因此，在进行居住区景观规划设计时，首先必须坚持“以人为本”的原则，建立良好的自然环境以满足居民的需求。由于居住区中的居民个人的经济收入、文化程度、思想觉悟、生活习惯、兴趣爱好等的不同，造成居民对居住区环境的要求差别也比较大。特别是随着人们生活水平的提高，对住房与居住环境的要求也不断提高。因此，居住区景观设计应坚持“以人为本”的原则，以满足各种不同层数、不可兴趣爱好的居民对住宅环境的需求。

2. 整体性的原则

城市中的居住区是一个多功能的区域，它不仅包括居民的建筑，还包括人的各种居住活动，可以说每个居民区都可以被看作是一个“小社会”。如果把这个小社会比作一首乐曲，那么单个的住宅建筑就是组成这首乐曲的音符。居住建筑作为居住区中的重要组成部分，其在规划设计时必然会遇到大量重复使用设计的问题，因此，居住区的环境特色和个性主要取决于其整体性。现代城市设计的思想与方法在居住区的整体设计中显得尤为重要，其需要对整个居住区的空间轮廓、群体组合、单体造型、建筑小品、绿化栽植、休憩园地、道路铺地、公共设施等一系列环境要素进行整体综合的构思。

3. 生态性的原则

在全球城市化快速推进的过程中，生态性问题已经成为当前城市景观规划中一个焦点问题。在城市景观设计中，环保主要体现在人与自然的亲和及绿化等方面。西方的绿色研究提倡市内的绿色景观与室外的自然融合，内外合成一个有机的整体，自然也成为景观的一部分，而城市景观的规划设计，则是对自然的改善和提升。现代建筑对能源的巨大消耗以及对生态平衡的破坏所引发的生态问题已是一个不争的事实。为了景观建筑中某些富于象征意味的视觉形象，在看似简洁、明快的景观造型背后，往往要付出比传统的繁文缛节式的造型更加昂贵的代价。

城市景观的生态设计从本质上说，是一种系统认识和重新安排人与环境关系的人类生态规划设计，它以社会-经济-自然复合生态系统为研究对象。景观设计的生态性具体表现为设计过程的多学科综合性；尊重设计区域内土地和环境及栖息者的自然属性；全面考虑设计区域内部及其外部的各种关系；强调人类活动与地域环境的不可分割性等方面。依据循环再生、和谐共生、持续自生等生态原则，合理开发利用自然资源的生态设计思想，从某种意义上说，是实现资源永久利用和人类社会持续发展的桥梁。

伴随着城市发展同时进入人们视野的一个重要问题是环境污染，因此，消除环境污染、推行绿色环保已成为当今社会，尤其是城市首要解决的问题。居住区作为城市人口集中区域和城市主要组成部分，其对生态环境的保护备受人们关注。特别是在当今中国城市化与城市化扩张迅猛发展的背景下，如何突破传统的城市扩张模式和规划编制方法的诸多弊端，如何协调在迅速的城市化进程中景观设计与规划与日益脆弱的生态环境之间的关系问题，就具有十分重要的战略意义。由此可见，为了提高城市整体的生态环境质量，在居住区营造具有植物与水相交融的生态景观的生活环境，已普遍得到社会公众的认可与欢迎。

4. 科学性的原则

城市居住区景观设计坚持科学性的原则，主要是指使用现代材料来改善居住区的功能，提高居住区环境的质量，同时达到促进经济发展和提高环境效益的目的而实施的策略。因此，材料的选用是居住区景观设计、尤其是生态景观设计的一个重要方面。材料应用中应尽量使用当地较为常见的材料，体现当地的自然特色。在材料的使用过程中要注意尽量发挥材料的特性和本色，重视色彩的表现。此外，新技术的运用也是体现科学性原则的一个重要方面。

目前，在居住区景观设计中材料的使用上有几种趋势：①非标制成品材料的使用；②复合材料的使用；③特殊材料的使用，如玻璃、萤光漆、PVC材料；④注意发挥材料的特性和本色；⑤重视色彩的表现，⑥DIY（Do It Your self）方式的应用，如可组合的儿童游戏材料等。当然，特定地段的需要和业主的需求也是应该考虑的因素。环境景观的设计还必须注意运行维护的方便。常出现这种情况，一个好的设计在建成后因维护不方便而逐渐遭到破坏，因此，设计中要考虑维护的方便易行，才能保证高品质的环境历久弥新。

5. 舒适性的原则

城市居住区景观的舒适性是指功能实用和视觉上的感受，让居民体验轻松、安逸的居住生活，避免受到怪异形式、行为障碍、眩光、气候等的侵害。优秀的最观设计不仅停留在安静、空气、绿化等表象上，更是从人与建筑协调的关系中孕育出精神和情感。决定居住区景观舒适性的关键因素是它的规划布局。以确定的特色为构思发点，应用场地知识规划出结构清晰、空间层次分明的总体布局，将直接决定居住区景现的舒适性。景观的丰富依赖于规划景观所创造的功能合理、内容多样的外部空间。这个虚无的空间不易被人感知，却是居民活动的场所，是人观赏景观的位置所在。合理的规划布局不仅满足采光通风等基本的生理标准，还给景观设计创造了良好的条件。

6. 人文性的原则

居住区景观是其所在城市环境的一个组成部分，对创造城市的景观形象有着重要作用。同时，居住景观本身又反映了一定的地方文化和审美趋向，离开文化与美学去谈城市景观，就降低了景观的品位和格调。随着社会经济的迅速发展和居民生活水平的不断提高，居住物质条件日趋改善，人们对居住的需求，已经从“有房住”、“住得宽”这些基本生存需求，向具有良好居住环境和社会环境过渡。重视居住景观设计的人文原则，正是从精神文化的角度去把握景观的内涵特征。居住区景观提炼和演绎了自然环境、建筑风格、社会风尚、生活方式、文化心理、审美情趣、民俗传统、宗教信仰等要素，主要通过具体的方式表现出来，能够给人以直观的视觉感受。因此在居住景观设计中，除了选景、造景、移景、借景等自然景观之外，还应将人文景观吸收进来，从空间形态、界面尺度、建筑色彩、细部构造等方面来寻找传统与现代的契合点。

7. 空间组织立意原则

景观设计必须呼应居住区设计整体风格的主题，硬质景观要同区内的绿化等软质景观相协调。不同居住区设计风格将产生不同的景观配置效果，现代风格的住宅适宜采用现代景观造园手法，地方风格的住宅则适宜采用具有地方特色和历史语言的造园思路和手法。当然，城市设计和园林设计的一般规律诸如对景、轴线、节点、路径、视觉走廊、空间的开合等，都是通用的 。同时，景观设计要根据空间的开放度和私密性组织空间。如公共空间为居住区居民服务，景观设计要追求开阔、大方、闲适的效果。私密空间为居住在一定区域的住户服务，景观设计则需体现幽静、浪漫、温馨的意旨。

8. 体现地方特征原则

居住区的景观设计要充分体现地方特征和基地的自然特色。我国幅员辽阔，民族众多，风俗不同，气候差异，自然区域和文化地域的特征相差甚远，居住区景观设计要把握这些特点，营造出富有地方特色的环境。

四、居住区规划设计的基本要求

城市居住区规划与环境设计主要指对居住区进行规划和对相应环境进行设计的综合。在传统概念中，居住区规划是规划建筑师的责任，而环境设计则是景观建筑师的职责。居住区规划侧重功能与技术，环境设计则侧重景观和艺术，因此，两者往往割裂开来。在实际建设中，也往往是先按照规划来布置住宅、修建道路等，然后再进行住区的环境和景观的设计，这样不仅造成对居住区环境理解的片面，也造成规划师与景观师对同一环境创造和理解的衔接困难。根据我国的实践经验，居住区规划设计包括用地规划、道路规划以及住宅建筑、公共服务设施、绿地的规划和设计等。在进行居住区规划设计过程中应符合下列基本要求。

1. 居民使用要求

为了给城市居民提供便捷、舒适的生活环境，这是居住区规划设计的首要任务和基本要求，因此居住区的规划设计是一项至关重要的技术工作。现代城市的居民在需求方面是多方面的，例如根据居民家庭中不同人口的组成和经济条件，来选择住宅的类型或确定居住的结构等。在对居住区进行规划设计时，合理确定居住区公共设施的项目、数量、位置及分布、形式等是首先要解决的问题。此外，合理组织居住区与居民室外活动场所、休息场所的交通也是必须要考虑到的。

2. 安全方面要求

城市居住区是城市中人口最密集的地方，人多也是最容易发生安全事故的地方，所以在进行住区规划设计时应当特别注意安全问题，始终坚持“安全第一”的原则，保证居民在正常的情况下过上安心舒适的生活。为了防止各类突发自然灾害，比如地震、火灾、洪涝灾害等发生时，对居民生命、财产和生活造成威胁，居住和设计者应当按照国家现行的有关规定，对居住区建筑物的防震、防火、防洪、安全间距、安全疏散通道等进行必要的规划设计和安排，还要针对实际情况进行相应的调整，以便及时有效地防止灾害的发生，并将危害程度降低到最小。

例如，应避免将居住区设置在沼泽地区、地质构造复杂或者曾发生过地质灾害的地带，在居住区中应适当设置安全疏散用地，绿地、室外场地等应具备一定的避难功能。居住区内的道路应当设置在建筑物范围之外，且要保证道路的平缓畅通。另外，建筑物之间的间距、建筑材料等都应当从防火的角度来考虑，力求为城市居民创造一个安全的居住环境。

3. 经济实用要求

任何一件产品的设计都必须要考虑其经济性和实用性，居住区的规划设计和建设也不例外，肯定要考虑居住区的经济性和实用性。因此，居住区的规划设计，要求节约城市用地和利用节能、节材、节水等绿色建材，实现降低居住区建筑工程造价和设施维护费用等目的，如在对城市居住和园林进行设计时，要选用容易成活的本地植物品种，避免花费财力大量购买外表美观而在本地不易成活的植物品种。此外，在居住区的规划设计中，还要善于运用各种先进的规划设计手法，为居住区修建的经济性创造有利条件。

4. 健康卫生要求

城市居住区是人员密集、人们进行日常活动最多的场所，为保证人们生活在一个健康的环境中，设施、日照、通风、绿化和卫生都是居住区内不可缺少的。健康是人的第一财富，只有健康才能生活愉快，而讲卫生是健康的前提条件。为了确保居住者的身体健康，对于居住区在卫生方面提出高要求。居住区规划设计要求对居住区内部可能造成污染的工业有害气体、垃圾、车辆尾气、灰尘等，在规划设计上要采取必要的措施，如应避免将居住区布置在工厂的下风压，要定期对生活污水采取集中处理，或者通过绿化隔离带将污染源隔离等。

5. 环境美观要求

城市居住区是整个城市中建设最多的工程项目，基规划设计与建设的好坏，对整个城市面貌有着较大的影响，因此美观是居住区规划设计要求的主要内容之一。在对城市居住区进行规划设计时，应当以符合居民的审美习惯为准，使人们真正感受到居民环境的优美与舒适。随着建筑工业化的发展，原来那种把住宅孤立地作为单个建筑来设计的传统观念，已经不再适应现代居住区的规划设计与建设，而是要求把居住区作为一个有机的整体，将建筑单体、园林、周围环境等融为一体进行设计。现代城市居住区景观规划和设计注重整体风貌的和谐统一，使居住区映现出欣欣向荣的现代城市风貌。

第二节　居住区景观具体设计

城市是人类社会发展到一定阶段的产物，是人类进入文明时代的重要标志。而现代城市远不是古代城市的“城”与“市”的简单叠加，而是一个区域广大、人口密集、功能复杂的综合体。归纳起来，现代城市所具有以下特征：①城市是具有一定规模的非农业人口聚集地，因此居住是城市最重要的功能之一，城市的发展与城市的居住功能密不可分；②城市是一定地域范围的中心地，城市通过吸引和辐射，对周边腹地在政治、经济、文化、科技、教育诸方面所发挥出的组织、管理、协调和带动作用；③城市是高密度的物质与精神聚集体，包括在人口、经济、建筑和文化等方面的高度聚集；④城市是高效率的社会经济生活综合体，体现在大规模、高效率、集约化和社会化的生产方式，高密度、快节奏和多样化的生活方式，高度组织性、包容性和快捷性的发展方式。

城市居住区环境设计主要指对狭义概念所理解的城市居住空间环境所进行的设计。其中包括自然环境的利用和人文环境的创造这两个范畴。就自然环境的利用而言，即将地域的生态环境、地理气候条件和物理因素等自然特性，充分运用于城市居住环境的设计之中。如与原自然地形、地貌的结合；自然通风采光设计、住区小气候改善、空气环境质量提高等。就人文环境而言，主要是在居住区社会环境、文化环境、传统习惯、地区风俗和艺术环境等方面的探索和追求。

一、居住区环境景观设计的基本构成

环境景观设计是一门边缘性、综合性较强的新兴学科。居住区的环境景观，直接影响着居民的生活质量。而景观设计师的目标，就是将居住区的景观环境与住宅建筑有机融合，为居民创造经济上合理、生活和心理功能上方便舒适、安全卫生和优美的居住环境。居住区环境景观设计是指住宅建筑外环境景观设计，其构成元素有精神元素和物质元素。

1. 精神元素

居住区环境景观构成中的精神元素指精神范畴的内容，是人们心理上的需求，是环境景观在人们心中的感受、在心理上产生的共鸣。精神元素带有地域性、历史性和社会性。不同的地区，不同的年代，不同的职业、地位、文化观念的居民，对居住区景观环境的要求都各不相同。居住区景观环境的主题、立意、居住区环境的历史积淀、人文精神，这些都是通过精神元素来体现的。

2. 物质元素

居住区环境景观构成中的物质元素是人们看得见、摸得着的，是实实在在存在于生活空间中的。可以通过对人们视觉、触觉、嗅觉等感官刺激而感知、体味到的。其中包括自然元素和人工元素，两者综合起来，便构成了居住环境。

（1）自然元素　自然元素是指居住区基地内原有的自然环境、地形地貌，包括原有建筑物、构筑物、大树、古树、山坡地形，河湖水体，原有道路及地下管线等。在设计中，要强调对这些自然环境资源的尊重，并加以充分利用。

（2）人工元素　在保护和利用自然元素的基础上，根据居住区基地的具体条件，通过人工的手法，创造出的令人舒适又赏心悦目的环境景观。

居住区的环境景观的人工元素部分可以根据其主要构成分为软质景观和硬质景观。

（1）软质景观　软质景观是指花草树木等自然植物所构成的植物景观。在居住区景观环境中，软质景观在环境景观中占有非常重要的地位。一方面，从占地面积来看，通常占整个绿地面积的70%以上；另一方面，它们不仅具有一定的观赏性，而且具有有利于人们身体健康的生态功能。绿色植物可以净化空气，吸收空气中的有毒气体，并呼出氧气既可以隔离和减少噪声又可以调节气温，改善居住区环境的小气候等。由此看来，居住区软质景观的质量直接影响居住区景观环境的生态性、舒适性、观赏性及市民对居住区环境的认同感，在居住区环境景观设计中应特别重视。

（2）硬质景观　硬质景观是指居住区内除植物景观以外的环境景观元素。所谓硬质，含有土建的意思，通过土建建设完成的景观。硬质景观包括道路景观、休闲活动场所、景观建筑（亭、廊等）、景观小品（花坛、雕塑、标志等）、水景、假山石景、景观照明等。

居住区环境景观设计包括上述软质景观和硬质景观的组织、设计。运用一定的设计手法，将环境景观的构成元素按一定的规律、形式及设计理念组合成一个综合的环境景观系统，最终目的是使整个居住区环境景观系统具有生态、功能和观赏的效应，并与城市大环境相协调。

二、居住区景观设计的基本特点

随着人类社会文明的发展，伴随着城市的出现，人类居住形式的发展经历了数千年的漫长岁月。改革开放以来，我国的城市建设步伐日益加快，居住区建设、居住环境也在不断提高，居住也正从“量”上升到“质”的追求。在“以人为本”和坚持科学发展观的指引下，我国居住区建设逐步向以满足人的需求，突出“以人为核心”的多元化方向发展。居住区环境的营造、居住区景观设计已成为众多设计、科研人员研究的重点。因此，在城市的居住区景观设计方面也体现出存在以下基本特点。

1. 土地的合理利用

作为城市居住区的重要组成部分，居住区景观的打造，最重要的物理元素就是土地。随着城市化进程的不断快速推进，城市土地的稀缺性日益显现，加之房地产开发企业对利用的追求，在居住区的景观设计中，如何利用有限的土地资源打造良好的居住环境，成为居住区房产开发中的重要课题。城市居住区景观设计的根本问题就是对场地的合理规划，应当具有前瞻性与指导性，让自然的外貌、条件和覆盖物，来决定住宅和景观区域的营造形式、形态特征。

城市居住区的景观设计，应当做到根据土地的自然属性决定其利用方式，通过规划、利用和管理，让每一处景观发挥它的特性和潜力。因地制宜，减少对自然景观的干扰，减少土木工程的费用，防止产生表土流失，合理控制植被、绿化，避免土壤侵蚀，充分利用现有的排水道。合理利用自然地形，设计出自然和谐的社区景观。

2. 自然生态环境的打造

居住区的景观设计不仅是单纯绿化问题，更多的是对自然生态环境的再创造。人、社会、自然是密不可分的整体，居住区的景观设计就是通过对区域景观的打造，实现人与自然的和谐统一。在居住区景观设计中利用大自然中的阳光、空气、水、树木、花草、虫鸟等自然因素，不仅能改善居住区的微观小气候，而且能让居民感受到大自然的生命力，从心理上酝酿生机盎然、欣欣向荣的情感。

现在，不少国家都十分重视城市居住区对自然景物的利用，对建设地段上的森林、古迹、湿地、水面、小丘、草木等都尽量加以保留，并精心地将其纳入到统一的居住区景观的空间中，而且还尽可能多种植树木花草，科学开凿湖池，尽量扩大居住区的绿化面积，创造生态景观特色。

3. 环境功能的体现

居住区景观设计，在考虑美化环境的同时，更应当考虑其环境功能的体现。作为居住的配套建设，居住区环境应提供给居住者休闲、舒适的良好体验。好的居住区景观设计，应充分利用有限的土地空间，赋予居住区更多的功能，如散步绿廊、亭阁、儿童游戏空间、健身空间、水景等造景空间以及良好的观景空间等。

4. 区域风格的打造

居住区景观风格是其环境要素整体形象的外在表现，它应作为构思的主线，自设计之初始终贯穿于全过程，并在从建筑物到任何一项环境设施小品的设计中加以体现。从整体角度出发，城市居住区景观的设计风格应当与居住区的建筑风格相统一，从而打造出具有统一性、和谐性的区域风格。

影响环境风格特点的因素有很多，基本上分为两类，即自然因素和人工因素。自然因素包括当时当地气候条件、基地的地理环境等，如地域生态系统是扎根于土地之上的，地域性因素直接影响到居住区景观规划设计的对策和方法。地域的气候、水文、地理、土壤、植被、动物、微生物等地域性自然条件是因地制宜设计的基础，独特的地理位置和特色，都是设计的依据和灵感之源。人工因素包括城市环境构架的基本特征，环境使用者的宗教信仰、风土人情、审美习惯、生活习俗、以及设计师对环境的时代特征和发展趋势的研究与探索。

三、城市居住区景观设计要素分析

（一）住宅景观设计

住宅景观应充分体现居住区整体风格，通过景观表现出住宅轻巧、活泼、高雅、华贵等多种性格，并能把单幢的住宅与住宅组群以及居住区的总体环境绿化、庭院小品以及广场、儿童游戏场等生活福利设施紧密联系起来，从整体上把握景观特色。

1. 住宅组群平面布局形式

住宅组群的平面布局形式，对空间的构成有十分重要的影响。当住宅完全围合时，空间出现最强的封闭感。住宅景观更多地关注住宅与周围物体所构成的外部空间。有时虽然两个住宅之间存在空隙，但若围绕空间的住宅重叠，或者利用地形、植物材料及其他阻挡视线的屏障等，就可消除减小封闭空间的缝隙。

2. 住宅组群景观空间构成

住宅组群构成的空间虽然千变万化，但基本上是实体围合和实体占领两种方式构成。以多层住宅为主的居住区，其空间大都由围合所形成。此类空间使人产生内向、内聚的心理感受。点式高层住宅一般采用实体占领形成的空间，使人产生扩散、外射的心理感受。无论是何种空间构成方式，都要结合具体地理环境作景观上的调控。总的来说，住宅组群景观空间分为开敞空间、定向开放空间、直线型空间及组合型空间几种。不同的空间形式，给居住区带来不同的空间体验，也为景观的设计奠定了基本的空间基调。

3. 住宅空间的细节景观

住宅与人的活动有着最紧密的空间联系，住宅的设计不同于大型公共建筑设计，更注重丰富的细节性，如墙面与玻璃的虚实对比、阳台与墙面的凹凸对比、体量对比产生的光影造型等，这些细节都将对住宅的整体景观性产生一定的影响。在住宅空间的景观设计中，注重细节设计是十分重要的。适当的阳台造型能给整体空间带来极好的表现力，人性化的单元入口处理方式能给人以温馨的感觉，合适的材料质感及颜色能带给人亲切、愉悦的视觉感受。

（二）道路景观设计

1. 道路的空间布局

居住区道路不仅是一处通往另一处的通道，而且是整个居住区景观环境不可分割的组成部分，道路的空间布局直接影响着居住区的景观分布。造园讲究“路从景出、景随路生”，道路的曲折编号引起视野范围内的不断编号，从而形成一系列联系的道路空间。道路宽窄变化、转折处景观则会给人以视觉的吸引。道路空间序列的连续，有效地组织着沿街住宅的景观。从居住区的交通组织规划来看，可分为“人车分流”和“人车合流”两种。“人车分流”体系能保持居住区内部的安全和宁静，保证区内各项生活与交往活动正常舒适地进行。汽车和行人分开，车行道分级明确，多设在居住区住宅群周围，且以枝状或环状尽端道路伸入居住区内部，并设置停车场、步行道等将绿地、户外活动场地、住宅等联系起来，形成具有亲切感的生活空间，也为景观环境的观赏提供有利的条件。“人车合流”的交通组织体系，多采用在私人汽车比例较低的地方。在人车合流的同时，将道路按功能划分主次，在道路断面上对车行道和人行道的宽度、高度、铺地材料、小品等进行处理，使其符合交通流量和生活活动的要求。

2. 道路尺度控制

道路尺度感来自于人的视线所及元素的比例关系。在居住区内，道路尺度的适当缩小有助于找回亲切的居住氛围。一是对临街建筑物的高度和退后距离的调节。建筑物相对靠近道路一些，会使人感觉道路变窄，临街建筑局部处理得相对低矮，则不会给人压迫感。二是利用绿化压缩空间。居住区道路两旁的行道树可削弱道路横向扩展的整体感，延伸的路边绿化可减小道路的独立性。三是对路边小品及设施尺寸进行控制。如设立道旁路灯电话亭、雕塑、座椅等，应以人体尺度为参考，注重与自然环境相协调。

3. 道路绿化设计

道路绿化是居住区绿化体系的重要组成部分，起着连接、导向、分割、围合等作用。道路绿化设计可使人产生观赏的动感，还能为居住区与庭院疏导气流，改善居住区微气候。居住区的道路绿化，主路两旁行道树一般选择树龄长、树干直、树形美的乔木树种，并配以姿态各异的灌木或草地、花卉等，形成高低错落、层次丰富、疏密相间的观景效果。此外，居住区道路绿化还可弥补建筑的单调性，通过不同植物的选择、搭配及布局形成具有组团个性的绿化线状造型，从而使得不同组团建筑更具识别性，让居民更容易找到自己的家。

（三）环境设施小品设计

环境设施小品作为改善人们生存环境，美化居住区景观质量的重要措施，对提升居住区的总体环境品质，提高人们的生活情趣起着极其重要的作用。环境设施小品包括以下几类：建筑设施小品，休息亭、观景廊、架空空间等；装饰设施小品，雕塑、水池、瀑布、喷泉、假山叠石、花坛、铺地等；服务设施小品，园路、小桥、台阶、通道等；管理设施小品，小区出入口、围墙、园门等；公共设施小品，标识牌、广告牌、电话亭、垃圾桶、自行车棚、灯柱等；儿童游乐设施，游戏器材、戏水池、沙坑等。

环境设施小品应根据居住区的住宅形式、风格、居住环境的特色，空间的特征、色彩、尺度以及当地习惯等选择适合的材料，创造与环境和谐统一，相得益彰的小品景观。

（四）居住区的绿化设计

居住区绿化按其功能、性质及大小，可划分为公共绿地、公建附属绿地和道路绿地等，它们共同构成居住区绿地系统，形成了居住区“点、线、面”相结合的绿化系统。从总体布局来看，居住区绿地按造园形式分为规划式、自然式、混合式三种。规则式通常采用几何图形布置方式，有明显的轴线，从整个平面布局、立体造型到建筑、广场、道路、水面、花草树木的种植上都要求对称。自然式绿地以模仿自然为主，不要求对称，其特点是道路的分布、草坪、花木、山石、流水等都采用自然的形式布置，浓缩自然的美景于有限的空间之中，通过树木、花草的配置，实现与自然地形、人工山丘、自然水面的融为一体。混合式则是规划式、自然式相结合的产物、根据地形和位置的特点，灵活布局，既和周围建筑相协调，又能兼顾绿地的空间艺术效果，在整体布局上，产生一种韵律和节奏感。从居住区绿地植物配置来看，应注重植物配置的景观效果，在平面上注意疏密和轮廓线，在立面上注重树冠轮廓线，在树林中注重透视线，应有植物景观的大小、远近、高低的层次效果。绿化构图要有乔木、灌木、草本植物间的缓慢过渡，互相之间又要形成对比以利于观赏。

四、居住区建筑景观设计要点

居住区是城市居民日常居住、生活和活动的地方，它的构成主要包括居住建筑、公共服务设施、道路、停车场、绿地、环境小品等。居住区的规划设计就是对这些方面的综合规划和设计，居住区的规划设计质量如何，关系到千家万户、子孙后代的生活质量，也关系到整个城市的景观风貌和社会经济的发展。

（一）居住区的用地规模和布局结构

居住区规划是指对居住区的用地规模、布局结构、住宅群体布置、道路交通、生活服务设施、各种绿地、游憩场所、市政公用设施和市政管网各个系统等进行综合具体的安排。居住区规划实际上是在城市总体规划的基础之上，根据计划任务和城市现状条件，进行城市中生活居住用地综合性设计工作。居住区规划涉及使用、卫生、经济、安全、施工、美观等几方面的要求。通过居住区规划综合解决它们之间的矛盾，为居民创造一个适用、经济、美观的生活居住用地规模和布局结构。

居住区规模的大小决定着居住区景观的布局形式，而居住区的规模又与城市总体规划、城市法规、道路交通系统、居住区人口等方面有密切的联系。首先，从较大的范围讲，居住区的规模必须要与城市行政管理体制的要求相适应。其次，居住区是城市道路交通干道所包括的完整地段，城市干道之间的距离一般应在 600 ～ 1000m 之间，而居住区的用地面积大约为 60 ～ 100km^2。

居住区的功能要求必须满足和符合居民的生活需要，因此居民在居住区内活动的规律和特点是决定居住区规划布局的主要因素。根据居住区的功能要求，居住区的布局有各种不同的组织形式，最常见的是以居住小区为基本单位、以居住组团为基本单位及以居住组团和居住小区结合为基本单位的三种形式。

居住小区是指不被交通干道所穿越的空间，通常指具有一定人口规模的居民区。居住小区内设置满足居民日常生活需要的基层公共服务设施和机构，周围布置居住单元。我国城市居住区的实践证明，以居住小区为基本单元的布局组织形式，非常有利于整个居住区各单元的分工。

居住组团是由多座住宅组成的团体，人口规模比较小，一般为 300 ～ 800 户，相当于一个居民委员会的规模。以居住组团为单位组织居住区，即居住区直接由若干住宅组团组成，并不划分明确的小区用地范围。居住组团内通常设置居委会办公室、卫生服务所、居民活动及休息场所、停车场、绿地等项目，其中主要是居委会、居民服务。

以居住小区和居住组团相结合为基本单位组成的居住区，居住区内是由若干个居住小区组成，而每个居住小区内又由若干个居住组团组成，形成居住区－居住小区－居住组团三级结构。这种规则的结构比较完整，可以容纳较多数量的人口，内部自成体系，并且各级公用设施体系比较完善。其中居住区级的公共服务设施设置在中心地带，方便各个居住小区居民的使用。而居住小区级和居住组团级的公共服务设施，也均有各自的服务途径。

（二）居住区住宅建筑的景观设计

住宅建筑是居住区景观中的主要组成部分，据有关人员统计，在整个居住区内，住宅建筑面积约占整个居住区建筑总面积的80%。因此住宅建筑景观设计必然会占很大的比重，一般主要包括住宅建筑的类型选择、住宅布局、比例尺度、建筑间距、建筑高度、建筑色彩等诸多要素，这些要素共同决定了居住区整体景观风貌。因此，住宅建筑设计是居住区景观设计的重点，体现了建筑的空间变化与艺术特征。

1. 住宅建筑的类型选择

在住宅建筑设计中，首先要根据居民的自身情况来确定住宅的类型。根据中华人民共和国国家标准《住宅设计规范》(GB 50096—1999)(2003年版)第1.0.3条中的规住宅按层数划分为低层住宅、多层住宅、中高层住宅和高层住宅四种类型。层数为1～3层的住宅为低层住宅，往往采用独院式（建筑四面临空，每户都有独立的院落，具有良好的通风和采光效果）、并联式（由两个独院式拼合组成，建筑三面临空）、联排式（3户以上的独院式拼合组成，每户两面临空）这三种形式。多层住宅一般为4～6层，包括梯间式、外廊式、内廊式等，其中以梯间式最为常见。所谓梯间式是指由电梯或者楼梯直接进入分户门，有一梯两户、一梯三户等。中高层住宅的层数一般为7～9层，高层住宅的层数一般为10层以上。高层住宅一般采用单元内以楼梯为核心的单元组合式和每隔1、2层设置有公共走廊的跃廊式等。

住宅建筑的类型不同，建筑用地及建筑的高度也相应地发生变化，这些因素直接影响着住宅建筑的成本，同时也会直接影响建筑的使用功能。住宅建筑层数的多与少，与建筑经济造价和用地面积有直接的关系。据统计资料表明，低层建筑的经济造价要比高层建筑低得多，但其用地面积却比高层建筑大得多，特别是在城市用地“寸土寸金”的趋势下，加上用地的费用，综合起来低层建筑的单位面积造价要高得多。

2008年，我国颁布了《国务院关于促进节约集约用地的通知》，在全国开展了切实推进节约集约利用土地的活动。节约集约用地是贯彻落实科学发展观的本质要求，是缓减土地供求矛盾、加快调整经济结构、转变经济发展方式的重要途径，是建设资源节约型和环境友好型社会的重要内容。城市的住宅建筑设计要从战略和全局的高度，充分认识节约集约用地的重要意义，牢固树立保护保障、节约集约和维权维稳的理念，着力形成规划引导、市场调节和依法管理等机制，全面落实节约集约用地要求，努力走出一条符合我国实际、科学高效的土地利用新路子。高层住宅建筑不但可以大幅度节约城市用地，也在很大程度上降低了室外的工程造价，在城市用地日趋紧张的情况下，高层住宅已被大多数城市广泛使用。

2. 单体住宅建筑的布局

随着城市人口数量的不断增加，城市中住宅建筑迅速增多，而住宅的造型、构造，住宅区的规划、布局以及区内景观设计等，都成为了反映住宅区功能、品质的主要方面，而且也越来越成为人们关注的焦点。此外，公共服务设施规划、绿地规划则是对环境功能和品质的深化和补充。居住区内住宅的位置、朝向、大小等的安排，首先要符合居住区用地规划的要求，另外还要满足居民的生活需求。

居住区建筑的布置形式，与地理位置、地形、地貌、日照、通风及周围的环境等条件都有着紧密的联系，建筑的布置也多是因地制宜地进行布设，而使居住区的总体面貌呈现出多种风格。 在城市居住区的设计中，住宅的布局方式有很多种，最常见的有行列式、周边式、行列式和周边式混合布局及自由式布局等，各布局方式中又包括多种不同的形式，并且都有各自的优缺点。

行列式布局是现今城市居住区中采用最为广泛的一种布局方式。行列式布局是根据一定的朝向、合理的间距，成行成列地布置建筑，它是居住区建筑布置中最常用的一种形式。它的最大优点是使绝大多数居室获得最好的日照和通风，同时方便道路和管线布置与施工。但是这种布局方式也具有一定的挑战性，由于过于强调南北向布置，整个布局显得单调呆板和乏味。因此为了避免这种现象的出现，在进行规划布置时应根据居住区地形采用错落、拼接成组、条点结合、高低错落等方式，使其总体平面布局有一定的变化感，在统一中求得变化而使其不致过于单调。

在采用行列式布局方式安排住宅建筑时，最基本的形式就是沿一条轴线依次排列建筑物，或者按照前后、左右错落及两者混合的方式布置，还可以采用阶梯形或成组改变方向的形式设置。另外，为了使居住区的布局更富于变化性，也可以用扇形、曲线形、折形等不规则的平面形式进行布置，如德国汉堡荷纳堪普居住区的住宅组就是将建筑以扇形平面依次排开进行布置的典型。

周边式布局方式是指建筑沿着道路或院落周边布置的形式，具体又可分为单周边式、双周边式、自由周边式等。这种布置方式有利于节约用地，提高居住建筑面积密度，形成完整的院落，也有利于公共绿地的布置，且可形成良好的街道景观。周边式布局方式与行列式布局方式的不同之处在于周边式布局方式可以在小区中间围合出一个较为封闭的空间，方便布置室外活动场地，构成具有私密性特征的公共活动空间，并且有阻挡冬季寒风的作用。但是，这种布置使较多的居室朝向差或通风不良，不利于通风和采光，影响建筑内的散热，因此在气候湿热的地区最好不要使用。另外，周边式布局结构和施工较为复杂，工程造价也会相对增加，且抗震性能比较差。

列式和周边式相结合的布局方式，最为常见的是一些公共建筑和少量住宅建筑沿院落周边或道路周边布置，院落内部设置行列式住宅以形成半开敞半封闭的院落布局。以上两种形式相结合，常以行列式布置为主，以公共建筑及少量的居住建筑沿道路，院落布置为辅，发挥行列式和周边式布置各自的长处。另外，还有根据地形、通风、采光等自然条件，将成组的建筑自由组合在一起的自由式布局形式。

以上介绍的这几种基本布局方式，并不是住宅布置的所有形式，例如还有自由式布局方式、庭园式布局方式和散点式布局方式等。自由式布局方式，这种布置常结合地形或受地形地貌的限制而充分考虑日照、通风等条件，居住建筑自由灵活地布置，这种布置显得自由活泼，绿地景观更是灵活多样。庭园式布局方式，这种布置形式主要用在低、高层建筑，形成庭园的布置，用户均有院落，有利于保护住户的私密性，安全性，有较好的绿化条件，生态环境条件更为优越一些。散点式布局方式，随着高层住宅群的形成，居住建筑常围绕着公共绿地，公共设施，水体等散点布置，它能更好地解决人口稠密、用地紧张的矛盾，且可提供更大面积的绿化用地。在对居住区住宅建筑进行规划和设计时，必须根据实际情况，因地制宜选用合理的建筑布局，力求构造出良好、科学、舒适的居住区建筑景观。

3. 住宅建筑组群组合方式

单体住宅的布局方式在居住区景观布局中十分常见，但当城市中的居住区内部住宅较多时，则需要采用成组群住宅相组合的方式，也就是以成组的建筑群体作为居住区的基本单位，在整个居住区内进行布局。组成建筑群的建筑形体和层数可以各不相同，也可以形体和层数相同。也有的居住区将住宅与住宅之间用高架台、连廊等进行连接，形成一种整体式的组合。

另外，还有以住宅或住宅结合公共建筑沿街成组成段的组合方式，这些不同的组群组合方式使建筑群体产生完美的韵律感，丰富了居住区的整体景观风貌。在现代城市中住宅建筑组群空间的组合方式，可以分为成组成团的组合方式和成街成坊的组合方式。

（1）成组成团的组合方式　住宅群体的组合可由一定规模和数量的住宅成组成团组合，作为居住区或居住小区的基本组合单元。这种基本组合单元可以由若干同一类型、同一层数或不同类型、不同层数的住宅组合而成。组团的规模主要受建筑层数、公共建筑配置方式、自然地形和现状及物业管理等条件的影响，一般组团规模为1000～2000人，较大的可达3000人左右。成组成团的组合方式功能分区明确，组团用地有明确范围，有些地区组团可进行封闭，便于物业管理。组团之间可用绿地、道路公共建筑或自然地形进行分隔。这种组合方式也较利于分期建设，较容易使建筑组群在短期内建成而达到面貌较统一的效果。

（2）成街成坊的组合方式　成街的组合方式是住宅沿街组成带形的空间，成坊的组合方式是住宅以街坊作为一个整体的布置方式。成街的组合方式一般用于城市和居住区主要道路的沿线和带形地段的规划，成坊的组合方式一般用于规模不太大的街坊或保留房屋较多的旧居住宅地段的改建。成街组合是成坊组合中的部分，两者相辅相成，密切结合。

4. 住宅建区朝向和间距设计

为了营造良好的居住环境，保证居住区的通风、采光是必须首要解决的问题，此外居住区住宅还必须具有防火的功能。工程实践证明，确保住宅通风、采光良好和防止火灾发生的基本条件，主要取决于住宅建筑的朝向和间距的设计。建筑物的朝向应当根据四季的风向来设置，主要应与夏季的主导风向一致，这样有利于院落及室内的空气流通，但在气候寒冷干旱的地区还要考虑防止风沙的危害。如果住宅区距离工厂等污染严重的场所较近，则还要考虑建筑物朝向应当避开有害气体的源头和方向。从建筑采光角度考虑，每个国家和每个地区的日照情况会有所不同，应根据当地的日照情况，尽量使建筑物朝向有充足阳光的一面。

建筑物的间距设置也直接影响到住宅的采光问题，因此除了从采光的问题考虑外，还要从防火方面着手。民用建筑设计曾有相关规定，住宅每户至少有一个居室在冬至那天满窗日照不少于1小时，而老年人、残疾人、儿童的主要居室日照则不少于3小时。建筑物的防火间距主要取决于居住区建筑的防火等级，如防火等级为四级时，建筑物的间距为12m；防火等级为三级时建筑物的间距为8m等。总之，建筑物的朝向和间距要从通风、采光、防火等多个方面考虑。

影响建筑物朝向的因素主要有日照和风向。不同季节，太阳的位置、高度都在发生着有规律的变化。根据我国所处的地理位置，建筑物采取南向或南偏东、南偏西向能获得良好的日照。日照间距通常是确定建筑物间距的主要因素。建筑物日照间距的要求，是使后排建筑物在底层窗台高度处，保证冬季能有一定的日照时间。房间日照时间的长短，是由房间和太阳相对位置的变化关系决定的，这个相对位置以太阳的高度角和方位角表示，它和建筑物所在的地理纬度、建筑方位以及季节、时间有关。通常以当地冬至日正午十二时太阳高度角，作为确定建筑物日照间距的依据。

5. 住宅建筑比例尺度设计

建筑的比例和尺度不仅直接关系建筑的美观，而且与适用和经济也有直接的关系，任何造型艺术都不能回避比例和尺度的问题，当然建筑艺术也不例外。工程实践证明，除了住宅建筑的类型、层数、组合方式、建筑朝向、建筑间距外，住宅建筑的比例和尺度也是住宅设计的重要方面。如果住宅建筑的比例和尺度处理不好，会使建筑造成压抑感或空旷感，严重影响整个居住区的景观效果。

所谓比例是指局部本身和整体之间匀称的关系。建筑的比例和尺寸从单体建筑来讲，包括建筑物的整体或局部本身的长、宽、高的尺寸、体量间的关系，而从建筑所处的环境来讲，还包括建筑的整体与局部、整体与周围环境之间的尺寸、体量关系。建筑群相互之间的比例和尺度关系，同一座建筑应有合适的比例和尺度一样重要，因此在组织居住院落的空间时，住宅的体量及比例尺度要与院落大小、长宽的比例关系相互协调。在一般情况下，建筑群的高度与整体院落的进深比以1：3左右比较适宜。如果是沿街的建筑群，则要处理好街道的宽度与两侧建筑高度的比例关系。只有住宅建筑群之间或住宅建筑与街道的宽度等比例关系协调，才能形成良好的视觉效果。

6. 住宅建筑的色彩设计

色彩作为视觉主导要素，在城市建设、城市历史文化传承及改善生存环境等方面起着十分突出的作用。色彩学在城市住宅建筑中的合理运用是改善城市人居环境质量的重要环节，是影响城市居民生活质量的重要因素。并且，色彩在住宅建筑设计中并非只是一种被动的因素，它还有积极主动的一面，充分发挥色彩的作用，会获得事半功倍的效果，特别是在空间形式、材料、资金等方面因素受到一定的限制时，色彩往往能发挥特有的作用，解决许多实际问题。因此住宅建筑中的色彩设计必须予以高度重视，深入研究。然而传统上，色彩只是建筑设计的补充，通常只在建筑设计的最后阶段才予以考虑这使得色彩很难成为建筑构成的有机组成部分，阻碍了色彩同建筑结构的相互协调。

城市住宅小区建设的实践证明，住宅建筑的色彩可以体现建筑形体的生动与美观，是影响居住区景观风貌的最直观因素，因此住宅建筑的色彩也是居住区景观设计重点考虑的对象。在住宅建筑色彩的设计中，色彩的运用较为灵活，可以同一类型的住宅采用不同的色彩，也可以在建筑的阳台、栏杆等局部进行重点色彩处理，但要力求色彩在变化中与周边的色调相统一。建筑物所用的材料也是体现建筑色彩的主要因素之一，因为有许多建筑是利用建筑材料本身的色泽，这样不仅可以降低建设成本，同时也能保持外部色彩的持久性。

随着住房制度的改革和住宅商品化，城市住宅已不再是单一标准的集合式住宅模式。由于市场经济的繁荣，房地产开发市场处于激烈的竞争状态，同时，由于观念进步，人们审美能力进一步提高，人们对于居住环境有了新的认识和要求。房地产竞争的加剧，审美要求的提高，促使开发商有意识地打造自身品牌形象，在住宅小区开发过程中开始注重营造个性色彩，从建筑形式、结构、景观设置，到色彩运用无不用尽心思。城市中的住宅建筑逐渐脱离了单一的色彩形象，开始变得多姿多彩起来。许多成功的经过精心的色彩设计的住宅不断涌现，并受到广大居民的广泛欢迎。但同时如果建筑师只注重商业利益，而缺乏对色彩设计的深入研究，便会导致色彩运用出现色彩趋同、色彩杂乱无章等诸多问题。因此，针对当前城市建筑色彩的混乱状况，除了采取合理的色彩规划设计和管理措施，加强对建筑色彩的系统研究则非常重要。

居住区住宅建筑的景观除了与住宅建筑的本身的类型、组合布局方式、建筑的比例尺度、建筑色彩有密切关系外，还要受居住区地形、地貌、绿化、水景、建筑小品、环境设施和居住者素质等元素的配置和协调的影响、在进行居住区环境景观的设计过程中，应将这些元素综合加以考虑，力求创造出适宜人们日常生活的完美空间，使居民享受到安全、方便、安静、清幽的居住环境。

（三）居住区环境景观设计着手点

1. 考虑因地制宜地进行设计布局

（1）考虑当地的气候、民风、民俗、生活习惯和周围环境特点，并了解该地的历史与现状，掌握其发展趋势。这种因地制宜的自然环境与人联系，与历史环境相结合，贯彻生态原则、文化原则的设计布局，最易于为当地居民接受和认同。

（2）考虑基地内的原有地形地貌的不同的形态，在对居住区景观环境进行总体布局时，首先以贯彻“尊重自然”与“可持续发展”的思想，在尊重原有自然地形地貌条件，维护和保持基地原有的自然生态平衡的基础上进行布局设计。比如，包括山水地形的处理、水体的设计、活动场地的布置及与绿化场地的界限划分、景观建筑的布置与营建、景观小品和山石小景的点缀、室外家具的设置、景观照明的布局等。

（3）考虑利用居住区外部的自然景观资源。居民的居住环境一般可以分为两大类，即居住室外环境和居住室内环境。在现代化城市中，衡量人们居住生活水平的标志，就在于整个居住环境的质量。在设计时，需运用各种造景手法，将居住区周围有观赏价值的自然、人文景观资源纳入到居住区的景观序列中，或为视觉交点，或遥相呼应，创造出居住区宜人的自然山水景观。

2. 考虑景观空间创造的多样性

一个好的居住环境，应该让生活在其中的居民感到安全、方便、舒适。景观空间的设计应通过居住区景观环境绿色活动空间的创造，满足不同社会群体、年龄层次及不同兴趣爱好的群体的需要，满足居民进行各项户外活动的需要。景观空间的设计，也应该动、静结合，开、闭相间。通过对地下、半地下车库的地形处理、架空层的利用等，营造多层次的立体绿色景观活动空间。利用高低错落、层次丰富的树木花草、花坛坐凳、山石小品，使居住区户外活动空间掩映在一片绿树丛中，使户外活动空间在形式、内容、性质、景观等方面呈现出多样性，达到生态化、功能化、景观化、便捷化、多样化。

3. 考虑植物景观创造的生态性

（1）以植物造景为主，形成层次丰富，点、线、面相结合的绿色景观系统　居住区的环境绿化是居住环境形象的外在表现，具有非常现实的物质和精神功能。不仅能起到遮阳、隔声、防风沙、杀菌防病、净化空气、改善小气候等诸多功能，而且能美化环境、增强居民的认同感和归属意识。点，指居住区中的公共绿地、组团绿地，是居住区绿色景观系统中的景观节点，是居住区居民进行户外活动的公共活动空间。线，指居住区中的道路景观绿化、居住区周围的防护性绿化带。面，指居住区中面积最大，与居民日常生活最为贴近的宅旁绿地。

（2）增加植物多样性，构筑稳定的生态植物群落　增加植物多样性，包括植物景观层次上的多样性，植物品种的多样性和景观色彩上的多样性。在居住区环境景观设计中，增加植物品种的多样性，形成自然植物群落的生态布局，既能增加绿量，提高植物群落的生态效益；也是植物造景的需要，可以形成层次、色彩丰富、多样的植物景观。为形成稳定的生态植物群落，在植物的选择上，要注重适地适树，选择乡土树种。由乡土树种组成的植物群落，结构稳定，长势良好，还能体现出居住区环境景观的地方特色。

（3）立体绿化，增加居住区的绿量和生态效果 立体绿化，包括屋顶绿化、墙面绿化、阳台窗台绿化、棚架绿化等，是一种不占用地面的绿化形式，可以增加绿地面积，进一步地将绿色景观与建筑有机结合，使绿色空间与建筑室内空间互相交融、渗透。立体绿化不仅能增加居住区的绿量，软化建筑平直的线条，使建筑与绿地形成自然过渡，而且还能减少屋顶、墙面材料的热辐射，减少局部的热岛效应，改善居住区的小气候，屋顶绿化就像在建筑顶面增加的隔热层，能降低顶层住户的室内温度，产生生态的环保节能效果。

五、高层居住区景观设计要点

高层住宅 19 世纪末于欧洲大陆出现后，在美国得到了快速的发展。其主要原因是钢铁技术和新的建筑材料得到了广泛的应用。然而，高层住宅突破了人们传统观念对于住宅的理解，所以其发展一直是在争论中前行的。高层居住区作为现代大中城市的主流居住模式，其小区环境的空间、功能、技术等各方面，都呈现出和以往多层居住区环境大不相同的特征，环境景观的设计及研究也成为现代建筑师必须面对的难题和挑战。

当前我国城市化进程正处于飞速发展的时期，城市化进程的加快导致了城市人口的急剧增加，而与此相对应的是土地供应的紧张，城市化的发展需要更多的建设用地指标来满足社会经济快速发展的需求，在这种双重压力下，土地资源利用效率就得到了前所未有的重视。对于居住空间来说，采用集约化的居住形式是解决人生存居住问题的重要途径之一。而高层住宅对于土地具有较高的利用效率，在同样面积的土地上可以满足更多人的居住需求，成为解决城市人居空间紧张的有效途径。

近年来，全国大多数城市都逐渐停止城市市区范围内多层住宅的审批，转而大力推行高层住宅建设政策，高层居住区将成为城市未来的主要及必要居住模式。而居住区环境景观是整个居住区物质形态以及精神形态的重要组成部分，良好的居住区环境景观有助于人类生存、发展乃至实现更高层次的需求，成为人类居住生活的一种外延和调剂，也是人们潜意识里回归自然、追求意境需求在现实生活中的具体表现，同时对于构建良好的城市生态环境、城市景观也起到了积极的促进作用。

随着 21 世纪初我国商品房市场的快速发展，市场竞争的日益激烈，居住区无论是住宅内部户型设计还是外部环境景观品质都有了巨大的提升，同样的地块，在相同的条件下，高品质的居住区环境可以提高住宅的销售价格和入住率，为开发企业带来高额的利润的同时还能树立房产企业形象和品牌，这也使得开发商对于环境景观的重视程度越来越高，推动了居住区环境景观品质的进一步提升，因此，对于高层居住区环境景观规划设计的研究就显得十分具有意义。

（一）高层居住区环境景观目前存在的不足

高层居住区进入人们的生活时间不是很长，是一个新兴居住模式，缺乏对其环境景观的相关理论和实践研究，在进行相关规划设计时，大多沿用传统多层居住区环境景观的营造思路与手法，忽略了其本身的属性和特征，带来了一系列问题，例如景观尺度的混乱。相比多层居住区，高层居住区的环境空间尺度巨大，第五立面景观又需要大尺度景观来满足高层居民的观景需求，因此，很多高层居住区景观设计为了满足高视点景观效果，过分追求居住区景观的超大尺度以及图案化，忽略了近人景观以及亲切舒适的景观尺度，使得行走在地面或是低楼层的居民对景观产生疏远感。另一种现象就是完全沿用多层居住区景观尺度和设计的手法，基本全为近人景观，从高视点俯视底部景观比较零碎，缺少整体性。高层居住区环境景观目前存在的另一个不足就是开发商对于居住区环境景观的过分追求导致了居住区环境景观的“奢侈化”，对于环境资源造成了浪费，也使居民对居住环境形成了不理性的认识，忽略环境景观的生态性与舒适性，片面的追求豪华奢侈的环境景观，脱离了对居住区环境景观的本质需求。因此，需要对高层居住区环境景观进行系统、全面的研究来指导开发商进行正确、合理的环境景观规划设计与建设，引导居民对环境景观有一个健康、理性认识营造自然舒适的高层居住区环境景观。

（二）高层居住区景观设计的主要内容

工程实践证明，高层居住区景观设计除了居住区景观设计的常规方法外，针对高层住宅的特点，有相应的设计方法，并要按照如下主要内容进行设计。

1. 总体布局设计

在进行高层居住区景观设计之初，应根据居住区的实践进行全局化总体规划，结合建筑、景观规划等专业设计人员，做到建筑与景观统筹设计，使建筑作为特有的景观元素融入大环境中。景观在满足空间变化的基础上，形式美感呼之欲出，各种设计元素和自然元素有机融合在一起，组成一幅立体美图。另外，还要考虑到不同时段各类高层建筑景观的变化，对近期和远期发展做整体性规划。

2. 消防组织设计

高层住宅对消防要求颇高，对消防通道、消防回车场地等方面都有严格要求。但需占用较多的土地资源，会影响景观的总体布局、道路设置和植物配植等，使硬质面积增加、道路形状单调、绿地面积缩小等，最终造成景观效果不佳，因此消防组织是高层住宅景观设计的重点。一般现代高层居住区设置地下停车场，并设计人行出口直接入户来实现真正的人车分流，必要的主消防通道往往和机动车道设计一体，形成环通的主路网。对规范要求设置建筑长边的消防通道，通过改变道路宽度处理为隐形消防通道，来满足规范。对于消防登高面的设计，采用入户铺装广场和绿地结合等形式的方法。消防功能与景观功能作为高层居住区的两个重要基本功能，通过合理的设计组织，解决了之间原本对立的矛盾。

3. 特殊空间景观设计

这里的特殊空间指架空层和空中花园。架空层能使建筑与环境完美结合，其分布建筑底层，设计上利用软、硬质景观搭配，通过石材、木材、水系、矮墙、植物等材料多种元素组合，使室内外的景观相互交织、渗透，为居民提供方便的休息、交流的场所。空中花园分两种，其一为将裙房屋顶的空间设计为公用空间，为上人屋面，布置小品和植物绿化，为住户提供一处休闲的活动场所；另一种为高层住宅的顶层，通常设计为非上人屋面，通过纯绿化的布置，来美化屋顶。

4. 环境绿化设计

高层居住区的绿化设计更注重层次的搭配，结合地形的营造、小品的构建形成丰富的景观空间。植物配置时需要筛选适合的绿化品种，地下停车场的设置，隔绝了植物与地气的连通环境，并使得种植土层厚度减少，需选用浅根性植物。建筑廊道处易形成通风口，需配置根系较深的乔灌木或低矮的地被植物。高层建筑背阴处和架空层内的绿化，则需考虑耐阴性极佳的植物。通过局部地形的堆塑和构筑物围合，营造小气候环境，设计适宜的植物栽植。

我国面临众多城市人口的居住需求，城市住宅受土地匮乏的制约，高层住宅仍是我国未来相当长时期城市住宅的主角。如何构建安全、舒适和优雅的高层居住区景观环境，还需要进一步完善，这是一个值得关注和重视的课题。

六、居住区景观规划设计的特色定位

1. 有特色的景观规划必须强调环境景观的共享性

我国居住区从几乎不考虑景观到逐步注重满足人们的需求，突出“以人为核心”，并关注居民生活的舒适性和功能性，这个进步的过程经历了将近半个世纪。每套住房都获得良好的景观环境效果，是设计的首要目的。规划设计时应尽可能地利用现有的自然环境创造人工景观，让人们都能够享受这些优美环境，共享居住区的环境资源。在此基础上，还要加强院落空间的领域性，利用各种环境要素丰富空间的层次，为人们提供相识，交流的场所，从而创造安静温馨、祥和安全、优美的居家环境。

2. 有特色的景观规划必须突出文脉的延续性

在进行居住区景观的规划设计中，必须要认识到文化特征的重要性，注重居住区所在地域自然环境及地方建筑景观的特征，在具体的居住区景观规划设计中，挖掘、提炼和发扬历史文化传统，并在规划中予以体现。还要注意到居住区环境文化构成的丰富性、延续性与多元性，使居住区环境具有高层次的文化品位与特色。

3. 有特色的景观规划必须注意发展艺术的个性

城市居住区的景观设计不应当盲目模仿、抄袭，要根据实际尽可能进行创新。同时环境景观更加关注居民生活的方便、健康与舒适性，不仅为人所赏，还要为人所用。尽可能创造自然、舒适、亲近、宜人的景观空间，实现人与景观有机融合。

4. 有特色的景观规划必须注意可持续性和生态化

居住区环境景观质量的高低，不仅要体现艺术性的层面外，还要充分体现生态化的一面。微观的环境景观设计要通过环境设计为居民提供良好的日照、通风、阻隔噪声、防止尘埃、吸附有害气体的条件，同时对住区地域自然景观、自然生态及除人之外物种的尊重与关怀，实现住区地域生物的多样性。

七、城市居住区景观设计存在的问题分析

（1）居住区景观趋于雷同，缺少自身特色　当前，由于许多住宅区为求建设速度和环境效果的速成以及城市规划师、景观设计师的个人专业素质等原因，居住区景观出现了“框架化”、“标准化”建设，很多居住小区缺乏可识别性和独特特点。统一的造型，鲜艳的颜色，现代公寓建设似乎有了自己的一套定式。特别是近年来，不少地方的居住区建设盲目的崇尚国外景观的设计风格，从住宅建筑的外观样式到环境设计都采用欧陆风格，“欧陆风格”席卷我国的大江南北。居住区环境设计追求的是华贵的洛可可庭园、英式皇家庭园、意大利式玫瑰中心广场等，且被渲染为“典雅风格、欧陆情调”。这样抹杀自然本性，不顾人类最根本需求，不顾自身的文化背景和人们的喜闻乐见，一味追求新奇的做法，造成很多居住区景观千人一面、缺乏地方特色和风格。

（2）规划建设过于追求高档豪华　随着人们生活水平的提高，对生活质量的要求也越来越高。高质量、高标准、高品位的建设设施居住区越建越多，已经形成了一种追求“高档豪华”的攀比风气。这种建设模式更多的只考虑了少部分人的需要，对大部分人的需要并未做更多考虑。高档社区、豪华住宅大行其道，而普通老百姓所需要的中低档房却难觅踪影。这种为夸耀权势，通过材料和金钱营造的所谓“贵族生活”，迎合了人们追求洋气、高贵的心态，欧陆风格建筑在城市的居住区，尤其是高档居住区内流行。同时，片面追求新技术、新材料的运用，却对新技术新材料的运用要求和标准并没有完全掌握和合理控制，例如采用了双层真空玻璃意在加强保温隔热效果，却对窗框等细部不进行相应处理，导致实际保温隔热效果远低于设计效果，不仅没有降低能耗，反正加大了不必要的成本投入。这些做法已经不仅是建筑经济性的问题了，重要的是放弃了本地传统的建筑文化和风格，放弃了一个城市应有的城市风貌，使几乎一模一样的建筑出现在全国各地。

（3）重装饰轻功能，重人工轻自然　现在，小区的建设往往重装修，轻功能，重人工，轻自然，缺乏文化特色和地域性特色。再有，虽然有的局住区建设突出个性，但因片面追求形式，与周边环境难以协调，忽视了与城市肌理的延续关系，致使人工景观与自然环境不协调。如欧式风格一时盛行大江南北致使盲目追从，却对民族地域特色的建筑缺乏认识；为了美观一味追求大玻璃门窗、飘窗而不考虑节能问题；在装饰门面上下足功夫（如花岗岩的建筑墙面、地面），却不愿意把钱花在表面上看不到，却对居民日后生活及有影响的设施上（如保温节能）；为了销售上卖点突出，许多小区不管自身自然条件是否允许都喜欢做“水景”，却导致日后的运行维护困难，变成死水；绿化配置没有充分利用当地的物种，而是追求观赏性、稀缺性的名贵品种，造成不必要的资源浪费；大量运用草坪、硬质铺地，城市广场泛滥，设有下沉广场、喷泉水池、雕塑，结果造成宏伟有余而亲切不足，难以保证居住区开放空间应当带来的生态效果和缓解精神压力、愉悦神经的作用。事实上，相对于人工环境而言，自然环境具有其独特的魅力，具有天然的近人优势。居住区环境建设应逐步从追求超前铺张的人工环境，转向对丰富多彩的自然环境的欣赏与追求。

（4）盲目追求绿化效果和绿化率　在城市环境日益恶化的情况下，越来越多的人开始重视环境建设，重视居住区的绿化。房地产开发商们也应潮流而掀起了居住区的“绿化热”、“广场热”。这对于改善城市居民的生活环境提高居住区和城市的环境质量起到了一定的积极作用，但在建设中也出现了大量盲目追求绿化效果和绿化率的现象。由于广场等公建用地在计算技术经济指标时是计入绿地范围的，开发商片面追求形式美和利润率，居住区内的广场越建越大，草坪越铺越多。不少居住区将原有的土生的植物全部砍掉，再移入其他景观树。而景观树在吸附空气中的飘尘和有害气体、降低噪声等方面的能力远远低于土生土长的本地植物，在种植与养护过程中，其成本也比本地植物高。这不仅造成经济上的浪费严重，也是一种破坏生态的“伪生态”行为。

八、城市居住区景观设计的发展趋势

（一）生态化居住区的景观设计发展趋势

1. 对现代生态居住区的理解

随着人们生活水平的不断提高，人们对居住区的健康性、舒适性、生态和可持续性认可度的越来越高。建设生态居住区不仅是为了适应市场需求，更是顺应了 21 世纪全球经济自然社会可持续发展的战略态势，也符合我国国情，同时与全民生态意识逐渐与提高的现状相一致。因此，生态居住区将成为我国居住区发展的主流方向，是指广泛应用生态学原理，规划建设的结构合理功能，协调保护并高效利用一切自然资源与能源，采用可持续的发展模式，有完善的社会设施和基础设施，人工环境与自然环境相融合，文化遗产能够得到保护和继承，居民身心健康的城市居住区。

作为城市系统的一个重要组成部分，生态居住区是城市生态所必需的基本要素。生态居住区是在人居环境设计中按照生态学原理，符合可持续发展的原则，通过生态的设计方法，促进人居环境质量的提高和人与自然的和谐，人工设施与自然环境的和谐，将自然因素融入环境中的城市居住区。城市生态居住区还在经济性的基础上整体考虑构建人、社会、自然的完整和谐的系统，创造多样性的居住空间环境。由于生态居住区本身不能产生能源，是城市中能源消耗主体，建筑活动本身就会对生态环境产生巨大的影响和破坏作用，所以城市生态居住区更应该体现一种全新的环境意识，增强人们对生态环境的责任感，通过调整人居环境生态系统内的生态因子和生态关系使城市生态居住区成为具有自然生态和人工生态、自然环境和人工环境和谐共处、高度统一的可持续发展的理想人居环境。

2. 生态居住区的基本特点

作为城市的生态居住区，其最重要的特点就是节能与生态，以“绿色、生态、环保”为标志。一是在材料的选择、建筑的设计以及绿色植物的配置上，应尽可能节约资源与不可再生能源的消耗；二是从设计理念和设计手法上，应充分体现生态系统保护意识，坚持人与自然的和谐、可持续发展；三是在材料的选择上选用绿色建材和低污染无毒材料，确保对人的健康无害。生态居住区应具备合理的区位条件。生态居住区的建设应靠近生态环境好的区域，这样为建设提供了前提条件。首先要远离污染源，切不可布局在污染源的盛行风向的下方，或有严重污染的河道下游两旁。其次，生态居住区的区位可以考虑充分利用城市已有的大型绿地，按照“借景”原则，布局在绿地周围，或者沿城市绿带、水带布局，形成碧水环绕，绿意盎然的环境基质。此外，适宜的公共活动空间和完善的生活配套设施也是生态居住区的一大特态化居住点。公共活动空间和相应的设施应满足居民休息、聚会交往和社会活动、室外娱乐、运动和保持健康等需要。生活配套设施则应包括完善的物质、能量和信息输入输出系统，包括交通系统，通信系统，供水系统、供电系统、供热供暖系统、供气系统等。充分的社会保障系统，包括医疗卫生、邮政、银行、商业设施、保安设施等。合适的文化教育娱乐休憩系统，包括文化教育设施、娱乐设施和居民休憩设施等。

（二）多元风格的景观设计发展趋势

从居住区建筑风格和景观设计风格的角度来看，随着人们对居住环境认识的不断增强，未来中国的居住区风格将更加理性化，更加人性化。在人们审美意识不断提高的社会环境下，通过市场经济的选择与淘汰，如今盛行的“万国风格”将从盲目“从洋”回归理性，越来越多的居住区将采用更合适自身气质的建筑与环境风格，形成“百花争艳”的多元风格的发展趋势。个性化的居住区环境能赋予居民以亲切感、认同感、自豪感，为生活增添丰富的色彩和趣味。在这一个性特征的形成中，建筑物、环境要素乃至设施小品等都发挥着重要的作用。同一风格条件下建筑体形的错落变化、空间的丰富多样，同一系列中不同的环境设施的采用，以及绿化组景的差异都有助于形成具有识别性的特征环境的实现。

（三）高密发展下的立体景观设计发展趋势

随着城市化进程的快速推进和房地产市场的不断发展，作为稀缺资源的城市土地资源越来越少，人们对土地的利用程度也越来越高，城市居住区不断向高密发展。在这样的发展趋势下，居住区的景观设计也顺应“高密”，向立体化景观发展。立体绿化是居住区立体景观设计的一大发展方向。 它是指利用城市地面以上的各种不同立地条件，选择各类适宜植物，栽植于人工创造的环境，使绿色植物覆盖地面以上的各类建筑物、构筑物以及其他空间结构的表面，利用植物向空间发展的绿化方式。屋顶绿化、壁面绿化、挑台绿化、柱廊绿化、围栏、棚架等都是立体绿化的表现形式。立体的景观设计占地少，充分利用空间，可大大提高居住区的绿量和覆盖率，增强绿化的立体效果。通过美化楼顶、墙体等，可提高居住区的环境质量，软化建筑物的生硬轮廓，在有限的空间内创造出更为亲切、舒适的景观环境。

（四）城市居住区景观设计的其他新趋势

1. 强调环境景观的共享性

这是城市住房商品化的特征，应使每套住房都获得良好的景观环境效果，首先要强调居住区环境资源的均好和共享，在规划时应尽可能地利用现有的自然环境创造人工景观，让所有的住户能均匀享受这些优美环境。其次要强化围合功能强、形态各异、环境要素丰富、安全安静的院落空间，达到归属领域良好的效果，从而创造温馨、朴素、祥和的居家环境。

2. 强调环境景观的文化性

崇尚历史、崇尚文化是近来居住区景观设计的一大特点，开发商和设计师开始不再机械地割裂居住建筑和环境景观，开始在文化的大背景下进行居住区的规划和策划，通过建筑与环境艺术来表现历史文化的延续性。如杭州的“白荡海人家”、“江南山水”，苏州的“锦华苑”、“佳安别院”等居住区无一不是在传统文化中深入挖掘，从而开发出兼具历史感和时尚感的纯正的中国风格的作品。

3. 强调环境景观的艺术性

20 世纪 90 年代以前，“欧陆风格”影响到居住区的设计与建设时，曾盛行过欧陆风情式的环境景观，例如大面积的观赏草坪、模纹花坛、规则对称的路网、罗马柱廊、欧式线脚、喷泉、欧式雕像等。20 世纪 90 年代以后，居住区环境景观开始满足人们不断提升的审美需求，呈现出多元化的发展趋势，提倡简约明快的景观设计风格。同时环境景观更加关注居民生活的舒适性，不仅为人所赏，还为人所用。创造自然、舒适、亲近、宜人的景观空间，是居住区景观设计的又一趋势。

第三节　居住区公共服务设施规划和设计

居住区公共服务设施是为满足居民基本的物质生活和精神生活方面的需求而设置的，是城市公共服务设施系统的重要组成部分。城市化进程的快速发展，人民生活水平的不断提高，使居民的生活呈多元化发展，购物、旅游、健身、文化娱乐活动等，逐渐成为居民生活中必不可少的一部分。因此居住区公共服务设施包括的内容也逐渐增多，并且这些公共服务设施的规划和布置，也逐渐成为城市建设中重点设计的对象，成为城市居民生活的缩影，同时也体现着社会对人的关怀程度。

居住区公共服务设施和人们的户外活动关系密切，公共设施是促进人和自然直接对话的道具，起着协调人和环境关系的作用，帮助人们相互间清新自然地交往。居住区公共服务设施是丰富居民生活、完善小区的服务功能、提高小区质量的重要组成部分。居住区公共服务设施配置如何直接影响着居住区的设计水平，并在一定程度上体现到居住区的文明程度，是关系到居住区功能的重要因素。

一、居住区公共服务设施的内容和分类

为了方便住区居民的生活所需，城市各居民小区中需要设置各类相应的公共服务设施，来满足城市居民日常生活中购物、教育、娱乐、健身、游憩、社交等活动的需要。根据现行标准《城市公共设施规划规范》（GB 50442—2008）中的规定，公共服务设施（也称配套公建）主要应包括教育、医疗卫生、文化体育、商业服务、金融邮电、市政公用、行政管理等八类设施，居住区的公共服务设施是为本居住区服务的设施，根据不同的标准可有不同的类型。如果以居民使用性质进行分类，居住区公共服务设施大致可分为商业服务类、文化娱乐类、医疗和教育服务类、行政管理类、金融服务类、市政公用服务类等。

1. 商业服务类

商业服务类公共服务设施是居住区不可缺少的公共服务设施，是确保居民生活需要的重要条件，它是提供居民购物消费等日常生活所需的公共服务设施，包括集贸市场、百货店、服装店、超市、理发店、美容店、小吃部、菜市场、洗浴室、综合修理部等。

2. 文化娱乐类

随着人们物质和文化需求的提高，文化娱乐类公共服务设施已成为居住区重要的公共服务设施。文化娱乐类公共服务设施主要为居民提供休闲和娱乐活动服务，包括俱乐部、健身房、游泳池、球场、图书馆、阅览室、体育场、青少年活动站、老年活动中心等场所。

3. 医疗和教育服务类

医疗服务业是为全社会提供医疗卫生服务产品的要素、活动和关系的总和，关系到居住区居民的身体健康和生命。教育类公共服务设施是居民最关心的公共服务设施，关系居民及其子女的受教育质量。医疗和教育服务类包括医院、诊所、卫生室、卫生防疫站、幼儿园、托儿所、中小学等。

4. 行政管理类

为了维护居住区的正常秩序，加强对居住区的综合管理，设置行政管理类公共服务设施也是非常必要的。行政管理类的公共服务设施包括街道办事处、社区（居委会）、派出所、社区警务室、市政管理用房、社全服务中心、养（托）老院、老年公寓、物业管理等。

5. 金融服务类

金融服务是指金融机构运用货币交易手段融通有价物品，向金融活动参与者和顾客提供的共同受益、获得满足的活动。居住区的金融服务公共服务设施主要包括银行、储蓄所、证券交易中心、邮政局等部门。

6. 市政公用服务类

市政公用服务设施也是方便居民生活必需的重要设施，这类公共服务设施主要包括公共厕所、变（配）电室、高压水泵房、消防站、垃圾转运站、再生资源回收点、社会停车场等。

居住区内有种类丰富的公共服务设施，是居民日益丰富的物质生活和精神生活的表现，设置在居住区内诸多的公共服务设施，为居住区的居民生活提供了各方面的便利。丰富的生活空间、规划合理的居住环境，不仅提升了整个居住区的品位，也有利于塑造高品质城市环境形象。因此，在进行居住区景观规划设计时，也要重视居住区公共服务设施的设置。

二、公共服务设施设计的原则

（1）易用性　在现实生活中，很多具有明确产品属性的公共设施设计缺乏“可以被人容易和有效使用的能力”。

公共服务设施易用性通俗地讲就是指“（产品）是否好用或有多么好用”。它是有明确使用功能的公共设施设计时必须考虑的原则性问题，如垃圾桶开口的设计就既要考虑到防水功能，又不能因此使垃圾投掷产生困难，又或是人们在使用自动取款机时，如何可以不再使用容易忘记的密码确认方式，如何可以在操作完成后记得取回银行卡。这些都是公共设施设计时应该考虑的易用性原则。

（2）安全性　作为设置在公共环境中的公共服务设施，设计时必须考虑到参与者与使用者可能在使用过程中出现的任何行为。儿童的天性就是玩耍嬉闹，这是不能改变的，而能改变的是设施的设计，以儿童身高作为一个尺度，低于此高度的公共设施均应考虑到其材料、结构、工艺及形态的安全性，在设计伊始便尽量避免对使用者所造成的安全隐患，这就是公共设施设计的安全性原则。

（3）系统性　通常情况下，在公共休息区内，或在公共座椅的周围应设置垃圾桶，而垃圾桶的数量应与公共座椅的数量相匹配，太多会造成浪费。而太少则会诱使随意丢弃垃圾的行为。由此可见，公共座椅与垃圾桶之间存在着某种匹配关系。再如，健身设施周围相对集中的公共照明设施，便起到了引导人群使用的作用。而缺乏这种集中照明的公共设施，因缺乏引导性、安全性和交互性，健身设施在夜晚的使用率便相对较低。事实上，不仅如此，诸如卫生设施、休闲设施、便利性设施、健身设施等公共设施系统，它们之间及其内部均存在着自然匹配的关系。这种关系在设计时可以概括为系统性原则。

（4）审美性　公共服务设施是居住区重要的组成部分，也是城市景观中不可缺少的元素之一，它对于市容市貌的营造有着重要的推动作用。功能良好、形态优雅的公共服务设施在满足功能需要的同时还兼具美育的功能。因此，公共服务设施设计的审美性同样也是不容忽视的。功能良好与造型美观并不存在着不可调和的矛盾，一个设计合理且极具美感的公共服务设施，不但可以有效地提高其使用的频率，而且可以增进市民爱护公共服务设施、爱护公共环境的意识，增强市民对城市归属感和参与性。

（5）公平性　与私属性产品不同，公共设施更多地强调参与的均等与使用的公平，主要表现为公共服务设施应不受性别、年龄、文化背景与教育程度等因素的限制，而应被所有使用者公平的使用。这也正是公共设施区别于私属性产品的根本不同之处。公平性原则在设计中被表述为普适设计原则或广泛设计原则，在我国则较多的被表述为“无障碍设计”，而欧洲更多地使用“为所有人设计”的说法。事实上，如果将无障碍设计含义只简单理解公共设施中盲道、坡道等专供行为障碍者所使用的设施，是很不完全的。

这种设计原则应贯彻到所有的公共性产品之中，包括在任何一件公共服务设施中，设计者都应具体、深入、细致地体察不同性别、年龄、文化背景和生活习惯的使用者的行为差异与心理感受，而不仅是对行为障碍者、老年人、儿童或女性所表现出的“特殊”进行关照。人口老龄化的问题要求公共服务设施建设，必须要充分考虑建立健全老年服务设施。要以街道、社区为依托，以专业化服务为依靠，适当增加老年人休闲娱乐场所的建设。同时，要健全各类卫生服务设施，构筑现代化区域卫生服务体系。

（6）独特性 有些学者不将公共设施划归工业设计的范畴，其主要原因在于工业设计具有机器化、大批量生产的特征。而公共设施设计往往采用专项设计、小批量生产的特点，这与环境设计的特征具有相似之处，因而较多的将公共设施设计视为环境设计的延续。事实上，随着当代加工工艺与生产技术的进步，早期工业设计的大批量化生产正在向今天“人性化”、“个性化”的小批量生产方式转移。设计中“人”与“环境”的因素已经摆在了突出重要的位置予以考虑，这一点与公共设施设计的基本特点是一致的。而公共设施设计的独特性原则就在于设计者应根据其所处的文化背景、地域环境、城市规模等因素的差异，对相同的设施提供不同的解决方案，使其更好地与环境“场所”相融合。

（7）合理性 公共服务设施单体在满足自身的基本功能的同时不宜诱使使用者赋予其他功能。以公共座椅为例，公共座椅的主要功能是为公共宅间中穿行者或逗留者提供必要的休息空间，但这种“休息”的程度级别在于“坐”，而并非是“卧”。遗憾的是，许多城市的公共座椅长度被设计成大于150cm，中间又未设置扶手隔断，这样的座椅往往便成某些人的“睡床”。不但没有满足普通市民“坐”的需求，反而对周边环境产生负面影响。所谓材料合理主要是指公共设施的造价应与民众的普遍收入水平形成参照，设计师应优先考虑使用那些价格低廉、加工方便而又坚固耐用的材料。避免通过堆积昂贵材料的办法取得炫耀性的视觉效果。人为破坏公共服务设施的行为在任何城市都是不可避免的，只是发生的概率不同，市民的素质不应成为设计师规避责任的借口。

（8）环保性原则 自20世纪80年代开始，生态环境问题逐步成为备受关注的焦点，在设计领域也逐步出现了倡导环境保护的“绿色设计”。绿色设计的三原则简称“3R”，即减少、再利用、再循环。现已广泛地应用于绝大多数设计领域。公共设施同样应贯彻绿色设计原则，这绝不是设计几个分类垃圾桶所能解决的问题，它要求设计师在材料选择、设施结构、生产工艺、设施的使用与废弃处理等各个环节，都必须通盘考虑节约资源与环境保护的原则。

三、居住区公共服务设施布置的方法

居住区公共服务设施的布量应当围绕“方便居民使用”的基本原则进行。为了达到这个目的，首先根据公共服务设施的功能将其布置在居住区的中心或交通节点及人流集中的地段，以方便大多数居民的使用，同时也方便这些公共服务设施的管理与维修。在一般情况下，将居住区的公共服务设施分成居住区级、居住小区级和居住组团级三个级别，每个级别有各自合理的服务半径，根据服务半径布置各级公共服务设施。另外，对于分散布置的住宅，公共服务设施应当相对集中布置，但也不要过分集中在某个局部地段。

居住区公共服务设施的布置应相对集中一些，使这些服务设施成为居住区的中心。而居住区的中心则应以商业服务类设施和文化娱乐类设施为主，这些公共服务设施的布置方式有多种，主要包括沿街线状布置、独立地段成片集中布置和混合式布置等。

沿街线状布置的方式是指将商业服务类设施和文化娱乐类设施沿主要道路进行布置，并根据道路的性质和走向等因素进行综合考虑。同时由于文化娱乐和商业服务场所的人流量较大，容易引起道路交通问题，所以其位置应避免与繁忙的城市交通干线相冲突。如果道路的交通量不大，则可沿道路的两侧进行布置。而当道路交通较为繁忙，且鉴于功能所需必须布置在人流较多的道路旁时，最好的解决方法是在道路的一侧进行布置，这要比沿街道两侧布置更能缓解人流和车流相互干扰的程度。

如果将文化娱乐和商业服务设施布置在人流较多的交叉路口，最好的办法是使建筑物适量后退，在前面留出疏散人流的场地，以便使人流和车流得到合理的调节。此外，在一些人们需要停留时间较长的大型酒店、影剧院、歌剧院等场所，必须要考虑留出停车空地，并保证人行道的宽度。国内外实践表明，沿街布置文化娱乐和商业服务设施还有一种比较理想的方式，即采用商业步行街的形式，这种布置不仅能保证居民的安全，还有利于塑造生活气息浓郁的居住环境。

相对于采取沿街线状布置文化娱乐和商业服务设施的布置方式，独立成片成段的布置集中一些，采用哪一种布置方式对于居住区整体景观效果的塑造上均有较大的影响。此外为了方便居民的使用，在对文化娱乐和商业服务设施进行独立成片成段的布置时，往往需要根据不同的服务设施所具有的不同功能及行业特点进行集中分配，从而形成具有一定规模的文化娱乐和商业服务地段。在进行独立成片成段的布置集中布置时，还要注意建筑外观与整体居住区建筑的相互协调，另外还要提供疏通人流及货流、室外及室内的空间，以保证各项活动的正常进行。

沿街线形布置或独立成片成段的布置方法，有时并不能满足居住区文化娱乐和商业服务设施的分布要求，因此一种将沿街线形布置或独立成片成段两种方式的优点相结合，混合式的布置方式随之出现。文化娱乐和商业服务设施既要达到沿街的要求，又要以成片成段的有组织的形式出现；这种布置方式既节省街区空间，又集中了商业区范围，营造出合理的居住环境。这种采用混合式布置方式进行规划的公共服务设施街区，既展示了城市居住区景观的新面貌，也能更好地发挥了公共服务设施的社会功能。

居住区公共服务设施设计与人们的户外活动关系密切，有着协调人与环境的关系的作用，同时还兼顾着丰富市民生活、完善城市的服务功能、提高城市质量的作用。除此之外，好的公共设施设计还可以协调城市内各个建筑单体之间以及建筑单体与附近环境间存在的感官上的不和谐，使城市空间变得亲切宜居。作为城市环境的一个重要组成部分，居住区公共服务设施设计除了要充分考虑到它们的物质使用功能外，还要注重它的精神功能作用，提高其整体的艺术性。总之，居住区的公共服务设施类型多样、内容丰富、项目众多、要求较多，在具体规划布置时，一定要根据公共服务设施的功能要求和行业特点，结合居住区的基本类型、规模大小、地形地貌、交通道路、周围环境、功能要求、现行标准等因素适当安排，以便更好地为居住区的居民服务，创造良好的居住区景观和社区环境。

第四节　居住区绿地景观设计

居住区绿地是指在居住区用地范围内进行合理的植物配置，并结合场地的实际情况设计建筑小品等，形成方便居民使用且环境优美的绿色空间。随着城市的快速发展，人们的生存环境日益恶化，人们逐渐认识到保护生态环境，进行可持续发展的重要性。而居住区是人们的基本生活需要，随着整个社会环保意识的增强，世界环保呼声的提高，人们对居住区环境的质量也提出了更高的要求。当人们面对生态危机过程中，逐渐把生态思想引入居住区规划与建设，形成了生态型居住区的理论。在现代生态型居住区绿地景观规划过程中，如何应用生态学的设计原则，减少对居住区生态环境的破坏，创造人与自然和谐共处的环境，在这一方面作系统研究，对促进现代居住区的可持续发展有着重要的理论意义和现实意义。

一、居住区绿地包括内容和功能

在城市绿地系统中，居住区绿地是重要的组成部分，不仅占地面积比较大，而且也是居民日常接触最频繁的绿地，对居住区居民的生活环境和健康影响最大。居住区绿地包括的内容较多，最主要的有公共绿地、公共建筑和公用设施附属绿地、宅旁绿地、道路绿地以及地下或半地下建筑的屋顶绿地等。在这些居住区绿地中，公共绿地是指居住区公园、游园、住宅组团的小块绿地等，在居住区内供居民公共所有和使用的绿化用地。公共建筑和公用设施附属绿地通常包括医院、学校、图书馆、锅炉房等用地内的绿化。

居住区绿化是城市园林绿地系统中的重要组成部分，是改善城市生态环境的重要环节，为居民生活提供了广阔的绿色空间。城市的生活居住用地约占城市用地的50%～60%，而居住区用地占生活居住用地的45%～55%。在这大面积范围内的绿化，是城市点、线、面相结合中的“面”上绿化的一环，其面广量大，在城市绿地中分布最广、最接近居民、最为居民所经常使用，使人们在工余之际，能够生活、休息在花繁叶茂、富有生机、优美舒适的环境中。居住区绿化为人们创造了富有生活情趣的环境，是居住区环境质量好坏的重要标志。随着人民物质、文化生活水准的提高，不仅对居住建筑本身，而且对居住环境的要求也越来越高，因此，居住区绿地有着重要功能。

（1）居住区绿化以植物为主体，从而在净化空气、减少尘埃、吸收噪声，保护居住区环境方面有良好的作用，同时也有利于改善小气候、遮阳降温、调节湿度、降低风速，在炎夏静风时，由于温差而促进空气交换，造成微风。

（2）婀娜多姿的花草树木，丰富多彩的植物布置，以及少量的建筑小品、水体等点缀，并利用植物材料分隔空间，增加层次，美化居住区的面貌，使居住建筑群更显生动活泼，起到“佳则收之，俗则屏之”的作用。

（3）在良好的绿化环境下，组织、吸引居民的户外活动，使老人、少年儿童各得其所，能在就近的绿地中游憩、活动，使人赏心悦目，精神振奋，有助于人们消除疲劳、缓解精神压力，可形成良好的心理效应，创造良好的户外环境。

（4）居住区的绿地是以绿色植物为主，绿色植物有净化空气、调节气候、遮挡阳光、降低风速、防止风沙、减少噪声等多种生态功能，可以有效改善居住区环境质量。

（5）居住区绿化中选择既好看，又有经济价值的植物进行布置，使观赏、功能、经济三者结合起来，取得良好的效果。

(6) 在地震、战时利用绿地疏散人口，有着防灾避难、隐蔽建筑的作用，绿色植物还能过滤、吸收放射性物质，有利于保护人民的身体健康。

由此可见，居住区绿化对城市人工生态系统的平衡、城市面貌的美化、人们心理状态的调节都有显著的作用。近几年来，在居住区的建设中，不仅注重改进住宅建筑单体设计、商业服务设施的配套建设，而且重视居住环境质量的提高，在普遍绿化的基础上，注重艺术布局，崭新的建筑和优美的空间环境相结合。在我国各大城市中已建成了一大批花园式居住小区，鳞次栉比的住宅建筑群掩映于花园之中，把居民的日常生活与园林的观赏、游憩结合起来，使建筑艺术、园林艺术、文化艺术相结合，把物质文明与精神文明建设结合起来，体现在居住区的总体建设中。

二、居住区绿地规划设计的原则

居住区绿地的规划和设计以满足居民生活为目的，以为生活在喧闹都市的人们营造自然、生态的温馨家园为宗旨。因此，居住区绿地的规划和设计，应以充分发挥绿地功能为前提，同时本着注重生态、因地制宜、以人为本、经济适用、美化环境、塑造场所精神等原则，为居民提供一个良好的级化环境。

1. 注重生态的原则

随着工业革命带来的人居环境的恶化以及生态学的发展，居住环境生态设计的思想应运而生。所谓的生态设计就是在整个设计过程中遵循“以环境为中心”的可持续发展的原则，简单而言，它是指运用生态学原理对某一尺度的场地进行规划设计，着重营造体现自然生态环境和植物群落景观的空间。居住区绿地设计就要融入生态与可持续发展思想，将人工环境与自然环境有机结合在一起，一方面满足人类接近自然、回归自然的情感需求；另一方面促进自然环境系统的平衡发展，使人与自然高度和谐。

2. 以人为本的原则

居住区环境是人类生活的基本条件，人是居住区的主体，因此居住区绿地设计要体现以人为本的原则。在新的时代条件下，居民的户外活动逐渐丰富，对休闲、健身、交往空间提出了新的需求，因此居住区绿地设计过程中就需要针对不同人群的需求特点进行环境设计，体现空间的适用性和多样性，从而为住户提供多样化的室外休闲公共活动空间。

3. 因地制宜的原则

城市绿化具有明显的地域特色，不同的城市有不同的建设形态，不同的表现方式，其绿化的形态也是不同的。因地制宜原则就是要求城市绿化要充分利用丰富的自然资源和人文资源，结合自身实际，突出城市特色，逐步建立科学、完整的城市绿化体系。因此，城市绿化确立因地制宜作为其基本原则是城市绿化自身特点的必然要求。

因地制宜原则是城市生态绿化的保证。由于城市环境多样，系统复杂和相互影响，城市绿化必须坚持因地制宜，根据土壤、环境、位置和功能等综合因素，适应和利用城市特殊小气候、土壤和地下环境，促进栽种植物及建成群落与城市环境的适应性和稳定性，提高绿地系统的自维持机制。不注重因地制宜的原则，盲目照搬异地和其他国绿化模式，跟风赶时髦、长官意志、代价极大，生态和景观功能也得不到保证，这在我国一些地方的城市绿化中已得到验证，应引起特别重视。因此，城市绿化（包括居住区绿地）要将因地制宜作为其基本原则之一，从基本原则的高度确保其贯彻于城市绿化活动的整个过程。

居住区绿地规划设计应遵循因地制宜的原则，尽可能充分利用居住区原有的地形和地貌，并尽量利用劣地、坡地、洼地等进行绿化，以节约城市的用地。另外，要充分结合原有的绿化、构筑物、湖水等条件进行场地及建筑小品的规划设计，突出居住区的特色。

4. 经济适用的原则

居住区绿地是一项面广量大的绿化工程，也是投资巨大、见效缓慢的工作，在进行居住区绿地规划设计中应本着经济适用的原则，优先选择当地的优良绿化植物品种，也可根据居住区的实际需要适当选择一些适应性强、观赏价值高的外地植物，改善居住区植物种植的结构，但不应一味地追求名贵花木品种，应以价格低廉、成活率高、容易管理、生长较快、维护简单的植物为主。

在居住区绿地规划设计中，应当充分利用原有的地形地貌和景观，尽量减少土方工程的开挖和运输，用最少的投入、最简单的维护，达到设计与当地风土人情及文化氛围相融合的景观艺术效果。

5. 美化环境的原则

居住区绿地规划设计要求为人们的各项日常生活及休闲活动提供一个美丽适宜的绿化空间，满足不同年龄段居民的使用要求，因此在绿地的设计过程中，不仅要考虑居住区景观的美化，而且还要考虑居民的生活方式、使用原则等方面因素，突出“家园”的环境特色。通过对居住区绿地规划设计，赋予环境景观亲切宜人的艺术感召力，通过美化生活环境，体现社区文化，促进人际交往和精神文明建设，并提倡公共参与设计、建设和管理。

6. 塑造场所精神的原则

场所精神从广义方面可理解为所在地方的地理、气候、风土等自然精神和它所孕育的人文精神。狭义方面则是指景观所在基地的地形地貌等自然条件和历史文化条件的利用及表现。很多人在设计过程中将居住区绿地看作是外在于人的生命存在的“物”来看待，结果会造成设计的形式浮华空洞，根本没有气质。实际上我们人类赖以生存的每一片土地都有它的内涵特质，这种内涵特质是在自然与人文历史的过程中逐渐形成的。因此，居住区绿地设计只有充分尊重所在场地的内涵特质，才有其存在的价值和意义，也才能避免当前居住区设计中盲目地追求洋设计。

三、居住区绿地的组成及要求

设施完善的居住除住宅外大致还配合有小型公共绿地、幼儿园、托儿所、中小学等组成，因此居住的绿地也与之相联系。居住区绿地主要由小型公共绿地、宅旁绿地和居住区道路绿化组成。

1. 小型公共绿地

城市绿地系统是城市生态系统的子系统，是由城市中不同类型、性质和规模的各种绿地共同构成的一个稳定持久的城市绿色环境体系，具有系统性、整体性、连续性、动态稳定性、多功能性、地域性的特征。城市小型公共绿地是城市绿地系统的一部分，具体是指满足规定的日照要求、适合于安排游憩活动设施的、供居民共享的游憩绿地，包括居住区公园、小游园和组团绿地及其他块状带状绿地等。随着经济的发展和人民生活水平的提高，人们对环境质量的要求也越来越高。优化人居环境，改善自然生态，已成为市民的共同呼声。城市绿地可以起到净化空气、水体和土壤等作用，能在生态环境保护中发挥积极作。无论尺度大小，城市小型公共绿地都有重要的景观价值和社会价值，不仅能改善城市环境，还可以为人民提供游憩和锻炼的场所，促进住区居民的身心健康，提高居住区居民的生活质量。

公共绿地是满足规定的日照要求、适合于安排游憩活动设施的、供居民共享的游憩绿地，应包括居住区公园、小游园和组团绿地及其他块状带状绿地等。居住区内如果有起伏的地形、河湖可利用，或不宜建筑的用地，可以辟作小型公共绿地，供附近居民和儿童休息，游玩或文化、体育活动之用。其设施一般都比较简单，以种植花草、树木为主，有条件的也可适当点缀小型园林建筑亭、廊、花架等，这类绿地要求与周围居住建筑密切联系又要保持安静。

2. 宅旁绿地

宅旁绿地是分布在居住建筑前后的绿地，是配合住宅的类型、居住建筑的平面关系、层数高低、间距大小、向阳或背阴以及建筑组合的形式等因素进行布置的，是居住区中面积最多的一种绿地。宅旁绿地属于居住建筑用地的一部分，是居住区绿地中重要的组成部分。在居住小区用地平衡表中，只反应公共绿地的面积与百分比，宅旁绿地面积不计入公共绿地指标，而一般宅旁绿化面积比公共绿地面积指标大 2 ～ 3 倍。宅旁绿地是住宅内部空间的延续和补充，与居民日常生活息息相关。结合宅旁绿地可开展儿童林间嬉戏、邻里交往以及晾晒衣物等各种家务活动，使邻里乡亲密切了人际关系，具有浓厚的生活气息，可较大程度地缓解现代住宅单元楼的封闭隔离感，可协调以家庭为单位的私密性和以宅旁绿地为纽带的社会交往活动。

宅旁绿地作为居住区绿地的重要组成部分，是居民日常休闲和交往的重要场所，对居住区住宅建筑起到了美化、装饰的效果，合理地设计宅旁绿地，能使绿地景观与建筑景观相映成趣，同时也能提升整个居住区绿地系统所产生的效益。宅旁绿地的设计必须密切注意要防风、防尘、减少太阳辐射热，以及保证良好的光照、通风和美化等功能上的要求。布置方式均受居住区内建筑形式、建筑密度、间距大小、建筑层数以及朝向等所决定。在朝南一面的种植要注意不影响建筑采光和通风，东西两侧可种植高大乔木以遮挡夏季烈日的照射，北面、西面、可种耐阴植物，并阻挡冬季寒风。

3. 居住区道路绿化

居住区道路绿化如同绿色的网络，将居住区各类绿化有机联系起来，这是居民上班工作和日常生活的必经之地，对居住区的绿化面貌有着极大的影响。居住区道路绿化有利于居住区的通风，改善居住区的小气候，减少交通噪声的影响。另外，还可以起到保护路面、美化街景的作用。这种绿化方式可以以少量的用地，大量增加居住区的绿化覆盖面积。

道路绿化布置的方式，要结合道路横断面、道路所处的位置、地上地下管线状况等进行综合考虑。居住区道路不仅是交通、职工上下班的通道，往往也是居民散步的场所。所以主要居住区的道路应绿树成荫，树木配植的方式，树种的选择应不同于城市街道，形成不同于市区街道的气氛，使乔木、灌木、绿篱、草地、花卉相结合，显得更为生动活泼。居住区内道路绿化与城市街道绿化有不少共同之处，但因交通人流量不大，道路宽度较小，一般为 3 ～ 6m，道路的类型也较少，树种宜选择中、小乔木，如女贞、三角枫、五角枫等。

四、居住区绿地设计的内容

1. 绿地总体布局

居住区绿地包括公共绿地、公共建筑和公用设施附属绿地、宅旁和庭院绿地及街道绿地。

因此在设计时必须建立绿地系统的理念，突出生态网络的思想。第一是将居住区绿地和城市绿地系统统一规划，整体加以考虑；第二是将居住区内各公共绿地视作一个整体，以道路联系中心绿地、组团绿地、宅旁绿地等组成系统，点、线、面相结合，与居住区内的建筑、环境和空间相协调，形成绿地开放空间系统。

绿地的总体布局要尽可能合理地利用原址的地形、地物、植被等，注意绿地集中和绿地分散的关系处理，采取环型、带型、节点型等布局形式。在一些容积率较高的高层楼房住宅区，采用集中做大绿化的手法，可以产生较好的空间开阔感，为绝大多数的住户创造优美的室外景观，并拥有良好的视野。对于以中低层为主的居住区，可以将环境设计的重心放在楼间绿地，结合场地特点，通过混合式布局，从基本的景观要素入手，又加以特色处理增强其标识性与适配性，塑造大小不一、形态亲切怡人的风景庭院。如杭州秋水苑住宅小区将住宅建筑在集中绿地边交错排列，将适当面积的集中绿地向各个庭院空间渗透，使大片集中绿地化整为零，渗透到家家户户。

2. 进行空间组织

所谓空间，日本建筑师芦原义信认为："空间基本上是一个物体和感觉它的人之间产生相互关系中发生的。"居住区中的绿地是人们主要的日常休闲场所，也是人们渴望绿色、亲近自然的一份美的情感，因此创造人性化的绿地空间，重要的一点就是保证绿地的可达性。

人的行为需求有生理需要、心理需要和情感需要，行为活动有必要性活动、选择性活动和社交性活动。不同的年龄、不同的文化背景、不同性格的人群，他们的活动形式和要求的空间是不一样的，在设计中应充分考虑居民各种户外活动的需求，明确划分空间领域层次，创造公共空间、半公共空间、半私密空间、私密空间等可供不同年龄和性别的居民闲暇时交往、聊天、健身和进行多种活动的场所。

居住区中老年人对绿地的使用率最高，而老年人的从众心理和独处心理比较突出，因此适合老人的绿地空间应该有不同程度的开放与私密性，以满足老人不同类型聚集交往和安静休息、思考的需求。如在健身区，景观设计要追求开阔、大方、闲适的效果，可以使老人进行球类、拳术、器械等健身活动，园路用卵石设计成健身步行道，同时应在空间四周布置绿阴和座椅，为老人活动后休息提供方便。而在休憩区，景观设计则需体现幽静、浪漫、温馨的意旨，可利用树荫、花架、凉棚等创造私密性空间，供老人观望、晒太阳、聊天等，场地要有足够的座椅等设施。

3. 绿化植物配置

植物配置在居住区绿地设计中占有重要的地位，居住区的植物配置不仅是利用乔木、灌木、藤本、草本植物来营造视觉效果的景观，同时追求生态化与多样化，以植物学、环境学、生态学等为基础，根据生物的共生、循环、竞争等生态学原理，因地制宜，使居住区绿地景观生态系统与自然界的植物、动物、微生物及环境因子组成有机整体，体现环境多样性、景观多样性，创造舒适、卫生、宁静的生态环境。

"生态设计的最深层的含义就是为生物多样性而设计"。在自然界中，植物之间的存在竞争、共生、寄生、他感等关系，因此在进行植物配置时，应当考虑植物种类之间的关系，乔木、灌木、地被植物相结合，以及群植、片植、孤植等多种种植方式相结合，通过多样的植物种类和复杂的结构达到植物群落的稳定，营造生物多样性的景观。同时，突出特色种植，采用主题园形式，形成主题化的绿色景观。

植物配置还要注重地域特色，考虑观赏性与乡土化的关系。以当地优良的乡土树种作为绿地植物配置的主体，合理使用外来树种，点缀少量各类观赏性植物，通过常绿、落叶植物相结合，观花、观叶、观果、观干植物结合来形成多样性、艺术化的景观。

在植物品种的布局上，还要充分考虑园林植物的医疗保健作用。在植物造景的前提下，适当的多运用松柏类植物、香料植物和香花类植物，这些植物的叶片或花，可分泌一些芳香类物质，不仅对空气中的细菌有杀伤作用，而且人呼吸这类芳香物质，有提神醒脑、沁心健身的作用。

4. 视觉景观设计

一个好的住宅区园林设计作品，只有在数量、质量、空间构图、环境协调、艺术布局等方面，进行巧妙的园林空间与时间序列的苦心经营，才能达到兼具功能、艺术效果，构成生动的意境。具体而言，居住区绿地视觉景观设计包含景观空间设计和设施小品设计。

景观空间设计是从人类的视觉形象感受要求出发，根据美学规律，将场地内的实体景物进行空间排列布置。利用植物、水体、廊架、小品、山石等合理划分环境空间，采用大小、高低、疏密、明暗、虚实、动静等对比手法，通过巧妙的借景、障景、围合、隔断等手段，设计出不同尺度、形态、围合程度的空间，形成远、中、近多层次的空间深度，获得园中园、景中景的效果，产生优美的视觉景观形象。如将园路随地形变化而起伏，随景观布局需要而弯曲、转折，在折弯处布置树丛、小品、山石，增加沿路趣味。

设施小品包括亭、廊、榭、棚架、水池、花坛、花台、栏杆、坐椅、雕塑等，在绿地中适当布置，可丰富绿地内容，起到点缀景观的作用，设计时要把握尺度感，宜小不宜大，宜精不宜粗，宜轻巧不宜笨拙，不能片面追求豪华和排场，必须适合居住区的特点。设计时还可借助诗词、匾额、对联及时令气候变化赋予诗的意境美。

5. 体现场所精神

场所感也称地方感，来自对场所精神或地方风土的认同。场所精神中的核心问题是除了要有空间外，还要具有环境特征，包括规划设计用地及周边地区的历史特征，业主的背景与业主所代表场所的隐喻和延伸等都是创造场所精神的源泉。

每个居住区所在的环境都是唯一的，都有它自己的地方特征和自然特色，居住区绿地设计中场所精神的表达主要表现为对传统的尊重和对话。绿地景观设计不仅是栽花种树、堆山凿池，而是运用心灵的智能与情感，场所精神作为一种含义符号，不但使居住的传统意义得到延续，使居住在空间形态上表现出历史的统一性和稳定性，同时人的精神在传统的再现中找到寄托，让居民对家园产生认同感与归属感。天津万科水晶城现址原来是天津玻璃厂厂址，在设计时精心保留下来的、活生生的、沉淀着历史遗迹的元素，即老建筑、几排树、一条废弃的铁路、几根柱子等，在小区新的场景中展现其沧桑的魅力。兰州国芳国际曦华源住宅小区的环境设计中，将兰州史上的伏羲文化、丝绸之路、左公屯守、西部纺织等作为题材，进行地方性和历史感的景观和小品设计。

随着社会的发展，人们对居住环境的要求也日益提高，必须将艺术文化内涵和生态园林的科学内容充实到绿地的规划设计中，既体现居住绿地景观的个性与差异性，同时满足人们不同的，多样化的需求，创造可持续发展的人居环境。

五、居住区各类绿地设计

我国城市居住区规划设计规范规定，居住区绿地应包括公共绿地、宅旁绿地、配套公用建筑所属绿地和道路绿地等。而居住区内的公共绿地，应根据居住区不同的规划组织、结构、类型，设置相应的中心公共绿地，包括居住区公园、小游园和组团绿地（组团级），以及儿童游乐场和其他块状、带状的公共绿地。

居住区绿地规划应与居住区总体规划紧密结合，要做到统一规划，合理组织布局，采用集中与分散，重点与一般相结合的原则，形成以中心公共绿地为核心，道路绿地为网络，庭院与空间绿化为基础，集点、线、面为一体的绿地系统。

（一）居住区公共绿地

居住区公共绿地是居民公共使用的绿地，其功能同城市公园绿地不完全相同，主要服务于小区居民的休息、交往和娱乐等，有利于居民心理、生理的健康。居住区公共绿地集中反映了小区绿地质量水平，一般要求有较高的设计水平和一定的艺术效果，是居住区绿化的重点地带。

公共绿地以植物材料为主，与自然地形、山水和建筑小品等构成不同功能、变化丰富的空间，为居民提供各种特色的空间。居住区公共绿地应位置适中，靠近小区主路，适宜于各年龄组的居民前去使用；应根据居住区不同的规划组织、结构、类型布置，常与老人、青少年及儿童活动场地相结合。

公共绿地根据居住区规划结构的形式分为居住区公园、居住小区中心游园、居住生活单元组团绿地以及儿童游戏场和其他块状、带状公共绿地等。

1. 居住区公园

居住区公园为居住区配套建设的集中绿地，服务于全居住区的居民，面积较大，相当于城市小型公园。公园内的设施比较丰富，有各年龄组休息、活动用地。此类公园面积不宜过大，位置设计适中，服务半径为500～1000m。该类绿地与居民的生活息息相关，为方便居民使用，常常规划在居住区中心地段，居民步行约10分钟可以到达。可与居住区的公共建筑、社会服务设施结合布置，形成居住区的公共活动中心，以利于提高使用效率，节约用地。公园有功能分区、景区划分，除了花草树木以外，有一定比例的建筑、活动场地和设施、园林小品，应能满足居民对游憩、散步、运动、健身、游览、游乐、服务、管理等方面的需求。

居住区公园与城市公园相比，游人成分单一，主要是本居住区的居民，游园时间比较集中，多在早晚，特别夏季的晚上。因此，要在绿地中加强照明设施，避免人们在植物丛中因黑暗而遇到危险。另外，也可利用一些香花植物进行配置，如白兰花、玉兰、含笑、腊梅、丁香、桂花、结香、栀子、玫瑰、素馨等，形成居住区公园的特色。

居住公园是城市绿地系统中最基本而活跃的部分，是城市绿化空间的延续，又是最接近居民的生活环境。因此，在规划设计上有与城市公园不同的特点，不宜照搬或模仿城市公园，也不是公园的缩小或公园的一角。在进行设计时要特别注重居住区居民的使用要求，适宜于活动的广场、充满情趣的雕塑、园林小品、疏林草地、儿童活动场所、停坐休息设施等应该重点考虑。

居住区公园内设施要齐全，最好有体育活动场所和运动器械，适应各年龄组活动的游戏及小卖部、茶室、棋牌室、花坛、亭廊、雕塑等活动设施和丰富的四季景观的植物配置。以植物造景为主，首先保证树木茂盛、绿草茵茵，设置树木、草坪、花卉、铺装地面、庭院灯、凉亭、花架、雕塑、凳、桌、儿童游戏设施、老年人和成年人休息场地、健身场地、多功能运动场地、小卖部、服务部等主要设施。并且宜保留和利用规划或改造范围内的地形、地貌及已有的树木和绿地。

居住区公园户外活动时间较长、频率较高的使用对象是儿童及老年人。因此在规划中内容的设置、位置的安排、形式的选择均要考虑其使用方便，在老人活动、休息区，可适当地多种一些常绿树。专供青少年活动的场地不要设在交叉路口，其选址应既要方便青少年集中活动，又要避免交通事故，其中活动空间的大小、设施内容的多少可根据年龄不同、性别不同合理布置；植物配置应选用夏季遮荫效果好的落叶大乔木，结合活动设施布置疏林地。可用常绿绿篱分隔空间和绿地外围，并成行种植大乔木以减弱喧闹声对周围住户的影响。观赏花木、草坪、草花等。在大树下加以铺装石凳、桌、椅，以利老人坐息或看管孩子游戏。在体育运动场地外围，可种植冠幅较大、生长健壮的大乔木，为运动者休息时遮阴。

自然开敞的中心绿地，是小区中面积较大的集中绿地，也是整个小区视线的焦点，为了在密集的楼宇间营造一块视觉开阔的构图空间，植物景观配置上应注重平面轮廓线要与建筑协调，以乔、灌木群植于边缘隔离带，绿地中间可配置地被植物和草坪，点缀树形优美的孤植乔木或树丛、树群。人们漫步在中心绿地里有一种似投入自然怀抱、远离城市的感受。

2. 居住区小游园

小游园面积相对较小，功能亦较简单，为居住小区内居民就近使用，为居民提供茶余饭后活动休息的场所。它的主要服务对象是老人和少年儿童，内部可设置较为简单的游憩、文体设施，如儿童游戏设施、健身场地、休息场地、小型多功能运动场地、树木花草、铺装地面、庭院灯、凉亭、花架、凳、桌等，以满足小区居民游戏、休息、散步、运动、健身的需求。

居住区小游园的服务半径一般为300～500m。此类绿地的设置多与小区的公共中心结合，方便居民使用。也可以设置在街道一侧，创造一个市民与小区居民共享的公共绿化空间。当小游园贯穿小区时，居民前往的路程大为缩短，如绿色长廊一样形成一条景观带，使整个小区的风景更为丰满。由于居民利用率高，因而在植物配置上要求精心、细致、耐用。

小游园以植物造景为主，考虑四季景观。如要体现春景，可种植垂柳、玉兰、迎春、连翘、海棠、樱花、碧桃等，使得春日时节，杨柳青青，春花灼灼。而在复园，则宜选悬铃木、栾树、合欢、木槿、石榴、凌霄、蜀葵等，炎炎夏日，绿树成荫，繁花似锦。

在小游园因地制宜地设置花坛、花境、花台、花架、花钵等植物应用形式，有很强的装饰效果和实用功能，为人们休息、游玩创造良好的条件。起伏的地形使植物在层次上有变化、有景深，有阴面和阳面，有抑扬顿挫之感。如澳大利亚布里斯班高级住宅区利用高差形成下沉式的草坪广场，并在四周种植绿树红花，围合成恬静的休憩场所。

小游园绿地多采用自然式布置形式，自由、活泼、易创造出自然而别致的环境。通过曲折流畅的弧线形道路，结合地形起伏变化，在有限的面积中取得理想的景观效果。植物配置也模仿自然群落，与建筑、山石、水体融为一体，体现自然美。当然，根据需要，也可采用规则式或混合式。规则式布置采用几何图形布置方式，有明确的轴线，园中道路、广场、绿地、建筑小品等组成有规律的几何图案。混合式布置可根据地形或功能的特点，灵活布局，既能与周围建筑相协调，又能兼顾其空间艺术效果，可在整体上产生韵律感和节奏感。

3. 组团绿地

（1）组团绿地的植物造景要求

组团绿地是结合居住建筑组团布置的又一级公共绿地。随着组团的布置方式和布局手法的变化，其大小、位置和形状均相应变化。其面积大于0.04hm²，服务半径为60～200m，居民步行几分钟即可到达，主要供居住组团内居民（特别是老人和儿童）休息、游戏之用。此绿地面积不大，但靠近住宅，居民在茶余饭后即来此活动，游人量比较大，利用率高。

组团绿地的设置应满足有不少于1/3的绿地面积在标准的建筑日照阴影线之外的要求，方便居民使用。其中院落式组团绿地的设置还应满足我国现行标准的各项要求。块状及带状公共绿地应同时满足宽度不小于8m、面积不小于400m²及相应的日照环境要求。规划时应注意根据不同使用要求分区布置，避免互相干扰。组团绿地不宜建造许多园林小品，不宜采用假山石和建大型水池。应以花草树木为主，基本设施包括儿童游戏设施、铺装地面、庭院灯、凳、桌等。

组团绿地常设在周边及场地间的分隔地带，楼宇间绿地面积较小且零碎，要在同一块绿地里兼顾四季序列变化，不仅杂乱，也难以做到，较好的处理手法是一片一个季相。并考虑造景及使用上的需要，如铺装场地上及其周边可适当种植落叶乔木为其遮阴；入口、道路、休息设施的对景处可丛植开花灌木或常绿植物、花卉；周边需障景或创造相对安静空间地段则可密植乔、灌木，或设置中高绿篱。

（2）组团绿地的造景设计　组团绿地是居民的半公共空间，实际是宅间绿地的扩大或延伸，多为建筑所包围。受居住区建筑布局的影响较大，布置形式较为灵活，富于变化，可布置为开敞式、封闭式和半开敞式等。

① 开敞式　也称为开放式，居民可以自由进入绿地内休息活动，不用分隔物，实用性较强，是组团绿地中采用较多的形式。

② 封闭式　绿地被绿篱、栏杆所隔离，其中主要以草坪、模纹花坛为主，不设活动场地，具有一定的观赏性，但居民不可入内活动和游憩，便于养护管理，但使用效果较差，居民不希望过多采用这种形式。

③ 半开敞式　也称为半封闭式，绿地以绿篱或栏杆与周围有分隔，但留有若干出入口，居民可出入其中，但绿地中活动场地设置较少，而禁止人们入内的装饰性地带较多，常在紧临城市干道，为追求街景效果时使用。

（3）组团绿地的类型　组团绿地增加了居民室外活动的层次，也丰富了建筑所包围的空间环境，是一个有效利用土地和空间的办法。在其规划设计中可采用以下几种布置形式。

① 院落式组团绿地 由周边住宅围和而成的楼与楼之间的庭院绿地集中组成，有一定的封闭感，在同等建筑的密度下可获得较大的绿地面积。

② 住宅山墙间绿化　指行列式住宅区加大住宅山墙间的距离，开辟为组团绿地，为居

民提供一块阳光充足的半公共空间。既可打破行列式布置住宅建筑的空间单调感，又可以与房前屋后的绿地空间相互渗透，丰富绿化空间层次。

③ 扩大住宅间距的绿化　指扩大行列式住宅间距，达到原住宅所需的间距的1.5～2倍，开辟组团绿地。可避开住宅阴影对绿化的影响，提高绿地的综合效益。

④ 住宅组团成块绿化　指利用组团入口处或组团内不规则的不宜建造住宅的场地布置绿化。在入口处利用绿地景观设置，加强组团的可识别性。不规则空地的利用可以避免消极空间的出现。

⑤ 两组团间的绿化　因组团用地有限，利用两个组团之间规划绿地，既有利于组团间的联系和统一，又可以争取到较大的绿地面积，有利于布置活动设施和场地。

⑥ 临街组团绿地　在临街住宅组团的绿地规划中，可将绿地临街布置，既可以为居民使用，又可以向市民开放，成为城市空间的组成部分。临街绿地还可以起到隔声、降尘、美化街景的积极作用。

（二）宅旁绿地

宅旁绿地是居住区绿地中属于居住建筑用地的一部分。它包括宅前、宅后，住宅之间及建筑本身的绿化用地，最为接近居民。在居住小区总用地中，宅旁绿地面积最大、分布最广、使用率最高。宅旁绿地面积约占35%，其面积不计入居住小区公共绿地指标中，在居住小区用地平衡表中只反映公共绿地的面积与百分比。一般来说，宅旁绿化面积比小区公共绿地面积指标大2～3倍，人均绿地面积可达4～6m²。对居住环境质量和城市景观的影响最明显，在规划设计中需要考虑的因素也较复杂。

1. 宅旁绿地的植物造景要求

宅旁绿地的主要功能是美化生活环境，阻挡外界视线、噪声和尘土，为居民创造一个安静、舒适、卫生的生活环境。其绿地布置应与住宅的类型、层数、间距及组合形式密切配合，既要注意整体风格的协调，又要保持各幢住宅之间的绿化特色。

（1）以植物景观为主　绿地率要求达到90%～95%，树木花草具有较强的季节性，一年四季，不同植物有不同的季相，使宅旁绿地具有浓厚的时空特点，让居民感受到强烈的生命力。根据居民的文化品位与生活习惯又可将宅旁绿地分为几种类型：以乔木为主的庭院绿地；以观赏型植物为主的庭院绿地；以瓜果园艺型为主的庭院绿地；以绿篱、花坛界定空间为主的庭院绿地；以竖向空间植物搭配为主的庭院绿地。

（2）布置合适的活动场地　宅间是儿童，特别是学龄前儿童最喜欢玩耍的地方，在绿地规划设计中必须在宅旁适当做些铺装地面，在绿地中设置最简单的游戏场地（如沙坑）等，适合儿童在此游玩。同时还布置一些桌椅，设计高大乔木或花架以供老年人户外休闲用。

（3）考虑植物与建筑的关系　宅旁绿地设计要注意庭院的尺度感，根据庭院的大小、高度、色彩、建筑风格的不同，选择适合的树种。选择形态优美的植物来打破住宅建筑的僵硬感；选择图案新颖的铺装地面活跃庭院空间；选用一些铺地植物来遮挡地下管线的检查口；以富有个性特征的植物景观作为组团标识等，创造出美观、舒适的宅旁绿地空间。

靠近房基处不宜种植乔木或大灌木，以免遮挡窗户，影响通风和室内采光，而在住宅西向一面需要栽植高大落叶乔木，以遮挡夏季日晒。此外，宅旁绿地应配置耐践踏的草坪，阴影区宜种植耐阴植物。

2. 宅旁绿地的植物造景设计

（1）住户小院的绿化

① 底层住户小院 低层或多层住宅，一般结合单元平面，在宅前自墙面至道路留出3m左右的空地，给底层每户安排一专用小院，可用绿篱或花墙、栅栏围合起来。小院外围绿化可作统一安排，内部则由每家自由栽花种草，布置方式和植物种类随住户喜好，但由于面积较小，宜简洁，或以盆栽植物为主。

② 独户庭院 别墅庭院是独户庭院的代表形式，院内应根据住户的喜好进行绿化、美化。由于庭院面积相对较大，一般为20～30m²，可在院内设小型小池、草坪、花坛、山石，搭花架缠绕藤萝，种植观赏花木或果树，形成较为完整的绿地格局。

（2）宅间活动场地的绿化 宅间活动场地属半公共空间，主要供幼儿活动和老人休息之用，其植物景观的优劣直接影响到居民的日常生活。宅间活动场地的绿化类型主要有以下几种。

① 树林型 树林型是以高大乔木为主的一种比较简单的绿化造景形式，对调节小气候的作用较大，多为开放式。居民在树下活动的面积大，但由于缺乏灌木和花草搭配，因而显得较为单调。高大乔木与住宅墙面的距离至少应在5～8m，以避开铺设地下管线的地方，便于采光和通风，避免树上的病虫害侵入室内。

② 游园型 当宅间活动场地较宽时（一般住宅间距在30m以上），可在其中开辟园林小径，设置小型游憩和休息园地，并配置层次、色彩都比较丰富的乔木和花灌木。游园型是一种宅间活动场地绿化的理想类型，但所需投资较大。

③ 棚架型 棚架型是一种效果独特的宅间活动场地绿化造景类型，以棚架绿化为主，其植物多选用紫藤、炮仗花、珊瑚藤（Antigonon leptopus）、葡萄、金银花、木通等观赏价值高的攀缘植物。

④ 草坪型 以草坪景观为主，在草坪的边缘或某一处种植一些乔木或花灌木，形成疏朗、通透的景观效果。

（3）住宅建筑的绿化 住宅建筑的绿化应该是多层次的立体空间绿化，包括架空层、屋基、窗台、阳台、墙面、屋顶花园等几个方面，是宅旁绿化的重要组成部分，它必须与整体宅旁绿化和建筑的风格相协调。

① 架空层绿化 近些年新建的高层居住区中，常将部分住宅的首层架空形成架空层，并通过绿化向架空层的渗透，形成半开放的绿化休闲活动区。这种半开放的空间与周围较开放的室外绿化空间形成鲜明对比，增加了园林空间的多重性和可变性，既为居民提供了可遮风挡雨的活动场所，也使居住环境更富有通透感。

高层住宅架空层的绿化设计与一般游憩活动绿地的设计方法类似，但由于环境较为阴暗且受层高所限，植物选择应以耐阴的小乔木、灌木和地被植物为主，园林建筑、假山等一般不予以考虑，只是适当布置一些与整个绿化环境相协调的景石、园林建筑小品等。

② 屋基绿化 屋基绿化是指墙基、墙角、窗前和入口等围绕住宅周围的基础栽植。墙基绿化使建筑物与地面之间增添绿色，一般多选用灌木作规则式配置，亦可种上爬墙虎、络

石等攀援植物将墙面（主要是山墙面）进行垂直绿化。墙角可种小乔木、竹子或灌木丛，形成墙角的“绿柱”、“绿球”，可打破建筑线条生硬的感觉。

对于部分居住建筑来说，窗前绿化对于室内采光、通风、防止噪声、视线干扰等方面起着相当重要的作用。

（三）居住区道路绿地

由于道路性质不同，居住区道路可分为主干道、次干道、小道3种。主干道（居住区级）用以划分小区，在大城市中通常与城市支路同级；次干道（小区级）一般用以划分组团；小道即组团（级）路和宅间小路，组团（级）路是上接小区路、下连宅间小路的道路，宅间小路是住宅建筑之间连接各住宅入口的道路。

居住区的道路把小区公园、宅间、庭院连成一体，它是组织联系小区绿地的纽带。居住区道旁绿化在居住区占有很大比重，它连接着居住区小游园、宅旁绿地，一直通向各个角落，直至每户口前。因此，道路绿化与居民生活关系十分密切。其绿化的主要功能是美化环境、遮阴、减少噪声、防尘、通风、保护路面等。绿化的布置应根据道路级别、性质、断面组成、走向、地下设施和两边住宅形式而定。

1. 主干道的绿化

主干道宽10～12m，有公共汽车通行时宽10～14m，红线宽度不小于20m。主干道联系着城市干道与居住区内部的次干道和小道，车行、人行并重。道旁的绿化可选用枝叶茂盛的落叶乔木作为行道树，以行列式栽植为主，各条干道的树种选择应有所区别。中央分车带可用低矮的灌木，在转弯处绿化应留有安全视距，不致妨碍汽车驾驶人员的视线，还可用耐阴的花灌木和草本花卉形成花境，借以丰富道路景观。也可结合建筑山墙、绿化环境或小游园进行自然种植，既美观、利于交通，又有利于防尘和阻隔噪声。

2. 次干道的绿化

次干道车行道宽6～7m，连接着本区主干道及小路等。以居民上下班、购物、儿童上学、散步等人行为主，通车为次。绿化树种应选择开花或富有叶色变化的乔木，其形式与宅旁绿化、小花园绿化布局密切配合，以形成互相关联的整体。特别是在相同建筑间小路口上的绿化应与行道树组合，使乔、灌木高低错落自然布置，使花与叶色具有四季变化的独特景观，以方便识别各幢建筑。次干道因地形起伏不同，两边会有高低不同的标高，在较低的一侧可种常绿乔、灌木，以增强地形起伏感，在较高的一侧可种草坪或低矮的花灌木，以减少地势起伏，使两边绿化有均衡感和稳定感。

3. 小道的绿化

生活区的小道联系着住宅群内的干道，宽3.5～4m。住宅前小路以行人为主。宅间或住宅群之间的小道可以在一边种植小乔木，另一边种植花卉、草坪。特别是转弯处不能种植高大的绿篱，以免遮挡人们骑自行车的视线。靠近住宅的小路旁绿化，不能影响室内采光和通风，如果小路距离住宅在2m以内，则只能种花灌木或草坪。通向两幢相同建筑中的小路口，应适当放宽，扩大草坪铺装；乔、灌木应后退种植，结合道路或园林小品进行配置，以供儿童就近活动；还要方便救护车、搬运车能临时靠近住户。各幢住户门口应选用不同树种，采用不同形式进行布置，以利于辨别方向。另外，在人流较多的地方，如公共建筑的前面、商店门口等，可以采取扩大道路铺装面积的方式来与小区公共绿地融为一体，设置花台、座椅、活动设施等，创造一个活泼的活动中心。

（四）临街绿地设计

居住区沿城市干道的一侧，包括城市干道红线之内的绿地为临街绿地。主要功能是美化街景，降低噪声。也可用花墙、栏杆分隔，配以垂直绿化或花台、花境。临街绿化树种的配置应注意主风向。据测定，当声波顺风时，其方向趋于地面，这里自路边到建筑的临街绿化应由低向高配置树种，特别是前沿应种低矮常绿灌木。当声波逆风时，其方向远离地面，这里的树种应顺着路边到建筑由高而低进行配置，前边种高大的阔叶常绿乔木，后边种相对矮小的树木。街道上汽车的噪声传播到后排建筑时，由于反射会影响到前排建筑背后居民的安静，因此要特别加强临街建筑之间的绿化。

第五节 某居住区绿化设计实例

近年来，随着人们生态意识的日益增强和对环境要求的不断提高，在选购住房的过程中，越来越多地开始强调一个新的选择尺度——居住区绿地环境，即居住区内及其周边的自然景观和人文景观的丰富度。这种生态化的现代居住观，为居住小区环境规划增加了新内容，同时对居住小区环境规划提出了更高的要求。城市居住区绿化应当根据景观生态学的原理和方法，合理地规划景观空间结构，使斑块、基质、通道等景观要素的数量及空间分布合理，使信息流、物质流与能量流畅通，使居住小区的景观不仅符合生态学、美学价值，也具有一定的经济性与普遍性，适宜百姓聚居。

一、居住区绿化的功能

1. 营造绿色空间

居住区中较高标准的绿地以及对屋顶、阳台、墙体、架空层等闲置或零星空间进行的绿化，为居民接近自然的绿化环境创造了条件。同时，绿化作用的植物材料本身就具有多种功能，它能美化居住区的小环境，净化空气，减缓西晒，对改善居民生活质量和促进身心健康起着积极作用。

2. 塑造景观空间

人们对居住区绿地规划的要求，已不仅是多栽几排树木、多植几片草坪这类量的增加，在质的方面也提出了更高的要求。应做到“因园定性、因园定位、因园定象”，使入住者产生家园的归属感。绿化环境所塑造的景观空间具有共生、共存、共荣、共乐、共雅等基本特征，给人以美的享受。这样不仅有利于城市整体景观空间的创造，而且大大提高了居民的生活质量和品位。

3. 创造交往空间

社会交往是人的心理需要的重要组成，居住区绿地是居民社会交往的重要场所通过各种绿化空间以及设施的建设，为居民的社会交往创造了便利的条件。同时，居住区绿地所提供的设施和场所，还能满足居民室外体育、娱乐、游憩活动的需要，有利于人们的身心健康和邻里交往。

二、居住区绿化规划的原则

1. 地形起伏要有利于景观控制

小区内部结合地势创造地形，最容易形成自然调节的气氛。目前的居住小区，由于建造的朝向及密度要求，围合出来的空间大小雷同，缺乏变化。地形的塑造可以使原来枯燥乏味的矩形空间起伏连绵，富有生气，进而营造出大大小小的人性空间。居住区所有建筑是正负零标高，都应该按照整体地形塑造的原则而设定，建筑群落随着地形的起伏而起伏，实现起落有章、跌落有致的意境。

2. 步道要以居民舒适为标准

近些年在城市规划与建设中，到处出现笔直的“景观”大道、“世纪”大道等。有的步行道宽至几十米，长数千米，空而无物，很多大道不仅尺度严重失控，缺乏细节的推敲处理，而且其间充斥着硬质广场、巨型雕塑等，既不经济，又不实用。居住区的步道规划设计要以居民舒适为重要的指标，当曲则曲，当窄则窄，不可一味追求构图，而忘记功能。当然，步行道规划设计也不可一味言窄，应力图做到有收有放，树影相随，以创造休闲的气氛。

3. 广场规划设计应宜小不宜大

居住区内的建筑应与环境为一整体，由于居民楼的外形一般简单而强烈，若景观场地一味强调本身的平面构图，则极易与周边的建筑线产生冲突。放弃鲜明的平面构图，采用折线式的外延处理，则不仅可以化解矛盾于无形，更有利于植物景观与硬质景观之间的相互穿插，更富于生气，更显得休闲。小广场的处理更易于将其他的环境因素有机地组织在广场空间内，使硬质景观与软质景观融为一体。所以，居住区的广场的规划，要避免城市广场的通病。在广场规划中应该要有序的树阵，它可以使广场的线条更加明确，更有益于烘托主题，增加层次，简洁而不失单调，亲切而不乏气势。

4. 植物种植要注意层次

要使居住区舒适宜居，一个重要的原则便是多种植物，尤其是乔灌木，可以增加绿量，尤其是接近视线高度的绿量。居住区中的植物配置应提倡使用植物的自然形态，尽量避免人工修剪，追求自然群落郁郁葱葱的效果。灌木的使用应避免散植于草皮中，应成群成片，才能成气候。乔木一般应置于地被或灌木群中，避免直接置于草地中。大乔木所形成的疏林草地的效果，在相对狭小的居住区空间内不仅难以实现，而且极易流于粗糙。

5. 水景设计应遵循原则

居住区中有水景可以使房子卖得更好，因为水的应用可以使居住区环境充满灵气。居住区中的水景应尽可能用坡地植物营造出自然的驳岸，即使是广场中央的喷泉水景也可以在其周边设置植被，再围以广场铺装。居住区内规划水景应遵循两条原则。

（1）步行道不宜一味临水　步行道与水面应是若即若离、时隐时现。这样人在小路行走，不但能够体验到多层次的景观感受，而且也使驳岸的自然长度和沿岸植物群落的厚度得到了保证。

（2）临水步道不宜贴水　在居住区环境中，除了重点处理的亲水平台外，其余临水步道应与岸线保持一定的距离。水景是营造居住区休闲气氛的重要手段，特别是一些水资源奇缺的城市，要创造自然式的水景感受，更是不容易。要给人带来亲水的环境感受并不一定需要用很多水，自然状态下的水景给人的感受是综合的，是水体与周边环境因素共同形成的。

如果能够把人们对自然状态下水环境的经验与感受考虑进去，并结合在设计中，即可收到以少胜多的效果。

三、某市某小区绿化规划实例解析

（一）小区的基本概况

小区位于某市建设北路与外环北路交汇处，北依原始生态森林，南望袁山公园，毗邻未来的行政中心区，社区占地约 116km^2，建筑面积约为 173km^2，以后现代欧陆风格设计缔造出该市标志性高尚生态社区。

（二）规划原则和思路

规划时利用原有的地形条件，依山就势，追求简洁实用，景观均衡，以绿色、舒适、便捷、安全为设计核心。在植物造景上，根据其特点，将整齐的植物造景与雅致的自然风景相结合，以提高方案的完整性和观赏性，同时又兼顾实用性。在设计中摒弃了绿篱围边，松柏成行的传统布置，采用开放式规划，使小区平面图案简洁大方，富有时代感。因小区内房屋栋数较多，为避免设置过长的景观大道，在小区的区域划分上做文章，通过设置多条步行道和分段步行道以缩短住户出入小区的步行时间。小区景观设计时结合地势尽量提高绿化率，并设置多个景观广场，将布局细化。

（三）小区绿化规划特色

1. 依附地形规划景观

小区地势略有坡地，故北边地势略高，南边地势略低，小区设计时保留了北边坡地绿植，在余下空间将房屋规划为 4 块，即主体楼群、左侧楼群、右侧楼群、北边独立 3 栋楼房，4 部分之间有步行道进行连接，且各部分房屋均设有小区出入口。主体房屋群呈轴对称分布于景观步行道两边，由景观步道的 5 个水景区将地形坡度慢慢由北向南缓解，步道两边设置大量绿化景观和休憩场所，使绿化景观有连接房屋并引导房屋发展方向的作用；两侧楼群依靠道路建设，与主体楼群形成 45° 夹角。北边 3 栋楼房相对独立存在。

2. 步行道与广场结合

步行道与广场结合，这样可以节约空间，增加绿化率。小区内景观步行道并不是每一条道路都直通底地存在于小区之中，考虑到尽量保持原有地形和绿植，将房屋规划分块进行，主楼群对称于景观步行道，用 5 个水景区缓和坡度，形成小区入口的主体景观。步行道两边设置块状绿植依附于水景之上，且根据楼间距离设置水景区大小，使得 5 个水景区有大有小、有弯有直，水的流动暗示了房屋的发展方向，并提供了广阔的休憩空间，解决了现今小区内居民沟通场所过少的问题。主楼群与两侧楼群间形成的三角形区域也被利用起来，设计成 2 个三角形的小花园，这样不但提高了土地绿化率，而且增大了休憩空间。北边 3 栋楼房因规划离主楼群较远，出入均走北侧入口，故于主体楼群间没有设置过大的步道，只设置了一些弯曲的小道，便于通行，这样也便于保留原先的绿植。

3. 植物规划层次清晰、种类丰富

小区在植物的选材上充分考虑植物的四季季相更替和色彩搭配，在植物配置中适度加大了乔木的栽种数量。组织植物时，将乔木、灌木、草坪相配合，常绿树与落叶树相搭配，充分注意植物的多样性。在整个小区的绿化环境设计中，根据各区域的不同位置及使用功能的差异，在植物选择上加以侧重。设计景观步行道时，通过组团，配置大、小乔木，灌木作主景，再用大面积的水面形成较为开阔的空间。保留小区中较高地势的绿地，为居民接近自然的绿化环境创造了条件，也利于美化小区、净化空气、减缓西晒，对改善居民生活质量和促进身心健康起到积极作用。

城市的居住区绿化应以人的需求为出发点并贯彻执行。尊重自然、维护生态，这是“以人为本”理念的一种表现形式。人是景观规划的主体和主要服务对象，规划师设计规划的目的是使居住者感到方便舒适。一个没有花草树木的居住区必然不是人性化的，单调的地面铺装也只能满足步行道最基本的功能，无从谈及高标准的人性化设计。

第七章
城市道路绿化设计

城市道路是指城市规划区内供车辆、行人通行的，具备一定技术条件的道路、桥梁及其附属设施。国内外的城市建设的实践表明：城市道路是城市的门户和血脉，是人流和物流的必须通道，也是组成城市空间体系的基本元素。城市道路绿化是城市绿地系统的重要组成部分，是城市文明的重要标志之一。改善城市道路生态环境是一项重要的城市市政基础设施，也是城市景观风貌的重要体现。随着城市机动车辆的增加，交通污染日趋严重，利用道路绿化改善道路环境已成当务之急。

城市道路绿化设计是塑造和完善城市形象，通过与交通、建筑物、道路设施、景观构筑物的融会贯通，使其具有标志性的特征。街道绿化不仅有美化街景的作用，而且还有净化空气、减弱噪声、减尘、改善小气候、防风、防火、保护路面、维护交通等作用，同时也会产生一定的经济效益和社会效益。由此可见，城市道路绿化设计是一项非常重要的工作。

第一节　城市道路绿化设计原则与要求

城市道路绿化是在城市中比较特殊的条件下进行的，所以城市道路绿化设计要综合考虑其功能性质、车行和人行的要求、道路立地条件、道路周边建筑、市政设施布局等，将绿化树木的立地条件、土壤条件、背景条件等进行合理配置，做到适地适树，并考虑投资能力基本来源、施工技术和养护水平等，进行全面考虑、综合研究。

一、城市道路绿化的主要功能

城市道路绿化设计因素包括构思立意、自然地形地貌的利用和塑造、道路设施布置、建筑小品、道路植物等，同时也是文科和理科的贯穿，科学性和艺术性的交融。道路绿化是建设绿地的行为，城市道路景观不仅有道路绿化要求，还要顾及到城市园林建设，体现该城市的文化和艺术。

（1）街道景观是城市景观的框架　有人把城市街道景观比喻成城市景观的血管，在城市交通运输、购物、交往，都离不开城市街道景观。

（2）城市街道格局是城市特色的重要反映　每个城市由于所处地理位置及形成年代的不同，其街道格局也不同，随城市的发展，城市规模的不断扩大，城市用地不断增加，有的城市在原有的基础上向四周发展，典型的如我国首都北京；有的脱离老城在附近另辟新城，典型的如山西的平遥市；有的新旧城结合，典型的如今天的沈阳城。 不论哪种形式的城市，其街道格局都反映着历史的发展过程，记载着重要历史事件和故事。生活在其中的人们在这些特殊的地点就会产生相应的联想，想的是这个城市曾经发生的一切，可以说城市街道记载着城市的历史，蕴涵城市的文化。例如，邯郸新改建学步桥街区，该区以邯郸学步的故事建成。 在城市中由于一些有代表性的历史时期所形成的格局，也就确定了该城市的发展形态，由此形成了城市空间布局的特色，从而在市民中形成相应的文化特色，可以说城市街道格局反映了城市的特色。

（3）城市街道代表城市的形象　人们对街道的感知不仅涉及路面本身，还包括街道两侧的建筑，成行的行道树、广场景色及广告牌、立交桥等。这一系列事物共同作用形成了街道的整体形象，而其中任何一种事物质量的低下，都影响整个街道的形象，而街道的形象又影响城市的形象。街道景观质量的优劣对人们的精神文明有很大影响。对于生活在这个城市的人们来说，街道景观质量的提高可以增强市民的自豪感和凝聚力，促进精神文明和物质文明建设。对于外地的旅游者和办公者来说，由于他们停留的时间较短，而且大部分时间在街道上度过，因此街道就代表整个城市的形象。总之，城市街道景观是城市景观的核心，随城市的发展，人类对生存环境要求越来越高，因此对街道服务水平不断提高。这就要求设计者要拓宽对街道的研究，使街道适应社会的要求。

（4）城市街道是展示城市景观的舞台　美国麻省理工学院荣誉教授凯文•林奇在其著作《城市的形象》一书中探讨了城市在人们心中的形象问题，他认为：“任何一个城市都有一个公众印象，它是多个印象的叠加。”他通过大量资料得出结论：城市形象主要与五种城市要素有关，它们是“道路、边沿、区域、结点和标志”。一般人很少从形态、城市发展史这些专业角度来认识城市。一个城市给人留下深刻印象的往往是城市街道上的景观、街道上的尺度，街道两侧建筑物的体量和风格，色彩各异的广告牌匾和指示标牌，独具特色的绿化、小品、设施，以及街道上穿梭的车流，或漫步或急行的人们，或驻足聊天或看热闹的市民。这些城市街道上的情景往往成为这座城市景观的代表。例如法国巴黎老城内的香舍丽榭大道，两侧传统风格独特的建筑物，容纳世界著名的名贵时装店，与街道轴线上的凯旋门一起构成了法国巴黎老城所特有的城市景观。

二、城市道路绿化设计原则

在进行城市道路绿化设计中，应特别注意遵循基本的原则。城市道路绿化设计的基本原则主要包括满足功能、保障安全、适应环境、体现特色、生态保护、协调关系和远近结合。

（一）满足功能的原则

道路绿化是城市道路的重要组成部分，但它是为满足道路的某些功能而设置的，因此道路绿化应与城市道路的性质和功能相适应。如城市中的主干道，无论是生活性的还是交通性，或者是生活与交通混合性的，其基本职能都应是交通，道路绿化应遵循“道主景从”的关系，在解决好交通问题的前提下，应更多地考虑对干道污染的降低作用，道路景观方面只需要因地制宜加以辅助点缀即可。道路的绿化也应以服务交通为本，因为双向车流道、快慢车道、人车分隔带和环型岛，包括行道树等都是为交通流服务的。在满足这些基本功能后，才可考虑美观这一辅助性的职能问题。

绿化景观理应作为城市道路的从属或辅助功能，作为道路红线范围以内的绿化用地，很显然不是“公共绿地”，因为它不具备严格意义上的“公共性”，即公众可随意到达的绿地。而当前一些城市干道工程中的道路绿化规划，却与其实际意义背离，这些过度“公共化”的道路绿化，尤其是各类交道分隔带、绿化带越来越趋于“园林化”。有些使人眼花缭乱的道路景观作品，花费大量资金、时间修建而成，却潜藏着极大的危险性。当行人或驾驶人员在行进中扫视、驻足观看或步入其中欣赏时，会对道路正常的交通秩序产生不良的影响，甚至出现交通事故。

（二）保障安全的原则

道路绿化首先保障安全是道路绿化设计中必须遵循的重要原则。道路绿化应符合行车视线和行车净空的要求，其中行车视线包括安全视距、交叉口视距、停车视距和视距三角形等方面的安全。

1. 安全视距

安全视距也称最短通视距离，是指行车司机发觉对方来时立即刹车而恰好能停车的距离。在这个视距之内，驾驶员可随时看到前面的道路和在道路上出现的障碍物以及迎面驶来的其他车辆，以便能当机立断及时采取减速制动措施或绕越障碍物前进。

2. 交叉口视距

为了保证行车的安全，车辆在进入交叉口处前一段距离内，必须能看清相交道路上的行驶情况，以便能顺利地驶过交叉口或及时减速停车，避免出现车辆碰撞，这一段距离必须大于或等于停车视距。

3. 停车视距

停车视距指的是同一车道上，车辆行驶时遇到前方障碍物而必须采取制动停车时所需要最短行车距离。同一车道上，两部车辆相向行驶，会车时停车则需二倍停车视距，称为会车视距。停车视距由三部分组成，即驾驶员反应时间内行驶的距离、开始制动汽车到汽车完全停止所行驶距离和安全距离。

4. 视距三角形

视距三角形指的是平面交叉路口处，由一条道路进入路口行驶方向的最外侧的车道中线与相交道路最内侧的车道中线的交点为顶点，两条车道中线各按其规定车速停车视距的长度为两边，所组成的三角形，如图 7-1 所示。在视距三角形内不允许有阻碍司机视线的物体和道路设施存在。

保证两条相交道路上直行车辆都有安全的停车视距的前提是必须保证驾驶员视线不受遮挡，由两车的停车视距和视线组成了交叉口视距空间和限界，又称视距三角形。要求在视距三角形限界内清除高度超过 1.2m 的障碍物。按照最不利情况，考虑最靠右的一条直行车道中轴线与相交路最靠中心线的直行车道中轴线的组合，确定视距三角形的位置。

为了保证行车安全，在视距三角形范围内和内侧范围内，不得种植高于外侧机动车车道中线处路面标高 1m 的树木，以保证道路通视。行车净空则要求道路设计在一定宽度和高度范围内为车辆运行的空间，树木不得进入该空间。

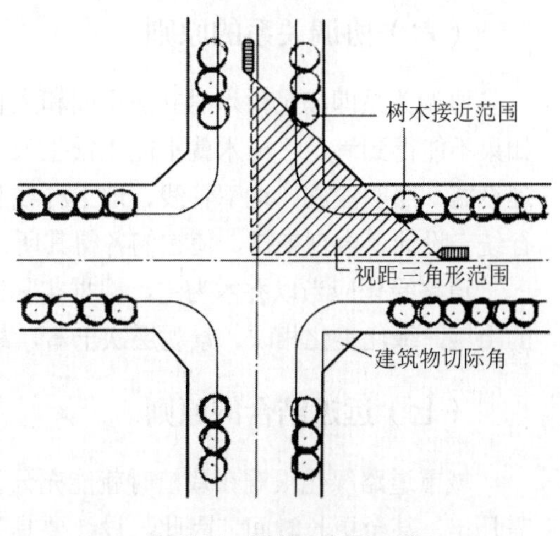

图 7-1　视距三角形示意

（三）适应环境的原则

城市道路绿地的立地条件极为复杂，既有地上架空线和地下管线的限制，又有人流和车流、人踩车压及沿街摊档侵占等人为破坏，还有自然气候条件影响，再加上城市环境污染和人为占据绿地、林荫，给城市道路绿地的浇水、喷药、修剪等日常养护管理工作带来很大困难。因此，城市道路的绿化设计人员要充分认识道路的制约因素，在对树种选择、地形处理、防护设施等方面进行认真考虑，力求使绿地自身具有较强的抵抗性和防护能力。

（四）体现特色的原则

城市道路绿化的布局、配置、节奏、色调变化等方面，都要与道路的空间尺度相协调，同一道路的绿化宜有统一的景观风格，不同道路和绿化形式可有所变化。但不同的场合和环境，应体现特色的原则。园林景观路应配置观赏价值高、有地方特色的植物，并与街景结合；城市主干路应体现体现城市道路绿化景观风貌；毗邻山、河、湖、海的道路，其绿化应结合自然环境，突出自然景观特色。总之，城市道路绿化设计要处理好区域景观与整体景观的关系，创造出完美的景观。

（五）生态保护的原则

在进行城市道路绿化的设计中，要尽量保留原有湿地、植被等自然生态景观，运用灵活的植物造景手段，在保证有良好的绿地生态功能、保护已有植被枝繁叶茂、生命力持久的同时，体现较强的景观艺术性，使道路及其周围植物景观不仅具有引导行驶的功能，而且还具有景观生态所倡导的对自然的调节功能。

“适地适树”是保证生态环境不被破坏的基本原则，主要是指绿化要根据本地区的气候、栽植地的小气候和地下环境条件，选择适于在该地生长的树木，以利于树木的正常生长发育，能够抗御自然灾害，保持较稳定的绿化成果。此外，对辖区内的古树名木要加强保护。古树名木都是适宜本地生长或经长久磨难而生存下来的品种，显得十分珍贵，是城市历史的缩影。在道路平面、纵断面与横断面设计时，对古树名木必须严加保护，对有价值的其他树木也应注意保存，对已衰老的古树名木，还应采取相应的复壮措施。

（六）协调关系的原则

协调关系即满足树木对立地空间和生长空间的需要。树木生长所需要的地上和地下空间，如果不能得到满足，树木就不能正常生长发育，甚至会死亡。因此，市政公用设施如交通管理设施、照明设施、地下管线、地上杆线和其他有关设施等，与绿化树木的相应位置必须进行统一设计、合理安排，使它们各得其所，减少矛盾。

道路绿化应当以乔木为主，根据实际需要做到乔灌、花卉、地被植物相结合，没有裸露的土壤，绿化美化相映，景观层次丰富，最大限度地发挥道路绿化对环境的改善能力。

（七）远近结合的原则

城市道路绿化很难在栽植时就能充分体现出其设计意图，达到完美而理想的境界，往往需几年、甚至更长时间。因此，设计要具备发展观点和长远眼光，对各种植物树种的形态、大小、色彩等现状和生长规律、可能发生的变化，要有充分的了解，使树木生长到鼎盛时期时，达到设计的最佳效果。同时，道路绿化的近期效果也应足够重视，尤其是行道树苗木的规格不宜过小，使其尽快达到其防护功能。

在进行苗木规划设计的同时，道路绿化还应考虑配备灌溉设施，道路绿地的坡向、坡度应符合排水要求，并与城市的排水系统相结合，防止绿地内出现积水和水土流失。

三、城市道路绿化设计基本要求

道路是城市最重要的基础设施之一，是人们认识和理解一座城市的媒介，城市道路绿化水平的高低直接影响道路形象进而决定城市的品位。道路绿化，除了具有一般绿地的净化空气、降低噪声、调节小气候等生态功能外，还具有保护路面和行人，引导控制人流车流，提高行车安全等功能。搞好道路绿化，首要任务是高水平的绿化设计。城市道路绿化设计应符合以下基本要求。

1. 道路绿化应符合行车视线和行车净空要求

行车视线要求符合安全视距、交叉口视距、停车视距和视距三角形等方面的安全。安全视距即最短通视距离，要求驾驶员在一定距离内，可随时看到前面的道路和在道路上出现的障碍物以及迎面驶来的其他车辆，以便能当机立断及时采取减速制动措施或绕越障碍物前进。交叉口视距，为保证行车安全，车辆在进入交叉口处前一段距离内，必须能看清相交道路上的行驶情况，以便能顺利驶过交叉口或及时减速停车，避免相撞，这一段距离必须大于或等于停车视距。停车视距是指车辆在同一车道上，突然遇到前方障碍物，而必须及时刹车时，所需要的安全停车距离。视距三角形是指由两相交道路的停车视距作为直角边长，在交叉口处组成的三角形。为了保证行车安全，在视距三角形范围内和内侧范围内，不得种植高于外侧机动车车道中线处路面标高 1m 的树木，保证通视。

行车净空则要求道路设计在一定宽度和高度范围内为车辆运行的空间，树木不得进入该空间。

2. 满足树木对立地空间与生长空间的需要

树木生长需要的地上和地下空间，如果得不到满足，树木就不能正常生长发育，甚至死亡。因此，市政公用设施如交通管理设施、照明设施、地下管线、地上杆线等，与绿化树木的相应位置必须统一设计，合理安排，使其各得其所，减少矛盾。道路绿化应以乔木为主，乔灌、花卉、地被植物相结合，没有裸露土壤，绿化美化，景观层次丰实，最大限度地发挥道路绿化对环境的改善能力。

3. 树种选择应符合适地适树的要求

树种选择要符合本地自然条件，根据栽植地的小气候、地下环境、土壤条件等，选择适宜生长的树种。不适宜绿化的土质，应加以改良。道路绿化采用人工植物群落的配置形式时，要使植物生长分布的相互位置与各自的生态习性相适应。地上部分，植物树冠、花叶分布的空间与光照、空气、温度、湿度要求相一致，各得其所。地下部分，植物根系分布对土壤中营养物质全面吸收互不影响，符合植物间伴生的生态习性。植物配置协调空间层次、树形组合、色彩搭配和季相变化的关系。此外，对辖区内的古树名木要加强保护。古树名木都是适宜本地生长或经长久磨难而生存下来的品种，十分珍贵，是城市历史的缩影。因此，在道路平面、纵断面与横断面设计时，对古树名木必然严加保护，对有价值的其他树木也应注意保护；对衰老的古树名木还应采取复壮措施。

4. 道路绿化设计要求实行远近期结合

道路绿化很难在栽植时就充分体现其设计意图，达到道路绿化景观完美的境界，往往需要几年、十几年的时间。因此，设计要具备发展观点和长远的眼光，对各种植物树种的形态、大小、色彩等现状和可能发生的变化，要有充分的了解，使其长到鼎盛时期时，达到最佳效果。同时，对于道路绿化的近期效果也应该重视，尤其是行道树苗木规格不宜过小，速生树胸径一般不宜小于 5cm，慢生树木不宜小于 8cm，使其尽快达到其防护功能。

道路绿地还需要配备灌溉设施，道路绿地的坡向、坡度应符合排水要求，并与城市排水系统相结合，防止绿地内积水和水土流失。

5. 道路绿化应符合美学要求

道路绿化的布局、配置、节奏、色彩变化等都要与道路的空间尺度相协调。同一道路的绿化宜有统一的景观风格，不同道路和绿化形式可有所变化。园林景观路应配置观赏价值高、有地方特色的植物，并与街景结合。主干路应体现城市道路绿化景观风貌。毗邻山、河、湖、海的道路，其绿化应结合自然环境，突出自然景观特色。总之，道路绿化设计要处理好区域景观与整体景观的关系，创造完美的景观。

6. 适应抵抗性和防护能力的需要

城市道路绿地的立地条件极为复杂，既有地上架空线和地下管线的限制，又有因人流车流频繁，人踩车压及沿街摊群侵占等人为破坏，还有城市环境污染，再加上行人和摊棚在绿地旁和林荫下，给浇水、打药、修剪等日常养护管理工作带来困难。因此，设计人员要充分认识道路绿化的制约因素，在对树种选择、地形处理、防护设施等方面进行认真考虑，力求使绿地自身具有较强的抵抗性和防护能力。

第二节　城市道路绿化设计的手法

城市道路是构成优美居住环境和城市功能的基础，是城市社会活动与经济活动的纽带与脉搏，是人们了解一个城市、感受城市景观特色与城市风情的重要窗口。道路绿化是城市绿地系统的重要组成部分，它可以体现一个城市道路的绿化风貌与景观特色。有些专家从道路绿地的发展、功能、我国道路绿化的现状以及分类、道路绿化设计的原则、植物材料选择原则、各类道路绿地的绿化设计方法等几方面来展开论述，强调提高道路绿地规划和建设的水平，是完善城市功能、提高城市品位的有效途径。

道路绿化设计与一般的绿地设计有所不同，它是动态景观，要求花纹简洁明快，层次分明，作为街景更要求它色彩丰富，与周围环境协调一致，让人有“人在车中坐，车在画中行”的感觉。如在道路的分岔口设计有特色的景观，也可以用植物造景，比如整形的植物绿篱造型。而目前城市绿化建设除少部分道路能够达到这种要求之外，还有很大一部分的绿化都比较单调且过于封闭，缺乏创新及活力。

道路绿化则以简洁、明了为主题，多以规则的形式来表达道路的主题作用，要求在统一中求变化，力求用最简单、明快的表现手法来完成道路绿化的设计，使人一目了然。一般采用规则的形式来保持路段内的连续性和景观的完整性。在一些路侧比较开阔的地带，在不改变原有设施的基础上，采用自然式的手法来完成，使之形成一种纯天然的自然景观，为道路绿化增添了不少天然色彩。在道路的分岔口或转弯的位置，设置有代表性的标志或景观构筑物，既起到点睛的作用，又能给行驶者一定的提示。

城市道路在城市中有着重要的功能和作用，它是城市的骨架，反映一个城市的政治、经济、文化水平，体现着一座城市形象，承载了一个城市的过去、现在和未来。随着社会的发展和生活观念的转变，城市道路建设逐渐受到社会的重视。而城市道路环境创造更是是一个经济环境、社会环境、文化环境、物质环境等多种环境因素共存互动、相互交错的复杂过程。只有采用正确的城市道路绿化设计的手法，全面系统地将各种要素融合在城市道路环境建设之中，才能取得较好的效应。

城市道路绿化是城市道路的重要组成部分，在城市绿化覆盖率中占较大比例。随着城市机动车辆的增加，交通污染日趋严重，利用道路绿化改善道路环境，已成当务之急。城市道路绿化也是城市景观风貌的重要体现。目前，我国城市道路建设发展迅速，为使道路绿化更好地发挥绿化功能，协调道路绿化与相关市政设施的关系，利于行车安全，有必要统一技术规定，以适应城市现代化建设需要。

道路绿化实践证明，对于不同功能要求的城市道路，应采用不同的设计手法，才能取得理想的设计效果。目前，在城市道理绿化设计中常采用的手法有自然式的手法、规则式的手法、多层次综合手法、因地制宜的手法等。

一、自然式的手法

城市道路绿化的类型比较丰富，尤其是在路侧较宽的绿化带，常应用自然群落式的设计手法，来营造良好的道路绿化景观和遮阳效果。也就是在靠近人行道边缘等距种植行列树，从人行道至道路边界采用“草皮—花灌木—小乔木—背景树”自然过渡，这种形式具有植物层次丰富、种植密度大、郁闭度高、隔离效果显著等特点。

在道路绿地较为宽阔的区域，植物配置不再是墨守成规，更多是在规范的框架中寻求新的搭配，逐渐向自然群落式布置过渡，不仅对道路进行绿化和美化，而且深层次地寻求更合理、富于生态效益和社会经济效益的绿化配置手法。

城市道路绿化设计的发展趋势是：城市道路绿化应以现代园林自然式造林手法为主，充分发挥道路绿化植物的遮阳、防尘、防风、隔声、降温、改善小气候的多种作用，利用植物材料改善环境的综合功能，力求通过植物的个性形体、色彩变换、季相转换来营造层次丰富，接近自然的道路植物景观。

二、规则式的手法

任何道路绿化的设计方法无非是路面、林木和辅助设施要素之间的组合形式。规则式的手即轴线法，这是规则式道路绿化的实质。由于强烈、明显的轴线结构，规则式道路绿化将产生庄重、开阔、明确的景观感觉。一般规则式手法的创作特点是有纵横、由相互垂直的直线组成，形成控制道路布局构图的十字架，然后，由主轴线再派生出若干次要的轴线，或相互垂直，或成放射状分布，根据轴线的设置具体布置树木的种植。

在城市的主干道或迎宾大道，为了突出整洁、大气、庄重的视觉效果，中央分车绿带、花坛景观等常采用规则式的手法，或在较宽的中央分车绿带交替种植乔木和灌木球，下层为地被植物或重复整齐式的模纹花坛，使人感到节奏感强、色彩明朗、视线通透、层次分明。人行道绿带以等距、单穴、单株、两列等方式定植，树种多选用冠大荫浓的乡土树木，以及经长期驯化的并具有较高观赏价值的外来乔木树种，其下种植灌木、绿篱及地被植物。

三、多层次综合手法

国内外城市道路绿化实践证明，“多样性导致稳定性”，这是一个最基本的生态学原理。单一植物种群的结构极为脆弱，景观也显单调。在城市绿地中要优化种植结构，实行多种类、多层次、多结构的种植形式，有条件的地区还应采用复层结构，所谓多层次综合手法，就是在绿地内将乔木、灌木、草坪、藤类和地被等多种植物搭配种植，从而构成立体化的道路绿化景观。目前，许多国家都将营造多城市道路景观作为城市道路绿化的重要手段。

在城市主干道路上大部分快慢分车绿带跨度较为宽阔，绿化设计已经从抽象的植物色块逐步走向植物生态群落营造。为充分发挥道路绿化的生态效益，利用有限的空间进行绿化，市内主干道两侧的绿化带多采用速生树种与慢生树种相结合，利用“背景树—主景树—灌木群—草地”多层次手法进行绿化，以保证良好的视线效果及足够的绿量。

在较宽的人行道绿带，应当尽量做到层次丰富，上层高大乔木可以有效地为行人遮阳，中层的小乔木和常绿的修整绿篱更有效地吸附、阻滞汽车尾气和道路的尘埃，并减少行人随意穿越马路的现象，从而较好地达到功能与景观两者兼顾的效果。分车绿带形式比较灵活，不再是单调的整形设计，而是尽量以有限的立地条件创造多样的绿化景观，布局手法从抽象走向生态。在我国，分车绿带以规则式手法、自然群落式手法和多层次综合手法，多数以前两种设计手法为主，做到按不同功能的分车绿带、自身宽度、周边环境状况进行植物配置。

由于树木是有生命的有机体，是在不断的生长变化，能产生各种各样的效果。所以道路的植物景观设计要综合考虑其功能性质、车行和人行的要求以及道路立地条件、周边建筑、市政设施等。根据植物的立地条件、土壤条件、背景条件等进行合理配置，做到适地适树。

四、因地制宜的手法

因地制宜作为一种景观设计的手法，自古就备受国内外园林景观设计师和理论家们的推崇，相关的著作和设计作品也被广泛传播。通过研究发现，因地制宜这种设计手法可以通过场地所在区域的气候、地形、植物、水文和构筑物对绿化景观影响的研究，以因地制宜的设计思想指导出来的景观工程，能更好地迎合当地现状，营造人与自然和谐共生的局面，保证经济效益，保留历史与记忆，同时还可以补救已经被破坏了的生态环境及人文气氛。

城市道路绿化的植物配置，要突显地方特色，就应因地制宜的根据当地气候、土壤、地形和植物的特点，采用经济效益高、绿化效果好的乡土树种来营造，要重视乡土树种的推广和应用。另外再用香花植物、色叶植物、观花植物的层次搭配，使道路形成连续的景观效果。只有这样才能对改善道路生态环境条件起到很好的作用，并在植物的景观表现期（如盛花期、结果期、叶色变化期等）期间给行人带来美的享受。

第三节　行道树绿带的设计

行道树绿带又称为人行道绿化带，是指布设在人行道与车行道之间的绿化带，也就是以种植行道树为主的绿带。行道树绿带的主要功能是夏季为行人和非机动车遮阳、美化街景、装饰建筑立面，也是城市街道绿化的主要形式之一。行道树绿带设计，应考虑主要道路环境与行道树绿带宽度、行道树绿带种植设计形式、行道树树种的选择、行道树苗木标准和定干高度、行道树的株行距、行道树与建筑朝向和道路走向的关系、安全视距三角形、行道树的树池大小等的关系。行道树绿带的设计应符合现行的行业标准《城市道路绿化规划与设计规范》（CJJ 75—1997）中的有关规定。

一、行道树绿带的宽度

为了保证道路绿化树木的正常生长，我国现行行业标准规定：行道树绿带宽度不应小于1.5m，即行道树树干中心至路缘石外侧最小距离宜为0.75m；如果条件允许，行道树绿带宽度可设计为3m以上，这样就可以采用规则式和自然式相结合的布置形式，使乔木、灌木、花卉、草坪等，根据绿带面积大小、街道环境的变化而进行合理配置。

二、行道树绿带种植设计形式

行道树是按一定间距列植于道路两侧的乔木绿化景观，也就是在人行道绿带中与道路轴线平行成行或成排，按照一定的距离栽植的乔木。行道树是行道树绿带中最简单的布置形式。行道树绿带的主要功能是夏季遮阳，有利于装饰街道景观，应当与沿街建筑物协调，不应妨碍街道通风及建筑物内的通风采光。当行道树只能种植一行树时，行道树之路要采用透气性的路面材料铺装，这样利于渗水通气，可以改善土壤条件，保证行道树的正常生长，同时也不妨碍路人行走。

行道树绿带的设计形式，应根据道路绿地环境、功能、形态不同而定。行道树绿带是在道路的两侧，位于车行道与人行道之间或道路外侧设置的带状绿地，以进一步增加园林空间绿化量和环境生态效益。带状绿地宽度因用地条件及附近建筑环境不同可宽可窄。绿带较窄时可种植一列乔木行道树，绿带较宽时可种植两列或多列乔木行道树。

为了防止或减弱汽车噪声对行人的影响，增加道路植物景观的结构层次、丰富道路绿色景观内容、提高环境美化效果，行道树应以种植大乔木为主，还可在行道树绿带中间种植花灌木或常绿灌木，或者栽植绿篱等，绿带地面通常种植草坪与地被植物。行道树绿带的种植形式如图 7-2 所示。

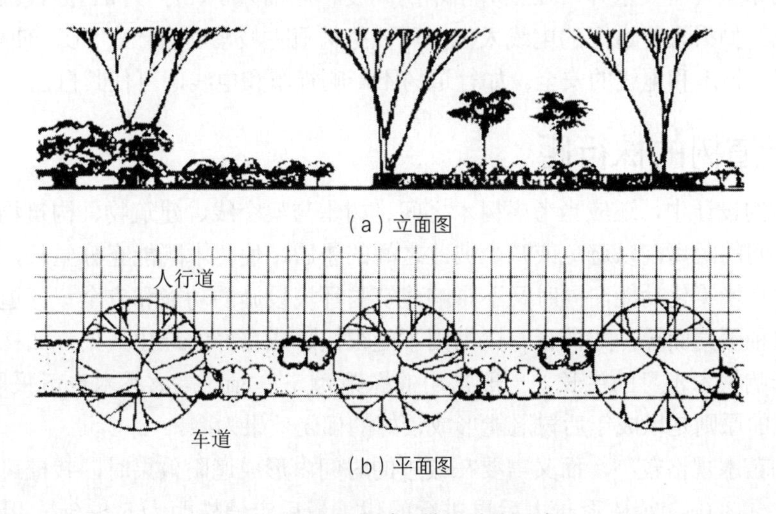

图 7-2　行道树绿带的种植形式

三、行道树树种的选择

行道树树种的选择要认真考虑地区性和各城市的树种环境因素，充分体现行道树保护和美化环境的功能，科学、正确地选择适宜的树种。我国大部分地区夏季天气炎热，因此行道树多采用冠大荫浓的树种，如悬铃木、栾树、榕树、槐树、凤凰木等。我国北方大部分地区最好选择落叶乔木，这样可以夏季遮阴、冬季又不遮挡阳光。行道树反映了一个区域或一个城市的气候特点及文化内涵，植物的生长又与周围环境条件有着密切的联系，因此选择行道树时一定要适地适树。

一些城市行道树的选择既能代表地区特色，植物又能适应当地的气候条件，很好地发挥了行道树体现地方特色和绿化的功能。比如北京的槐树、海南的椰树、南京的雪松、成都的银杏、长沙的香樟、武汉的水杉、合肥的广玉兰以及桂林的桂花等。行道树的立地环境较差，在行道树的选择上要遵循树种抗性强、寿命长、适地适树、冠大荫浓等原则。

总之，行道树应选择具有适应性强、生长迅速、萌芽性强、冠幅较大、主干高大、树枝挺拔、树型优美、枝繁叶茂、病虫害少、能耐修剪、管理高效、寿命较长、观赏性高、无特殊气味、叶色美观等特点的树种。

四、行道树苗木标准和定干高度

为了保证新栽行道树的成活率，并在种植后较短的时间内达到一定的绿化效果，行道树苗木的选择要适当，不要选择太小或太大的苗木作为行道树。当选用快长树作为行道树时，苗木的胸径应在 5cm 以上。如果选用慢长树作为行道树时，苗木的胸径应在 8cm 以上。

乔木的定干高度是指从地面至树冠分枝处即第一个分枝点的高度。行道树的定干高度取决于道路的性质、距车行道的距离和树种分枝的角度。行道树在同一条干道上应相对保持一致，在路面较窄或有大型车辆通过的地段，定干高度以 3 ～ 3.5m 以上为宜。在较宽的路面或步行商业街上，定干高度可降至 2.5 ～ 3.0m，分枝角度小的树种可适当低些，但也不能低于 2.0m 以下。树体大小尽可能整齐、划一，避免因高低错落不等、大小粗细各异，而影响审美效果和带来管理上的不便。

除了对苗木胸径有要求外，还应对苗木的高度、冠幅大小、净干高、分枝情况、土球大小等进行规范。如果人行道上的电线太低，可以把树冠主枝修剪成“Y”形，使电线从“Y”中穿过，以保证树木和电线的安全。如行道树不影响行车和电线，可任其自己一一生长。

五、行道树的株行距

在行道树的设计中，还应当考虑树木之间、树木与架空线、建筑物、构筑物、地下管线及其他设施之间的距离，以避免或减少彼此之间的矛盾，使树木既能充分生长，最大限度地发挥其生态与环境美化功能，同时又不影响建筑与环境设施的功能和安全。行道树的株行距根据地区、树种不同而异，如株行距过大则不能很快形成良好的绿化效果，如株行距过小则几年后又会影响树木本身的生长。一般常用的株距为 5 ～ 8m，高大乔木也可采用 6 ～ 8m 的定值株距。总的原则是以成年后树冠能形成较好的郁闭效果为准。

当初种的苗木规格较小，而又需要在较短的时间内形成遮阳效果时，栽植可缩小株距，一般可为 2.5 ～ 3.0m，等树冠长大后再进行间伐，最后定值株距为 5 ～ 6m。用小乔木或窄冠型的乔木作为行道树时，一般采用 4m 的株距。行道树种植株距不应小于 4m，使行道树树冠有一定的分布空间，有必要的营养面积，保证树木正常生长，同时也便于消防、急救、抢险等车辆在必要时穿行。

在城市郊区的道路上，为了早日实现绿化的效果，株行距可以适当小一些，等树长大后再进行间伐。行道树的树干中心至路缘石外例距离应不小于 0.75m，这样有利于行道树的栽植和养护管理，也是为了树木根系的均衡分布、防止树木倒伏。

六、行道树与建筑朝向和道路走向的关系

行道树与建筑朝向和道路走向的关系非常密切，栽植在建筑物北侧的行道树由于日照比较少，应选择耐阴的行道树，绿带可设置窄些。栽植在建筑物南侧的行道树由于日照比较充足，应选择喜阳的行道树，绿带可设置宽些。南北走向的道路，日照条件比较均匀，对植物生长影响较小，因此行道树可在道路两侧交错种植。东西走向的道路，由于出现明显的阴面和阳面，因此在植物选择上要注意喜阳、耐阴等植物的合理配置。

在比较狭窄的道路上，行道树在两侧可以交错排列，如在狭窄的东西向街道上创造行道树的景观效果，可在道路的北侧、建筑的南边种植大乔木；另外，可在两侧交错种植行道树。如两边的人行道很窄，靠近建筑的基不出栽植要服从于建筑立面，也可在建筑墙面上进行垂直绿化。道路旁的建筑物和地下设施对行道树的影响较大，要求与其保持适当的距离，或者在一侧种植行道树。

七、道路的安全视距三角形

道路的交叉路口是两条或两条以上道路相交之处，这是交通系统的咽喉。在进行种植设计时，首先应调查其地形、环境特点，并了解“安全视距”及有关标识、标志等符号。为了保证行车安全，道路交叉口转弯处必须空出一定的距离，使司机在这段距离内能看到对面或侧方开来的车辆，并有充分的刹车和停车时间，而不致于发生交通事故。根据两条相交道路的两个最短视距，可在交叉口平面图上绘出一个三角形，称为“视距三角形”，如图 7-1 所示。

在道路交叉口的视距三角形范围内，行道树绿带应采取通透的方式进行配植。在此视距三角形内不能有遮挡司机视线的地面物，如不能设置建筑物、构筑物、广告牌等，也不能栽植行道树。这个范围内的花灌木或丛生花草，其种植高度也不得超过 0.7m，以免影响驾驶人员的视线。根据我国道路设计经验，安全视距一般采用 30 ～ 35m 为宜。

八、行道树的树池大小

树池是指在人行道上设计排列几何形的种植行道树的形式。树池常用于人流或车流量较大的干道或人行道路面较窄的道路行道树设计。树池一般占地面积较小，可留出较多的铺装地面，以满足交通及人员活动的需要。

树池的形式多为正方形、长方形或圆形。规格为正方形以边长 1.5m 较合适，长方形长、宽分别以 2m、1.5m 为宜，圆形树池以直径不小于 1.5m 为好。目前树池边缘高度也分为 3 种情况。树池边缘高出人行道路 8 ～ 10cm，这种形式可减少行人踩踏，土壤不会板结，但容易积水，也不利于卫生清洁，可在池内铺一层鹅卵石或者树皮。树池边缘与人行道等高，这种形式方便行人行走，但土壤经行人踩踏易板结，也不利于植物灌溉，对植物生长造成一定影响。树

池边缘低于人行道，通常在树池上加池箅子并使之与路面平行，这样利于行人通行，也不会使土壤板结，但造价较高。

第四节　分车绿带的设计

分车绿带是指车行道之间可以用于绿化的分隔带，就是用绿色植物进行绿化的街道分车带，也称为隔离绿带。分车绿带是道路绿化系统的重要组成部分，其主要起着组织交通、阻挡夜间行车眩光、分隔、维护交通安全的作用。根据道路的组成不同，分车绿带设计可分为分车绿带设计、行道树绿带设计和路侧绿带设计。

在现行的行业标准《城市道路绿化规划与设计规范》（CJJ 75—1997）中，对分车绿带设计、行道树绿带设计和路侧绿带设计均有如下明确规定。

一、分车绿带设计

分车绿带用绿带将快慢车道分开，或将逆行的车辆分开，保证快慢车行驶的速度与安全。有组织交通、分隔上下行车辆的作用。分车带的绿化设计方式有三种，即封闭式、开敞式、半开敞式。

封闭式分车带造成以植物封闭道路的境界，在分车带上种植单行或双行的丛生灌木或慢生常绿树，当株距小于5倍冠幅时，可起到绿色隔墙的作用。在较宽的隔离带种植高低不同的乔木、灌木和绿篱，可形成多种树冠搭配的绿色隔离带，层次和韵律较为丰富。

开敞式分车带在分车带上种植草皮，低矮灌木或较大株行距的大乔木，以达到开朗、通透境界，大乔木的树干应该裸露。另外，为便于行人过街，分车带要适当进行分段，一般以75～100m为宜，尽可能与人行横道、停车站、大型商店和人流集散比较集中的公共建筑出入口相结合。

半开敞式分车带介于封闭式和开敞式之间，可根据乡车道的宽度，所处环境等因素，利用植物形成局部封闭的半开敞空间。在进行分车绿带设计中，应符合下列具体要求。

（1）分车绿带靠近机动车道，其绿化应形成良好的行车视野环境。分车绿带绿化形式简洁、树木整齐一致，使驾驶员容易辨别穿行道路的行人，可减少驾驶员视觉疲劳。相反，植物配置繁乱，变化过多，容易干扰驾驶员视线，尤其在雨天、雾天影响更大。

（2）分车带上种植的乔木，其树干中心至机动车道路缘石外侧距离不宜小于0.75m的规定，主要是从交通安全和树木的种植养护两方面考虑。

（3）在中间分车绿带上合理配置灌木、灌木球、绿篱等枝叶茂密的常绿植物能有效地阻挡对面车辆夜间行车的远光，改善行车视野环境。

（4）分车绿带距交通污染源最近，其绿化所起的滤减烟尘、减弱噪声的效果最佳。两侧分车绿带对非机动车有庇护作用。因此，两侧分车带宽度在1.5m以上时，应种植乔木，并宜乔木、灌木、地被植物复层混交，扩大绿化量。

（5）分车绿带端部采取通透式栽植，是为穿越道路的行人或并人的车辆容易看到过往车辆，以利行人、车辆安全。具体执行时，其端部范围应依据道路交通相关数据确定。

（6）道路两侧的乔木不宜在机动车道上方搭接，是避免形成绿化“隧道”，有利于汽车尾气及时向上扩散，减少汽车尾气污染道路环境。

(7) 在分车绿带上经常设有各种杆线、公共汽车停车站，人行横道有时也横跨其上。其中，公共汽车中途停车站，都设在靠近快车道的分车绿带上，车站的长度约30m。在这个范围内一般不能种灌木、花卉，可种植乔木，以便在夏季为等车乘客提供树阴。当分车绿带宽5m以上时，在不影响乘客候车的情况下，可以种适当草坪、花卉、绿篱和灌木，并设矮栏杆进行保护。

(8) 对视线的要求因地段不同而异，在交通量较少的道路两侧没有建筑或没有重要的建筑物地段，分车带上可种植较密的乔、灌木，形成绿色的墙，充分发挥隔离的作用。当交通量较大，道路两侧分布大型建筑及商业建筑时，既要求隔离又要求视线能透过，在分车带上的种植就不应完全遮挡视线。

(9) 种植分枝点低的树时，株距一般为树冠直径的2～5倍；灌木或花卉的高度应在视平线以下。如需要视线完全敞开，在隔离带上应只种草皮、花卉分枝点高的乔木。

(10) 一般来说，分车带以种植草皮与灌木为主，尤其在高速干道上的分车带更不应该种植乔木，以使驾驶员不受树影、落叶等的影响，以保证高速干道行使车辆的安全。在一般干道的分车带可以种植70cm以下的绿篱、灌木、花卉、草皮等。但我国许多城市常在分车带上种植乔木。原因有二：其一，我国大部分地区夏季比较炎热，考虑树木具有遮阳的作用；其二，我国的车辆目前行驶速度不是过快，树木对司机的视力影响不大。因此，分车带上大多种植了乔木。

(11) 分车绿带位于车行道之间　当行人横穿道路时必然横穿分车履带，这些地段的绿化设计应根据人行横道线在分车绿带上的不同位置，采取相应的处理办法。既要满足行人横穿马路的要求，又不致影响分车绿带的整齐美观。相应的处理方法有以下3种情况。

① 人行横道在绿带顶端通过，在人行横道线的位置上铺装混凝土方砖道不进行绿化。

② 行人在靠近绿化顶端位置通过，在绿带顶端留下一小块绿地，在这一小块绿地上可以种植低矮植物或花卉草地。

③ 人行横道线在分车绿带中间某处通过，在行人穿行的地方不能种植绿篱及灌木，可种植落叶乔木。

二、行道树绿带设计

城市行道树绿带是指布设在人行道与车行道之间，以种植行道树为主的绿带。其宽度应根据道路的性质、类别和对绿地的功能要求以及立地条件等综合考虑而决定，但不得小于1.5m。行道树绿带的主要功能是为行人非机动车庇荫。绿带较宽时可采用乔木、灌木、地被植物相结合的配置方式，提高防护功能，加强绿化景观效果。行道树的种植方式主要有树带式和树池式。在进行行道树绿带设计中，应符合下列具体要求。

(1) 行道树绿带绿化主要是为行人及非机动车庇阴，种植行道树可以较好地起到庇阴的作用。在人行道较宽、行人不多或绿带有隔离防护设施的路段，行道树下可以种植乔木、灌木和地被植物，形成连续不断的绿化带，提高绿带的防护功能，加强绿化的景观效果。

当行道树绿带只能种植行道树，且行人较多的路段，行道树之间宜采用透气性路面铺装。这样有利于渗水透气，较好改善土壤条件，保证行道树正常生长，同时也不妨碍行人的行走。

(2) 行道树定植株距，应以其树种壮年期冠幅为准，最小种植株距应为4m，以使行道树树冠有一定的分布空间，有必要的营养面积，保证行道树的正常生长，同时也便于消防、急救、抢险等车辆在必要时穿行。为了利于行道树的栽植及养护管理，以及树木根系的均衡分布、防止倒伏，要求行道树树干中心至路缘石外侧最小距离宜为0.75m。

（3）为了保证新栽植行道的成活率高，在种植后能在较短的时间内达到一定的绿化效果，行道树其苗木的规格不应过小，一般来讲，快长树的胸径不得小于5cm，慢长树的胸径不宜小于8cm。

（4）为了保证机动车驾驶人员有良好的视线，在道路交叉口视距三角形范围内，行道树绿带应采用通透式配置。

三、路侧绿带设计

道路绿带分为分车绿带、行道树绿带和路侧绿带。由于宽度所限，分车绿带和行道树绿带具备的功能往往比较单一。分车绿带要具备防眩功能，行道树绿带应满足遮阴功能，而路侧绿带则要具有更多的功能。从位置上来讲，路侧绿带的另一侧往往是比较重要的用地，所以其植物配置还要考虑对道路红线以外景观的影响。

由此可见，路侧绿带植物的配置是道路绿化乃至整个城市绿化工作的重中之重，要格外关注。城市道路环境噪声污染是城市中噪声污染最为严重的区域，而路旁的建筑或公园等显然都要受到交通噪声的影响。路侧绿带就好比一组绿色吸声隔墙，当声波经过时，富有弹性的树叶便吸收一部分能量，使其减弱，效果比较明显。总之，通过合理配置，使其可以达到最佳的降噪效果。在进行路侧绿带设计中，应符合下列具体要求。

（1）路侧绿带是道路绿化的重要组成部分，同时路侧绿带与沿路的用地性质或建筑物关系密切，有些建筑要求用绿化进行衬托，有些建筑要求用绿化进行防护，有些建筑要求在绿化带中留出出入口。因此，路侧绿带设计要兼顾街景与沿街建筑的需要，应在整体上保持在路段内的连续与完整的景观效果。

（2）路侧绿带宽度大于8m时，内部铺设游步道后，仍能留有一定宽度的绿化用地，而不影响路侧绿带的绿化效果。因此，可以设计成开放式绿地，这样可方便行人进入游览休息，提高绿地的功能作用。在开放式绿地中，绿化用地面积不得小于该段绿带总面积的70%。路侧绿带与毗邻的其他绿地一起辟为街旁游园时，其设计应符合现行行业标准《公园设计规范》（CJJ 48—1992）中的规定。

（3）濒临江、河、湖、海等水体的路侧绿地，应结合水面与岸线地形设计成滨水绿带。滨水绿带的绿化应在道路和水面之间留出透景线。随着现代人类文明智慧的加速演进，人们越来越重视构建生态的滨水绿化景观，而在城市滨水绿带中种植水生植物则是重要生态景观之一，是一种自然的景观。

（4）道路护坡绿化应结合工程措施栽植地被植物或攀缘植物。地被植物是指那些株丛密集、低矮，经简单管理即可用于代替草坪覆盖在地表、防止水土流失，能吸附尘土、净化空气、减弱噪声、消除污染，并具有一定观赏和经济价值的植物。攀缘植物又名藤本植物，通俗地说就是能抓着东西爬的植物，是指茎部细长、不能直立，只能依附在其他物体（如建筑物表面等）或匍匐于地面上生长的一类植物。

四、分车绿带植物配置形式

道路绿化是道路环境的重要组成部分，也是城市园林系统的重要组成要素，它直接形成城市的面貌、道路空间的性质、市民的交往环境，为居民日常生活体验提供长期的视觉形态审美客体，乃至成为城市文化的组成部分。

目前，现代化的城市道路交通已是一个多层次复杂的系统组成不同的路网，从功能上有交通性、生活性、商业性和政治性的区分。从道路的种类又大体分主干道、次干道、区间路、小区路、园林路、滨河路和步行街等。为做好道路功能与性质相适应，在配置道路绿化规划时，应根据道路的级别、性质、用地情况、道路宽度以及市政工程设施的不同要求和绿地定额等多方面因素，确定绿化的布局形式，即采用规则式、自然式或综合式，道路断面绿带的种植采用对称式和不对称式。

根据国内外的实践经验，分车绿带的植物配置形式要求总体简洁、树形整齐、排列有序，有利于组织交通、行车安全、人车分流等，使机动车驾驶人员易于掌握路况，对于突发事件可以及时采取有效措施，并可容易辨别穿行道路的行人，也可减少视觉疲劳，同时还可增加道路景观的美感。

1. 城市快速路的植物配置

快速路的立体交叉绿地，要服从交通功能要求，保证司机有足够的安全视距。出入口有作为指示性的种植，转弯处种植成行的乔木，以指引行车方向，使司机有安全感。在匝道和主次干道汇合的顺行交叉处，不宜种植遮挡视线的树木。立体交叉中的大片绿地即绿岛，不允许种植过高的绿篱和大量的乔木，应以草坪为主，点缀常绿树和花灌木，适当种植宿根花卉。根据树木的间距，高度与司机视线高度与前大灯照射角度的关系种植，使道路亮度逐渐变化，并防止眩光。

2. 分车绿带的植物配置

分车绿带靠近机动车道其绿化应形成良好的行车视野环境。分车绿带绿化形式简洁、树木整齐一致，使驾驶员容易辨别穿行道路的行人，可减少驾驶员视觉疲劳。相反植物配置繁乱、变化过多，容易干扰驾驶员视线，尤其在雨天、雾天影响更大。在分车带上种植的乔木，其树干中心至机动车道路缘石外侧距离不宜小于规定的0.75m，主要是从交通安全和树木的种植养护两方面考虑。在中间分车绿带上合理配置灌木、灌木球、绿篱等枝叶茂密的常绿植物，能有效地阻挡对面车辆夜间行车的远光，改善行车视野环境。

3. 行道树绿带的植物配置

在人行道与车行道之间种植行道树的绿带，其功能主要为行人蔽荫，可起到美化街道、降尘、降噪、减少污染的作用。行道树绿带种植应以行道树为主，并宜种植乔木、灌木、地被植物相结合形成连续的绿带。在行人多的路段行道树绿带不能连续种植时，行道树之间宜采用透气性路面铺装。树池上宜覆盖池箅子。行道树定植株距，应以其树种壮年期冠幅为准，最小种植株距应为4m。行道树树干中心至路缘石外侧最小距离宜为0.75m。在道路交叉口视距三角形范围内，行道树绿带应采用通透式配置。

由于城市中的各种架空电线、地下各种电缆、热力煤气，有线电视电缆，雨污水管道等造成行道树绿带的立地条件在城市中是最差的，绿带宽度往往也很窄，一般为1～2m，加上土质差和人为因素等导致了行道树根系不深，容易造成风倒，所以行道树应选择耐修剪、抗贫瘠、根系较深的树种。

4. 路侧绿化的植物配置

从广义上讲，路侧绿带也包括建筑物基础绿带。由于绿带宽度不一，因此，植物配植各异。路侧绿带国内常见用地绵等藤本植物作墙面垂直绿化，用直立的桧柏、珊瑚树或女贞等植于墙前作为分隔，如绿带宽些，则以此绿色屏障作为背景，前面配植花灌木、宿根花卉及草坪，但在外缘常用绿篱分隔，以防行人践踏破坏。绿带宽度超过10m者，也可用规则的林带式配植或培植成花园林阴道。

第五节　交通岛的绿化设计

随着国民经济的快速发展，我国城市化进程也随着加速。作为城市发展的承载体，城市交通事业也面临着巨大的挑战，道路断面承重力的加大、车行速度的提高、不同类型车辆对道路使用的相应特点，以及城市交通安全的保障，这些要求使得城市道路交通形式越来越多样化，构成了有机交织的线性网络系统。有交织就会有节点，在这个网络系统中，不可避免地出现多条不同等级的道路相互交叉，出现了道路体系构成上的真空点。而在城市道路交通规划中，通常在此类道路交叉口处采用交通绿岛的形式进行很好地衔接处理。

交通岛是指控制车流行驶路线和保护行人安全而布设在交叉口范围内的岛屿状构造物，起到引导行车方向、渠化交通的作用。交通岛绿地应结合这一功能，通过在交通岛周边的合理种植，可以强化交通岛外缘的线性，有利于诱导机动车驾驶人员的行车视线，特别在雪天、雾天可以弥补交通标线、标识的不足。

交通岛绿地则是指经过绿化的交通岛用地，它作为城市道路绿化的一部分，形成独具特色的城市节点性景观。作为城市道路绿化及城市绿地系统的有机组成部分，交通绿岛具有吸尘、减噪、制氧、调湿等生态效应，提高了城市道路的环境质量，从而可改善城市生态环境，同时起到美化城市的作用。

交通岛绿地按其功能及布置位置不同，可分为导向岛绿地、立体交叉岛绿地和中心岛绿地。在现行的行业标准《城市道路绿化规划与设计规范》(CJJ 75—1997）中，对各种交通岛绿地设计均有具体规定，应严格按要求进行设计。

一、导向岛绿地设计

导向岛绿地是位于交叉路口上可绿化的导向岛用地，也就是用于分隔行车方向的绿岛。导向岛绿地具有指引行车方向、约束车道、使车辆减速转弯、美化道路、保证行车安全的作用。当车辆从不同的方向经导向岛时后，会发生顺行交织，在这种情况下，导向岛绿化应选用低矮的植物，不得遮挡驾驶人员的视线。因此这种绿地的绿化布置，常以草坪、地被植物和花坛为主。

通常在绿化设计中可选用锥形冠幅的乔木栽植在指向主要干道的端头，以强调主要车道;可选用圆形冠幅的乔木树种，以强调次要车道，借此以示区别。沿导向岛绿地内侧道路绕行的车辆，在其行车视距范围内，驾驶人员视线会穿过交通岛的边缘。因此，导向岛边缘应采用通透式栽植。具体执行时，其边缘范围应依据道路交通相关数据确定。

二、中心岛绿地设计

城市道路的中心岛俗称转盘，是指的是设置在道路平面交叉中央的圆形或椭圆形的交通岛，中心岛绿地是设置在交叉路口上的可绿化的中心岛用地，这是为了有利于城市道路的交通管理、避免或减少发生交通事故，而设置于路面上的一种岛状设施，其主要是起到引导车辆行驶的作用。

城市道路的中心岛用混凝土或砖石材料进行围砌，一般高出路面 10cm 以上，其中间部分种植绿色植物。中心岛的主要功能是组织交叉路口处的环形交通，使进入交叉路口的车辆一定要围绕中心绿岛作逆时针单向行驶。交通绿岛一般设计为圆形或椭圆形，其直径大小必须保证车辆能按一定速度以交织方式行驶。由于受到环道上交通能力的限制，中心岛多设置在车流量大的主干道上，或者是在具有大量非机动车交通、行人众多的交叉路口。

目前，我国大中城所采用的圆形中心岛的直径一般为 40 ～ 60m，小城镇的中心岛的直径为 20m。中心岛的外侧汇集了多处路口，有些放射状道路的交叉口可能汇集 5 个以上。中心岛绿地要保持各路口之间的行车视线通透，方便绕行车辆的驾驶人员快速识别路口。不宜布置行人休息用的小游园或吸引游人的地面装饰物。常以草皮、花坛为主或以低矮的常绿灌木组成图案花坛，切忌用常绿小乔木或大乔木，以免影响驾驶员的视线。

在一些大型的交通岛可以组团种植高大主景乔木，但应以不影响行车视线为原则。中心岛虽然也能构成绿岛，但组成比较简单，与大型的交通广场或街心游园不同，它的设计必须采用封闭的形式。

三、立体交叉岛绿地设计

在城市道路设计中，由于道路的纵横交错而形成很多交叉口。交叉口是城市道路交通的咽喉，相交道路的各种车辆和行人都要在交叉口处汇集、通过，为了保证交叉口处的交通安全，使交叉口具有科学合理的道路使用条件，其设计在整个道路设计中显得十分重要。

城市道路的立体交叉，可分为简单的立体交叉和复杂的立体交叉两种。简单的是分立式立体交叉，由纵横两条道路在交叉点上相互交叉，但是它们之间相互不通。这种立体交叉绿岛的绿化，一般不能形成专门的绿化地段，只是行道树绿化带景观的延续。复杂的立体交叉又称为互通式立体交叉，是由两条不同平面的车流，通过匝道连通，也就是由主、次干道和匝道组成的立体交叉。匝道供车辆左、右转弯，把车流导向主、次干道上。为了保证车辆安全和保持规定的转弯半径，匝道和主、次干道之间往往形成几块面积较大的空地，这些空地则为立体交绿岛，也就是城市干道与匝道围合的绿化用地。

立体交叉绿地包括绿岛、立交桥的外围绿地两部分。立体交叉绿岛常有一定的坡度，绿化要很好地解决绿岛的水土流失，需种植一些草坪类的地被植物。绿岛上自然式配置树丛、孤植树，在开敞的绿化空间中，更能显示出树木的自然形态，与道路绿化带形成不同的景观，形成爽朗开阔的效果。它是立体交叉中面积较大的绿化地段，一般应种植开阔的草坪，草坪上点缀具有较高观赏价值的常绿树和花灌木，也可以种植一些宿根花卉，构成一幅舒朗而壮观的图景。切忌种植过高的绿篱和大量的乔木，以免阴暗、郁闭。

如果绿岛面积较大，在不影响交通安全的前提下，可按街心花园的形式进行布置，设置园路、小亭、水池、雕塑、花坛、座椅等。这里的绿化应布置开阔的草地，点缀花、灌木及宿根花卉，一般不宜种植高大的乔木，以免产生阴暗、郁闭感。由于绿岛的位置不同，其地面标高也不同，为了减小坡度可设置挡土墙，还可以点缀雕塑、喷泉等小品和灌溉设施。由于汽车行驶到立体交叉的匝道与主、次干道交汇处时，会产生顺行交叉。绿岛处在不同高度的主、次干道之间，往往有较大的坡度，绿岛坡降一般以不超过 5% 为宜，陡坡位置需另做防护措施。此外，绿岛内还应设置喷灌设施，以便及时浇水、洗尘和降温。

立体交叉绿岛的绿化覆盖率较高，它包括桥体、桥面和桥底等部位的绿化。特别是桥面绿化既要注重景观的连续性，又要选择易于养护管理的植物。在立交桥的栏杆上、街道中间的隔离栏杆上，悬挂吊篮、花槽进行绿化，可以充分展示花卉立体装饰的效果，丰富的植物景观既可以改变钢筋混凝土立交桥的外貌，也可以为城市增添自然的神韵。这里的绿化多以盆栽形式为主，植物种类主要以各色的簕杜鹃、软枝黄蝉、马缨丹等为主。

桥体绿化多采用垂直绿化的形式，常选用藤本攀缘植物，如爬山虎、单叶青藤、薛荔等。桥底绿化多选用耐阴和半耐阴的小灌木、小乔木等进行复层配置，基本达到阴生植物的绿化覆盖，增强道路系统中“绿色通道”的内部连通性和连续性，保障城市园林植物的多样性。桥下选用常绿耐阴植物绿化，桥墩选用垂直绿化的形式进行配置。立交桥交通岛的植物配置应达到层次搭配合理、植物种类丰富、色彩鲜艳美观的要求。我国南方一些新兴的城市大胆引用了国外经验和植物，打破立体交叉交接处的生硬线条，在“乔木灌木草坪”搭配的基础上，增添大灌木、小乔木作为中层过渡，不仅进一步丰富桥体的植物层次，同时也丰富了城市的空间立体绿化景观。立体交叉绿岛绿化设计示意如图 7-3 所示。

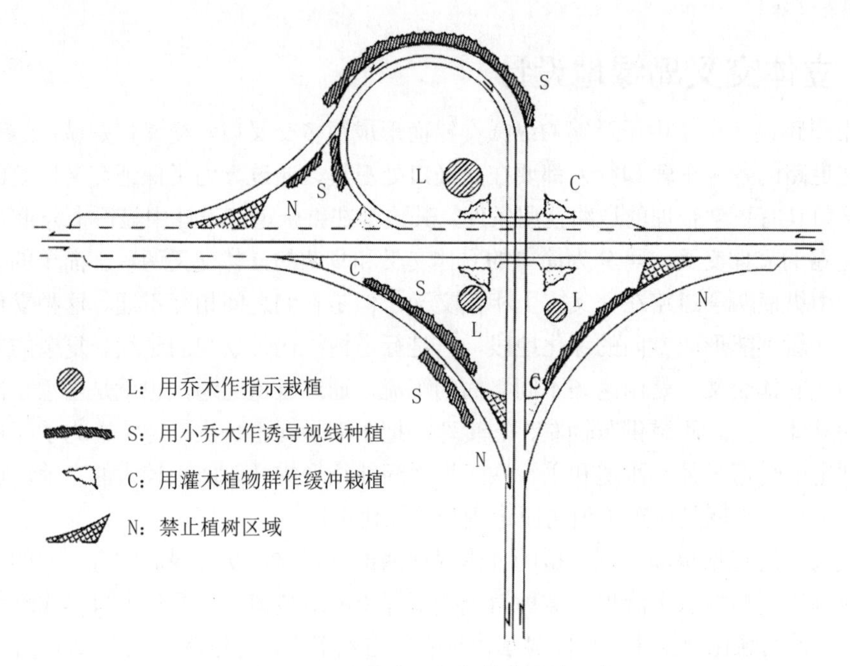

图 7-3　立体交叉绿岛绿化设计示意

第六节　商业街的绿化设计

随着城市商业的繁荣发展，商业街作为商业发展的较高形态和繁荣象征，成为城市的窗口和形象标志。据不完全统计，截至 2005 年年末，我国县级以上城市商业街已超过 3000 条，总长度已超过 1800km，总面积已超过 $1.5\times10^{8}m^{2}$。久居都市的人们都向往自然，有回归自然的要求。商业街的绿地景观可以把更多的自然景物引入城市，让城市的阳光更明媚、空气更清新。在这种需求下，对商业街绿地景观的植物进行优化配置就显得格外重要。

随着城市商业街功能需求和购物环境的改变，有必要对商业街的绿地景观进行改造。城市商业街绿地景观改造重在对植物的色彩配置、植物的形态配置与植物的空间组合等。处理好植物配置与空间位置的关系，可为人们创造一种美的视觉空间。

商业步行街是城市中心地区的重要公共建筑、商业与文化生活服务设施集中的街道地段，也是供行人休闲、赏景、购物、交往、娱乐的空间。在一般情况下，商业步行街是禁止车辆通行的。作为城市中心的繁华街道，只让行人活动或休息，不准车辆通过商业步行街，其绿化美化的主要目的是为了增加街景，提高行人的情绪和兴趣。

商业步行街的绿化设计，首先应对已有的商业街进行现场调查，根据实际需要合理设计花草、树木。座椅、花坛、雕塑、景物小品，以及公共厕所、垃圾箱及归口主管部门管理的其他公共设施等。商业步行街的绿地种植要精心设计，与环境、建筑协调一致，使其功能性和艺术性呈现出较好的效果。

一、商业步行街绿化设计的原则

1. 以人为本的绿化设计理念

商业步行街的两侧均是集中商业和服务性行业的建筑，这些建筑不仅是人们购物的活动场所，同时也是人们休息、赏景、交友的好去处，是人流比较集中的场所。其绿化设计应强调功能和景观的效果，所以这些地方的绿化设计理念应以人为本，这是现代城市对商业街绿化设计的最基本要求。

商业步行街的绿化设计应保持整体绿色空间的连续与变化，在保证整体环境品质的前提下，总体绿化景观设计应突出特色，加强新颖性和现代性。为了创造一个舒适的环境供行人休息活动，商业步行街可铺设装饰性花纹地面，以便增加街景的趣味性。另外，还可布置装饰性小品和供行人休息用的座椅、凉亭、电话亭等。由于商业步行街的人流量较大，绿化可采用盆栽或做成各种形状的花台、花箱等进行配置，并与街道上的雕塑、喷泉、水池、山石、座椅、凉亭、电话亭、小卖部等相协调。

2. 亲切和谐的绿化设计空间

商业步行街的绿化设计在空间尺度上和环境气氛上要保持亲切、和谐，使人们在这里可以感受到自我、完全放松和“随意”。 商业步行街的整体空间，可通过控制街道的宽度和两侧建筑物高度，以及利用乔木、花灌木、花台、花坛来分隔空间。采用各种形式的花坛、花台等景观大小，来改变空间尺度和创造亲切宜人的街道空间环境。

在进行绿化植物选择上，应注意植物的形态、色彩和街道环境相协调。大乔木的树冠要大，枝叶要繁茂，整体造型要挺拔俊朗。花灌木要株形美观、无针刺、无异味，花色艳、花期长。摆放的时花要以色彩鲜艳、花色丰富、亲和力强来营造氛围。在行人休息空间应采用高大的落叶乔木，夏季大幅树冠可遮阳，冬季树叶脱落可透光，为行人和顾客提供不同季节亲切和谐的环境。

3. 突显地方景观绿化设计特色

商业步行街的绿化有别于造林绿化，其内在的核心要素就是景观的营造。如何根据宏观地域的自然、社会、经济、历史、人文特点以及具体区块地形，地貌特征实施景观设计创造性地设计特色商业步行街的绿化景观，是每一个设计工作者着重思考和把握的重心。一个主题突出、功能完善、特色鲜明的商业步行街绿化景观，一定是一个尽显区域自然特色、突显地方人文风貌、彰显本土文化灵魂的商业步行街的绿化景观。其中，突显地方景观绿化设计特色是商业步行街绿化景观表现的关键。

为了创造商业步行街的景观特点，增强商业步行街的识别性和展示现代城市的特色，在街心可适当布置突显地方景观特色的设施或植物。如在夏季时间长、气温较高的地区，进行绿化设计时可多采用本地特有的冷色调植物。而在我国冬季比较寒冷的北方地区，可多采用本地特有的暖色调植物布置，以改善人们的心理感受。另外，在花坛、雕塑、建筑小品、座椅、凉亭、电话亭等标识的造型和装饰方面，也应充分表现出地方的文化特色。

二、城市商业步行街绿地的功能

1. 实用功能

商业步行街的植物造景可选用多种多样植物，包括高大乔木、灌木、藤本和草本等，它们具有遮阴、滞尘、降温、降噪、增湿、净化空气等作用。尤其在炎热的夏季，高大乔木宽大的伞状树冠能阻隔强烈的太阳辐射和热能，在树荫下，街上行人能充分领略到植物提供给人类的舒适度。合理运用植物，可以调节、缓解和弥补现代城市建设给人们带来的不利影响，亦可最有效分割空间，在步行街上可以用植物材料来划分空间，组织行人的路线。例如，可用绿篱或花灌木形成屏障，使行人无法逾越限定的范围，这样要比简单地用栏杆或铁丝围栏亲切、自然得多，也使人易于接受；设置下沉式花园以改变地坪高度，使人不易跨越；也可用植物做成象征性图形，结合文字补充，进行暗示和引导。

2. 审美功能

商业步行街植物造景既是园林植物与人工艺术创造的结合，又是物境与人文的结合，融合了自然美、艺术美和社会美，满足了人们的审美需要。科学合理的植物造景对城市商业步行街具有自然和谐的、高品位的美化效果，可以柔化现代城市建筑冰冷单调生硬的直线条，给人以自然、宁静、艺术的享受，也可通过各种色彩、质地、姿态的植物材料和临街建筑物或各种服务设施有机地结合起来，来直接有效地美化街景。

对于一些有碍观瞻的景观，利用植物材料巧妙地遮掩可以收到意想不想的效果。步行街上有喷泉、雕塑和凉棚等往往是最吸引人的地方，如果用植物材料加以烘托或点缀，会使之更富有自然气息。而将植物和餐饮相结合，并对植物进行造型，则不失为别出心裁的设计，此为步行街绿化的又一格调。

优美舒适的商业步行街植物造景，将使商业步行街更具吸引力，更加聚集人气，增加客流量，提高商品销售额，使商家获得更为丰厚的商业利润，从而使商业步行街更具商业价值，由此，将吸引更多的地产商、开发商、投资经营户，以及金融、保险、证券、企业总部、外国领事机构等驻入，进而促进城市的经济繁荣。

三、步行街绿地设计的问题和缺陷

绿地景观是商业步行街风景构成的主要元素。步行街是以人为主体的环境，因而在进行绿地景观设计时，也要和其他生活设施一样，以人为本，从人的角度出发，尽量满足人们各方面的需要。但是，目前在商业步行街绿地景观设计方面，仍然存在以下问题和设计缺陷。

1. 对步行街绿地景观实用功能重视不够

商业步行街的规划和园林规划的设计往往更注重的是植物的美化功能，而忽略其实用功能。这一理念又往往影响到对植物的种类选择和植物造景设计上，使其设计难以真正体现“以人为本”的设计思想，致使现在很多城市商业步行街的绿地景观设计，看上去表面很美，但在夏季整条街仍处于暴晒之中，绿色植物未能很好地起到遮阴、调节温度、温度和净化空气的作用。

2. 商业步行街绿地景观布局设计不合理

商业步行街绿地景观布局设计不合理，主要表现在非植物景观与植物景观的比例不合理。目前，一些商业步行街非植物景观设计过多，如水景、小桥、石山、楼台亭阁、硬质艺术小品等，使本来就狭小的空间显得更加拥挤不堪，然而绿化量却偏少。不少步行街道绿地景观设计重园林建筑、假山、雕塑，喷泉等，而轻视植物的配置。这种现象在我国的商业步行街和小型广场建设投资的比例及设计中屡见不鲜，还有的是将本来的单体建筑扩大到组群建筑，减少了商业步行街绿地景观面积。最令人不能容忍的是，在步行街周围随意建构大体量的广告牌，以致破坏了步行街的绿地景观。

近年来，很多城市兴起喷泉热，有的追求喷得高，有的乱择地点，有的竟然在原来景观很好的湖中设喷泉，破坏了湖中倒影美景。其次是植物布局不合理，多显凌乱，没有主题，体现在植物种类的选择搭配和造景设计上。很多植物，尤其是乔木，被低矮灌木围成的栅栏或砖石砌成的护栏大面积圈住，使游人难以亲近到植物，享受树荫的清凉。显然，其设计缺乏真正的人性关怀。

3. 商业步行街绿地景观配置不合理

一些商业步行街的步行街绿地景观设计中，乔木偏少，花草、灌木偏多，导致街道上的绿量不足，生态调节作用降低。且在乔木的品种选择上，更注重的是新、奇、贵，而缺乏对其实用功能，甚至是否适合当地生长条件的考虑，致使栽种的一些树林要死不活，长势不良，未能体现其在原产地应有的风貌，更难实现其美化和实用功能。

时下有些城市的商业步行街还流行栽种“光头树”，即花巨资从偏远山区移植古树。为了移栽成活，几乎将其枝叶全部砍光，只留部分主干及次级枝干，形成“光头树”，以移栽古树提高园林设计的品位和档次。这种树多数难成活，即使能成活，也难以恢复其在原生长地的雄姿，更难收到枝叶繁茂、绿树成荫的效果，多半只能当个活树雕欣赏，难起生态调节作用。此外，植物种类单调，季相变化小。

四、商业步行街绿地设计的配置方法

1. 商业步行街绿地的配置

城市商业街景是寸土寸金之地，因而对土地的利用要节约高效，在植物配置上要将美观和实用相结合，尽量创造多功能的植物景观。例如，可在花坛池高置靠背，为行人提供座椅旁边种植花草，如在凳子间留下植槽，种上小型的蔓性植物，为休息的人们增添香色。由于城市土地有限，虽然体量不大但功能不小，尤其在大面积的硬质景观当中，更是绝不可少的点缀。这些小型花坛、花钵给公众以美感，可以使人们感受到“家”的温馨，缩短人的社交距离，增添生活情趣。

在较宽敞的商业步行街上可以种植冠大荫浓的乔木或开花美丽的灌木等。但树池最好种植花草，树池的高矮、质地适合于人们停坐。在商业步行街，要充分利用空间进行绿化、美化，可以做成花架、花木廊、花柱、花球等各种形式，利用简单的棚架种植藤本植物，在树池中栽种色彩鲜艳的花卉，形成从地面到空间的主体装饰效果。这在寸土千金的步行街上具有重要的现实意义。另外，商业步行街上，由于人流量大，停留时间长，不宜铺设大面积草皮，以免遭破坏。

商业步行街为了扩大绿化面，可以利用大量的机会进行屋顶悬挂式绿化和建筑物垂直绿化，可以在四层以下建筑物屋面沿街一边砌筑小型花槽，密植像迎春、常春藤、吊兰类品种，给街上行人以舒适的柔和观感。还可以在建筑物外壁有意制作一些挂式壁盆，上植些有色有香的花卉，更人性化、更自然。这些品种在叶型、色调上最好和其附着的建筑物相得益彰，融为一体。有时可以配置一些造型的附件，如根雕插筒、竹筒牛角插盆等，但一切都要以具体环境为依据进行设计。

在专用性的商业街端口处，制作 1 ～ 2 个象征性的绿化景观标志，可以给人们留下难忘的印象，设计得当，不仅其造价低廉，而且还会起到比一些硬质雕塑更意想不到的好效果。例如用观叶植物搭建拱门，用小叶常绿植物修剪并艺术性地拼组成一个方阵等。这些设计同样需要全面考虑其具体情况和街道的整体性质，如果呆板照抄一些景观，将适得其反。

2. 商业步行街广场绿地景观配置

商业步行街广场主要是为顾客提供一个相对自然幽静的空间，它远离闹市的喧嚣，没有汽车的干扰，在轻松的商业环境里，能使行人无拘无束地静思、购物、遐想、谈心，它对土地的限制不是很严格，因而可以选择多种植物进行配置，充分利用不同的乔木、灌木、草坪、花卉等。为人们营造一个绿树成荫、可以进行思考的空间。这些植物配置要和街道及自然景观综合起来考虑，组成一个美的整体。比如建筑物配以绿色攀援植物，栏杆上点缀各色花卉，形成一条名副其实的花卉商业步行街。

无论是不是商业步行街，每年四季都会有变化，它们都存在因为两边高大建筑物影响而造成日照时间减少的问题，这对绿地景观无疑是有很大影响的，诸如枯萎、不茂盛、花期已过、花色不艳等，这就需要园林技工们选择较耐阴的花卉品种，最好选择鲜艳的草本花卉，它们都要经常地更换，培养方便，另外水分要充足。据测定，要保证草本花卉常年保持鲜靓，一年要随季节变化更换多次品种，在整个步行街绿化上，花卉的作用是无法替代的，重视和精心安排呵护，无疑是植物配置的重要延伸部分。

另外，商业街由于商机的不断变化，其硬景观（如铺面装饰、陈设、商品类等）也在不断变化，那么绿地景观为适应这些变化，其本身配置（如品种、层次、色调、节奏）也应有所变化延伸。这一点如果能够做到，那些灵活摆设的花盆、花钵就可以随机的更换位置和品种，提高原有的特征，不断地改进，久居客商也能感觉其动感的存在。制作绿地景观某些时候也融合验证着辩证法的哲学观念，在经济不断发展的同时，必然提高着人们的审美情绪，而设计师们正是实现这一期盼的工作者。

第七节　广场与停车场绿化设计

在我国城市建设高速发展的今天，迅速增多的城市广场引起了人们的关注。城市广场正在成为城市居民生活的一部分，它的出现被越来越多的人接受，为生活空间提供了更多的物质线索。城市广场绿化作为一种城市艺术建设类型，它既承袭传统和历史，也传递着美的韵律和节奏，它既是一种公共艺术形态，也是一种城市构成的重要元素。在日益走向开放、多元、现代的今天，城市广场绿化这一载体所蕴涵的诸多信息，成为一个规划设计深入研究的课题。

停车场不仅是城市交通系统的组成部分，而且其绿化美化是城市园林景观的有机组成部分。实践证明，停车场进行绿化除可以净化空气、阻挡沙尘、削弱噪声外，主要用于阻挡阳光暴晒车辆，但其绿化的设计造景要讲求美观，做到与周围环境的和谐统一。停车场一般分为沿街式停车场、小区停车场和树林式停车场。

一、城市广场绿化设计

不同类型的城市广场应具有不同的风格和形式，尤其是根据广场的性质和功能，更是进行园林绿化设计的切入点。城市广场绿化设计是以满足广场的功能设计要求为目的，利用植物的色（叶）相，姿态变化进行布置，适当运用园林小品和硬质铺装等园林手段，最终形成美观、实用的广场环境。城市广场的设计总体上应遵循美观、实用的原则。

（一）城市广场的设计原则

在进行城市广场绿化设计时，一般应遵循以下设计原则。

1. 人性化原则

人性化原则是评价城市广场设计成功与否的重要标准。人是城市广场空间的主体，离开了人的广场是毫无意义的。人性化的创造是基于对人的关怀的物质建构，它包括空间领域感、舒适感、层次感、易达性等方面的塑造。同时，城市广场应充分考虑人的尺度，符合人的行为心理，并创造沟通、交流、共享的人性空间。

2. 整体性原则

基于城市广场是城市空间的组成部分的认识。城市是一个整体，各元素之间是相互依存的。城市广场作为城市的一个重要元素，在空间上与街道相联系，与建筑相互依存，并注重自身各元素之间的统一和协调，又体验城市文脉，成为城市人文环境的构成要素。

3. 历史延续原则

基于城市广场是一个历史过程的认识，历史积淀而成的作为城市象征的城市广场，不会也不可能一日而就，它通过人们的生活参与不断发展完善。具有生命力的可识别的城市广场应是一个市民记忆的场所，一个容纳历史变迁、文化背景、民俗风情的场所，一个可持续发展的场所。

4. 视觉和谐原则

基于对广场空间的整体性、连续性和秩序性的认识。视觉和谐原则是体现为人服务的基本原则之一。它表现为城市广场与城市周围环境的有机和谐和自身的视觉和谐（包括由宜人尺度、合宜的形式、悦人的色彩和材料质感所引发的视觉美）。

5. 适应自然原则

城市广场是一个从自然中限定出来，但比自然更有意义的城市空间。它不仅是改善城市环境的结点，也是市民所向往的一个休闲的自然所在。追求自然景观是城市广场得以为市民所接受的根本。

6. 公共参与原则

俗语说：“三分匠，七分主人”。作为城市广场的“主人”，市民的参与是城市广场具有活力的主要保障之一。公共参与主要体现两个方面的内容：一是市民参与广场的设计；二是设计者以“主人”的姿态进行设计。

（二）广场绿地种植设计的基本形式

植物是城市广场构成要素中唯一具有生命力的元素。在其生命活动中通过物质循环和能量交流改善城市生态环境，具有净化空气、水土保持、调节气温、减噪滞尘等生态功能。它还具有空间构造、美学等功能，是建造有生命力的城市广场空间必不可少的要素。广场绿地种植设计有以下 3 种基本形式。

1. 排列式种植

排列式种植属于整形式种植，主要用于广场周围或者长条形地带，用于隔离或遮挡，或作背景。单排的绿化栽植，可在乔木间加植灌木，灌木丛间再加种花卉，但株间要有适当的距离，以保证有充足的阳光和营养面积。在株间排列上可以先密一些，几年以后再间移，这样既能使近期绿化效果好，又能培育一部分大规格苗木。乔木下面的灌木和花卉要选择耐阴品种，并排种植的各种乔灌木在色彩和体型上注意协调。

2. 集团式种植

集团式种植也是整形式种植的一种，是为避免成排种植的单调感，把几种树组成一个树丛，有规律地排列在一定地段上。这种布置形式有丰富、浑厚的效果，排列整齐时远看非常壮观，近看又很细腻。集团式种植可用花卉和灌木组成树丛，也可用不同的灌木或（和）乔木组成树丛。

3. 自然式种植

自然式种植与整形式种植不同，是在一个地段内，花木种植不受统一的株行距限制疏落有序地布置，从不同的角度望去有不同的景致，生动而活泼。这种布置不受地块大小和形状限制，可以巧妙地解决与地下管线的矛盾。自然式树丛的布置要密切结合环境，才能使每一种植物茁壮生长，同时，在管理工作上的要求较高。

（三）广场植物配置的艺术手法

随着环境建设的备受重视，各城市绿化建设步伐的加快，很多良好的绿化建设已能将人与大自然很好地协调，将历史文化内涵再现出来，对广场设计的植物配置把握得恰到好处，

但是，一些城市广场的绿化也存在着效果不理想、有的植物配置不合理的现象；有的园林设计在实施过程中被改得面目全非；有的建设成本和维护、管理费用高，与单位承受能力不相适应。因此，将设计的思路、特色、功能，各项绿化指标，对中长期及四季观赏效果，树种配置的原则，建设成本及维护管理费用的计算，在树木的配置、植物与建设物的协调、各项园林功能等方面存在诸多问题。理想的广场植物配置的艺术手法应当使游人身在其中，深深地感受到环境的美好，达到心情舒畅、有益健康的目的。根据我国广场植物配置的经验，主要应采取如下艺术手法。

1. 对比和衬托

对比和衬托艺术手法是指利用植物不同的形态特征，运用高低、姿态、叶形、叶色、花形、花色的对比手法，表现一定的艺术构思，衬托出美的植物景观。再配合广场建筑其他要素整体地表达出一定的构思和意境。在树丛组合时，要注意相互之间的协调、不宜将形态姿色差异很大的树种组合在一起。对比和衬托艺术手法，主要是运用水平与垂直对比法、体形

大小对比法和色彩与明暗对比法3种方法。

2. 动势和均衡

各种植物姿态不同，有的比较规整，如杜英；有的有一种动势，如松树。在进行广场植物配置时，要讲求植物相互之间或植物与环境中其他要素之间的和谐协调，同时还要考虑植物在不同的生长阶段和季节的变化，不要因此产生不平衡的状况，从而影响绿化的效果。

3. 起伏和韵律

韵律有两种：一种是“严格韵律”；另一种是“自由韵律”。道路两旁和狭长形地带的植物配置最容易体现出韵律感，要注意纵向的立体轮廓线和空间变换，做到高低搭配，有起有伏，产生节奏韵律，避免布局呆板。

4. 层次和背景

为克服绿化景观的单调缺陷，广场绿化宜以乔木、灌木、花卉、地被植物进行多层的配置。不同花色、花期的植物相间分层配置，可以使植物景观丰富多彩。背景树一般宜高于前景树，栽植密度宜大，最好形成绿色屏障，色调加深，或与前景有较大的色调和色度上的差异，以加强衬托效果。

广场植物的配置包括两个方面：一方面是各种植物相互之间的配置，考虑植物种类的选择，树木的组合，平面和立面的构图、色彩、季相以及园林意境；另一方面是广场植物与其他广场要素如山石、水体、建筑、园路等相互之间的配置。

（四）广场植物配置的要点

交通岛周边的植物配置宜增强导向作用，在行车视距范围内应采用通透式配置。绿岛上自然式配置树丛、孤植树，在开敞的绿化空间中，更能显示出树形自然形态，与道路绿化带形成不同的景观。导向岛绿地应配置地被植物。

广场作为市民文化休闲娱乐的场所，绿化多结合自然式，局部突出规则式造型。广场应用乔灌花，合理地进行植物配置、造景。广场绿化应配合广场的主要功能，使广场更好地发挥其作用。广场绿地布置和植物配置要考虑广场规模、空间尺度，使绿化更好地装饰、衬托广场，改善环境，利于游人活动与游憩。

二、城市停车场绿化设计

（一）城市停车场绿化设计要求

（1）停车场周边应种植高大庇阴乔木，并宜种植隔离防护绿带。在停车场内宜结合停车间隔带种植高大乔木。

（2）停车场种植的蔽荫乔木可选择行道树种。其树木枝下高度应符合停车位净高度的规定，即小型汽车为 2.5m；中型汽车为3.5m；载货汽车为4.5m。

（二）城市建设生态停车场意义

随着人民群众对理想人居环境的追求，和对人与自然关系认识的不断升华，生态型宜居城市成为各城市建设的重要目标。作为城市必不可少的基础设施，停车场建设理应纳入城市总体规划；作为城市一种特殊的绿地，停车场的生态建设应成为城市整体生态建设的重要组成部分。这既是城市科学发展的需要，也是城市管理者必然的选择。

1. 从城市环境的角度

（1）地表径流　目前，全国城市建成区绿地率为34.47%，其余将近2/3的地面被建筑物、道路及广场等硬质铺装所覆盖。大面积的硬质铺装，使得地表径流系数增大，土壤透气性受到严重影响，也增加了排水管网的成本。停车场地面也主要以硬质铺装为主，大面积空旷的土地使不透水地面面积增加，径流系数增大，造成水资源的无效流失。近几年，部分新建停车场使用嵌草砖铺装地面。在停车场强烈光照、高温、干燥及大气污染等恶劣条件下，植物长势极差，砖格内草本植物种植区也易存垃圾，难以清理，加大了后期维护的工作量。

在自然生态系统中，植被是涵养水源的主要因素之一，能够有效减少地表径流。我国水资源匮乏与需水量用水量迅速增加的矛盾日益突出，在城市人工生态系统中，致力于进行中水收集利用的研究以及地面蓄水、透水能力的改善，但是却忽略了植物保水、蓄水的能力。研究表明，降雨时，借助植被来吸收雨量，通过蓄水、渗透，能够处理大约30%的流量。可见，植被对地表径流有着较大的影响，同时，植被还可以净化地表径流中的污染物，控制土壤养分流失。

（2）热岛效应　热岛效应的出现是城市中各种因子综合作用的结果。目前城市中的大面积的硬质材料铺装以及材料本身的高传导性是城市热岛效应的重要原因，而相对的绿化面积的减少也使空气湿度大大降低。停车场作为城市公共空间建设的一个重要方面，其铺装结构必然对局部小气候以及整个城市生态系统的循环产生一定的影响。

试验结果表明，机动车停放在树荫下的时候，其车内外温度变化幅度不大，车内温度稍低于正常大气气温。机动车停放在树荫外，受到阳光直射，其车内温度变化幅度较大，峰值时温度达60～70℃。植物对环境的降温效果是很明显的。同时，将车停置在树荫下，可以减缓汽车老化，增加汽车使用寿命，提高汽车驾驶的安全系数。

（3）大气污染　汽车尾气污染正成为许多城市大气污染的罪魁祸首和影响居民身心健康的重要因素。调查显示，从20世纪70年代中期至20世90年代初期，20年来我国肺癌死亡率增加近1.5倍，这是目前增长最快的恶性肿瘤。必须采取有效措施，对汽车尾气污染进行控制与治理。

（4）噪声污染　随着城市化进程与交通建设的发展，交通噪声在整个噪声污染中所占的比重越来越大，不仅噪声污染重，而且污染范围广。经过测量，汽车在启动热车阶段分贝值较高。由于交通拥堵，汽车的行驶基本都处在起步与刹车状态，人们正承受着严重的噪声污染，不仅严重干扰了人们的正常生活，还会诱发各种疾病，对人体的消化系统、免疫系统产生危害，影响人体健康。

2. 从城市管理的角度

（1）土地的多功能利用　城市公共空间是城市社会、经济、历史和文化诸多信息的物质载体，它传达着高价值的信息，是人们阅读城市、体验城市的首选场所，同时也满足人与自然和社会交流的高层次需要。停车场作为城市公共空间的一部分，它应该具备城市公共空间的特性和功能。在土地资源合理利用的大前提下，对停车场地进行生态建设，合理安排功能分区，尽量多方面满足人们的不同需求（散步、休憩、运动、游戏等）。

此外，结合停车场的时限性，根据不同时间段控制场地不同的用途，停车场闲置时间段用来作活动空间、广场等。在区域内，根据功能分区的不同，对不同类型停车场进行分时段整合利用，统一管理、统一调配，充分发挥停车场地的利用效率。

（2）政府的职能转换　几十年的发展，政府从官僚主义政府到企业家型政府，再向服务型政府转变。政府从城市的“拥有者”到“管理者”，又转型为“服务者”。政府必须服务于公民、追求公共利益、重视公民权利，这就要求政府思考要有战略性、行动要有民主性。目前，停车位短缺带来的各种矛盾已越来越凸现，停车场现状对城市造成的分割状态也越来越引起重视，政府有关部门必将把建设生态型复合停车场提上工作日程。

（三）生态停车场建设技术探索及实践

1. 植被选择要求

植物本身具备对空气的净化作用、对环境的保护作用、对气候的调节作用和对噪声的抑制作用，决定了绿地植被在城市生态系统中独具的特殊生态功能。停车场是城市建设的重要组成部分，多位于交叉路口，既是交通的重要节点，又是道路绿化的重要节点。其独特的地理因素以及功能性结构决定了停车场树种的选择在树形、郁闭度、枝下高、耐污染等方面具有一定的要求。

为了充分发挥生态停车场的遮阴效果，绿化树形宜采用伞形结构，成熟树种要求具有一定的郁闭度。应以乡土树种为主，选择树龄长、病虫害少、对大气污染适应性强的树种。应选择发芽较早、落叶较迟、绿期长的树种，并要求树干端直、树形端正、分枝点高、树冠优美、冠大荫浓、遮阴效果好的树种。同时，停车场植物的生长环境往往受到多方面的限制，需选择浅根性的植物种，树种的花果要求无毒、无异香、无恶臭，无刺、无飞毛、少根蘖。此外，为兼顾景观要求，停车场树种选择，还应结合城市特色，优先选择市花、市树及骨干树种。

2. 植物配置原则

停车场相对其他建筑一般视野空间比较大。绿化应乔木、灌木、草相结合，形成复层混交的植物群落，以提升生态系统完整性和生物多样性。停车场周边应密植高大乔木，同时结合灌木种植，设立绿色屏障，营造空间的围合，以降低对周边环境的影响。停车场车位间隔带应散植高大庇荫乔木，枝下高度应符合小汽车2.5m、中型汽车3.5m、载货汽车4.5m的要求。应兼顾生长快的树种与生长慢的树种搭配，有计划、有步骤地使慢树替换衰老树，创造相对稳定的植物群落。在充分考虑各种树种的生态学以及生物学特性外，还应运用生态学中的美学原理，通过设计表现植物的色、香、姿、韵等特点，满足城市美学与景观和谐的需求。

3. 绿化建设模式

通过对停车场的实测和分析可以得出以下结论，即相同条件下，在平面阵列式停车场内设立东西向车位更为合理，此种模式更能充分利用树荫资源。但在实际建设中，设置南北向停车位是不可避免的，可将车位前段的乔木往里缩进1m，这样可最长时间使用树荫资源。路侧停车在城市中占有相当比重，路侧停车场的绿化主要依靠行道树，实测得知，东西向道路设置路侧停车位，比南北向道路设置车位遮阴效果好。也有部分停车场的位置受周边环境的制约，不宜种植高大乔木，只能利用种植灌木来达到给汽车遮阴的效果，即车位间的绿化。

实测表明，在广场内种植灌木时，应尽量满足南北向线性种植，在力求美学与景观的同时，也可为停车位增加阴影量。此外，根据调查也发现，现有停车场多以大面积空旷平地为主，不仅因土方引进增大了建设成本，而且更会造成大量土地无法得以充分利用。在广场设计和建设中，可以合理利用地形变化，通过植物造景和绿化带建设，对停车场进行空间分割，实现停车场的功能分区。

作为汽车保有量世界第二的国家，我国发展静态交通较晚，停车场的建设滞后严重，而且同区域内停车场的协调调配不足，导致停车场土地资源不能得到合理利用，大量土地资源浪费。与此同时，停车场多为大面积空旷土地，多采用铺装和简易围栏，成为城市建设的不和谐因素，停车场的绿化建设有待改善。亟待有关行业主管部门制定相关行业标准和相应规范性文件，更需要各地在推进城市化进程中，真正意识到生态停车场对整个城市建设的重要作用，并将其纳入城市生态建设的整体规划。停车场作为城市公共空间，拥有较大面积土地，除了满足停车需求以外，还要提供更多的活动空间，以丰富人们的社会生活，使之与周边环境构成一个有机整体。

第八节　道路绿化与有关设施

城市行道树生长的道路环境因素是比较复杂的，这些环境因素直接或间接影响着行道树的生长发育、景观形态和景观效果。如行道树的生长不仅要受到当地自然因素（包括温度、光照、空气、土壤、水分、环境等）条件的影响，而且受到路旁建筑物、路面铺筑物、架空线、地下埋藏管线、交通设施、人流、车辆、污染物等的影响。这些因素或多或少地影响行道树设计时的树种选定、种植定位、定干整型等。因此，在进行道路绿化设计之前，要充分了解各种环境因素及其影响作为，为城市道路绿化设计提供可靠的依据。

一、道路绿化树木与架空线路的间距

国内外城市绿化实践证明，分车绿带和行道树为改善道路环境质量和美化街景起着非常重要的作用，但因绿带的宽度有限，乔木的种植位置基本固定。因此，不宜在此绿带上设置架空线，以免影响绿化的效果。如果确实必须在此绿带的上方设置架空线，只有提高架设高度，以保证树木生长的净空距离。

架空线架设的高度应根据其电压而定，使其架设高度减去距树木的规定距离后，还保持9m以上的高度，作为树木向上生长的空间。在分车绿带和行道树绿带上种植的乔木，其下面受到道路行车净空的制约，一般乔木的枝下高要保持4.5m的空间高度。为了能使树木正常生长及保持树形的美观，树冠向上生长空间也不应小于4.5m，因此对乔木的上方限高不得低于9m。架空线下配置的乔木，应选择开放性树冠或耐修剪的树种。

树木与架空电线的最小距离应符合表7-1的规定。

表7-1　树木与架空电线的最小距离

架空线名称	树木枝条至架空线的水平距离/m	树木枝条至架空线的垂直距离/m	架空线名称	树木枝条至架空线的水平距离/m	树木枝条至架空线的垂直距离/m
1～10kV电力线	1.5	1.5	330kV电力线	4.5	4.5
35～110kV电力线	3.0	3.0	电信明线	2.0	2.0
154～220kV电力线	3.5	3.5	电信架空线	0.5	0.5

二、道路绿化树木与地下管线的距离

在进行道路规划设计时，应统一考虑各种敷设管线与绿化树木的位置关系，通过留出合理的用地或采用管道共同沟的方式，可以解决管线与绿化树木的矛盾。新建道路或经过改建后达到规划线宽度的道路，行道树绿带下方不得敷设管线，以免影响种植行道树。其他绿化树木与地下管线及地下构筑物外缘的最小水平距离，应符合《城市工程管线综合规划规范》（GB 50289—1998）中的规定，其中排水盲沟与乔木的水平距离，应符合《城市道路设计规范》（CJJ 37—2012）中的规定。

考虑到城市道路上已有现状管线或改建后的道路未能达到规定的红线宽度，其用地非常紧张，绿化植物多靠近或在管线的上方种植，为了既考虑现实情况，又协调矛盾，其距离采用树木根茎中心至管线外缘最小距离，也就是以树木的根茎为中心的半径距离。这样可以通过管线的合理深埋，充分利用地下空间。

树木与地下管线及地下构筑物外缘的最小水平距离，如表 7-2 所列；树木根茎中心至地下管线外缘的最小距离，如表 7-3 所列。

表 7-2 树木与地下管线及地下构筑物外缘的最小水平距离

管线名称	距乔木中心距离/m	距灌木中心距离/m	管线名称	距乔木中心距离/m	距灌木中心距离/m
电力电缆	1.0	1.0	排水盲沟	1.0	0.5
电信电缆(直埋)	1.0	1.0	煤气管、探井	1.5	1.5
电信电缆(管埋)	1.5	1.0	乙炔氧气管	2.0	2.0
给水管道	1.5	—	压缩空气管	2.0	1.0
雨水管道	1.5	—	石油管	1.5	1.0
污水管道	1.5	—	人防地下室外缘	1.5	1.0
燃气管道	1.2	1.2	地下公路外缘	1.5	1.0
热力管道	2.0	1.0	地下铁路外缘	1.5	1.0

表 7-3 树木根茎中心至地下管线外缘的最小距离

管线名称	距乔木根茎中心距离/m	距灌木根茎中心距离/m	管线名称	距乔木根茎中心距离/m	距灌木根茎中心距离/m
电力电缆	1.0	1.0	给水管道	1.5	1.0
电信电缆(直埋)	1.0	1.0	雨水管道	1.5	1.0
电信电缆(管埋)	1.5	1.0	污水管道	1.5	1.0

三、道路绿化树木与其他设施的关系

道路绿化的树木与道路环境其他设施最小水平距离，应符合现行行业标准《公园设计规范》（CJJ 48—1992）中的规定。道路绿化树木与其他设施最小水平距离如表 7-4 所列；道路绿化树木与地下管线最小覆土深度，如表 7-5 所列。

表 7-4 道路绿化树木与其他设施最小水平距离

设施名称	至乔木中心最小间距/m	至灌木中心最小间距/m	设施名称	至乔木中心最小间距/m	至灌木中心最小间距/m
有窗建筑物外墙	3.00	1.50	无窗建筑物外墙	2.00	1.50

续表

设施名称	至乔木中心最小间距 /m	至灌木中心最小间距 /m	设施名称	至乔木中心最小间距 /m	至灌木中心最小间距 /m
高于 2m 的围墙	2.00	1.00	低于 2m 的围墙	1.00	0.75
道路侧面外缘、挡土墙脚、陡坡	1.00	0.50	天桥、栈桥的柱及架线塔电杆中心	2.00	—
人行道	0.75	0.50	路灯杆柱	2.00	—
电力、电线杆柱	1.50	—	消防龙头	1.50	2.00
测量水准点	2.00	2.00	冷却塔	高 1.5 倍	—
邮筒、路牌、标志	1.20	1.20	警亭	3.00	2.00
人防地下室出入口	2.00	2.00	体育用场地	3.00	3.00
冷却池外缘	40.0	—	架空管道	1.00	—

表 7-5　道路绿化树木与地下管线最小覆土深度

管线	规格	最小覆土深度 /m	附注
电力	10kV 以下	0.70	
电缆	20 ~ 35kV	1.00	
电信	铠装电缆管道	混凝土管、石棉水泥管 0.70	电信管道埋入人行道下时，可比左栏所列数字减少 0.30m
热管道	直接埋在土中在地道中铺设	1.00 0.80	铺设在不受荷载的空地下时，自地面到地道顶最小覆土深度可采用 0.50m，在特殊情况下（如地下水位很高或其他管线相交情况很复杂时），可采用不小于 0.30m 的覆土深度
煤气管	干煤气 湿煤气	0.90 应埋在冰冻线以下但不小于 1.0	
给水管		不连续供水的给水管（大多数为枝状管网），应埋设在冰冻线之下；连续供水的给水管，如经热工计算，在保证不至于冻结的情况下，可不要求最小覆土厚度	
雨水管		应埋在冰冻线以下，但不小于 0.70m	在寒冷地区有防止土壤冰胀对管道破坏的措施时，可埋设在冰冻线以下，并以外部荷载验算； 在土壤冰冻线很浅地区，如管子不受外部荷载损坏时，可小于 0.70m
热力管	管径≤ 30cm 管径≥ 30cm	冰冻线以上 0.30 冰冻线以上 0.50	当有保温措施时，或在冰冻线很浅的地区或排温水的管道，如果保证管子不受外部荷载损坏时，可小于 0.70m

第九节　铁路绿化设计

随着经济的迅猛发展，铁路速度的加快提升，铁路两侧线路的绿化要求也越来越高，为了更好地巩固路基、确保行车安全，高速铁路线路的绿化安全成为目前重点的研究课题。

城市的铁路绿化包括站台绿化、穿越城区路段绿化、出入市区端口绿化和铁路线路绿化。铁路绿化对于城市在乘坐铁路的旅客中的形象具有重要作用。在不同路段列车的行驶速度不同，乘客透过车窗观看路侧的景观的特点也不一样，各段的绿化就有所区别。

(一)、铁路线路绿化的基本概念

铁路的建设一方面促进了区域经济的发展，同时也不可避免地会对环境造成破坏。受社会和经济发展水平的限制，我国铁路沿线的景观环境建设长期以来没有得到足够重视，也没有形成系统的理论和规范。因此，开展铁路沿线绿化景观的系统性研究与实践，将有利于全面协调铁路工程与自然环境的关系，减轻或消除工程建设给景观环境带来的不利影响，将铁路真正变成一个安全、高效、风景秀丽的绿色生态长廊。

1. 线路绿化的定义

所谓的铁路线路绿化，是指在铁路用界内上（含车站和铁路附近小片荒地）建造绿化带、防护带等，并选重要地段建造具有地方特色的风景林和经济林。

2. 线路绿化的区域

线路绿化区域主要指各线路区间（含栅栏界内）及车站站界范围内（不含广场、各基地及住宅、站台）的所有铁路用地。

3. 线路绿化的原则

线路绿化一定要本着因地制宜，就地取苗，因危设防，综合治理的原则，既要做到四季常绿、季相变化丰富、适地适树、苗壮种优、长势旺盛、风景宜人，还要在满足基本功能的前提下尽可能地与生产相结合，以增加经济效益。把视角转到线路外来看主线路绿化，重点加强铁路道口、大桥两侧、隧道进入处、与城市市区及旅游、名胜古迹交界处的绿化，在做到环境美化与环境保护的同时具有风景观赏的效果。同时，还要兼顾安全隐患的问题，如风、水、沙、雪等造成树木倒伏或危害线路，以及沿路工厂区环境严重污染铁路的地段。因此，线路绿化安全应与防护相结合，以发挥防护功能，确保路基及行车安全。

4. 铁路绿化的目的

铁路绿化是铁路运输基础设施的重要组成部分，根据《铁路技术管理规程》中的规定，铁路绿化的主要目的是：①稳固路基，保持水土，防风固沙，减轻、防止自然灾害；②绿化线路，美化路容，建立安全屏障，保护轨道和铁路用地；③改善环境，调节气候，净化空气，建设生态文明；④提升运输服务质量，树立企业形象，促进和谐铁路建设。

5. 铁路绿化造的技术要求

铁路绿化造的技术要求是：①统筹兼顾，全面规划，因害设防，合理布局，提高造林、营林工作质量；②沿线造林要求精心设计、精心施工，做到良种苗壮、适地适树、内灌外乔、针阔结合、林带不断，逐步实现林带标准化，充分发挥绿化防护效能；③车站、单位及住宅区绿化要因地制宜，实现四季常青、有花有草、茂密成园，保护环境，逐步达到园林化；④实行采育结合，加强抚育管理，适时进行修剪整形、病虫害防治、抚育采伐和更新采伐。

（二）线路绿化安全的理念

线路绿化安全是指在高速铁路运行中，线路两侧边坡绿化稳固的程度、乔灌木的倒伏对路基的影响、树木对行车安全视野的设计等给国家和人民造成生命或财产损失及行车安全的隐患等问题。

根据《铁路技术管理规程》中的规定：“路基两侧应植树造林，以防护路基和绿化线路，但不应影响列车司机瞭望，大风倒树不能侵入限界。”

由于目前高速铁路用地紧张，沿线绿化用地大多数每边路基与外侧红线一般在10m左右。所以，认真研究乔木、灌木的栽植位置、做好控制其高度、视野与安全的措施，是目前研究的重点课题。

由于路基高低不一，绿化一般根据路堤坡面、标准地平线、路堑坡面、限界建筑区域高低的变动而变动来进行设计。

乔木的生长高低决定距离外轨倒伏时侵入限界的可能性大小。一般在适地适树的情况下，大乔木生长高度可达20m以上，中乔木为10～20m，小乔木为3～10m。所以，必须首先根据高低来确定植树位置的远近，选择适当树种、控制树高、综合防护，防止大风倒树不侵入限界，取得较好的防护效果。

树种的选择应根据沿线造林立地条件的类型来决定。以单行或数行为单位，结合路基结构情况慎重考虑，选用单个或多个植物品种。在初植密度长满后的时期内，要加强抚育疏伐，以增加透风度以及苗木经度的生长。设计绿化结构时，保证0.4以上的透风系数，严禁在线路内取土破坏树木根须。远近距离的视野开阔与树高控制区，要及时进行树木整型修剪。在路外侧由地方林业部门负责的经济林地段，加强与当地农民合营的管理。严格抚育管理制度，加强绿化带巡视，及时防治病虫害，特别是雨季要检查处理危树。

（三）线路绿化安全的设计

由于高速铁路运行期间，风速特别大，周围树木的距离远近、高低、根须深浅、品种选择、树型大小、常绿与落叶、色彩季相变化、栽植模式等的设计是否科学合理，严重影响着行车安全。因此，绿路周围的绿化安全一般根据路堤、路堑与地平线的高低来设计。

1. 标准地平线的绿化设计

标准地平线主要指在正负地平线3m内的路堤、路堑、地平线范围。首先要保持合理的安全距离。设计考虑不得妨碍步道，树木高一般要求以距外轨4m的栽植点树木倒伏时不侵入限界为准。建议可栽植高3m以下，树冠2m以内的灌木。

路堤坡肩2.5m下或路堑坡肩2.5m上可以栽紫穗槐或其他根须发达的灌木护坡，2.5m外可以栽植第一行4m以下的灌木，第二行可栽大灌木或小乔木。品种可以丰富多样。

2. 路堤绿化安全设计

路堤主要指在负地平线3m以上的路堤边侧外至栅栏范围。

树木高一般要求以距外轨4m以上的栽植点树木倒伏时不侵入限界为准。路堤坡面栽植灌木，从路肩沿坡面2.5m向下栽植。高路堤坡面上栽植乔木，从路肩沿坡面7.5m向下栽植。距外轨5m处可栽大灌木；5～7m处可栽大灌木或小乔木；7～10m处可栽中小乔木，10m以上可栽大乔木，采用混交林与纯林布局。

3. 路堑绿化安全设计

路堑主要指在正地平线3m以上的路堑边坡外至栅栏范围。树木高一般要求以距外轨5m以上的栽植点树木倒伏时不侵入限界为准。路堑坡面从线路侧沟外边2.5m向上可栽灌木。路堑坡面上一般禁止栽乔木，如要栽乔木必须为平茬重新发的矮化品种，按灌木管理。路堑顶上栽乔木时，从堑顶边4m向外栽植，天沟两边1.5m内及易塌方的堑顶禁栽乔木。可以采用混交林栽植。

4. 其他绿化安全设计

（1）路线曲线内应保持1000m以上的瞭望视野区域，内侧有碍行车瞭望地点一律禁栽乔木群。

（2）在信号显示、行车瞭望地段不许栽植乔木。

（3）应确保无人看守铁道处，留有地方给予穿行车辆人员足够的视距安全，一般绿化在距线路外轨7m处瞭望线路左右各400m处以地被、小灌木为主。

（4）所有电线路（含通信电线路）下2m距离禁止栽任何树木。因为要考虑树与输电线路电压的关系，必须严格按照供电部门规定执行。沿电线路两侧可以栽植乔木，但树冠外缘与电线要经常保持一定距离。一般在市内不少于1m，在市外不少于2m，高压线为3～5m。在22万伏以下的高压线附近如果栽植乔木，要确保树冠外缘与电线保持5m以上的距离。毛线线路包括通信线路2m内不能栽树，拉线桩及电柱周围应留出3m×3m的空地。

（5）与地下管道的安全要考虑距离地下水表2m以上；距热力管网2～3m；距地下电缆1～1.5m；距上下水道1～2m。

（6）乔、灌木与建筑物距离要求一般乔木不少于5m远，灌木不少于1m远；与沿线栅栏距离，乔木不少于0.5m远；距路边的乔木不少于2m远，灌木不少于1m远。

（四）线路绿化植物的安全设计

1. 植物选择的安全设计

一般根据绿化功能、立地类型、树种的生物学、生态学特性要求来选生长迅速、材质优良、树形美观、病虫害少、抗风性强、耐烟尘、具有经济价值的树种，做到适地适树。

（1）乔木的安全选择　乔木树种，一般要考虑路基高低、地形地貌、用地范围、土壤特性等因素，严格掌控距近距离的外侧铁轨远近，分别按小、中、大规格，发散型递增设计。尽量选用树干通直、深根性、根系发达、树冠较小、枝下定杆高、下部萌蘖少、适应性强、耐盐碱、耐涝、耐瘠、耐旱、速生、丰产、优质、抗风力强、耐修剪、无过多果实的树木品种。一般采取行列式栽植和混合栽植布局。

（2）灌木的安全选择　根据灌木树种，分别选用小、中、大不同规格进行行列或混合种植。品种选用根系发达、枝叶繁茂、冠形整齐、低养护或无需管理、开花期长、萌芽性强、适应性广、耐瘠、耐旱、耐涝、观赏较好的品种。可与乔木混合布置，一般适合在标准地平线两侧。

（3）地被草本植物的安全选择　一般选择覆盖生长性强、萌芽性强、适应性广、耐瘠、耐旱、耐涝、有观赏性的品种。

2. 植物布局的安全设计

一般乔木要远离铁轨栽植，灌木在低层与路基两侧种植，地被要全范围基础覆盖。使乔灌花草合理布置，做到层次错落、常绿与落叶、色叶与观赏、乔木与灌木的有机结合，注意品种多样化，并充分选用乡土品种。一般突出1～3个骨干树种和3～5个辅助树种，外来品种要做好检疫工作，防止病虫害的灾难及新物种的生态危害。

在城市或地方风景区交接部位，应选择生长快、树型好、色彩丰富、有芳香、色彩季相各异、萌芽力强、耐修剪、病虫害少、具有经济价值的品种。工业区周围，要用生长快、树冠覆盖绿量大、抗倒伏性强、防尘烟、防噪的品种。

全线路布局设计以沿着线路带状蜿蜒长绵地种植，并做到带中有块、混合交配、疏密有致、色彩单一与丰富，使行车驾驶人员与旅客达到安全视觉境界，确保行车安全。

高速铁路线路绿化主要是以沿线绿化带、群带、道口、大桥和车站站线绿化等连贯而成的绿色长廊。线长点多，地形复杂，路用土地宽窄不均，立地条件各异，加上功能要求不同，绿化布局、结构也有很大差别，以及品种选用、种植密度配置、混交种植方式的合理与否等，都会对高速铁路安全带来很大的隐患。

（五）铁路绿化的设计依据

在铁路工程设计和施工过程中，以不同形式对沿线土壤、植被群落、自然景观、水资源等生态环境要素进行不同程度的破坏和污染，加剧该区域生态环境的压力。景观绿化作为解决铁路环境和生态问题的有效措施之一，近年来得到人们的关注。铁路绿化是在保证火车安全行驶的前提下，在铁路两侧以实现景观功能为目的而进行合理的绿化。

铁路绿化是功能性、观赏性及艺术性的结合，是人与自然交流的综合治理的景观体系。具有多元性、人类作用的主导性、景观空间的多维性和评价主体复杂性等特点。通过对成功的铁路沿线景观绿化设计实例分析，得出铁路景观绿化设计的提出顺应了这一历史发展潮流，将生态恢复、植被保护、景观美化与工程构造融为一体，达到铁路建设与自然环境的和谐发展，走可持续发展的道路是未来该领域发展的必然趋势。

根据铁道部《铁路林业技术管理规则》（铁运［2008］208号），对铁路两侧的绿化、植物栽植范围及树种选中与配置等要求均作了明确规定，在进行铁路绿化设计时应严格依照规定进行。

1. 植树位置的要求

为了保证铁路运输生产安全，防止倒树影响行车，在执行《铁路林业技术管理规则》（下文简称《技规》）有关规定的前提下，铁路两侧植树位置须符合下列要求。

（1）距外轨4～7m处栽植灌木。

（2）距外轨8～10m处栽植树高度低于10m的树木。

（3）距外轨12m以外栽植乔木，对倒树影响行车的树木要控制生长高度。

（4）路堑坡面不栽乔木，如有乔木应进行平茬更新按灌木管理。

（5）路堑顶上栽乔木时，从堑顶边4m向外栽植。天沟两边1.5m内及易塌方的堑顶禁栽乔木。

（6）路堑坡面栽灌木，从线路侧沟外边1.5m向上栽植。

（7）高路堤坡面上栽植乔木，从路肩沿坡面7.5m向下栽植。

（8）路堤坡面栽植灌木，从路肩沿坡面2.5m向下栽植。无路肩地段栽植灌木距外轨不得近于4m。

（9）路堑、路堤坡面有草皮起护坡作用者可暂不植树。

（10）曲线内侧有碍行车瞭望地点及信号机显示线上不栽乔木。但遇下列情况可栽乔木。

① 曲线半径大于1000m，而且路界较宽可采取加大与外轨距离和株距的方法在曲线内侧栽乔木。

② 缓和曲线不影响行车瞭望时可按照规定栽乔木。

③ 曲线内侧路堤高8m以上时，可在坡脚向外栽乔木。

④ 曲线内侧已被山坡或其他建筑物挡住司机视线的地段，可栽乔木。

（11）在无人看守的铁路道口附近栽树时，在公路上距铁路外股钢轨7m处瞭望道口两端铁路各400m处栽植；

（12）电线路下2m宽（包括通信线路）处禁栽树木。沿电线路两侧栽植乔木树冠外缘与电线要经常保持一定距离，在市内不少于1m，在市外不少于2m远，高压线为3～5m，电气化区段树冠外缘距输电网不少于5m远。地下电缆线路与树木平行距离，按《技规》有关规定办理。

（13）电柱拉线桩周围应留出3m×3m空地不植树。

（14）乔木栽植点距建筑物不少于3～5m；灌木不少于1.5m。

（15）地下管道附近栽植乔灌木时应距管道外缘1～3m。

（16）车站绿化应不影响旅客乘降、各类输电线路、地下电缆、货物装卸和信号瞭望。

2. 铁路绿化的调查与设计

铁路绿化的调查与设计，应按长远规划和年度生产财务计划的任务量，分析自然条件和社会条件，选择适合树种，确定造林方法作为施工依据。

（1）铁路绿化调查的主要内容

① 线路防护造林须事先收集气象、水文、交通等有关资料，搞清土地使用权属，立地条件，选定造林位置。

② 重点车站和单位绿化，搜集现场的气象、土壤、交通、地形、建筑、道路、工程管线、用地范围、原有绿化等基本资料和图纸，了解当地园林绿化的风格特点、规划布局、特有乡土树种等有关资料，调查踏勘现场的地形地物和绿化现状。

③ 水土保持林及用材林，应在造林地上进行全面勘测，根据山脉、河流、溪谷、地势、坡向及土壤类型，划分林班小班，设置林道及防火线，详细调查土壤、植被情况及其他必要的资料。

（2）铁路绿化设计的主要内容

在国民经济和交通事业快速发展的今天，高速铁路作为现代社会的一种新的运输方式，在我国以迅猛的速度发展。大规模的铁路建设，必然给铁路沿线地区的生态环境带来一定的影响。如何将铁路融入自然景观，尽可能不破坏自然环境，建立起完整的铁路绿化系统，营造优美的沿线景观效果，同时降低交通噪声对沿线居民的影响，这些都是铁路绿化设计涉及的内容，是值得探讨的问题。铁路绿化设计的主要内容包括以下方面。

① 防护造林　绘制平面图，计算造林面积，分析主客观因素，编制说明书，并阐述灾害程度及设计依据，按工程规定编制预算书。

② 线路绿化林及护坡林　编制施工计划表，说明植树位置、延长、选定的树种、苗龄、密度、配置方式、面积、株数、苗木规格及来源、施工日期、需要劳力等。

③ 重点车站和单位绿化　绘制1/1000～1/500总平面规划设计图、竖向设计图和园林建筑小品设计施工图。编制施工计划预算和详细说明。

④ 水土保持林及用材林　绘制平面图，根据外业调查资料进行总体规划设计，制订从种苗、造林到主伐的各阶段的经营管理措施，并按上项要求于每年造林前提出当年造林设计文件。

3. 铁路造林树种的选择

铁路造林树种的选择，应当以适合当地生长、深根易活、防护效能较大、对病虫害抵抗力较强、材质较好等为原则。我国南方地区以杉木、桉树、水杉、池杉、落羽杉、樟树、擦树、木麻黄、棕榈、苦楝、泡桐、臭椿、杞柳、紫穗槐、夹竹桃、木芙蓉、白蜡、油茶等为好，我国北方、东北、西北地区以杨树、柳树、落叶松、樟子松、红松、云杉、冷杉、水曲柳、泡桐、刺槐、臭椿、锦鸡儿、沙枣、紫穗槐、胡枝子、黄柳、白蜡、丁香、沙棘等为好。但应因地制宜选用优良品种。在采用引进新树种前应深入考查，通过试验取得一定成果后再逐步推广。

车站与单位绿化宜采取乔木、灌木、草木、草坪相互配合。乔灌木树种，宜采用常绿与落叶树种相结合，速生与慢生（长寿）树种相结合，抗毒耐烟尘与观赏树种相结合。

4. 铁路造林绿化密度的要求

（1）土壤瘠薄、慢生树种、小苗造林、抚育条件较差的情况下，应适当密植，但乔木不小于0.75m×0.75m，灌木不小于0.5m×0.3m。

（2）土壤肥沃、速生树种、大苗造林、机械抚育或抚育条件好的情况下，适当稀植，但乔木不大于2m×4m，灌木不大于2m×1m。

（3）车站与单位绿化树木的密度可分设计密度与施工密度。设计密度应为成年树冠的宽度，施工密度以成年树冠宽度的1/4～1/2为宜。

5. 铁路绿化树种组成及配置要求

（1）地力瘠薄、干旱、土层浅的地点或防护造林（护坡林除外），可采用乔灌混交、针阔混交或深浅根树种混交。

（2）防水林采用耐水湿、耐盐碱、深根性和枝条柔韧的树种，外灌内乔或乔灌混交配置。防雪林采用主体乔木伴生乔木及灌木的行内混交或行间混交，形成三层树冠结构栽植。防沙林采用耐沙压、耐沙打沙割、耐干旱、深根性以及适于沙地生长的乔灌木和草类，在流动沙丘地段配合设置沙障进行固沙造林。同时要考虑先锋树种与主体树种的配合。

（3）大面积造林可采用带状、块状或针阔、乔灌混交形式配置，以利于生长、防火和防治病虫害。

（4）平原或缓丘陵地段的造林，可以采用正方形、长方形栽植，坡度较大的地方可以采用三角形栽植。

（5）车站和单位绿化的配置，要从不同功能要求出发，符合自然界植物群落的组合规律，应用孤植、对植、列植（包括行道树）、丛植、群植、林带、片林、绿篱、棚架、垂直绿化、树坛、花坛、草坪、盆栽等各种形式。

（六）铁路各部位的绿化设计

1. 铁路站台路段的绿化设计

当铁路站台路段列车处于停止或缓慢行驶的状态时，乘客主要在列车上对外部景色进行静态观赏，因此铁路站台是出入旅客和过停旅客印象比较深刻的地方，景观单元尺度可以小一些，但绿化设计应比较精致，要注重艺术性。铁路站台路段的植物宜采用乔木和观赏性强的花卉、灌木，尽量增加绿视率，要将垂直绿化、立体绿化和平面绿化相结合，应采用铁路站台所在城市特色的植物品种。

2. 穿越城区路段的绿化设计

在进行铁路穿越城区路段的绿化设计时，应充分利用沿线现有的城市景观，将城市的人文、自然景观引入视域范围，形成沿线景观系系。充分利用与铁路相交的道路、河流、桥梁等城市节点，丰富景观的内容，并在节点与铁路交会处形成一定规模的开敞空间，分隔铁路沿线绿带，形成空间变化丰富、风格统一协调的景观系列。

当铁路经过景观优美的地段时，铁路沿线的绿化应疏朗，为城市景观留出一定的透景线。另外，穿越城区路段的列车行驶产生的噪声，将对路边的居民产生一定的影响，因此，此路段在植物配置上应采取紧密种植结构，以绿带隔离或吸收噪声，做到美化与防护相结合。

3. 出入市区端口的绿化设计

铁路出入城市市区的端口，大多数是工业区或城乡混合居住的地带，在一般情况下，环境和景观都比较杂乱，这里的绿化设计应以植物造景为主，绿化风格应统一大气，植物选择尽可能以乡土植物来体现地方特色，通过绿化设计来改善城市出入口的环境，为旅客留下到达城市的第一印象。

4. 铁路绿化与城市风向关系

据有关测试资料表明，与城市风向（特别是城市夏季风向）大体一致的铁路，往往可以被规划利用作为城市的通风廊道，以从郊外为市区内输送新鲜空气用，此时，铁路两侧的绿化可尽量保留疏朗开敞的方式。如果铁路走向与城市冬季风向垂直，则铁路两侧的绿化应采取防护林式的种植方式，以阻挡寒风和沙尘对城区的侵袭。

5. 铁路线区域内的绿化

铁路线区域内的绿化，关键是铁路沿线轨基碎石堆的绿化。天津港环卫生中心尝试在碎石缝隙间种植生长环境适应性强、耐旱性好，但成草的高度不能超过铁轨的草坪品种，经辅以营养支持，在雨季进行播种，草坪试种取得初步成功。铁路标准绿化平面示意如图 7-4 所示；铁路标准绿化断面示意如图 7-5 所示。

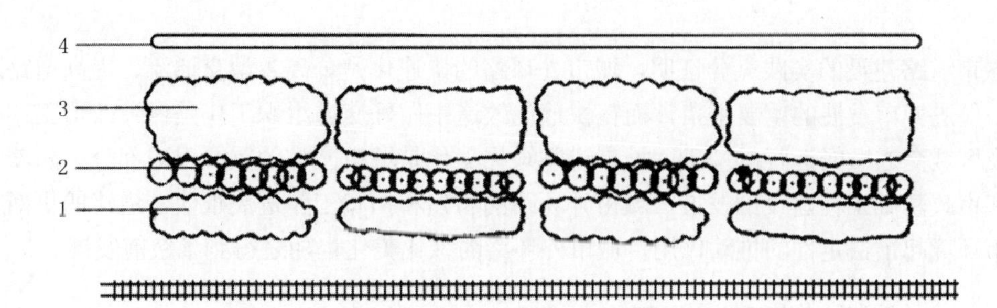

图 7-4　铁路标准绿化平面示意

1—草坪；2—花灌木、小乔木；3—大乔木；4—防护网栏

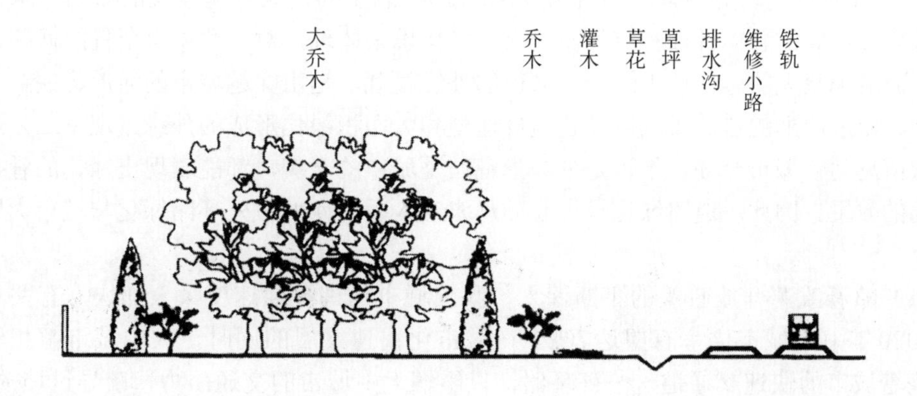

图 7-5 铁路标准绿化断面示意

第十节 城市外围道路绿化设计

城市外围道路作为城市交通和环境的重要组成部分，是城市三大空间（交通空间、建筑空间、开放空间）之一，它最直接地反映了城市的总体面貌和交通状况，是人们了解一个城市、感觉城市景观特色与城市交通条件的重要窗口。

城市外围道路不仅是连接两地的通道，在很大程度上还是人们公共生活的舞台，是一个城市人文素养的综合反映，是一个城市历史文化延续变迁的载体和见证，是一种重要的文化资源，是构成区域文化表象背后的灵魂要素。因此，加强外围道路建设，讲究外围道路空间的艺术设计，追求“骨架”与整体的平衡和谐，是完善城市功能，提高城市品位的有效途径。

随着城市高楼林立，工业发展迅速，交通污染严重，道路拥堵时常可见，长期影响着我们的日常生活。人们对于自然清新的交通环境的渴望越来越强烈。创造环境优美的城市外围道路绿化，不仅可以起到防眩光、缓解驾车疲劳、调节情绪等作用，更可以带动良好的生态效益和经济效益。

城市外围道路绿化设计是根据城市外围道路的分级及路型等进行的，由各种绿化带组合而构成道路的绿化景观。在进行城市外围道路绿化设计前，要做好城市外围道路的绿化设计工作，设计要依据《中华人民共和国城市绿化条例》和《城市道路绿化规划与设计规范》及当地道路规划等有关的法规，并参考有关资料进行。明确设计构思和设计风格。

城市道路建设的实践充分证明，城市外环路的快速化是分离各型交通流、提高道路运营效率、促进城市发展的重要举措，而在快速化改造中做好交通组织工作是保障改造工作顺利进行及区域交通顺畅运行的基础。城市道路绿化美化是城市园林的重要组成部分，随着城市建设和市政基础工程建设的发展，城市外环路的新建和拓宽工作进展很快，道路的更新换代对城市环境起了决定性的推动作用，城市外环路的绿化美化也随之得到了空前发展。

（一）城市外环路的绿化要求

1. 城市外环路绿化与城市大园林

进入 21 世纪，城市环境更加重视大环境的生态空间，大环境建设的布局艺术也往往要通过城市布局的总体骨架和空间布局的艺术构思来体现，对一个城市全景的概括常通过两个方面给予直观的感性认识：一是城市的外缘景观，是由穿越城市的河流、铁路、道路的绿化、城市地形的自然景观以及建筑群造型和大面积绿化形成的外缘景观；二是通过城市鸟瞰所见到的城市全貌，不论是外缘景观还是城市的全貌，都能表现出绿化的骨架和空间布局的效果。因此，道路绿化设计必须从宏观入手，使城市外环路绿化与城市大园林紧密结合。

（1）随着改革开放政策的不断深入，我国城市化进程的速度大大加快，有关专家预测，2020 年中国城市化率有望达 70%。在城市化快速发展的同时，大中城市都相继建起了围绕着城市的快速交通道——外环路，以缓解大中城市的交通压力，疏导过境的车辆。

外环路绿化是城市园林规划的重要组成部分，外环路绿化的质量如何，直接关系到一个城市的形象。

（2）城市大园林思想是在传统园林和城市园林绿地渐成系统的基础上，继承和借鉴古典园林理论，并发展起来的。前苏联城市系统绿地规划理论起源于美国的风景园林设计理论，该理论的核心是建设园林式的城市，实现大地景观规划。其实质是园林与建筑及城市设施的融合，即将园林的规划建设放到城市的范围去考虑，园林即城市。城市大园林理论的提出，使园林进入了与城市建筑和城市设施融合的高级阶段，也使园林进入了对园林艺术、园林生态和园林功能综合研究的大园林阶段。

（3）城市市区与郊区（含近郊及远郊城镇与农村）不仅是构成一个城市的市域的实体，而且两者存在特殊的区位关系，决定了两者在社会发展上有着十分紧密而广泛的联系。城市市区是政治、经济、文化的中心，郊区乡村的经济及社会发展依附于市区，这已是不争的事实并已成为人们的共识。郊区除了向市区提供劳动力、食品、水源、建设用地以及游憩休闲空间等以外，还发挥着调节市区环境质量的作用，正是郊区的生物生产能力弥补了市区生态环境的缺陷，对改善市区人群的生存条件和生活质量提供了重要保证。

城市市区与郊区的特殊区位关系，不仅是两者在面积上的叠加相互组成一个城市的市域范围，而且是一个有机的整体，两者在发展经济与生态建设方面具有很强的互补性。尤其就生态建设而言，必须将市区和郊区看作一个统一的生态系统，并对这一系统的运作进行统一的调控。城市外环路正处于城市外缘，与郊区结合的部位，因此，城市外环路绿化是城市绿化不可缺少的组成部分。

2. 城市外环路绿化与“城市林业”

城市林业是一门发展迅速、前景广阔的边缘性科学。它是由林学、园艺学、园林学、生态学、城市科学等组成的交叉学科，并且与景观建设、公园管理、城市规划等息息相关。城市林业是研究林木与城市环境之间的关系，合理配置、培育、管理森林、树木和植物，改善城市环境，繁荣城市经济，维护城市可持续发展的一门科学。随着社会的发展，人们对生活环境的要求越来越高，而城市林业的功能也逐步被人们所熟知，这些功能与人们的身心健康、生存环境质量的改善和提高密切相关。国内外城市绿化实践证明，城市林业在城市中已经具有不可替代和不可估量的作用。

“人在花园里，城在森林中，行在绿荫下，乐在芳草间”是现代城市人的理想和愿望。回归自然，让森林进入城市，城市坐落在森林中已成为城市发展的趋势。近些年来，我国很多大中城市建设观念正在向着这个方向努力，“园林城市”、“生态城市”、“花园式城市”、“生态园林城市”、“山水城市”等，具有中国特色的城市建设理念正被广大的城市设计师和建设者所接受，各地也结合当地的具体情况，正加紧在各城市实施，做出了建设环城林带、森林公园等规划。城市外环路是城市交通的重要组成部分，外环路绿化自然也是城市园林绿化不可缺少的一部分。

3. 城市外环路绿化与城市风景防护林建设

城市风景防护林是城市经济持续发展的基础，是建设和谐社会的载体和关键纽带，是实现人口、资源和环境协调发展的重要途径。加快城市风景防护林建设也是统筹人和自然和谐发展，调整整个国土森林资源布局，使森林资源分布更趋于合理的重要措施。让森林走进城市，让城市拥抱森林，已经成为提升城市品位、形象和竞争力，推动区域经济健康发展的新理念。

城市生态环境的恶化，严重威胁着城市居民的身心健康。如何改善城市生态环境已成为全社会关注的问题。鉴于林木的多种生态效益，要解决这一问题，建设城市风景防护林体系是一项重要措施。

近十年来，我国北方地区在冬季和春季期间的“沙尘暴”越来越严重，南方地区的热带风暴也不时地骚扰城市，严重影响了人们的正常工作和生活。很多城市已开始城市风景防护林的建设，结合城市外环路，在路的两侧开辟一定宽度的城市防护林带、风景林带，对于城市防灾、调节区域气候，为市民提供郊外休闲场所具有现实意义。

4. 城市外环路绿化与郊区“观光农业”

作为生态旅游的重要组成部分的现代观光农业旅游，以其独特的魅力和对城乡社会、经济和环境的促进作用，近年来在我国迅速发展。大城市郊区以其独特的区位、市场、交通、资金和技术优势，将成为这类特种旅游未来发展的最重要地区。这类特种旅游也将成为城郊旅游开发的重要方向。通过实施城乡旅游一体化战略，确定国内市场为主攻目标，走与生态旅游、文化旅游和科技旅游“三结合”的道路，加强科学规划和管理，引导其走上高起点、规范化、精品化、高效益和可持续的科学发展轨道，为现代观光农业旅游和生态旅游开发树立典范。

随着城市的快速发展，城市居民生活节奏的加快，越来越多的人在节假日，特别是万物复杂的春季、秋果累累的秋季，想到市外郊游，放松一下紧绷的情绪。观光、踏青成为城里人的需求。距离城市较近，交通便利的市郊农业观光园、生态园的瓜果采摘、品尝节等活动项目正好迎合这种需求。随着大中城市外环路的绿化，特别是结合外环路绿化而建设的城市防护林、风景林，对观光农业的发展也起到了相互促进的作用。结合林带向纵横延伸，对原有郊区果园等进行改造，增添一些必需的服务设施，合理组织交通路线，形成集特色农业、观光、旅游休闲于一体的“观光农业”，不失为近郊农业结构调整的一个好策略。

（二）城市外环路的绿化设计

1. 城市外环路绿化主要组成

城市外环路是一个城市的骨架，城市外环路的绿化是城市绿地系统的重要组成部分，可构成优美的景色，并成为现代城市景观的重要标志，在城市绿化系统中起到点睛的作用，是城市绿化中的“绿眼”和“绿带”。

大中型城市外环路绿化一般可以分为两大部分：①城市外环路的绿化，主要包括分车带、行道树、路肩绿化和边沟绿化等；②城市郊外道路两侧林带的绿化。

2. 城市外环路路面的绿化设计

（1）城市外环路的路面植物种植设计介于城市街道绿化和公路绿化之间，是车辆行车速度较快的街道绿化。

（2）城市外环路路面的绿化，特别是模纹造型变化的区段间隔要大，一般应控制在80～100m比较合适。

（3）城市外环路路面的绿化，布置要简洁、大方、通透，尤其是分车带绿化要采用低矮植物。以草坪为主，花木点缀为辅，尽量体现本城市的园林绿化特点和显示出新气象、高水平。图7-6为城市外环路绿化示意。

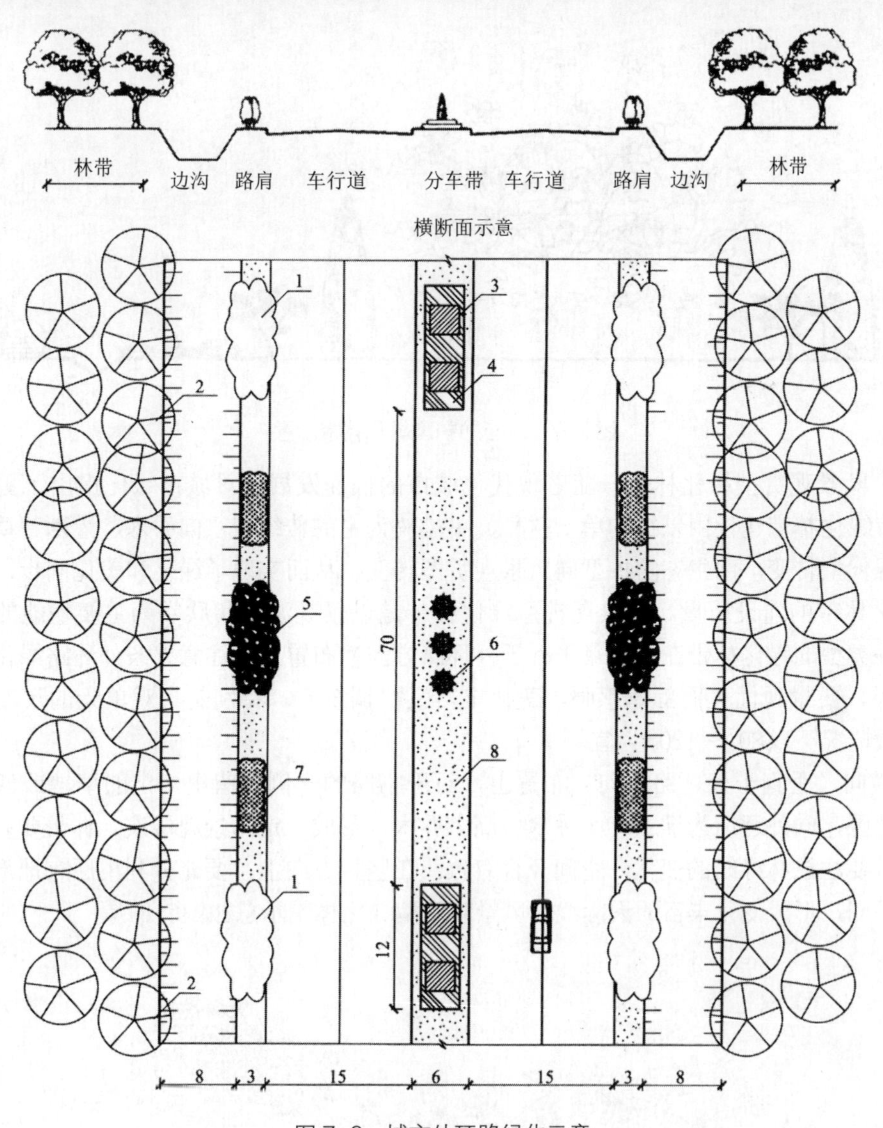

图 7-6　城市外环路绿化示意

1—紫叶李；2—馒头柳；3—紫叶小檗；4—小叶黄杨；

5—木槿；6—桧柏；7—草花；8—冷型草

3. 城市外环路林带的绿化设计

城市外环路林带是城市林业的重要组成部分，是城市中有生命力的重要基础设施建设，在城市的可持续发展中发挥着越来越重要的作用。根据城市外环路林带的不同主导功能，主要可分为生态防护型绿化林带、风景观赏型绿化林带、观赏休闲型绿化林带等。

（1）生态防护型绿化林带　生态防护型绿化林带是以生态防护功能为主要功能的林带。从生态学和防护功能的角度，这种绿化林带要求组成品种丰富、形式变化多样，不能种植品种单一，也不宜布置形式过于简单。作为城市外环路的生态防护型绿化林带，宽度一般应大于200m，要使落叶树和常绿树搭配，乔木、灌木、草坪相结合，以乡土树种为主，景观树种点缀为辅，达到景观优美的效果。要特别注意林带的层次，要做到大乔木、小乔木、灌木、地被植物分层布置，层次丰富才能取得最佳的防护效果。生态防护型绿化林带示意如图7-7所示。

图 7-7 生态防护型绿化林带示意

（2）风景观赏型绿化林带 随着现代化城市的快速发展，对城市绿化提出了更高的要求。城市绿化林带建设由以往的单一树种、单排树为主的传统型，向乔木、灌木、草结合的宽林带现代型转变，由生态防护型向风景观赏型转变，从而实现了绿化和美化同步，提高了城市绿化林带的建设质量。风景观赏型绿化林带是以景观游览和欣赏为主要功能的绿化林带。这种类型的绿化林带在纵向（平行于外环路方向）布置上要注意整条外环路绿化林带的总体效果，要景观优美而韵律感强，变化丰富又协调统一。特别是景观单元的尺度要控制好，一般情况下以80 ～ 120m为宜。

在横向（垂直于外环路方向）布置上，对于临路的一侧要留出一定的草地或低矮地被植物种植区，向外逐渐为灌木、小乔木、高大乔木，形成一定的景观层次，林带要以绿色为主，并且要注意林缘线的变化，空间开合有致。在竖直方向上，要充分利用原有地形和植物品种的不同，形成变化丰富的天际线。风景观赏型绿化林带示意如图7-8所示。

图 7-8 风景观赏型绿化林带示意

（3）观赏休闲型绿化林带　观赏休闲型绿化林带是以原有郊区的果园为基础，集果园、景观游览、果蔬采摘、垂钓为一体的绿化林带。这种类型的林带多是利用原有临近外环路的果园、苗圃等林地，适当整修园路，增加座椅、饮水等服务设施，再点缀些观赏植物，形成农业观光园，达到生产、环境效益双赢。观赏休闲型绿化林带示意如图7-9所示。

图7-9　观赏休闲型绿化林带示意

（三）城市外环路防护林建设中的对策

（1）用系统性理论、景观生态学理论为指导，科学布局城市防护林建设。

① 要注意城市及其周边山水格局的连续性和景观格局的多样性。城市化发展过程中，维护整体区域山水格局和大地机体的连续性和完整性，是维护城市生态安全的关键性因素之一。面对城市高速的扩张和基础设施的大规模兴建，造成许多自然景观和山脉等被分割，城市周边的湿地和河道生境恶化，城市生态系统的生态阈值大大减低，城市的可持续发展能力受到很大威胁。在城市林业建设中，只有将城市生态经济系统和城市生态系统紧密地耦合溶解，才能实现城市的协调发展。

② 按照景观生态学要求，城市外环路防护林建设要从空间尺度和时间尺度合理安排各景观要素所处的地位和等级，尽可能使景观格局呈现多样性、异质性。

③ 在城市外环路防护林建设中充分保护与发展生物多样性。

（2）由传统的注重美化、香化、彩化、果化、绿化逐步转移到注重生态效益和美观效益的综合发挥。城市防护林建设不仅要体现提高城市环境质量、居民生活质量和可持续发展能力的要求，而且要体现城市生态环境建设由绿化层面向生态层面提升的要求，以及人与自然和谐相处的要求。

城市外环路防护林建设并不仅是单纯意义上的城市建成区绿化建设，要从保障整个国土生态安全的角度，把城市森林建设纳入我国林业生态体系建设，强调由过去注重视觉效果转变到注重生态效益和人类的身心健康上来，突出以林为主，乔、灌、藤、草结合，林、水结合，以人为本的城市森林建设基本原则，同时城市防护林建设要追求生物多样性的生态型绿地，提高单位土地面积绿量，在城市防护林的建设中要充分发挥乔木的空间伸展优势，可以尝试建设垂直绿化景观，充分发挥有限的城市林地来缓解我国城市化进程给生态环境带来的压力，拓展城市的绿色空间。

（3）注意解决城市外环路防护林建设长期以来形成的树种单一、林地类型单一和乡土树种优势不明显的问题。植物群落中物种间存在竞争、相互依存的平衡关系，如果植物种类单一，植物势必生长不良，且稳定性较差，同时生物群落得不到发育，发生病虫害的概率就会大大增加，所以整个城市防护林的景观会受到损害，生态效应也得不到充分发挥，出现“绿色沙漠”现象。

目前，我国城市外环路防护林建设所使用的树种普遍比较单一，落叶树种主要是法桐，长江以南城市绿化的常绿树种主要是香樟，造成城市外环路绿化景观的单调。法桐和香樟是好树种，具有生长快、耐修剪、易造型等优点，但在一个密度大的城市栽种大量的法桐，常需截干修剪，且枝下较低、通气性差，尤其是在种子脱落时，散布在空气中的密度较大，对城市居民的身体健康有一定的影响。选用乡土树种为建群种以及多种乡土树种组合，可提高森林的稳定性与抗逆性，降低维护与管理费用，凸显本土特色，增加自然野趣。同时乡土树种也不乏观赏性，可被选做城市行道树种。

（4）必须注意克服建成区和近远郊区脱节问题。城市建成区和近远郊区防护林建设协调统一、统筹考虑、完美配合，才能实现城市防护林建设生态效益的最大化。长期以来，由于我国体制的原因，建成区绿化归园林部门管，郊区和远郊区绿化归林业部门管，由于两个部门隶属关系不同和建设目标不尽相同，这在客观上也造成了两地林业建设脱节，找不到很好的平衡点。城市园林和城市外环路防护林要密切配合，起到有相互补充、相互促进的作用，彰显各自优势，形成既互相补充，又高度和谐的统一整体。

（5）树立科学的政绩观，克服盲目的树种引进和大树进城等急功近利思想。近年全国范围许多城市外环路的绿化存在大量引入外来树种以及跨地带种植的现象，由于树木的根系和树冠创伤难以恢复，同时引进树种由于受土质、气候的影响，树体生长不良，既不能充分发挥绿地应有的生态效应，凸现地区特色，后期的人工管理投入又非常高，造成巨大的经济损失，并且在城市中还会由于种种原因进行过度的修剪，生态效应遭到严重的破坏，对树木移出地的生态环境也破坏很大。

综上所述，城市外环路防护林的绿化建设是一项“功在当代，利在千秋”的宏伟大业，是人民生活和城市发展的必然要求，是现代化城市建设的重要组成部分，是一项长期而又艰巨的工作。客观要求林业、园林、规划、城建、土地等部门要有超前意识、协调努力，在大环境绿化问题上，要从认识、实践、效果之间形成良性循环，总结出若干符合国情市情的成功经验。

第十一节　穿过市区的铁路绿化设计

随着国民经济的迅猛发展，铁路速度的加快提升，穿过市区的铁路两侧线路的绿化要求也越来越高，为了更好地巩固路基、确保行车安全，高速铁路线路的绿化安全成为目前重点的研究课题。

一、铁路绿化工程的设计

随着社会的进步，都市化进程的加快，交通业的迅猛发展，道路绿化备受人们重视。一直以来专注于城市道路景观绿化、高速公路景观绿化的研究，但铁路沿线的景观绿化长期以来被人们忽视。铁路推动了我国城市化的进程，给城市带来了各种利益，因此各大城市之间修建城际铁路势在必行。我国铁路沿线景观建设长期以来采用“粗放型”发展方式，沿线环境建设问题很少受到重视，在建设期和运营期带来的环境和生态问题也日益突出。

在铁路工程中过分强调地质和社会经济因素，忽视对沿线景观资源和生态环境的保护。在铁路施工过程中以不同形式对沿线土壤、植被群落、自然景观、水资源等生态环境要素进行不同程度的破坏和污染，加剧该区域生态环境的压力。景观绿化作为解决铁路环境和生态问题的有效措施之一，近年来得到人们的关注，铁路绿化是在保证火车安全行驶的前提下，在铁路两侧以实现景观功能为目的而进行合理的绿化。通过对铁路沿线景观绿化设计，将生态恢复、植被保护、景观美化与工程构造融为一体，达到铁路建设与自然环境的和谐发展，走可持续发展的道路是未来该领域发展的必然趋势。

对于穿过市区的铁路，其绿化工程设计主要包括铁路两侧的绿化，出入市区端口绿化和站台的绿化，使乘坐火车的旅客对整个城市留下美好的印象。目前，在我国穿过市区铁路绿化工程的设计中，往往只注意站台周围环境的绿化，而忽视铁路两侧的绿化和出入市区端口绿化，使旅客对城市的印象不佳。因此，在进行穿过市区铁路绿化工程的设计中，应遵循一定的设计原则和设计形式。

（一）铁路绿化工程的设计原则

铁路整个线路绿化工程一定要本着因地制宜，就地取苗，因危设防，综合治理的原则，既要做到四季常绿、季相变化丰富、适地适树、苗壮种优、长势旺盛、风景宜人，还要在满足基本功能的前提下尽可能地与生产相结合，以增加经济效益。

把视角转到线路外来看主线路绿化，重点加强铁路道口、大桥两侧、隧道进入处、与城市市区及旅游、名胜古迹交界处的绿化，在做到环境美化与环境保护的同时具有风景观赏的效果。同时，还要兼顾安全隐患的问题，如风、水、沙、雪等造成树木倒伏或危害线路，以及沿路工厂区环境严重污染铁路的地段。因此，铁路线路绿化安全应与防护相结合，以发挥防护功能，确保路基及行车安全。对于穿过市区铁路绿化工程，应遵循以下设计原则。

1. 依据设计铁路两旁的绿化

（1）在进行穿过市区铁路两旁绿化的设计时，必须严格遵守相关部门制定的有关铁路和城市等相关法规、条例，真正做到依法设计。

（2）铁道部颁布的《铁路林业技术管理规则》，对铁路两侧绿化的乔木、灌木距外侧铁轨的安全距离有明确的规定，直线段乔木距铁路外沿不能小于8m。

（3）铁道部颁布的《铁路林业技术管理规则》，对不同铁路和转弯半径、植物可栽植范围及安全距离均有明确的规定。

2. 铁路两旁的绿化景观序列

（1）在进行穿过市区铁路两旁绿化的设计过程中，始终要做到点、线、面三者结合，确保重点突出，形成气势宏伟、韵律感强的绿色城市景观序列。

（2）穿过市区铁路两旁绿化带，一般每侧的宽度宜在30m以上，个别重要地段可以延伸至50m。

（3）铁路在与城市道路、桥梁、河道、公园等重点部位相交时，要适当考虑景观的延伸，并将它们串联在一起，使风格融为一体，形成以景观线、景观亮点相结合的有序的铁路绿化景观序列。

（4）适当考虑视线范围内的城市建筑景观和建筑物立面景观，使其点、线、面设计各具有特点，给人以强烈而美好的印象。

（5）在进行穿过市区铁路两旁绿化的设计中，要注意“线”的绿化设计要比较简洁、层次分明，“点”的绿化设计要特色突出、风格各异，“面”的绿化设计要与城市总体风貌相融合，充分体现城市的总体特征。

3. 丰富城市景观和环境效益

（1）充分利用沿线现有的城市景观，将人文、自然及城市景观引入视域范围内，丰富铁路绿化景观内容。例如北京市铁路进入城区段沿线的万方亭公园、龙潭湖公园、角楼映秀公园等绿地，均成为铁路绿化景观。

（2）在进行铁路绿化景观规划时，应注重开辟景观“视线走廊”，使乘客能够在经过这些地段时，视线得以延伸，将自然景色、历史文化与城市景观融为一体，取得良好的美化效果。

（3）对于城市铁路两侧的环境特点，必须给以充分认识，重视景观与功能相结合，充分发挥铁路两侧绿化工程的环境效益。

（4）工程实践充分证明，只有选择耐瘠薄、抗干旱、管理粗放的植物和种植方式，并充分保护、利用原有的植物群落与景观，采取常绿植物与落叶植物结合，乔木、灌木和草坪结合，立体层次分明，乔木与灌大的比例以7 ∶ 3为宜，主要考虑绿化带的防尘、降噪等功能，才能发挥出铁路绿化工程的综合环境效益。

（5）进行综合整治，创造必要的管理条件。对于铁路沿线绿化范围的地带视域范围内要保持干净、整洁，在外侧设置的护网栏，铁轨外侧应留出1.5m宽的维修用小路，注意绿地的自然排水，适当引入市政水源管道，保证绿地最基本的养护管理条件。

（二）铁路标准段绿化设计形式

1. 铁路标准段横向的绿化设计形式

城市铁路两侧的绿地一般采用由铁路分别向两侧植物梯次抬高的布置模式，即铁路—维修小路—草坪—草花灌木—小乔木—大乔木的设计形式，做到乔木、灌木和草坪结合，立体层次分明，最大限度地发挥铁路两侧绿化工程的防护和景观作用。铁路标准段绿化设计形式示意如图 7-10 所示。

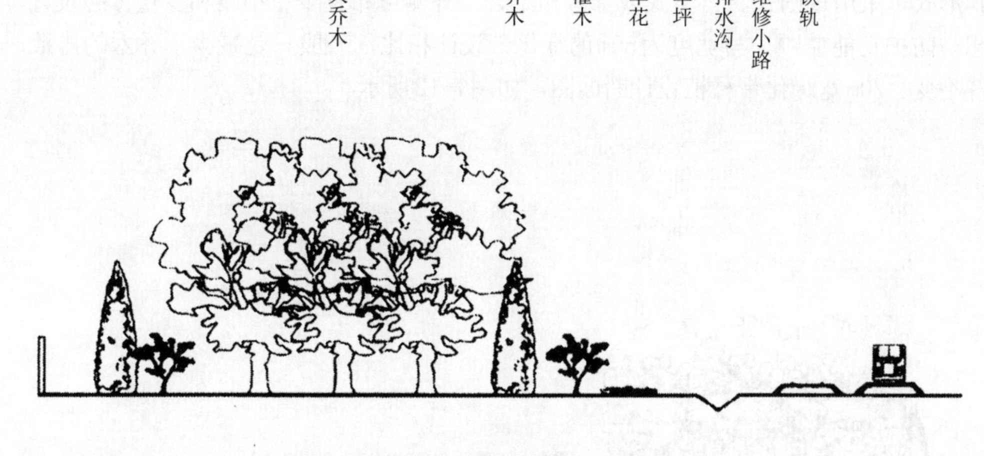

图 7-10 铁路标准段绿化设计形式示意

（1）宽度为50m的绿化带种植设计　宽度为50m的绿化带在横向种植设计上，一般除保留安全距离（最外侧铁轨与第一排乔木的距离应大于8m）外，应尽可能地采用多层结构形式，种植多排乔木，下层或林缘处配以小乔木，外侧再种植灌木、地被植物，从而形成层次丰富的植物群落，以便更好地发挥其防护作用。在绿化的总量上，要以片林为主，以大面积大色块来体现植物的群体美，其形式可采用规则式、自然式或规则与自然相结合，外侧可设置小型游路和小型休息广场、雕塑等设施。

在种植植物的选择上，应尽可能选用乡土树种，以提高栽植的成活率，也便于管理和体现地方特点。要选择抗尘、降噪声能力强、耐干旱的树种。如北方地区选择的柳树、杨树、白蜡等大乔木，木槿、丁香、连翘、紫穗槐、金银木等花灌木或小乔木，桧柏、砂地柏等常绿植物，野牛草、白三叶等地被植物，马蔺、萱草等宿根花卉等。50m宽绿化带种植设计断面图，如图 7-11 所示。

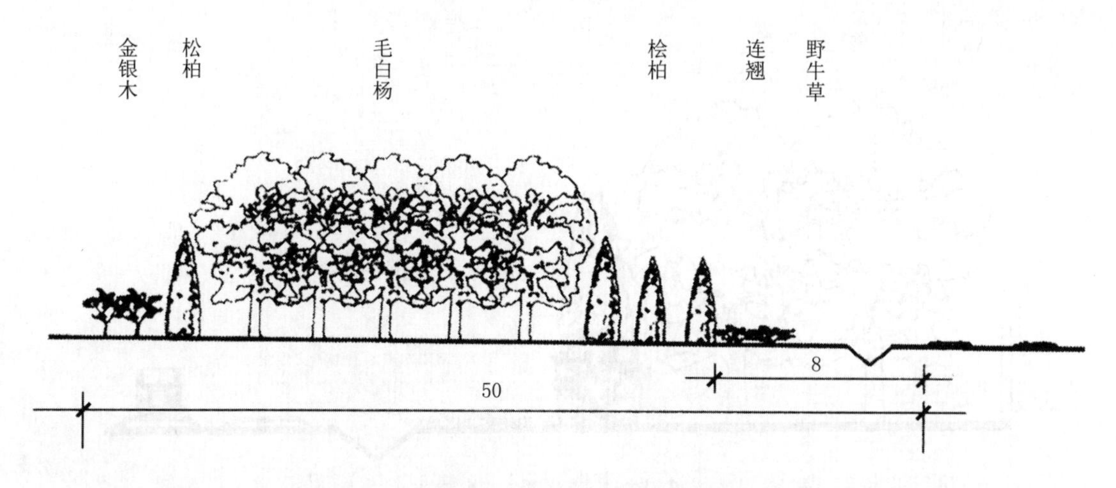

图 7-11　50m 宽绿化带种植设计断面图（单位：m）

（2）宽度为30m的绿化带种植设计　宽度为30m的绿化带与宽度为50m的绿化带设计结

构相同，自内向外依然用草坪—宿根花卉—花灌木—小乔木—大乔木—小乔木或花灌木的形式，其形式可采用规则式、自然式或二者相结合，外侧可布置少量小路和少量休憩设置，市民休憩与防护功能兼顾。与宽度为50m的绿化带设计相比，一般只是减少了乔木的排数，其他保持不变。30m宽绿化带种植设计断面图，如图7-12所示。

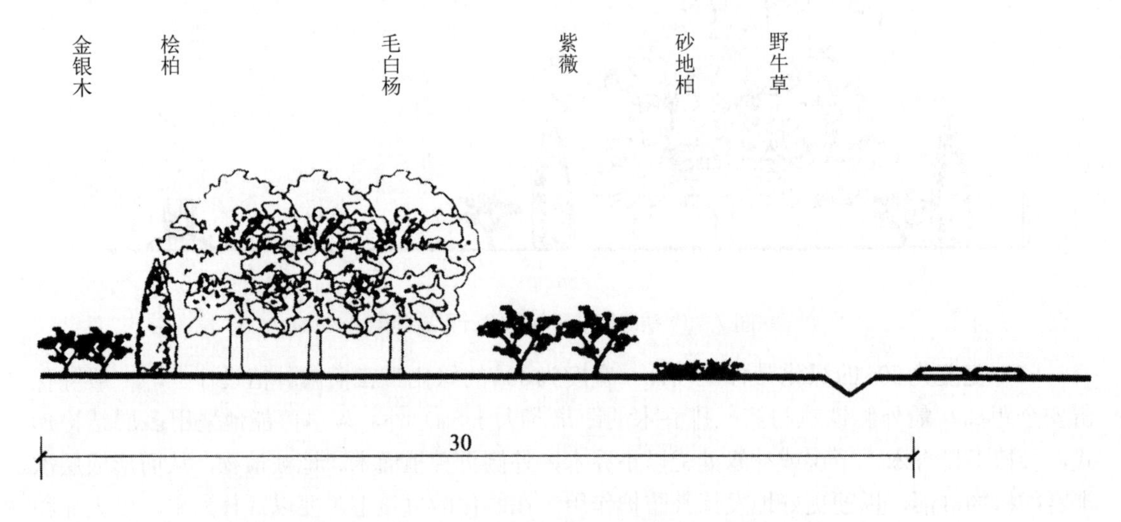

图7-12　30m宽绿化带种植设计断面图（单位：m）

（3）宽度为10～20m的绿化带种植设计　宽度为10～20m的绿化带种植设计，与以上两种尺度的绿带种植相比，只有在种植结构上略有变化，一般为草坪—宿根花卉—花灌木—小乔木—大乔木的形式。在布局上，以规则式种植为主；一般不设小路或休息广场；其他基本相同。20m宽绿化带种植设计断面图，如图7-13所示。10m宽绿化带种植设计断面图，如图7-14所示。

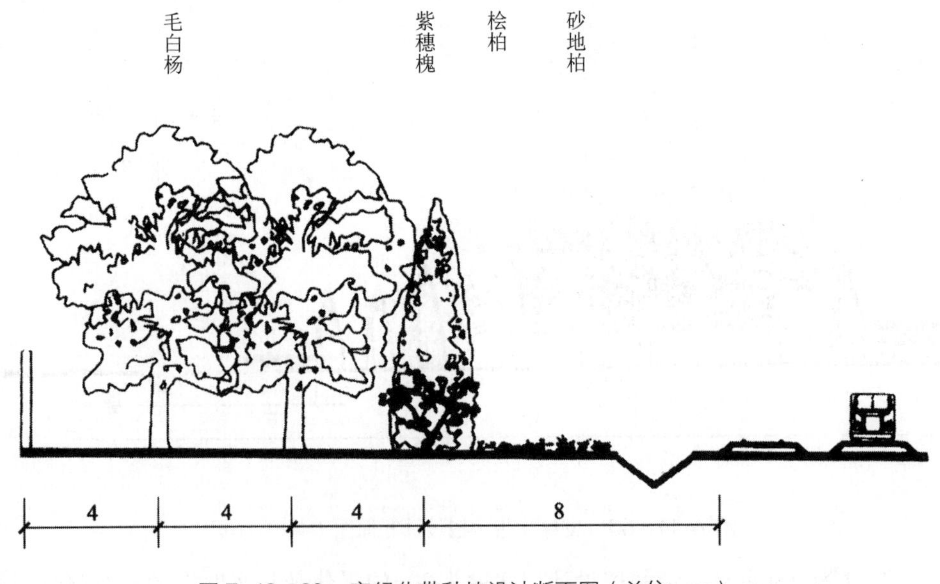

图7-13　20m宽绿化带种植设计断面图（单位：m）

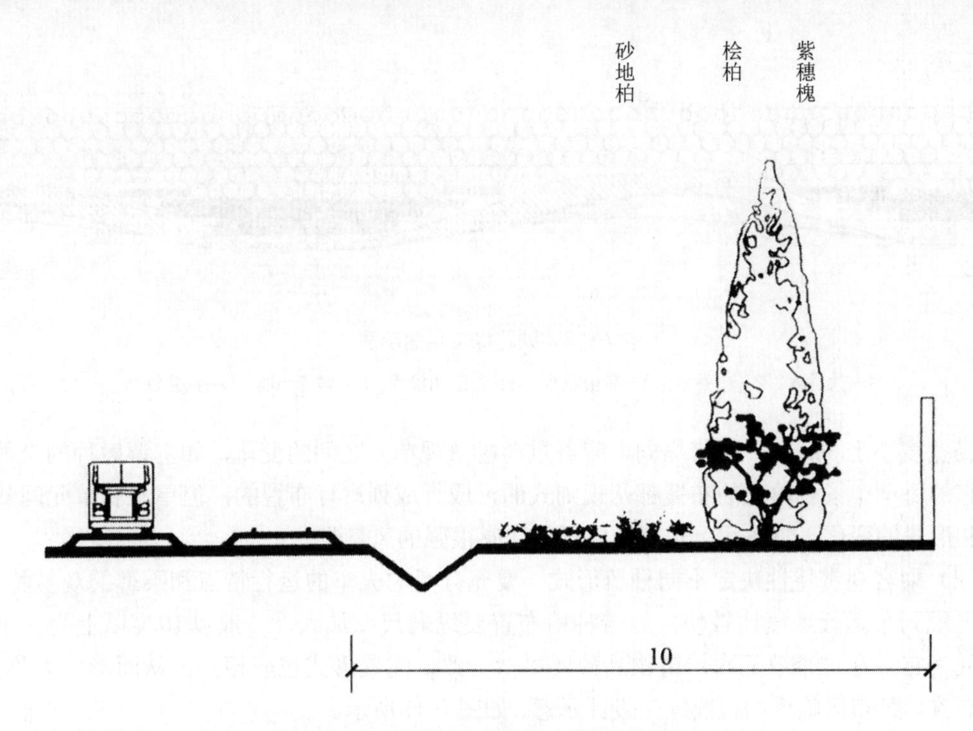

图 7-14　10m 宽绿化带种植设计断面图（单位：m）

（4）不规则形状的绿化带种植设计　一般市区段铁路与城市街道的方向不一致，在铁路沿线形成很多不规则的楔形地块，对这样的绿地的种植设计，多采用自然式布局形式，植物选择上要与铁路标准段的品种相一致，以达到风格统一的目的。某市区段不规则绿地种植示意如图7-15所示。

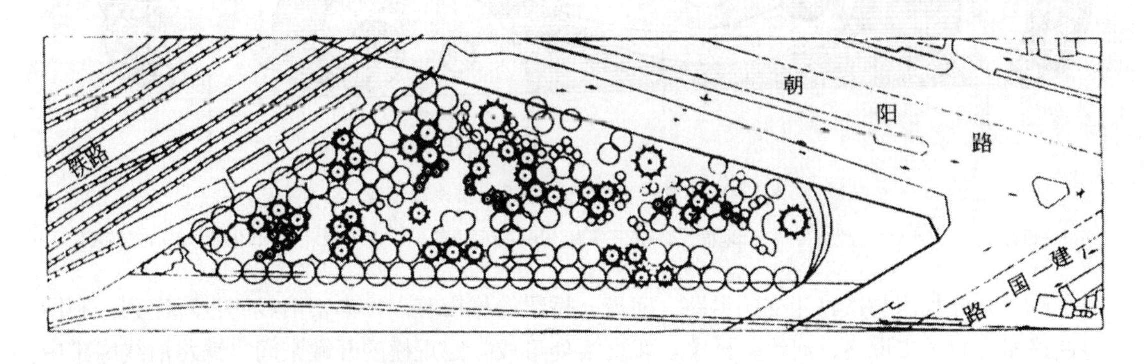

图 7-15　某市区段不规则绿地种植示意

2. 铁路标准段纵向的绿化设计形式

（1）绿带宽度不同的种植形式　在正常情况下，铁路沿线绿化带很难做到全市区段的完全统一，很可能50m、30m、20m等宽度不同的区段和不规则形状的绿地并存的情况较多，在设计时要充分考虑到这点。一般在宽度大于30m时，绿带设计可以考虑以弯曲自然流畅的曲线布置绿带的林缘，形成气势宏伟的花带，也可以自然式布置，形成多个开合有序的空间序列。铁路绿化平面示意如图7-16所示。

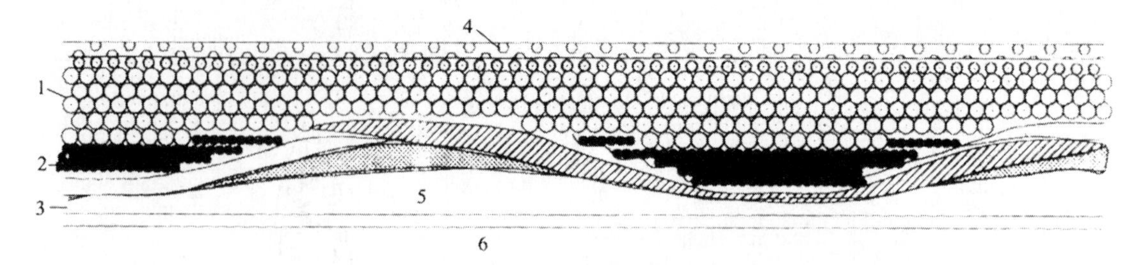

图 7-16 铁路绿化平面示意

1—大乔木；2—小乔木；3—宿根花卉；4—外围防护网；5—维修小路；6—铁路铁轨

当宽度小于 30m 时，绿带纵向上应着重考虑景观单元之间的变化，如主调树种的交替变化。它的每一个景观单元的布置都是规则式的，成行成列进行布置的，但单元和单元间却有树种和形式的变化，整条线上也就形成了韵律感很强的风景带。

（2）乘客观赏特性决定不同种植形式　要充分考虑火车的运行特点和乘客的观赏特性，有些区段列车运行速度比较快，绿带种植布置要纵向尺度加大，一般以 100m 以上为一个景观单元为宜。在这个单元内，植物品种要尽量一致，配置形式也应相同，从而形成大色块，成片布置。某市区临近站口段绿带设计示意，如图 7-17 所示。

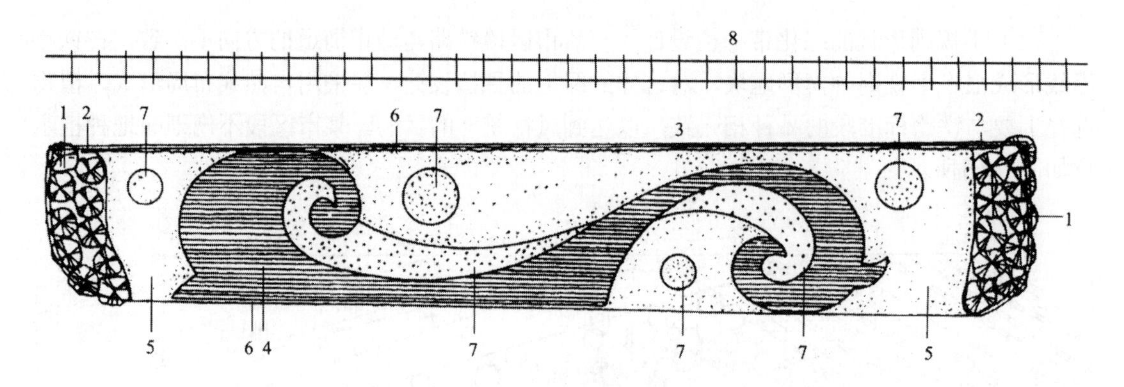

图 7-17 某市区临近站口段绿带设计示意

1—银杏；2—狭叶十大功劳；3—红叶地棉；4—瓜子黄杨；5—马尼拉草；6—书带草；7—绿化带；8—市郊铁路

（3）充分利用与铁路相交的道路、河流、桥梁等城市节点，丰富沿线的景观序列　利用与铁路相交的城市道路、河流、桥梁，在交汇处形成一定规模的开敞空间，铁路沿线绿带中形成景观节点，分隔绿带成为若干段，每段特色各异、风格协调，达到景观优美、空间变化丰富的景观序列。

例如，北京市在北京站至丰台站之间，利用管头桥与三环路交点、万芳亭公园、龙潭湖公园、角楼映秀公园等景观节点，形成具有不同特色的绿带。绿带或以火炬树、黄栌等秋色叶景观为主，或以连翘、榆叶梅等春花植物形成景观，或以紫薇、萱草等植物形成夏季景观，从而达到了各段景观特色突出、变化丰富、韵律感强的效果，充分反映了首都文化的内涵，实现了人文、自然和城市景观的完美统一。

（三）重要景观节点绿化设计

在铁路与城市道路、河流、桥梁的交汇处，会形成多处铁路与城市景观的节点，这些地段一般空间开阔、视野较好，城市景观优美，铁路绿化要很好地利用这些地段，充分发挥其环境优势，来提高铁路绿化的景观层次，其具体做法如下。

（1）在以上这些区域，在条件允许的情况下，尽量将铁路两侧的绿化带适当加宽，使之与周围环境充分结合，并以高大的乔木为背景，加大花灌木及常绿树的比例，形成突出的绿化景观。

（2）要注意列车在行车时的视觉特点，追求前进方向上的动态曲线变化，以及色彩与层次的变化，以形成整个景观序列的高潮。

（3）在进行铁路绿化带的种植时，结合城市已有的景观，形成借景成景的效果，达到较好的环境景色。例如，北京东便门附近，利用铁路横跨公路桥、护城河形成的围合空间，作为绿化的重点，多种植常绿与花灌木相交替的色带，突出色彩变化，借东便门角楼，与绿地、河流形成景色优美的角楼映秀景点，从而成为北京铁路景观带的最优美景点之一。北京角楼映秀景观平面示意，如图7-18所示。

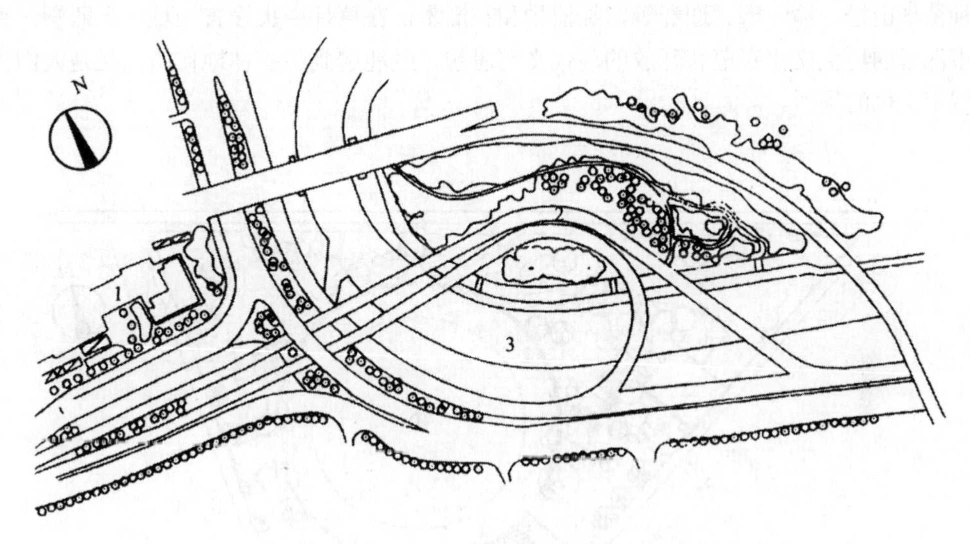

图7-18　北京角楼映秀景观平面示意

1—东便门角楼；2—角楼映秀景点；3—护城河

二、城市出入口和站台的绿化设计

1. 城市出入口的绿化设计

对一个城市而言，城市出入口的形象在很大程度上代表着整个城市的形象，是人们认识城市的第一印象。城市出入口是城市的第一张脸，也是城市绿化的精品景观。一处处精品景观为城市披上了“绿”的盛装，而出入口的整洁、精美，将提升一座现代都市的城市形象，扮靓城市“门口”也将塑造城市形象、提升城市品位，为城市增色添彩。

（1）铁路出入市区的端口为城乡结合部，由于管理不到位，往往是“垃圾围城”严重的地段，一般这里的环境较为恶劣，必须加大综合管理力度，彻底进行根治，并宜开辟成大片的防护林地，以绿化美化城市的出入口。

（2）在城市规划和绿地系统规划中，穿过市区的铁路往往会被充分利用，规划为穿越城市的“通风道”，成为改善城区空气质量的重要通道，尤其是与夏季风方向平行的铁路更是具有城市“通风道”的功能。

（3）为了在夏季能给城市输送出更加清新、凉爽的空气，在城市出入口处设置大片防护林带或大片绿地是非常有必要的，在有条件的地方可以开辟为郊野公园或风景区、森林公园，能够形成很好的规模效益。

（4）在不能形成大规模绿地的城市铁路出入口处，可以规划出一定面积的楔形绿地，能在一定程度上改善城市出入口的环境，起到一定的防护作用。

（5）楔形绿地的绿化设计应以植物造景为主，兼顾防护功能，应多种植大树，适宜粗放管理。植物选择以乡土树种为主，突出地方特色。如北方地区可选杨树、柳树、刺槐、火炬等树为主，组团成片，常绿落叶混交，乔、灌、草搭配，以自然野生草坪为主，面积大时可以设置一些旅游线路。

（6）图7-19所示为某市朝阳园绿化设计示意。朝阳园位于铁路进入市区的西南端口，是铁路与两条城市主干道围合的三角形空间，面积约为1.3hm²。绿化设计基本以景观林带为主，种植华山松、榆叶梅、迎春等常绿植物和花灌木，在草坪中央设置一城市主雕塑，来体现城市深远的历史文化底蕴和开放的现代文明思想，既能起到防护林地作用，又是人们“解读”城市文化的场所。

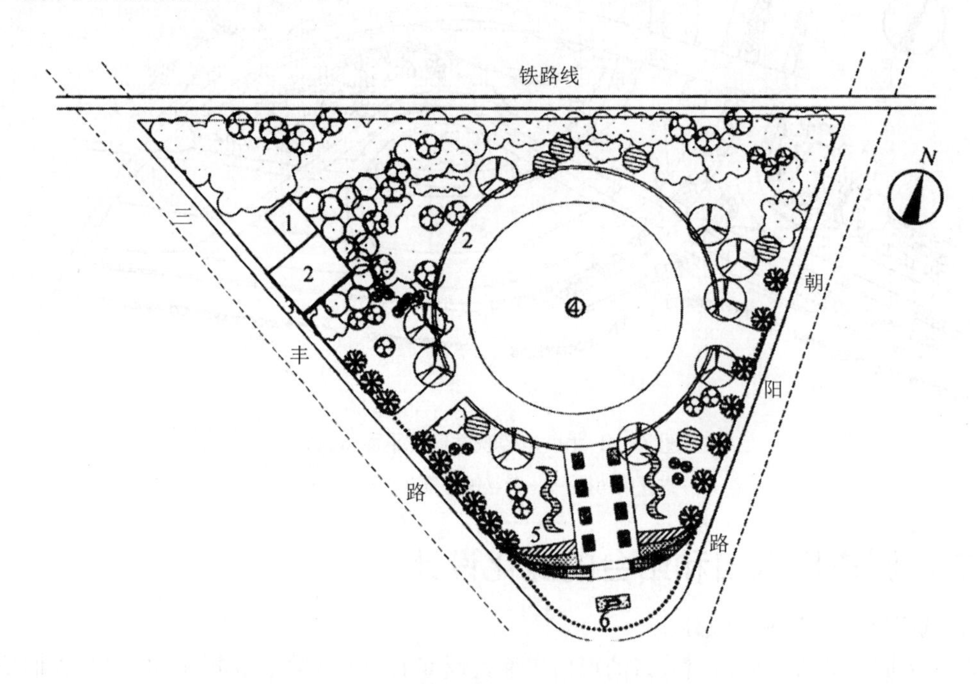

图7-19 某市朝阳园绿化设计示意

1—泵房；2—铺装；3—大门；4—主雕塑；5—模纹；6—景石

2. 火车站站台的绿化设计

火车站站台是出入城市旅客和过往旅客印象最深的地方，也是城市给外来客人的第一印象，应当重视对该区域绿化的设计。根据实践经验，此区域的绿化应主要以行道树、庭荫树绿化和花坛为主，少量设置观赏草坪，适当配以喷泉、雕塑、假山等园林小品。

考虑到该城市的特殊性，宜以大乔木与时令花卉为主，不宜种植灌木，要采取“见缝插绿”“垂直挂绿”等方式，立体绿化与平面绿化相结合。在有条件的火车站站台，尽量采用市树、市花进行绿化，突出当地城市的地方特色。

第十二节　城市市郊公路绿化设计

城市市郊公路作为连接城市与郊区的纽带，一般距城市的居住区比较远，常穿过农田、山村，不具有城区内比较密集的建筑物和各种复杂的管网。城市市郊道路作为连接城市及郊区的纽带，从形象表达、生态环境改善、满足人们视觉感受和户外活动需要等几个方面系统的建设，重点突出生态融合自然的城市市郊公路绿化体系，达到道路绿化景观与自然环境的融合。

城市市郊公路绿化景观与自然环境的融合，是指城市市郊公路的自然特性可与道路绿化景观相互融合，大面积的乡村农田将成为道路景观功能的溶液，渗透入城郊道路的绿地景观，而城市市郊公路景观机体延伸入农田之中。农田与城郊道路景观的自然融合，将与整个城市的绿地系统相结合，成为市域景观的绿色基质。

一、城市市郊公路的绿化设计

（一）公路式的绿化设计形式

（1）从市区通往市属县、乡或风景区、疗养区、森林公园、名胜古迹、墓地以及机场等地，都是由郊区公路联结起来的。一般是由城乡结合部过渡或市区外环路相接。随着城市化发展及环境建设，对郊区公路绿化越来越重视。

（2）市郊公路绿化实际上是市区道路绿化的延伸，与城市道路绿化设计布局、种植有许多相似之处。但市郊公路一般没有复杂的管线设施，距居民区也比较远，常穿过农田、山地。只有当交通量较大或与国道相通，具有机动车道和非机动车道之分时，才增加分车带上的绿化。或进入风景区、疗养区前，要强调沿线绿化景观时，更应当精心进行设计。在一般情况下，只要掌握公路绿化基本知识，就可以进行独立设计。

（3）市郊公路绿化是将公路工程技术、交通运输与绿化相结合。绿化为公路和交通服务，而公路规划设计和施工，也要为绿化提供有利条件。

（4）一般市郊公路绿化是指通往市属县、乡的公路绿化，不设置分车带。市郊公路植树多在路肩外，以不损伤路基为原则，种植一行乔木，或乔木与灌木间植，或植双行以上乔木，有人称这种形式为行道树式的绿化设计，每隔2～3km可更换一个树种，以免遭受某一种病虫害侵袭，使树木全路段死亡。

（5）城市市郊公路的路肩宽度分两种，即硬路肩的宽度和土路肩的宽度。硬路肩的宽度，平原微丘不小于2.50m，山岭重丘不小于2.00m。土路肩的宽度，平原微丘不小于0.75m，山岭重丘不得小于0.50m。当公路经过路堑地段，绿化应在边坡上或在坡外的高处，沿着路沟的边缘栽植，但不能栽植在边沟底上。

（6）各种路基植树形式

① 路基边沟以上的植树可以沿着路界种植。

② 路堤边坡上的植树。当公路通过农田或经济作物地区时，宜在路堤边坡上植树；当路基较高具有护坡道时，可在边坡及坡脚必植树，这样有利于稳定路基。

③ 当路基坡脚边缘有余地时，可以充分加以利用，设计双行乔木，形成林带。

④ 路界边缘及路堑边坡的植树。确保弯道内侧行车安全视距，弯道内侧不能种植乔木，边坡可种植灌木，但要控制其高度不超过 0.7m。

⑤ 路界种植灌木及路肩外植树。当有的农田地段不宜遮阴或有可以借景的景物时，路段可以种植灌木，使其保持空透。当路肩规定宽度外还有空余地方，也可植树于路肩范围以外，只要确保侧向净空即可。各种路基植树形式如图 7-20 所示。

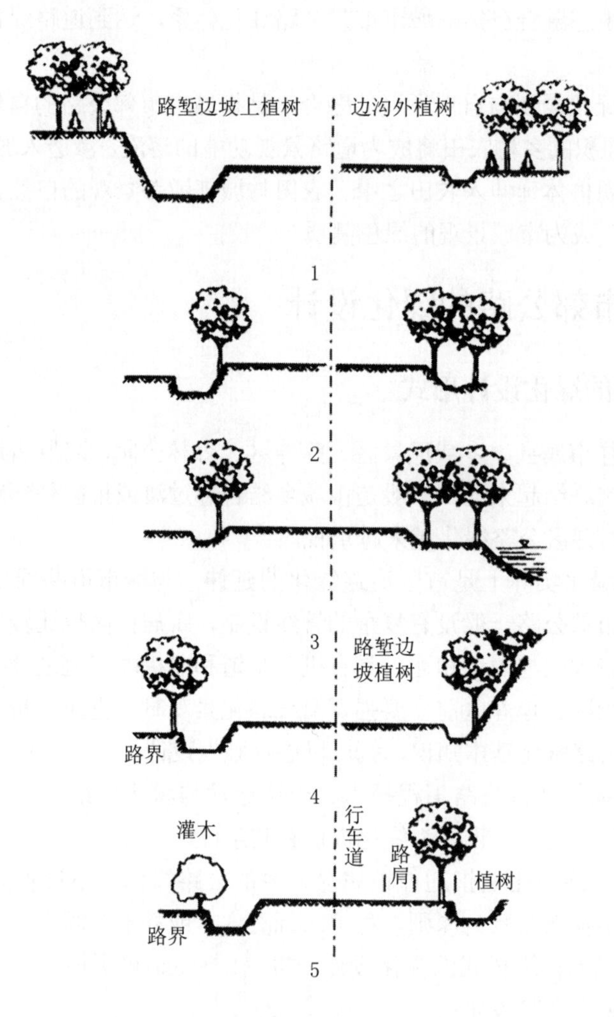

图 7-20 各种路基植树形式

(7) 边坡绿化的基本方式 在边坡上营造人工植被工程简称为边坡绿化，其基本的绿化方式有人工种草方式、满铺草皮方式、灌草混植方式、爬藤覆被方式、图案点缀方式等。

① 人工种草方式 人工种草可以起到改善环境，增加绿化面积，维持生态平衡的作用。边坡上是否适于人工种草，可先进行试种，如不利于种草，可在坡面铺撒层 5 ～ 10cm 厚的

种植土层，并开挖成斜的小台阶，防止土层滑动，或横向开成水平沟种植。

② 满铺草皮方式　边坡上满铺草皮应自下而上逐排错缝铺设，并用新削下的易于生长的灌木桩（如柳枝等）将草皮固定，灌木桩直径 1 ～ 3cm，长度为 40 ～ 75cm。打灌木桩时应将粗端向下。在人工草坪或野生草坪上，挖取 25cm×25cm 大小、厚度 3 ～ 3.5cm 的草皮块做栽植材料。叠铺草皮有以下两种形式。

水平叠铺　当边坡坡度为 1 ∶ 1 或更陡时，草皮应水平叠铺。铺设时应由下而进行，并以木桩固定，逐层铺设，各层草皮面向下。

倾斜叠铺　当边坡坡度为（1 ∶ 1）～（1 ∶ 1.5）时，草皮应倾斜叠铺。其倾斜角度为水平线与边坡垂直间夹角的 1/2，并以木桩固定。

③ 灌草混植方式　为防止路堤受到雨水冲刷，可栽植灌木防护，一般可按照 1 行灌木 4 行草本进行配置。

④ 爬藤覆被方式　爬藤覆被方式即选用攀援藤本植物（如爬山虎、地瓜榕等），使其覆被在边坡表面上保护边坡。

⑤ 图案点缀方式　在上边坡与车辆行驶方向相对的部位，可用色彩鲜艳的低矮灌木培植成优美、流畅的图案或祝福语，用草皮作为底色，起到景观的作用。在通往风景区的道路边坡可适当采用这种方式。

（8）各种车辆最小转弯半径　最小转弯半径是指当转向盘转到极限位置，汽车以最低稳定车速转向行驶时，外侧转向轮的中心平面在支承平面上滚过的轨迹圆半径。各种车辆最小转弯半径如图7-21所示。

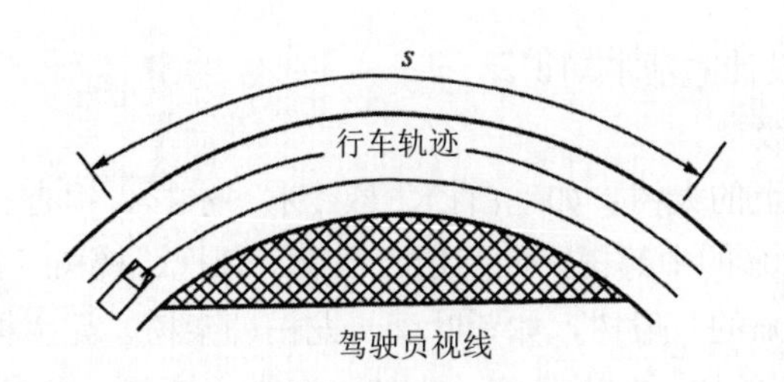

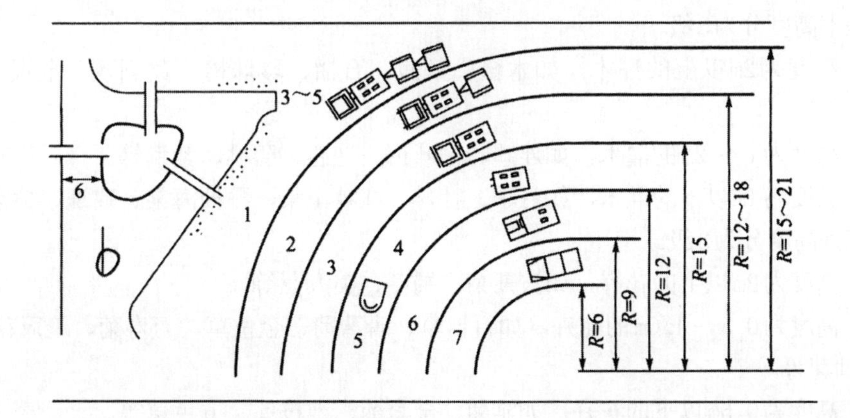

图 7-21　各种车辆最小转弯半径（单位：m）

1—拖车列车；2—带一辆拖车的载重汽车；3—超重型载重汽车；4—三轮载重汽车、重型载重汽车；5—公共汽车；6—一般二轴载重汽车；7—三轮汽车、小客车

（二）风景林带式绿化设计形式

1. 风景林带式绿化设计

城市郊区公路绿化对郊外旅游区的开发和建设，不仅在绿化、保护和改善郊区生态环境中有重要作用，而且在强调公路沿线景观中还起到宏观的美化作用。风景林带的两侧一般都有 30 ～ 100m 宽的绿化带，在进行风景林带绿化的设计中，可以采取以下设计形式。

（1）自然式　自然式是指树木栽植不成行成排，各树木之间栽植的距离也不相等，不仅有距离的变化，也有平面布局林缘线凹凸变化，还有立面天际线的起伏变化，以反映自然界植物群落自然之美。

（2）规则式　规则式是指树木栽植成行成排，各树木之间均为等距，栽植的轴线比较明确，树种配置也强调整齐，平面布局对称均衡，或不对称但也均衡，分段长短的节奏，按一定尺度或规律划分空间。

（3）综合式　风景林带的长度一般都比较长，沿路的周围环境、地形及沿路景观功能的要求也各不相同，应根据实际、因地制宜，分别设计不同形式，但一定要协调，不能生硬划分，要注意空间的过渡。

2. 风景林带的形态构图式

（1）风景林带的构成要素　市郊公路设计的风景林带构成要素，主要应考虑以下方面。

① 选用的树种要体现出高低层次，根据形状、大小和高度不同决定风景林带的轮廓线。

② 风景林带的栽植方式，要充分体现出前、中、后的不同层次，使风景林带具有显明层次感。

（2）风景林带形态设计的基本知识。

① 乔木高度分为4级

1级：高度为20m以上的大树，如毛白杨、悬铃木、水杉、银杏、油松、白皮松等。

2级：高度为10～20m的中等树，如圆柏、梧桐、刺槐、槐树、馒头柳、垂柳、臭椿等。

3级：高度为5 ～ 10m的一般树，如紫叶李、龙柏、栾树、元宝枫、合欢、白蜡等。

4级：高度在5m以下的树，如龙爪槐、山楂、海棠、樱花、山杏、山桃等。

② 灌木高度分为3级

1级：高度为2m以上的灌木，如木槿、紫薇、石榴、珍珠梅、黄刺玫、金银木、丁香等。

2级：高度为1 ～ 2m的灌木，如连翘、榆叶梅、迎春、碧桃、紫荆等。

3级：高度为1m以下的灌木，如月季、牡丹、红叶小檗、贴梗海棠、玫瑰、棣棠等。

③ 花卉高度分为3级。

1级：高度为2m以上的花卉，如波斯菊、蜀葵、美人蕉等。

2级：高度为0.5～1.0m的花卉，如百日草、唐菖蒲、金鱼草、万寿菊、鸡冠花、串红、石竹、凤仙花等。

3级：高度为0.5m以下的花卉，如雏菊、金盏菊、半枝莲、五色草等。

3. 风景林带的树种规划

风景林带形在种植上要处理好骨干树与特色树、乡土树种的关系，处理好乔木、灌木和地被植物的结合，常绿树与落叶树的结合，将树种合理搭配。进行树种设计时，要处理好主调树种、基调树种和配调树种的关系，构成季相及层次的景观，并注意选用树种的种类不宜过多过杂。

在确定风景林带基调植物和各分区的主调植物、配调植物，以获得多样统一的艺术效果。多样统一是形式美的基本法则。为形成丰富多彩而又不失统一的效果，风景林带布局多采用分区的办法进行设计。在植物配置选择树种时，应首先确定风景林带有一、二种树种作为基调树种，使之广泛分布于整个风景林带绿地。同时，还应视不同分区，选择各分区的主调树种，以形成不同分区的不同风景主体。这样，风景林带因主调树种不同而丰富多彩，又因基调树种一致而协调统一。

（1）主调树种　主调树种是指构成风景林带的主要树种中，要有一种或几种在数量或高度上占优势成为主调树，其色彩随着季节交替而变化。

（2）基调树种　基调树种是指构成风景林带的主要树种。基调树种指各类园林绿地均要使用的、数量最大能形成全城统一基调的树种，树种一般以1～4种为宜，应为本地区的适生树种。

（3）配调树种　配调树种是指对主调树种起衬托作用的树种。

① 以落叶城为主的风景林带　可参考如下树种进行搭配。基调树种为银杏、合欢、栾树、垂柳、油松等；主调树种为银杏；配调树种，合欢、栾树、垂柳等。

② 以常绿树为主的风景林带　可参考如下树种进行搭配。基调树种为白皮松、油松、圆柏、紫叶李等；主调树种为白皮松；配调树种，紫叶李等。

（三）防护林带式绿化设计形式

由于风、沙、雪危害道路交通较为严重，需要设置防护林带，此外在通往疗养区的公路，也要设置卫生防护林带。林带的结构不同，其防护作用也不同。在城市市郊公路绿化设计中，最常见的有不通风林带、半通风林带、通风林带。市郊防护林带如图7-22所示。另外，还有卫生防护林带。

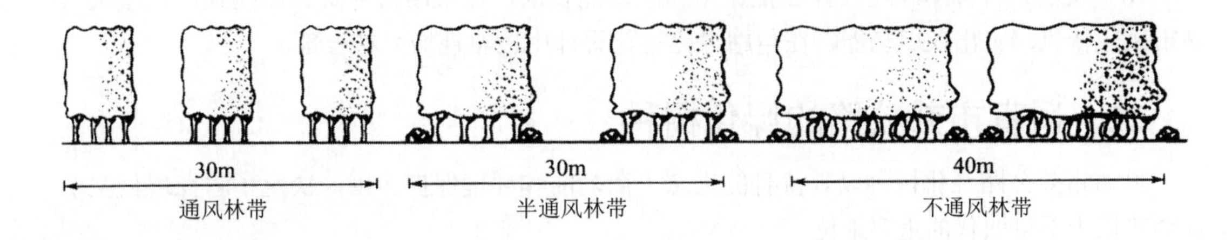

图7-22 市郊防护林带示意

（1）不通风林带　在风、沙、雪危害严重的地区，可设计成为不通风林带形式。不通风林带是由乔木、亚乔木、灌木组成，它们的上、中、下枝叶均比较稠密。防风范围是在相当于林带树高的5～10倍处，对风速的减低率较大，但风速恢复也较快。在积雪量较小的地段，可沿路两侧栽植两行密植的灌大，高度2～3m，也可以起到上述的效果。

（2）半通风林带　半通风林带一般由乔木和灌木组成，其枝叶比较稀疏，上下都能通风，风速减低率最大，防风效能最好。

（3）通风林带　通风林带一般由乔木组成，其下部通风性很强，风速恢复较慢，风速减低率比不通风林带大，防风效能也比较好，在公路通过果园或农田段可采用此种形式。

（4）卫生防护林带　卫生防护林带一般设置在通往疗养区、森林公园或郊区别墅的市郊公路，城市周边的树林也应用杀菌力较强的树种进绿化，设计的布局和形式可与公共卫生部门进行协商。

（四）城乡结合部的绿化设计

城乡结合部是连接乡村与城市的门户，加强城乡结合部的绿化设计，对于改善城市环境具有重要的意义。城乡结合部与城区内的绿地规划相比，其本身的低价相对便宜许多，并且具有极为丰富的自然资源，可被用于绿化的土地相对较为广泛，因此就城乡结合部而言，其绿地的规模具有更加宏伟巨大的特点。

（1）城市入口多处于城乡结合部，这个部位是城市的门户，是城市与外部环境的连接点，它和城市的道路、广场、街区、景观等一起组成城市空间体系。

（2）由于城乡结合部处于城市边缘，很容易因缺乏规划和管理，造成环境脏乱、没有景观特色的局面，必须引起对此部位绿化的设计的重视。

（3）在城乡结合部只简单地栽植树木无法起到景观作用，所以应认真按景观要求进行绿化设计，以通过市内的入口作为起点，与城市轴线及城市节点一起组成主次分明、相互呼应的城市景观系列。

（4）在城市入口的景观层次一般有前景、主景和背景，前景具有提示的作用，暗示即将进入市区，可以设计入市前的道路绿化带，以观赏风景树为主。

（5）在一般情况下，主景是城市入口的景观主题，体现环境的特征，可以设计大型的绿化图案或是标志性的构筑物或雕塑、或是大面积的花丛。背景是起到衬托的作用，可以利用原有或改造后的地形，高处栽植上片林，低洼处种植宿根花卉，开花时形成花海，并用绿化密植阻挡脏乱的部位。

（6）城乡结合部的绿化设计应根据不同的功能要求，可采用密林式、田园式，以不失其城市风貌特色，突出入口功能，在道路绿化美化设计中应重视城乡结合部。

二、适宜市郊公路的绿化树种

城市市郊公路绿化树种以其特有的生态平衡功能和环境保护作用，决定了它在现代文明社会建设中不可取代的重要地位。

城市市郊公路绿化树种因在人类精神文明和物质文明建设中的特殊意义而愈受普遍的关注，在我国现阶段农业产业结构调整中日益显示出勃勃的发展生机。如何根据不同地区的气候特征，选择适宜的绿化树种，是城市市郊公路绿化设计中的重要问题。

1. 华北、西北东南部、东北南部的绿化树种

（1）平原地区　一般地区栽种树种为臭椿、毛白杨、加拿大杨、刺槐、香椿、桑树、槐树、白蜡、榆树、楸树、栾树、元宝枫、新疆杨、银白杨、梓树、黄金树、悬铃木、合欢、

华山松、白皮松、箭杆杨、楝树等。水分较多地区栽种树种为柳树、加拿大杨、箭杆杨、杞柳、水曲柳、黄波罗、白蜡、水杉等。

（2）丘陵山区　土层较厚地区栽种树种为核桃、板栗、柿子、油松、刺槐、青杨、楝树等；土层浅及石质地区栽种树种为山杏、侧柏、枫树、紫穗槐等。

2. 东北地区公路的绿化树种

（1）平原地区　一般地区栽种树种为小叶杨、大青柏、水曲柳、落叶松、榆树、槭树等。水分较多地区栽种树种为柳树、水曲柳等。

（2）丘陵山区　土层较厚地区栽种树种为落叶松、红松、油松、水曲柳、黄波罗、椴树等。土层浅及石质地区栽种树种为蒙古栎等。

3. 华东、华中、贵州南部地区公路的绿化树种

（1）平原地区　一般地区栽种树种为桑树、榆树、麻栎、樟树、泡桐、香椿、垂杨木、悬铃木、三角枫、楸树、银杏等。水分较多地区栽种树种为柳树、枫杨、楝树、乌桕、赤杨、水杉等。

（2）丘陵山区　土层较厚地区栽种树种为杉木、檫树、栓皮栎、麻栎、锥栗、楠树、油茶、茶树、核桃、板栗、杏树等。土层浅及石质地区栽种树种为马尾松、柏木、麻栎、栓皮栎等。

4. 四川、贵州北部地区公路的绿化树种

（1）平原地区　一般地区栽种树种为楠木、樟树、香椿、柏木、桉树、喜树、梧桐、泡桐等。水分较多地区栽种树种为柳树、枫杨、桤木等。

（2）丘陵山区　土层较厚地区栽种树种为杉木、柏木、楠木、华山松、油桐、油茶、核桃、棕榈等。土层浅及石质地区栽种树种为云南松、油松等。

5. 云南、贵州西南部地区公路的绿化树种

（1）平原地区　一般地区栽种树种为杨树、冲天柏、桉树、滇楸等。水分较多地区栽种树种为杨树、柳杨、水冬瓜、乌桕等。

（2）丘陵山区　土层较厚地区栽种树种为华山松、楠木、滇楸、柏木等。土层浅及石质地区栽种树种为云南松、油松等。

6. 华南地区公路的绿化树种

（1）平原地区　一般地区栽种树种为樟树、桉树、红椿、楝树、榕树、石栗、凤凰树等。水分较多地区栽种树种为木棉、水松、垂柳、乌桕等。

（2）丘陵山区　土层较厚地区栽种树种为樟树、杉树等。土层浅及石质地区栽种树种为马尾松、相思树、木荷、枫香等。

参考文献

[1] 齐康，杨维菊主编．绿色建筑设计与技术．南京：东南大学出版社，2011.
[2]《绿色建筑》教材编写组编著．绿色建筑．北京：中国计划出版社，2008.
[3] 王其钧编著．城市景观设计．北京：机械工业出版社，2011.
[4] 杨潇雨，王占柱编著．室外环境景观设计．上海：上海人民美术出版社，2011.
[5] 孙力扬，周静敏编著．景观与建筑：融于风景和水景中的建筑．北京：中国建筑工业出版社，2004.
[6] 吴珏主编．景观项目设计．北京：中国建筑工业出版社，2006.
[7] 王建国主编．城市设计．南京：东南大学出版社，2004.
[8] 王向荣．林箐主编．西方现代景观设计的理论与实践．北京：中国建筑工业出版社，2005.
[9] 许浩主编．城市景观规划设计理论与技法．北京：中国建筑工业出版社，2006.
[10] 王其钧主编．城市设计．北京：机械工业出版社，2008.
[11] 李继业，侯作存，鞠达青编著．城市道路绿化规划与设计手册．北京：化学工业出版社，2014.
[12] 李继业，张峰编著．城市道路设计与实例．北京：化学工业出版社，2011.
[13] 姜国梅．滨水建筑小品的设计策略及方法研究——以莱西锦绣江国际湿地旅游城滨水建筑小品设计为例．青岛：青岛理工大学，2010.